固体废物环境管理丛书
GUTI FEIWU HUANJING GUANLI CONGSHU

重金属污染项目环境监理

ZHONGJINSHU WURAN XIANGMU HUANJING JIANLI

总主编　陈昆柏　郭春霞
本册主编　李世义

河南科学技术出版社
·郑州·

图书在版编目(CIP)数据

重金属污染项目环境监理/李世义主编.—郑州:河南科学技术出版社,2014.12
ISBN 978-7-5349-7501-1

Ⅰ.①重… Ⅱ.①李… Ⅲ.①重金属污染-基本建设项目-环境监理 Ⅳ.①X5

中国版本图书馆 CIP 数据核字(2014)第 272971 号

出版发行：河南科学技术出版社
地址：郑州市经五路 66 号　　邮编：450002
电话：(0371) 65737028
网址：www.hnstp.cn
策划编辑：李肖胜　姚翔宇
责任编辑：曲　先
责任校对：柯　姣
封面设计：张　伟
版式设计：栾亚平
责任印制：张艳芳
印　　刷：郑州龙洋印务有限公司
经　　销：全国新华书店
幅面尺寸：185 mm×260 mm　印张：25　字数：600 千字
版　　次：2015 年 1 月第 1 版　2015 年 1 月第 1 次印刷
总 定 价：2580.00 元

“固体废物环境管理丛书”
编委会

《重金属污染项目环境监理》编委会

主　任　崔洪海（河南省环保厅环境保护科学研究院）

副主任　郭春霞（河南省环保厅固体废物管理中心）

李世义（河南省环保产业协会）

编　委　魏贵臣（许昌环境工程研究有限公司）

李顺灵（河南金谷实业发展有限公司）

胡祥营（河南省地质环境规划设计院有限公司）

赵胜利（鹤壁市环境保护局）

郭　强（新乡市环境保护设计研究院）

何新生（河南省环保厅环境保护科学研究院）

高建磊（郑州大学）

赵根平（济源蓝天科技有限责任公司）

金　明（河南宇弘环保工程监理有限公司）

吕鹏飞（河南瑞翔环保科技有限公司）

郭显锋（河南佳昱环境科技有限公司）

霍　林（漯河市环境科学技术研究所）

李肖胜（河南科学技术出版社有限公司）

主　编　李世义

副主编　魏贵臣　李顺灵

编写人员　（按姓氏笔画排序）

丁光远　王　静　王晓乐　刘钟森　吕鹏飞
齐水莲　孙相宜　李世新　李振红　陈丽莉
陈建国　武晓兵　范志功　金　明　胡祥营
赵胜利　赵根平　赵朝阳　郭　强　高中伟
褚　帅　韩慧丽　潘志恒

总序言

环境污染已成为人类社会面临的重大威胁，为了更好地控制和解决环境污染，我国已将环境保护列为基本国策，尤其党的十八大以来，生态文明建设受到党中央、国务院高度重视，体现了党和政府对新世纪、新阶段我国发展呈现的一系列阶段性特征的科学判断和对人类社会发展规律的深刻把握，是对人类文明发展理论的丰富和完善，是对人与自然和谐发展的深刻洞察，是实现我国全面建设小康社会宏伟目标的基本要求，也是对日益严峻的环境问题国际化主动承担大国责任的庄严承诺。

固体废物是主要的环境污染源。生活垃圾、农业固废、工业固废、特别是危险废物等固体废物除了直接污染外，还经常以水、大气和土壤为媒介污染环境，并且对人体健康也造成严重危害。为了让更多人了解固体废物环境管理方面的法规政策、工程技术和基本知识；帮助环境管理人员、行业从业人员、大学生、环保爱好者等解决工作之急需；真正实现固体废物的“减量化、资源化、无害化”，变有害为有利；上市文化企业——中原大地传媒股份有限公司的全资子公司河南科学技术出版社有限公司联合全国各地的科研院所、高校和企业界专家编写和出版了“固体废物环境管理丛书”，体现了出版社、行业专家和企业家的社会责任感，这一项目不但填补了国内固体废物环境管理领域的空白，而且也将对我国今后固体废物环境管理知识普及、科学处理和处置具有指导意义。

该丛书根据固体废物的类型及目前国内最新成熟技术来编写，具体分为《固体废物环境管理法规汇编》《固体废物鉴别管理》《生活垃圾处理与处置》《危险废物处理与处置》《污泥处理与处置》《传染性固体废物处理与处置》《农业固体废物处理与处置》《工业固体废物处理与处置》《电子废物处理与处置》《环境工程项目管理》《污染场地调查与修复》《重金属污染项目环境监理》《火电厂烟气脱硝废催化剂处理与处置》《等离子体技术与固体废物处理》等十四分册。

这套丛书根据各类固体废物的来源、特性、危害等，详细介绍了如何进行行业管理，如何防控污染，如何把成熟的处理处置技术应用到项目工程上，以最大限度地消除、减少和控制固体废物造成的环境污染。全国近 200 名专家学者和企业家在收集和参考了大量国内外资料的基础上，结合自己的研究成果和实际操作经验，编写了这套具有内容广泛、结构严谨、实用性强、新颖易读等特点的丛书，具有较高的学术水平和环保科普价值，是一套贴近实际、层次清晰、可操作性强的知识性读物，适用于从事固体废物管理、固废处理施工运营企业、技术研发、培训教学等人员阅读参考。相信该丛书的出版对我国固体废物的环境管理、环境教育、污染防控、资源利用、无害化处置等工作会起到一定的促进作用。

全国人大环境与资源保护委员会副主任委员
中国工程院院士　中国环境科学研究院院长

2014 年 12 月

前　言

近年来，我国重金属污染事故频频发生，严重危及居民身心健康和社会稳定。国家“十二五”规划中首先出台的《重金属污染综合防治十二五规划》，明确要求集中力量优先解决好重金属等损害群众健康的突出环境问题，让群众远离重金属污染的危害。环境保护部和国土资源部联合发布《全国土壤污染状况调查公报》显示，全国土壤环境状况总体不容乐观，部分地区土壤污染较重，耕地土壤环境质量堪忧，工矿业废弃地土壤环境问题突出。

探索环保新路需要有新理念、新思维，丰富环保理论体系需要有新视野、新实践，为满足各级环保行政管理人员、环保企业、科研院所、行业从业人员、大学生、环境监理爱好者对开展涉重金属项目污染治理的急需；为固体废物及危险废物环境管理、项目立项、申报、环评、环境监理、清洁生产、风险评估、应急预案、土壤修复等提供便捷、实用的基础知识信息和解决现实问题；我们编写了《重金属污染项目环境监理》一书。本书以对重金属污染项目环境监理的知晓度、认同度和践行度为轴线把全书分为三篇共 18 章。第一篇重金属污染防控基础，第二篇重金属污染建设项目环境管理，第三篇重金属污染项目环境监理实施。根据试点省、直辖市开展环境监理十多年的实践与现状，首先，认为环境监理基础理论为组织学、管理学和控制论；环境监理应定位于环保服务业，重点要为环境工程提供咨询服务；尝试性地理顺环境管理、项目管理与环境监理三个层次的关系，为适应市场经济的需要必须加强环境监理服务质量与安全管理。其次，是按项目的施工准备期、施工期、试运行与竣工验收期、运营期提出了涉重金属污染行业包括场地修复项目环境监理要点。精选了有代表性的矿产资源开发生态修复、铅冶炼与铅蓄电池生产、河流重金属污染治理与铬渣无害化处理项目的监理规划或监理总结进行了介绍与点评。

本书的主要特点是：

新颖性。从理论与实践上对危险固体废物和重金属污染综合治理项目的环境监理专著，冲破了环境监理不关注环保专项资金管理的“禁区”，在本书作专章介绍，对于国家环保专项资金的使用安全、充分发挥资金减排效益、反腐倡廉有着重要的作用。填补了国内同类专业书籍的空白，有很多创新之处。

实践性。本书结合当前对“重金属污染综合防治十二五规划”落实情况的中期评估，吸纳众多环境监理单位和一线环境监理人员按照建设项目的生命周期在实践经验中进行提炼总结，具有可操作性和可复制性。可以为同类项目提供参考依据，提升环境监理的践行度。

系统性。涉及的重金属污染行业齐全，包括重金属污染管理减排、结构减排、工程减排的措施，从事前、事中到事后的全过程控制，吸纳了工程监理的“三控、两管、一协调”包括环境监理的安全保证，开拓了环境监理人员的视野。

通俗性。本书定位为工具书，在创作过程中，着重考虑了读者的喜爱和要求，力争使众多人士有斩获，尽可能使用通俗易懂的语言和表达方式附以直观图片、表格说清问题。为方便培训和自学，每章后边都设置了思考题也是本书的一个特点。

在该书的创作中学习和参考了大量相关著作、教材和文献，在此谨向有关作者深表谢意。限于编者的理论水平与工作经验不足，仓促成书，缺点错误在所难免，恳请各位专家、读者多加批评指正。

李世义

2014 年 12 月

目　录

第2篇　重金属污染建设项目环境管理

第3篇　重金属污染项目环境监理实施

第1篇

重金属污染防控基础

第1章　重金属性质及其应用

1.1　金属及其属性

1.1.1　金属的定义

金属是具有光泽（对可见光强烈反射）、富有延展性、容易导电、导热等性质的物质。在自然界中，绝大多数金属以化合态存在，少数金属例如金、铂、银、铋以游离态存在。金属矿物多数是氧化物及硫化物。金属元素在化合物中通常只显正价。

1.1.2　金属的特性

（1）从原子结构来看，金属元素的原子最外层电子数较少，一般小于4；而非金属元素的原子最外层电子数较多，一般大于4。

（2）从化学性质来看，在化学反应中金属元素的原子易失电子，表现出还原性，常作还原剂。非金属元素的原子在化学反应中易得电子，表现出氧化性，常作氧化剂。

（3）从物理性质来看，金属与非金属有着较多的差别，主要是：

1）一般说来金属单质具有金属光泽，大多数金属为银白色；非金属单质一般不具有金属光泽，颜色也是多种多样。

2）除汞在常温时为液态外，其他金属单质常温时都呈固态；非金属单质在常温时多为气态，有的也呈液态或固态。

3）一般说来，金属的密度较大，熔点较高；而非金属的密度较小，熔点较低。

4）金属大都具有延展性，能够传热、导电。

实际上金属与非金属之间没有绝对的界限，它们的性质也不是截然分开的。

1.1.3　金属的分类

（1）按颜色划分，金属可分为黑色金属和有色金属。

黑色金属：铁、铬、锰。

有色金属：铝、镁、钾、钠、钙、锶、钡、铜、铅、锌、锡、钴、钍。

（2）按活动性强弱，金属可分为活动金属和不活动金属。

（3）按其稀有性可分为常见金属和稀有金属。

常见金属：铁、铝、铜、锌等。

稀有金属：锆、铪、铌、钽等。

1）稀有金属按密度及地壳丰度可分为：

轻金属：密度小于4 500 kg/m^3，如钛、铝、镁、钾、钠、钙、锶、钡等。

重金属：密度大于4 500 kg/m^3，如铜、镍、钴、铅、锌、锡、锑、铋、镉、汞等。

贵金属：价格比一般常用金属昂贵，地壳丰度（又称克拉克值，一种表示地壳中化学元素平均含量的数值）低，提纯困难，如金、银及铂族金属。

2）稀有金属还可分为：

稀有轻金属：锂、铷、铯、铍。密度较小，化学活性强。

稀有难熔金属：钛、锆、铪、钒、铌、钽、钼、钨。熔点较高，与碳、氮、硅、硼等生成的化合物熔点也较高。

稀有分散金属：简称稀散金属，包括镓、铟、铊、锗、铼以及硒、碲。大部分赋存于其他元素的矿物中。

稀有稀土金属：简称稀土金属，包括钪、钇及镧系元素。它们的化学性质非常相似，在矿物中相互伴生。

稀有放射性金属：包括天然存在的钫、镭、钋和锕系金属中的锕、钍、镤、铀，以及人工制造的锝、钷、锕系其他元素和104至107号元素。

准金属元素：性质介于金属和非金属之间，如硅、硒、碲、砷、硼等。

1.2　重金属及其属性

1.2.1　铅（Pb）

1. 铅

Pb，CAS号为7439-92-1。原子序数：82。相对原子质量：207.2。

2. 物理性质

铅是带蓝色的银白色重金属，有毒性，质柔软，延性弱，展性强。空气中表面易氧化而失去光泽，变暗。熔点327.502 ℃，沸点1 740 ℃，密度11.343 7 g/cm^3，比热容0.13 kJ/（kg·K），硬度1.5，质地柔软，抗张强度小。

3. 化学性质

具有两性，金属铅在空气中受到氧、水和二氧化碳作用，其表面会很快氧化生成保护薄膜；在加热下，铅能很快与氧、硫、卤素化合；铅与冷盐酸、冷硫酸几乎不起作用，能与热或浓盐酸、稀硝酸、硫酸、有机酸和碱液反应；铅与稀硝酸反应，但与浓硝酸不反应；铅能缓慢溶于强碱性溶液。

4. 用途

主要用作电缆、蓄电池、铸字合金、巴氏合金、防X射线、防β射线等的材料。

5. 制法

主要有两种：一是将方铅矿中的硫化铅部分转变为硫酸铅，两者进一步反应得金属铅。二是将硫化铅熔烧成氧化铅，然后与焦炭、石灰石放在鼓风炉中冶炼，可生产金属铅。

精炼方法有：①火法精炼。先将粗铅熔融，加入硫、氢氧化钠、氯化钠、硝酸钠等，使杂质成炉渣分离。②电解精炼。用硅氟酸和硅氟酸铅作电解液，粗铅作阳极，纯铅作阴极，可得纯铅。

6. 毒理学资料及环境污染

自来水中可接受的铅最大浓度为50 μg/L（0.05 mg/L）。婴儿要求更为严格，平均血铅浓度要不超过 10~15 μg/L。由于铅在环境中的长期持久性，不易降解，又对许多生命组织有较强的潜在毒性，所以铅一直被列为强污染物范围。

急性毒性：LD_{50}70 mg/kg（大鼠经静脉）。

亚急性毒性：10 μg/m^3，大鼠接触 30~40 天，血铅浓度高达 150~200 μg/100mL，出现明显中毒症状。人职业接触，便会导致泌尿系统炎症、血压变化、死亡、胎儿死亡。

慢性毒性：长期接触铅及其化合物会导致心悸，易激动，血象红细胞增多。铅侵犯神经系统后，出现失眠、多梦、记忆减退、疲乏，进而发展为狂躁、失明、神志模糊、昏迷，最后因脑血管缺氧而死亡。

致癌：无机化合物的动物试验表明，铅可能引发癌症，是一种潜在性泌尿系统致癌物质。

致畸：没有足够的动物试验能够提供证据表明铅及其化合物有致畸作用。

致突变：用含 1%的醋酸铅饲料喂小鼠，白细胞培养的染色体裂隙——断裂型畸变的数目增加，这些改变涉及单个染色体，表明 DNA 复制受到损伤。

残留与蓄积：铅是一种积累性毒物，人类通过食物链摄取铅，也能从被污染的空气中摄取铅。

铅的工业污染来自矿山开采、冶炼、橡胶生产、染料、印刷、陶瓷、铅玻璃、焊锡、电缆及铅管等生产废水和废弃物。另外，汽车排气中的四乙基铅是剧毒物质。水体受铅污染时（Pb 0.3~0.5 mg/L），明显抑制水的自净作用，2~4 mg/L 时，水即呈浑浊状。

7. 现场应急监测方法

四羧醌试纸比色法，见《空气中有害物质的测定方法》（杭士平主编）。

速测仪法，分光光度法，阳极溶出伏安法，见《突发性环境污染事故应急监测与处理处置技术》（万本太主编）。

原子吸收法见《固体废弃物试验分析评价手册》（中国环境监测总站等译）。

原子吸收法，GB 7475—87 水质。

mcso-四（对磺基苯）卟啉光度法，WS/T 126—1999 作业场所空气。

氢化物发生-原子吸收法，WS/T 127—1999 作业场所空气。

原子吸收法，GB/T 15555.2—95 固体废物浸出液。

石墨炉原子吸收法，GB/T 17141—1997 土壤。

火焰原子吸收法，GB/T 17140—1997 土壤。

火焰原子吸收法，GB/T 15264—94 空气质量。

原子吸收法，CJ/T 101—99 城市生活垃圾。

8. 应急处置方法及防护

（1）泄漏应急处理：切断火源。戴好防毒面具，穿好一般消防防护服。用洁净的铲子将泄漏物收集于干燥洁净有盖的容器中，用水泥、沥青或适当的热塑性材料固化处理再废弃。如大量泄漏，回收或无害处理后废弃。

（2）处理方法：当水体受到污染时，可采用中和法处理，即投加石灰乳调节 pH 到 7.5，使铅以氢氧化铅形式沉淀而从水中转入污泥中。

（3）防护措施：

1）呼吸系统防护：作业工人应该佩戴防尘口罩。

2）眼睛防护：必要时可佩戴安全面罩。

3）防护服：穿工作服。手防护：必要时戴防护手套。

（4）急救措施：

1）皮肤接触：脱去污染的衣服，用肥皂水及流动清水彻底冲洗。

2）眼睛接触：立即翻开上下眼睑，用流动清水或生理盐水冲洗。就医。

3）吸入：迅速脱离现场至空气新鲜处。保持呼吸道通畅。呼吸困难时输氧。呼吸停止时，立即进行人工呼吸。就医。

4）食入：给饮足量温水，催吐，就医。

5）灭火方法：干粉、沙土。

9. 国内铅锌生产基地

中国铅锌业生产布局，依据铅锌矿产地的分布和建设条件，经 40 多年来的发展、建设，现已形成东北、湖南、两广、滇川、西北等五大铅锌采选冶炼和加工配套的生产基地，其铅产量占全国总产量的 85%以上，锌产量占全国总产量的 95%。

1.2.2　汞（Hg）

1. 汞

化学元素，元素周期表第 80 位。俗称水银。元素符号 Hg，在化学元素周期表中位于第 6 周期、第ⅡB 族，CAS 号：7439-97-6，相对原子质量 200.59，是常温常压下唯一以液态存在的金属。汞常温下即可蒸发，汞蒸气和汞的化合物多有剧毒（慢性）。

2. 物理性质

汞是在常温、常压下唯一以液态存在的金属。熔点-38.87 ℃，沸点 356.6℃，密度 13.59 g/cm^3。内聚力很强，在空气中稳定，汞微溶于水，在有空气存在时溶解度增大。汞在自然界中普遍存在，一般动物植物中都含有微量的汞，因此我们的食物中，都有微量的汞存在，可以通过排泄、毛发等代谢。

3. 化学性质

汞溶于硝酸和热浓硫酸，分别生成硝酸汞和硫酸汞，汞过量则出现亚汞盐。能溶解许多金属，形成合金，合金叫作汞齐。化合价为+1 和+2。与银类似，汞也可以与空气中的硫化氢反应。汞具有恒定的体积膨胀系数，其金属活跃性低于锌和镉，且不能从酸溶液中置换出氢。一般汞化合物的化合价是+1 或+2，+4 价的汞化合物只有四氟化汞，而+3 价的汞化合物不存在。

4. 应用领域

汞最普遍的应用是制造工业用化学药物，以及在电子或电器产品中的应用。汞还用于温度计，尤其是测量高温的温度计。气态汞用于汞蒸气灯，用于制造液体镜面天文观测的望远镜。

5. 制备方法

朱砂在空气中煅烧，收集蒸发的汞蒸气并冷凝即得金属汞。将辰砂在空气中焙烧或与生石灰共热得到汞。

6. 毒理简介

汞蒸气和汞盐（除了一些溶解度极小的如硫化汞）都是剧毒的，可以导致脑和肝损伤。最危险的汞有机化合物是二甲基汞［（CH_3）$_2$Hg］，仅几微升二甲基汞接触在皮肤上就可以致死。

汞可以在生物体内积累，很容易被皮肤以及呼吸道和消化道吸收。水俣病是汞中毒的一种，表现为汞破坏中枢神经系统。

7. 汞的测定

汞的测定方法有原子荧光光谱分析法、二硫腙比色法、气相色谱法和冷原子吸收光谱法。

1.2.3 镉（Cd）

1. 镉

镉英文为 cadmium，“泥土”的意思。CAS 号：7440-43-9。相对原子质量：112.41。它是一种吸收中子的优良金属。

2. 物理性质

镉是银白色有光泽的金属，熔点 320.9 ℃，沸点 765 ℃，密度8 650 kg/m^3；有韧性和延展性。镉在潮湿空气中缓慢氧化并失去金属光泽，加热时表面形成棕色的氧化物层。高温下镉与卤素反应激烈，形成卤化镉。也可与硫直接化合，生成硫化镉。

3. 化学性质

镉可溶于酸，但不溶于碱。镉的氧化态为+1、+2。氧化镉和氢氧化镉的溶解度都很小，它们溶于酸，但不溶于碱。镉可形成多种配离子，如 Cd（NH_3）、Cd（CN）、CdCl 等。可燃烧加热，加热时可与卤素原子、磷反应，加热与盐酸、硝酸反应，镉离子与碱反应，在污水处理中应用。

4. 用途特点

镉用于制造合金，含银（80%）、铟（15%）、镉（5%）的合金可作原子反应堆的（中子吸收）控制棒。用于电镀等。用于充电电池，镉还用于制造电工合金，如家用电器开关、汽车继电器等。

5. 生物毒性

镉会对呼吸道产生刺激，长期暴露会造成嗅觉丧失症，镉化合物不易被肠道吸收，但可经呼吸被体内吸收，对肾脏损害最为明显。

镉的排出速度很慢，人肾皮质镉的生物学半衰期是 10~30 年。

镉及其化合物均有一定的毒性。吸入氧化镉的烟雾可产生急性中毒。严重者可出现中毒性肺水肿或化学性肺炎，有明显的呼吸困难、胸痛、咯大量泡沫血色痰，可因急性呼吸衰竭而死亡。

若饮食中含镉，人误食后也可引起急性镉中毒。10~20 分钟后，即可发生恶心、呕吐、腹痛、腹泻等症状。严重者伴有眩晕、大汗、虚脱、上肢感觉迟钝、甚至出现抽搐、休克。3~5 天才可恢复。

长期吸入镉可产生慢性中毒，引起肾脏损害。

镉作业工人常见肺气肿、贫血及骨骼改变，国外也有报道称接触氧化镉的工人前列腺癌发病率较高。

6. 安全标准

欧盟：将镉列为高危害有毒物质和可致癌物质并予以规管。

美国：美国环境保护署限制排入湖、河、弃置场和农田的镉量，并禁止杀虫剂中含有镉。美国环境保护署允许饮用水含有 10×10^{-9}的镉。美国食品和药物管理局规定食用色素的含镉量为不得多于 15×10^{-6}。美国职业安全卫生署规定，工作环境空气中镉含量在烟雾中为 100 μg/m^3，在镉尘中为 200 μg/m^3。美国职业安全卫生署计划将空气中所有镉化合物含量限制在 1~5 μg/m^3。

7. 污染事件

1930~1960 年，日本富山县神通川流域部分镉污染。事源炼锌厂排放的含镉废水污染了周围的耕地和水源。

2004 年 5 月，广东惠州两家电池厂员工被检测出血镉、尿镉增高，截至当年 8 月 3 日，共检测了两家企业 1 021 名职工，其中 177 人镉超标，另有 2 人镉中毒。

2013 年 3 月 4 日，日本著名化妆品品牌资生堂的一款明星产品“安热沙防晒霜”被检测出含有镉，安热沙系列在中国已畅销多年并多次荣登销量榜冠军，产品包括金瓶防晒露、美白防晒乳、莹亮防晒露、温和防晒精华乳等多种。

2013 年 5 月广州餐饮环节食品抽检，四成五的湖南大米和米制品被检出镉超标。问题大米还在广州流通。

8. 测定方法

环境监测中测定镉的方法有原子吸收分光光度法、二硫腙分光光度法、阳极溶出伏安法和示波极谱法等。

1.2.4　铬（Cr）

1. 铬

元素符号 Cr，银白色金属，在元素周期表中属ⅥB 族，原子序数 24，CAS 号：7440-47-3，相对原子质量：51. 996，体心立方晶体。

2. 物理性质

铬是银白色有光泽的金属，为不活泼性金属，质极硬，耐腐蚀。密度 7. 20 g/cm^3。纯铬有延展性，含杂质的铬硬而脆。

3. 化学性质

铬能慢慢地溶于稀盐酸、稀硫酸，而生成蓝色溶液。与空气接触则很快变成绿色，是因为被空气中的氧气氧化成绿色的 Cr_2O_3 的缘故。可溶于强碱溶液。铬具有很高的耐腐蚀性，在空气中，即便是在赤热的状态下，氧化也很慢。不溶于水。三价铬和六价铬可以相互转化。

4. 用途

铬用于制不锈钢和汽车零件。

5. 生理功能

铬是人体内必需的微量元素之一，三价的铬是对人体有益的元素，而六价铬是有毒的。铬的毒性与其存在的价态有关，六价铬比三价铬毒性高 100 倍，并易被人体吸收且在体内蓄积，它是正常生长发育和调节血糖的重要元素。铬在人体内的含量约为7 mg，主要分布于骨骼、皮肤、肾上腺、大脑和肌肉之中。它能帮助胰岛素促进葡萄糖进入细胞内的效率，是重要的血糖调节剂。

当铬缺乏时，就很容易表现出糖代谢失调的症状，并诱发冠状动脉硬化导致心血管病，严重的会导致白内障、失明、尿毒症等并发症。

6. 毒理学资料及环境行为

六价铬污染严重的水通常呈黄色，根据黄色深浅程度不同可初步判定水受污染的程度。刚出现黄色时，六价铬的浓度为2.5~3.0 mg/L。

致癌性判定：动物为可疑反应。

危险特性：其粉体遇高温、明火能燃烧。

7. 应急处理处置方法

（1）泄漏应急处理：切断火源；戴好口罩和手套；收集回收。

国内处理含六价铬废水的常用方法有硫酸亚铁-石灰法、离子交换法、铁氧体法等。

（2）防护措施：一般不需特殊防护，但需防止烟尘危害。

（3）急救措施：

1）皮肤接触：脱去污染的衣服，用流动清水冲洗皮肤。

2）眼睛接触：立即翻开上下眼睑，用流动清水或生理盐水冲洗眼球。

3）吸入：脱离现场至空气新鲜处。

4）食入：饮足量温水，催吐，就医。

5）灭火方法：干粉、沙土。

8. 现场应急监测方法

速测管法；目视比色法；便携式分光光度法，见《突发性环境污染事故应急监测与处理处置技术》（万本太主编）；便携式比色计（六价铬）（意大利哈纳公司产品）。

9. 实验室监测方法

高锰酸钾氧化-二苯碳酰二肼光度法，GB 7466—87 水质（总铬）。

火焰原子吸收法，GB/T 17137—1997 土壤（总铬）。

直接火焰原子吸收法，GB/T 1555.5—95。

硫酸亚铁铵容量法，GB/T 1555.8—95。

二苯碳酰二肼光度法，GB/T 1555.4—95 固体废物浸出液（六价铬）。

二苯碳酰二肼光度法，GB 7467—87 水质（六价铬）。

二苯碳酰二肼比色法，CJ/T 97—99 城市生活垃圾（总铬）。

二苯碳酰二肼光度法，见《空气和废气监测分析方法》（国家环保局编）空气和废气（六价铬）。

原子吸收法，《固体废弃物试验分析评价手册》（中国环境监测总站等译）固体废弃物（总铬）。

10. 超标事件

2012年4月，据调查，9家药厂生产的13个批次药品所用胶囊铬超标，最高超标

90倍，这13个产品被暂停销售和使用。

在调查华星、卓康两家胶囊厂时，分别对白袋子明胶原料和药用胶囊成品进行取样送检，两厂明胶铬含量分别是62.43 mg/kg和103.64 mg/kg，分别超标30多倍和50多倍；胶囊铬含量分别为42.19 mg/kg和93.34 mg/kg，分别超标20多倍和40多倍。

1.2.5　铜（Cu）

1. 铜

铜是一种金属化学元素，也是人体所必需的一种微量元素。铜也是人类发现最早的金属之一，是人类广泛使用的一种金属，属于重金属。

2. 物理性质

铜是呈紫红色光泽的金属，密度8.92 g/cm^3。熔点1 083.4 ℃±0.2 ℃，沸点2 567 ℃。有很好的延展性。导热和导电性能较好。

铜有29个同位素。Cu（63）和Cu（65）很稳定，在自然存在的铜中约占69%；它们的自旋量子数都为3/2。

3. 化学性质

铜是不太活泼的重金属，在常温下不与干燥空气中的氧化合，加热时能产生黑色的氧化铜：如果继续在很高温度下燃烧，就生成红色的Cu_2O。

在潮湿的空气中放久后，铜表面会慢慢生成一层铜绿（碱式碳酸铜），铜绿可防止金属进一步腐蚀，其组成是可变的。铜可以与卤素、硫、氯化铁溶液反应，与空气和稀酸反应，与浓盐酸反应，与氧化性酸反应。

4. 用途

铜是与人类关系非常密切的有色金属，被广泛地应用于电气、轻工、机械制造、建筑工业、国防工业等领域，铜作为内芯的导线在中国有色金属材料的消费中仅次于铝。

5. 铜冶炼

（1）火法炼铜：火法冶炼一般是先将含铜百分之几或千分之几的原矿石，通过选矿提高到20%～30%，在另一种反射炉内经过氧化精炼脱杂，或铸成阳极板进行电解，获得品位高达99.9%的电解铜。

（2）湿法炼铜：一船适于低品位的氧化铜，生产出的精铜称为电积铜。现代湿法冶炼有硫酸化焙烧-浸出-电积，浸出-萃取-电积，细菌浸出等法，适于低品位复杂矿、氧化铜矿、含铜废矿石的堆浸、槽浸选用或就地浸出。湿法冶炼技术正在逐步推广，湿法冶炼的推出使铜的冶炼成本大大降低。

6. 铜与人体健康

对生物而言，不论是动物或植物，铜的离子（铜质）是必需的元素。铜对于血液、中枢神经和免疫系统，头发、皮肤和骨骼组织，以及脑和肝、心等内脏的发育和功能有重要影响。铜在生物组织中以有机复合物状态存在，很多是金属蛋白，以酶的形式起着功能作用。

对人体的作用：人体缺乏铜会引起贫血、毛发异常、骨和动脉异常，以致脑障碍。但如过剩，会引起肝硬化、腹泻、呕吐、运动障碍和知觉神经障碍。

人体的需求量：成年人每天需要铜 0.05~2 mg，孕、产妇和青、少年（少年食品）的需要量还要多些。铜在人体内含量约 100~150 mg，血清铜正常值 100~120 μg/dL，是人体中含量位居第二的必需微量元素。

铜的吸收：吸收率 30%~40%。胃、十二指肠和小肠上部是铜的主要吸收部位，其肠吸收是主动吸收过程。

铜的排泄：铜主要通过胆汁排泄。

1.2.6 镍（Ni）

1. 镍

镍的 CAS 号为 7440-02-0，相对原子质量 58.69，镍属于亲铁元素。

2. 物理性质

镍是银白色金属，具有磁性和良好的可塑性。有好的耐腐蚀性，镍近似银白色、硬而有延展性并具有铁磁性的金属元素，它能够高度磨光和抗腐蚀。密度 8.902 g/cm^3，熔点 1 453 ℃，沸点 2 732 ℃。

3. 化学性质

镍不溶于水，常温下在潮湿空气中表面形成致密的氧化膜。在稀酸中可缓慢溶解，释放出氢气而产生绿色的正二价镍离子 Ni^{2+}，耐强碱。镍可以在纯氧中燃烧，发出耀眼白光。同样的，镍也可以在氯气和氟气中燃烧。对氧化剂溶液包括硝酸在内，均不发生反应。镍是一个中等强度的还原剂。镍在稀硝酸缓慢溶解。发烟硝酸能使镍表面钝化而具有抗腐蚀性。镍同铂、钯一样，钝化时能吸大量的氢。镍的重要盐类为硫酸镍和氯化镍。常压下，镍即可与一氧化碳反应，形成剧毒的四羰基镍［$Ni(CO)_4$］，加热后它又会分解成金属镍和一氧化碳。

4. 毒理学简介

金属镍几乎没有急性毒性，一般的镍盐毒性也较低，但羰基镍却能产生很强的毒性。羰基镍以蒸气形式迅速由呼吸道吸收，也能由皮肤少量吸收，前者是作业环境中毒物侵入人体的主要途径。人的镍中毒特有症状是皮肤炎、呼吸器官障碍及呼吸道癌。

致突变性：肿瘤性转化：仓鼠胚胎 5 μmol/L。

生殖毒性：大鼠经口最低中毒剂量（TDL0）：158 mg/kg（多代用），胚胎中毒，胎鼠死亡。

致癌性：IARC（国际癌症研究机构）致癌性评论，动物为阳性反应。

迁移转化：天然水中的镍常以卤化物、硝酸盐、硫酸盐以及某些无机和有机络合物的形式溶解于水。水体中的镍大部分都富集在底质沉积物中，沉积物含镍量可达18~47 mg/kg，为水中含镍量的 38 000~92 000 倍。土壤中的镍主要来源于岩石风化、大气降尘、灌溉用水（包括含镍废水）、农田施肥、植物和动物遗体的腐烂等。

5. 制备方法

（1）电解法：将富集的硫化物矿焙烧成氧化物，用炭还原成粗镍，再经电解得纯金属镍。

（2）羰基化法：将镍的硫化物矿与一氧化碳作用生成四羰基镍，加热后分解，又得纯度很高的金属镍。

（3）氢气还原法：用氢气还原氧化镍，可得金属镍。

（4）在鼓风炉中混入氧置换硫，加热镍矿可得到镍的氧化物。而此种氧化物再和与铁反应过的酸液进行作用就能得到镍金属。

（5）矿石经煅烧成氧化物后，再用水煤气或炭还原得到镍。

6. 生理功能

致敏性：镍是最常见的致敏性金属，约有 20%左右的人对镍离子过敏，女性患者的人数要高于男性患者，镍过敏性皮炎临床表现为瘙痒、丘疹性或丘疹水疱性皮炎，伴有苔藓化。

生理需要：由于膳食中每日摄入镍 70～260 μg/d，人的需要量是根据动物实验结果推算的，可能需要量为 25～35 μg/d。

过量表现：每天摄入可溶性镍 250 mg 会引起中毒。有些人比较敏感，摄入 600 μg 即可引起中毒。依据动物实验，慢性超量摄取或超量暴露，可导致心肌、脑、肺、肝和肾退行性变。

缺乏症：动物实验显示，缺乏镍可出现生长缓慢，生殖力减弱。

7. 应用领域

镍主要用于合金（配方，如镍钢和镍银）及用作催化剂（如拉内镍，尤指用作氢化的催化剂），可用来制造货币等，镀在其他金属上可以防止生锈。含镍成分较高的铜镍合金，不易腐蚀。

电解镍制造的不锈钢和各种合金钢被广泛地用于飞机、坦克、舰艇、雷达、导弹、宇宙飞船和民用工业中的机器制造、陶瓷颜料、永磁材料、电子遥控等领域。

1.2.7　锌（Zn）

1. 锌

锌的相对原子质量 65. 39，外观呈现银白色，原子序数 30，在化学元素周期表中位于第 4 周期、第ⅡB 族，是一种浅灰色的过渡金属。

2. 物理性质

当温度达到 225 ℃后，锌氧化激烈。燃烧时，发出蓝绿色火焰。

3. 化学性质

铅与铝相似，两性。既可与酸反应，又可与碱反应，也易从溶液中置换金、银、铜等。锌在自然界中，多以硫化物状态存在。

4. 主要用途

世界上锌的全部消费中大约有一半用于镀锌，不到 10%用于锌基合金，锌合金用于汽车制造和机械行业。锌约 7. 5%用于化学制品，约 13%用于制造干电池。

5. 国内生产基地

东北、湖南、两广、滇川、西北等五大铅锌采选冶炼和加工配套的生产基地，其铅产量占全国总产量的 85%以上，锌产量占全国总产量的 95%。

6. 环境影响

侵入途径：吸入、食入。吸入会引起口渴、胸部紧束感、干咳、头痛、头晕、高热、寒战等症状。粉尘对眼有刺激性。口服刺激胃肠道。长期反复接触对皮肤有刺激性。

7. 生理功能

（1）促进人体的生长发育：锌缺乏严重时，会导致侏儒症和智力发育不良。锌是脑细胞生长的关键，缺锌会影响脑的功能。

（2）维持人体正常食欲：缺锌会导致味觉下降，出现厌食、偏食甚至异食等症状。

（3）增强人体免疫力：锌元素是免疫器官胸腺发育的营养素，只有锌量充足才能有效保证胸腺发育，正常分化T淋巴细胞，促进细胞免疫功能。

（4）促进伤口和创伤的愈合：补锌剂最早被应用于临床就是用来治疗皮肤病。

（5）影响维生素A的代谢和正常视觉：锌在临床上表现为对眼睛有益，就是因为锌有促进维生素A吸收的作用。维生素A的吸收离不开锌。

（6）维持男性正常的生精功能：锌元素大量存在于男性睾丸中，男性一旦缺锌，就会导致精子数量减少、精子活力下降、精液液化不良等症状，最终导致男性不育。

（7）调节影响大脑生理功能的各种酶及受体：锌在各种哺乳动物脑的生理调节中起着非常重要的作用，与强迫症等精神方面障碍的发生、发展具有一定的联系。当人体内锌缺乏时，可能导致各种不良影响，可能导致情绪不稳、多疑、抑郁、情感稳定性下降和认知损害。

（8）缺锌后果：缺锌会导致消化功能减退，而消化功能减退主要表现为食欲不振。缺锌的儿童经常口腔溃疡，且生长发育变慢。缺锌会损害细胞的免疫功能，免疫力功能降低就会引起反复感冒或腹泻等。影响小孩的智力发育。锌有帮助生长发育、智力发育、提高免疫力的作用，需要适当补充锌。

1.2.8 砷（As）

1. 砷（As）

砷的相对原子质量为74.92，在化学元素周期表中位于第4周期、第ⅤA族，原子序数33，灰白色，非金属元素，有金属光泽的结晶块，质脆有毒，旧称“砒”。

2. 物理性质

单质砷的三种同素异形体是灰砷、黄砷和黑砷，其中以灰砷最为常见。

单质砷熔点817 ℃（在28个大气压下），加热到613 ℃，便可不经液态，直接升华，成为蒸气，砷蒸气具有一股难闻的大蒜臭味。砷的化合价+3和+5。第一电离能9.81 eV。

3. 化学性质

砷单质很活泼，在空气中加热至约200 ℃时，会发出光亮，于400 ℃时，会有一种带蓝色的火焰燃烧，并形成白色的三氧化二砷烟。金属砷易与氟和氧化合，在加热情况亦与大多数金属和非金属发生反应。不溶于水，溶于硝酸和王水，也能溶解于强碱，生成砷酸盐。砷不是金属，砷是一种具有金属光泽质脆而硬的非金属元素，由于其有金属光泽，砷在工业上常被称为“金属砷”，从性质上讲它是非金属，却有着很强的金属性，所以又被称为类金属。

砷在化学元素周期表的位置位于磷的下方，正是由于两者化学习性相近，所以砷很容易被细胞吸收导致中毒。

砷可区分为有机砷及无机砷，有机砷化合物绝大多数有毒，有些还有剧毒。另外有机砷及无机砷中又分别分为三价砷（As_2O_3）及五价砷（$NaAsO_3$），在生物体内砷价数可互相转变。

砷与汞类似，被吸收后容易跟硫化氢根或双硫根结合而影响细胞呼吸及酵素作用，甚至使染色体发生断裂。

4. 毒理学性质

单质砷无毒性，砷化合物均有毒性。三价砷比五价砷毒性大，约为五价砷的60倍；有机砷与无机砷毒性相似。人口服三氧化二砷中毒剂量为5~50 mg，致死量为70~180 mg（体重70 kg的人，约为0.76~1.95 mg/kg，个别敏感者1 mg可中毒，20 mg可致死，但也有口服10 g以上而获救者）。人吸入三氧化二砷的致死浓度为0.16 mg/m^3（吸入4小时），长期少量吸入或口服可导致慢性中毒。在含砷化氢为1 mg/L的空气中，呼吸5~10分钟，可发生致命性中毒。

急性砷中毒：急性砷中毒多为大量意外地砷接触所致，主要损害胃肠道系统、呼吸系统、皮肤和神经系统。

砷急性中毒的表现症状为可有恶心、呕吐、口中金属味、腹剧痛、米汤样粪便等，较重者尿量减少、头晕、腓肠肌痉挛、发绀以至休克，严重者出现中枢神经麻痹症状，四肢疼痛性痉挛、意识消失等。注意：皮肤癌与摄入砷和接触砷有关，肺癌与吸入砷尘有关。

5. 工业应用

砷的许多化合物都含有致命的毒性，常被加在除草剂、杀鼠药中等。砷为电的导体，被使用在半导体上。化合物通称为砷化物，常应用于涂料、壁纸和陶器的制作。

砷作合金添加剂生产铅制弹丸、印刷合金、黄铜（冷凝器用）、蓄电池栅板、耐磨合金、高强结构钢及耐蚀钢等。黄铜中含有重量砷时可防止脱锌。高纯砷是制取化合物半导体砷化镓、砷化铟等的原料，也是半导体材料锗和硅的掺杂元素，这些材料广泛用作二极管、发光二极管、红外线发射器、激光器等。砷的化合物还用于制造农药、防腐剂、染料和医药等。昂贵的白铜合金就是用铜与砷合炼的。

砷用于制造硬质合金，黄铜中含有微量砷时可以防止脱锌；砷的化合物可用于杀虫及医疗。砷和它的可溶性化合物都有毒。

6. 生理功能

砷自古以来就常为人类所使用，例如砒霜即是经常使用的毒药。砷也曾被用在于治疗梅毒。大量的羊、微型猪和鸡的研究结果提出，砷是必需微量元素。

7. 制备方法

气相还原法：用砷（AsH_3）制备，在制备砷过程中所混入的杂质为其他氢化物即硫化氢H_2S、硒化氢H_2Se、锑化氢SbH_3等。精制时，可先用液氮冷却进行液化分馏，再用氢氧化钾水溶液洗涤，最后通过$CaCl_2$、γ-Al_2O_3、P_2O_5等。所得到的精制砷在加热至600 ℃以上的石英管里热分解，析出单质砷，再经蒸馏，可以得到高纯度砷，纯度在99.999%以上。AsH_3在280 ℃以上几乎是完全热分解，为使分解完全，在石英管的加热层中，最好能填充石英制拉西环等填料。

8. 安全措施

世界卫生组织指出，每升低于 10 μg 的砷含量对人体是安全的。砷误食的急救与治疗策略：催吐或洗胃，肌内注射 5%二巯基丙磺酸钠。

对于急性砷化氢暴露主要在维持肾功能及输血补充被破坏的红细胞。在砷暴露来源不清楚时，最好不要让病人出院，应在相关机关确定其居住或工作环境安全后才让病人出院，以免进一步的暴露。

可以考虑螯合治疗的药物 DMSA（dimercaptosuccinic acid）（口服），建议使用剂量为每 8 小时 10 μg/kg 或是 350 mg/m^2 给 5 天，之后每 12 小时给 10 μg/kg 给 14 天。至于口服 D-penicillamine，虽然有报告称其对儿童的急性砷中毒有效，但是对实验动物却没有效果。

9. 预防措施

改饮低砷水是预防饮水型砷中毒最有效的措施。另外有研究发现，水果等抗氧化物质的摄入可能对砷中毒起保护作用。对含砷毒物要严加保管：砷剂农药必须染成红色，以便识别并防止与面粉、小苏打等混淆。外包装必须标有“毒”字。剩余的拌砷毒谷、毒饵应深埋，剩余的药种，应绝对禁止食用或作饲料。凡接触过砷制剂的器具，用后必须仔细刷洗，并不得再盛装任何食物。禁止用加工粮食的碾子等磨压砷制品。

1.3 重金属在环境要素中的存在及变化

1.3.1 铅

水体中铅污染物的主要来源有两个方面：

（1）大气降尘或降水（含铅可达 40 μg/L）通常是海洋和淡水水系中最重要的铅污染源。据统计，全世界每年由空气转入海洋的铅量为 40×10^6 kg。在大气中铅的各类人为污染源中，油和汽油燃烧释出的铅占半数以上。在汽车排气中所含有的铅，大多数是颗粒度为 0.2～1.0 μm 的细小微粒，还有一些是未发生反应的残余有机铅烟气。大气中所含微粒铅的平均滞留时间为 7～30 天。较大颗粒可降落于距污染源不远的地面或水体，但细粒的或水合离子态的铅可能在大气中飘浮相当长的时间。降落在公路路基近旁的铅污染物，很容易流散，经阴沟而流到淡水源中。这种污染在经过一段干旱期后会特别严重，这种情况下，铅积累在路基及其近旁，当干旱季节过后，就被降水带到河面。

（2）向水体排放的工业废水。冶金、金属加工、蓄电池、机器制造、化学药剂、石油加工、油漆颜料、纺织、火柴和照相材料等工业废水中均含有铅。

各种工业废水中含铅质量浓度各不相同。如铅、锌冶炼厂废水中含铅浓度为 5.0～7.0 mg/L；铜冶炼厂为 5.0～7.0 mg/L；锡加工厂为 0.4～1.0 mg/L；各种选矿厂精选浓缩机溢流液为 0.58～3.7 mg/L；铅-钨冶炼厂为 0～16 mg/L；铜矿尾矿出水为 0.01 mg/L；有色金属轧件厂试剂车间为 0.14 mg/L；铅-锌造矿厂废水为 5.5～11.0 mg/L；铅联合企业为 0.8～1.1 mg/L；铜-钨选矿厂尾矿废水为 16.0 mg/L；机床厂废酸洗液为 4.0 mg/L、洗涤水为 0.5～1.0 mg/L。

铅在水体中的形态化学、物理形态也是十分多样的。对世界范围内众多河流的有关资料进行归纳后可知，河水中约有15%～83%的铅是呈悬浮颗粒物结合的形态而存在，其中又有相当数量是与大分子有机物质相结合的以及被无机的水合氧化物（氧化铁等）所吸附在形态。在pH值大于6.0，而水体中又不存在相当数量的能与Pb^{2+}形成可溶性配合物的配位体时，则水体中的可溶状态的铅可能就所存无几了。

在酸性水体中，腐殖酸能与Pb^{2+}生成较稳定的螯合物，在pH大于6.5的水体中，黏土粒子强烈吸附Pb^{2+}（发生与腐殖酸竞争的情况），吸附生成物趋向于沉入水底。一般情况下，铅在腐殖酸成分中的浓集系数（铅在腐殖酸和沉积物中浓度比）为1.4～3.0。在向河水中加入Cl^-或NTA（氨基三乙酸）时，水底沉积物中铅即发生解吸，且两种情况下解析率之比为1∶10。

在天然水体中还存在一些无机颗粒状态的铅化合物，如PbO、$PbCO_3$、和$PbSO_4$等。此外还有各种水解产物形态：$PbOH^+$、Pb（$OH)_2$、Pb（$OH)_3^-$、Pb_2（$OH)^{3+}$、Pb_4（$OH)_4^{+4}$等。据测定，在pH值为8.5的海水中，各种无机形态铅配合物的分配为：88%$PbOH^+$、10%$PbCO_3$、2%（$PbCl^+$+Pb^{2+}+$PbSO_4$）。

有机铅化合物在水体介质中溶解度小、稳定性差，尤其在光照下容易分解。但在鱼体中已发现含占总量铅量10%左右的有机铅化合物，包括烷基铅和芳基铅。

1.3.2 汞

水体中汞污染物来源于氯碱工业、塑料工业、电池制造业、电子工业、热工仪器仪表制造业、农药工业、染料工业、冶金工业、化学工业、化学制药工业、油漆颜料工业及炸药工业等。含汞废水中一般约有一半以上的汞以悬浮状存在，其余的以溶解状态的无机汞和有机汞的形式存在，在一定的条件下，无机汞可转化为有机汞，主要是甲基汞和乙基汞。其毒性较无机汞更大。

汞在水体中的形态有Hg^0、Hg^{2+}和C_6H_5（CH_3COO）（乙酸苯汞，商品名赛力散，作为杀菌剂使用后散入水中）三种，经过一段时间后，相当部分的无机汞被富集于底泥和水生生物体内。一般汞在悬浮颗粒物和水体间的分配系数为1.34×10^5～1.88×10^5，Hg^{2+}的生物浓集因子约为5 000，而甲基汞为4 000～85 000。

不论是淡水或是海水，一旦含汞污染物排入水体，汞就与水中大量存在的悬浮颗粒物牢固地结合，结合程度由pH、盐度、氧化还原电位及颗粒物上在机配位体性质和数量等因素决定。二者结合后，生成相对密度更大的颗粒物而下沉。

1.3.3 镉

水体中镉污染物的来源可追溯到含镉矿物开采冶炼、各种镉化合物的生产和应用领域。镉主要存在于冶金、机器制造、仪表制造、化工、油漆颜料、纺织、飞机制造、汽车制造、蓄电池、塑料、磷肥、农药及照相材料等工业排出的废水中。根据资料报道，铅锌厂废水中镉浓度通常为1.5～5.0 mg/L；机器制造厂为1.0～6.0 mg/L；电镀行业混合废水中为0.6 mg/L。工业废水中镉浓度起伏幅度很大，从小于1.0 mg/L至400 mg/L以上。由于具有优良的抗腐蚀性能，并富有延展性，故镉在工业上的应用颇为广泛。

在海水中镉以$CdCl^+$和$CdCl_2$为其主要形态（合计占总量的92%），河水中的主要

形态为 Cd^{2+}、$CdCO_3$ 及稳定性很小的配合态镉。在 pH 值较高的水体中，镉能以被颗粒物吸附的形态存在。例如水体中所含土壤微粒、氧化物和氢氧化物胶体颗粒物以及腐殖酸等都对水体中的镉化合物有强烈吸附作用。当水体 pH 值降到一定范围时，呈负吸附状态，即此时原先含于氧化物中的镉被解吸而重新溶解。

水体中有机腐殖质对镉的吸附作用随 pH 增大而加强，腐殖酸对镉的吸附能力与含羧基的合成吸附剂的吸附能力相近。

镉在水体中状态分布也受水体环境氧化还原电位影响，随水体氧化性增强，吸附在沉积物表面的镉化合物会逐渐解吸而释放到水体中；相反，水体还原性提高，将有利于沉积物对镉的吸附。

与汞的情况相异，在水体（包括底泥）、水生生物中未发现烷基镉存在，被认为这类化合物在环境条件下极不稳定，即使能够生成，也会遇水迅速分解。

1.3.4 铬

水体中的铬污染物主要来源于冶金、金属加工、电镀、制革、油漆、颜料等行业排放的废水、废渣。另外，为了防止工业循环冷却水对设备的腐蚀，常须投加铬酸盐之类的抑制腐蚀的化学药剂，因而在其排污时常有铬排出。

铬是迁移性污染物，在进入环境后会导致土壤和地下水的严重污染。铬在土壤及地下水中主要以 Cr（Ⅵ）和 Cr（Ⅲ）的形式存在，其化学性质比较稳定，不易被微生物降解，可在植被和生物体内富集，铬进入人体后可在某些器官内积聚而不易被排出，Cr（Ⅵ）已被确认为是致癌物，并能在人体内积蓄，对皮肤和黏膜有剧烈的腐蚀性，长期接触会出现全身中毒症状。

1.3.5 砷

砷主要以+3 价态和+5 态存在于土壤环境中。水溶性部分多为 As 等阴离子形式存在，一般只占总砷的 5%~10%。这是因为进入土壤中的水溶性砷很容易与土壤中的 Fe^{3+}、Al^{3+}、Ca^{2+}、Mg^{2+}等离子生成难溶性的砷化合物；另一方面，土壤中的砷大部分与土壤胶体相结合，呈吸附状态，且吸附的牢固。基于以上两个原因，含砷污染物进入土壤后，主要积累于土壤表层，很难向下移动。

当土壤游离氧化铁含量增加时，对砷的吸收作用也相应增强，氢氧化铁吸附砷的能力相当于氢氧化铝的两倍以上。此外，黏土矿物表面上的铝离子也可以吸附砷。但有机胶体对砷无明显的吸附作用，因为它一般带静负电荷。

土壤氧化还原电位（Eh）和 pH 对土壤中砷的溶解性有很大的影响，Eh 下降和 pH 的升高显著提高砷的溶解性，随着 Eh 的下降，砷酸还原为亚砷酸，它不易被吸附，使砷的吸附量减少，可溶性砷的含量相应增高。随着土壤 pH 的提高，土壤胶体上正电荷减少，从而减少了对砷的吸附作用，可溶性砷的含量增高。

砷是植物强烈吸收积累的元素。植物对砷的吸收累积决定于土壤中的砷量。作物吸收的砷大部分积累在根部。其次是茎叶，籽实中的含量最少。说明作物从土壤中吸收的砷绝大部分分布在根和茎叶等生命旺盛的部位，向营养物质贮藏器官种子转移的很少。

有资料记载，土壤中砷的含量为0.1~40 mg/kg，植物中砷的含量为0.1~5 mg/kg。

1.4　重金属的危害

1.4.1　铅的危害

当人体中摄入多量铅后，主要效应与四个组织系统相关：血液、神经、肠胃和肾。急性铅中毒通常表现为肠胃效应，在剧烈的爆发性腹痛后，出现厌食、消化不良和便秘。铅中毒后对中枢神经系统和周围神经系统产生不良影响也是常见的。职业上接触铅的工人容易患贫血症，这是由于铅进入人体后截断了血红素生物合成途径的缘故。

1.4.2　汞的危害

汞的毒性因其化学形态的不同而有很大差别。经口摄入人体内的元素汞基本上是无毒的，但通过呼吸道摄入的气态汞是高毒的；单价汞的盐类溶解度很小，基本上也是无毒的，但人体组织和血红细胞能将单价汞氧化为具有高度毒性的二价汞；有机汞化合物是高毒性的，例如20世纪50年代和60年代在日本的水俣市和新潟市出现的水俣病即是由甲基汞中毒引起的神经性疾病。这种疾病是由于工厂（如乙醛生产工厂）废液中甲基汞排入水系，又通过食物链集于鱼体内，最后被人经口摄取所致。水俣病在日本曾引起近千人死亡。因甲基汞致人死命的事件还曾在伊拉克、巴基斯坦等国发生。

1.4.3　镉的危害

镉对生物机体的毒性像大多数其他重金属那样，通常与抑制酶系统的功能有关。人体的镉中毒主要是通过消化道与呼吸道摄取被镉污染的水、食物和空气而引起的。如偏酸性或溶解氧值偏高的供水易腐蚀镀锌管路而溶出镉，通过饮水进入人体。又如长期吸烟者的肺、肾、肝等器官中含镉量超出正常值一倍，烟草中镉来源于含镉的磷肥。镉在人体内的半衰期长达10~30年，对人体组织和器官的毒害是多方面的，能引起肺气肿、高血压、神经痛、骨质松软、骨折、肾炎和内分泌失调等病症。在日本曾发生过骇人听闻的“痛痛病”，镉中毒的受害者开始是腰、手、脚关节疼痛，延续几年后，全身神经痛和骨痛，最后骨胳软化萎缩，自然骨折，直至在虚弱疼痛中死亡。

大量调查研究发现，镉还是一种三致性和环境激素类毒物，经常接触的人，患前列腺癌的可能性增大，镉还可能引起呼吸道癌和肾癌。镉对胚胎生长发育有显著影响，由此引发的畸变有多种，以四肢、骨骼、颅脑畸形为多见。

1.4.4　铬的危害

铬吸收后可影响体内氧化、还原和水解过程，并可使蛋白质变性，使核酸、核蛋白沉淀，干扰酶系统。例如，六价铬或其在体内的代谢中间产物能与核酸、核蛋白结合，使遗传密码发生改变，引起细胞突变乃至癌变。

三价铬对人体几乎不产生有害作用，未见引起工业中毒的报道。六价铬对人主要是慢性毒害，它可以通过消化道、呼吸道、皮肤黏膜侵入人体，在体内主要积聚在肝、肾和内分泌腺中。通过呼吸道进入的则易积存在肺部。六价铬有强氧化作用，所以慢性中毒往往以局部损害开始逐渐发展到不可救药。经呼吸道侵入人体时，开始侵害上呼吸道，引起鼻炎、咽炎和喉炎、支气管炎。

1.4.5 砷的危害

砷可能在某些酶反应中起作用，以砷酸盐替代磷酸盐作为酶的激活剂，以亚砷酸盐的形式与巯基反应作为酶抑制剂，从而可明显影响某些酶的活性。三价砷会抑制含巯基（-SH）的酵素，五价砷会在许多生化反应中与磷酸竞争，因为键结的不稳定，很快会水解而导致高能键（如 ATP）的消失。氢化砷被吸入之后会很快与红细胞结合并造成不可逆的细胞膜破坏。低浓度时氢化砷会造成溶血（有剂量-反应关系），高浓度时则会造成多器官的细胞毒性。

思考题

1. 重金属、轻金属是如何划分的？黑色金属和有色金属是如何划分的？
2. 为何叫类金属砷？
3. 铅、汞、镉、铬、砷有哪些危害？
4. 铅、汞、镉、铬、砷是如何制备的？你知道哪些重金属污染事件？

第 2 章　重金属矿产资源开发与生态保护

2.1　重金属矿产资源开发基础知识

2.1.1　矿产资源的概念

资源是指环境中能为人类直接利用，并带来物质财富的部分。资源可分为自然资源和社会资源两大类。自然资源是在一定时期能够产生价值，提高人类当前和未来生活水平的自然环境因素。其中矿产资源作为最重要的自然资源之一，是国民经济重要基础支柱，对人类各种活动影响重大，可以说人类的一切文明成果都离不开矿产资源的支持，矿产资源的稳定供应对实现人类可持续发展至关重要。

1. 矿产资源的定义

矿产资源是指由地质作用形成于地壳内或地表的自然富集物，根据其产出形式(形态、产状、空间分布)、数量和质量，可以预期最终开采是技术上可行、经济上合理的，即具有现实和潜在经济价值的矿物或有用元素的集合体。它们以元素或化合物的集合体形式产出，绝大多数为固态，少数为液态或气态，习惯上称之为矿产。

从地质研究程度来说，矿产资源不仅包括已发现的经工程控制的矿产，还包括目前虽然未发现，但经预测（或推断）是可能存在的矿产；从技术经济条件来说，矿产资源不仅包括在当前经济技术条件下可以利用的矿物质，还包括根据技术进步和经济发展，在可预见的将来能够利用的矿物质。

2. 矿产资源的分类

按照矿产资源的可利用成分及其用途，矿产资源可分为金属、非金属和能源三大类。

（1）金属矿产资源：金属矿产是国民经济、国民日常生活及国防工业、尖端技术和高科技产业必不可少的基础材料和重要的战略物资。钢铁和有色金属的产量往往被认为是一个国家国力的体现。我国金属工业经过 50 多年的发展，已经形成了较完整的工业体系，奠定了雄厚的物质基础，我国已成为金属资源生产和消费主要国家之一。

（2）非金属矿产资源：非金属矿产资源系指那些除燃料矿产、金属矿产外，在当前技术经济条件下，可供工业提取非金属化学元素、化合物或可直接利用的岩石与矿物。此类矿产少数是利用化学元素、化合物，多数则是以其特有的物化技术性能利用整体矿物或岩石。因此，世界一些国家又称非金属矿产资源为“工业矿物与岩石”。

目前世界已实现工业利用的非金属矿产资源有 250 余种，年开采非金属矿产资源量在 250 亿 t 以上，非金属矿物原料年总产值已达 2 000 亿美元，大大超过金属矿产值。非金属矿产资源的开发利用水平已成为衡量一个国家经济综合发展水平的重要标志之一。

中国是世界上已知非金属矿产资源品种比较齐全、资源比较丰富、质量比较优良的少数国家之一。迄今，中国已发现的非金属矿产品有102种，其中已探明有储量的矿产90种。非金属矿产品与制品如水泥、萤石、重晶石、滑石、菱镁矿、石墨等的产量多年来居世界之冠。

（3）能源类矿产资源：能源类矿产资源主要包括煤、石油、天然气、泥炭和油页岩等由地球历史上的有机物堆积转化而成的“化石燃料”。能源类矿产资源是国民经济和人民生活水平的重要保障，能源安全直接关系到一个国家的生存和发展。

3. 矿产资源的基本特征

矿产资源种类众多，如我国通过大量的地质勘查工作，已发现矿产171种，有探明储量的155种，其中金属矿产54种，非金属矿产90种，能源及水气矿产11种。虽然不同矿种化学组成、开采技术条件、用途等各不相同，但都具有以下共同特性。

（1）有效性：矿产资源具有使用价值，能够产生社会效益和经济效益。

（2）有限性、非再生性：矿产资源是在地球的几十亿年漫长历史过程中，经过各种地质作用后富集起来的，一旦被开采后，相对短暂的人类历史，绝大多数不可再生。换言之，矿产资源只能越用越少，特别是那些优质、易探、易采的矿床，其保有量已日渐减少。

（3）时空分布不均匀性：矿产资源分布的不均衡性是地质成矿规律造成的。某一地区可能富产某一种或某几种矿产，但其他矿种则相对缺乏，甚至缺失。例如：29种金属矿产中，有19种矿产的75%储量集中在5个国家；石油主要集中在海湾地区；煤炭储量大国主要是中国、美国和俄罗斯；中国的钨、锑储量占世界总储量的一半以上，而稀土资源占世界总储量的90%以上。

（4）投资高风险性：矿产资源赋存隐蔽，成分复杂多变。在自然界中绝无雷同的矿床，因而矿产勘探过程中，必然伴随着不断地探索、研究，并总有不同程度的投资风险存在。勘探难度大、成本高、效果差、风险高，是一般工业企业不可比拟的。矿产资源的开发需要一个较长的周期，从矿山设计、基建、生产，一般都需要几年的时间。在此过程中，矿产品价格的变化，可能使原预测投资回报率受到影响。

（5）矿产资源开发的环境破坏性：矿产资源是地球自然环境系统中的组成部分，矿产资源的开发必然导致对环境的破坏，造成影响范围内的地表下沉、地下水位下降、土地资源破坏、森林资源锐减、生物资源减少等。另一方面，矿产资源开发过程中排出的废水、废气、废料，也会造成不同程度的环境污染。因此，矿产资源评估过程中，应充分考虑到这一因素。

（6）资源储量的动态性：矿产资源储量是一个动态变化的经济和技术概念。从技术层面而言，勘探力度的加强、勘探技术的提高、综合利用水平的进步，会使资源储量增加；资源开发利用会消耗储量。从经济层面而言，开采成本的降低和矿产品价格的升高，会使原来被认为无开采价值的储量，逐渐成为可供人类以工业规模开发利用的储量。

（7）多组分共生性：由于不少成矿元素地球化学性质的近似性和地壳构造运动与成矿活动的复杂多期性，自然界中单一组分的矿床很少，绝大多数矿床具有多种可利用组分共生和伴生在一起的特点。例如我国最大的镍铜矿山——金川集团有限公司，除主产金属镍和铜外，还伴生钴、硫、金、银、铂、钯、锇、铱、铑等多种有用元素。

（8）质量差异性：同一矿种不同矿山，甚至同一矿山不同矿体之间，矿石品位高低不一，资源质量差异巨大。影响资源质量的因素众多，主要包括：①地质因素，包括矿床地质特征、成矿环境、矿体空间形态、矿体产状、厚度及结构特征等；②地质工作程度，尤其是生产勘探程度、矿石取样研究程度等；③开采技术因素，主要指矿床开采方式、采矿方法、机械化水平、管理水平等；④矿石加工因素，主要指矿石进入选厂后的破碎程度和选矿工艺流程的技术水平。

4. 固体矿床埋藏要素

矿床埋藏要素是指矿床在地壳中的走向长度、埋藏深度、延伸深度、形状、倾角、厚度等几何因素。

（1）埋藏深度和延伸深度：矿体的埋藏深度是从地表至矿体上部边界的垂直距离，而延伸深度是指矿体上下边界之间的垂直距离（图1-2-1）。

（2）矿体形状：由于成矿环境和成矿作用的不同，矿体形状千差万别，主要有层状、脉状、块状、透镜状、网状、巢状等（图1-2-2）。

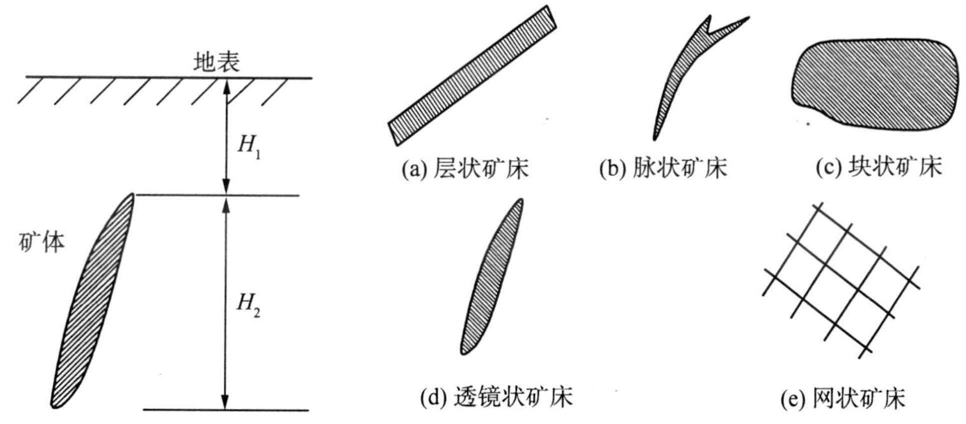

图1-2-1　矿体的埋藏深度和延伸深度

H_1——埋藏深度　H_2——延伸深度

图1-2-2　矿体形状

（3）矿体倾角：根据倾角大小，矿体可分为以下几类：

1）水平和微倾斜矿体：矿体倾角在5°以下。

2）缓倾斜矿体：矿体倾角为5°~30°。

3）倾斜矿体：矿体倾角为30°~55°。

4）急倾斜矿体：矿体倾角大于55°。

（4）矿体厚度：矿体厚度是指矿体上下盘之间的垂直距离或水平距离，前者称为垂直厚度或真厚度，后者称为水平厚度。除急倾斜矿体常用水平厚度来表示外，其他矿体多用垂直厚度表示。由于矿体形状不规则，因此厚度又有最大厚度、最小厚度和平均厚度之分。垂直厚度与水平厚度和矿体倾角有如下的关系（图1-2-3）：

$$H_v = H_1 \sin\alpha \qquad (1-1)$$

式中：H_v——矿体垂直厚度；

H_1——矿体水平厚度；

α——矿体倾角。

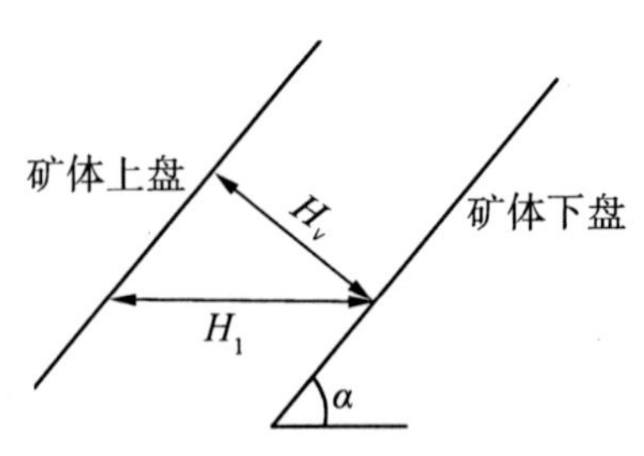

图 1-2-3　矿体厚度

H_v—— 矿体垂直厚度

H_1—— 矿体水平厚度

α—— 矿体倾角

矿体按厚度可分为 5 类：

1）极薄矿体：矿体平均厚度小于 0.8 m。

2）薄矿体：矿体厚度为 0.8~2.0 m。

3）中厚矿体：矿体厚度为 2.0~5.0 m。

4）厚矿体：矿体厚度为 5.0~20.0 m。

5）极厚矿体：矿体厚度大于 20.0 m。

5. 矿产资源可利用程度的表征指标

（1）矿产资源储量：矿产资源储量是指经过矿产资源勘查和可行性评价工作所获得的矿产资源蕴藏量的总称。我国新的《固体矿产资源储量分类》国家标准，采取经济意义、可行性评价程度和地质可靠程度三维分类模式。将固体矿产资源储量分为三大类（储量、基础储量、资源量）16 种类型。

（2）矿石品位：

矿石品位指单位体积或单位重量矿石中有用组分或有用矿物的含量。一般以重量百分比表示（如铁、铜、铅、锌等矿），有的用 g/t 表示（如金、银等矿），有的用 g/m^3 表示（如砂金矿等），有的用 g/L 表示（如碘、溴等化工原料矿产）。矿产品位是衡量矿床经济价值的主要指标。

（3）工业品位：工业品位是矿产工业要求的一项内容，计算矿产储量的主要指标，是指工业上可以利用单个工程（或矿段或矿体）的最低平均品位。它是计算可能利用储量（表内储量）的下限。工业品位的确定是与矿床特征、开采条件、矿石类型及选、冶加工技术性能有密切关系。此词含义实指最低工业品位或最低可采品位，为了避免混淆，现已少用。

（4）边界品位：边界品位是矿产工业要求的一项内容，计算矿产储量的主要指标。指划分矿与非矿界限的最低品位，即圈定矿体时单位个矿样中有用组分的最低品位。边界品位是根据矿床的规模，开采加工技术（可选性）条件，矿石品位、伴生元素含量等因素确定的。它是圈定矿体的主要依据。在国外，没有工业品位要求，边界品位是圈定矿体的唯一品位依据。

（5）精矿品位：矿石经过经济合理地选矿流程选别后，其主要有用组分富集，成为精矿，它是选矿厂的最终产品。

（6）尾矿品位：矿石经过选别、综合利用处理后，其主要有用组分富集成精矿，而其它残留物质称尾矿。尾矿中主要有用组分的含量称为尾矿品位。它是选择经济合理选矿方案，评价矿石可选性的重要参数。

（7）矿石工业品级：矿石工业品级简称矿石品级，是矿产工业要求的一项内容。在一个工业类型矿石中，根据矿石的有用组分、有害组分的含量，物理性能、质量的差异以及不同用途的要求等，对矿石（矿物）所划分的不同等级，称为矿石工业品级。

例如炼钢用铁矿石，按化学成分可分为四个品级（表 1-2-1）；耐火黏土根据有用组分、有害组分的含量及物理性能（耐火度、烧失量），可以分为多种作用的不同等级；云母矿床中按厚片云母片内最大内接矩形面积（单位：cm^2）分为 9 个型号的云母等；金刚石根据它的重量、物理性能等也分为几种不同用途的品级。因此矿石品级的划分，不同矿种有不同的要求。它是合理开采、合理利用矿产资源的重要依据。

表 1-2-1　炼钢用铁矿石工业品级划分

级别	化学成分（%）			
	Fe	SiO_2	S	P
一级品	≥62	≤8	≤0.1	≤0.1
二级品	≥60	≤10	≤0.1	≤0.1
三级品	≥58	≤12	≤0.12	≤0.15
四级品	≥56	≤13	≤0.15	≤0.15

6. 矿产勘查

矿产勘查是研究矿产形成与分布的地质条件、矿床赋存规律、矿体变化特征及工业矿床最有效查明和评价方法。其主要研究对象是矿产（或矿床）的勘查与评价，主要研究方法是据矿床自然特征及矿产勘查开发的技术经济因素等进行地质、技术和经济评价。中国现行勘查阶段依工作程度从低到高分为：矿产预查、矿产普查、矿产详查和矿产勘探，相应提交各种级别的资源储量。

2.1.2　我国矿产资源的基本特点

1. 贫矿多，富矿少

铁矿中，76%的储量品位小于 35%，只有 0.2%的储量品位大于或等于世界公认富矿品位 60%；锰矿中，95%的储量品位小于 20%；铜矿中，99%的储量品位小于 1%。我国斑岩型铜矿的平均品位为 0.5%。

2. 小矿区多、大矿区少，但大矿区所占储量比例并不低

煤矿储量规模大于 5 亿 t 的数量占煤矿产地的 2.3%，占总储量的 49.67%；

铁矿大型储量规模的数量占铁矿产地的 4.4%，储量占总储量的 71.17%；

铝土矿大型储量规模的占铝土矿产地的 10.3%，储量占总储量的 41.73%。

3. 矿产种类多

我国是世界上少数矿产种类齐全、总量丰富的资源大国之一。共发现矿产 171 种，探明有储量的 157 种。探明的资源总量占世界第三位。

4. 共伴生矿多，独立矿少，质量差，成分复杂

我国 2/3 以上的磷矿品位低，难选难富集；我国钨矿储量中 83%为难选冶、低品位的白钨矿混合矿物，目前基本没有开发利用。我国铁矿 90%以上的储量属于“贫、细、杂”，使加工成本高于国外同种产品的 18%，在国际市场中处于明显劣势。2006 年河北地区铁矿品位开到 7%~8%。

2.1.3 采矿

1. 露天开采

所谓露天开采，就是通过剥离矿体之上及其周围的岩石，把矿体揭露、采出。露天开采适用于矿体（或矿体的上部）埋藏较浅的矿床。

（1）台阶：露天矿在垂直方向上是以台阶为单元进行开采的。台阶的上部平面称为坡顶面（图 1-2-4）；下部平面称为坡底面；两者之间的斜面称为台阶坡面。台阶坡顶面与台阶坡面的交线称为坡顶线（也称为山沿线）；台阶坡底面与台阶坡面的交线称为坡底线（也称为下沿线）；台阶坡面与水平面的夹角 α 称为台阶坡面角。台阶的坡顶面与其坡底面之间的垂直高度 H 称为台阶高度。

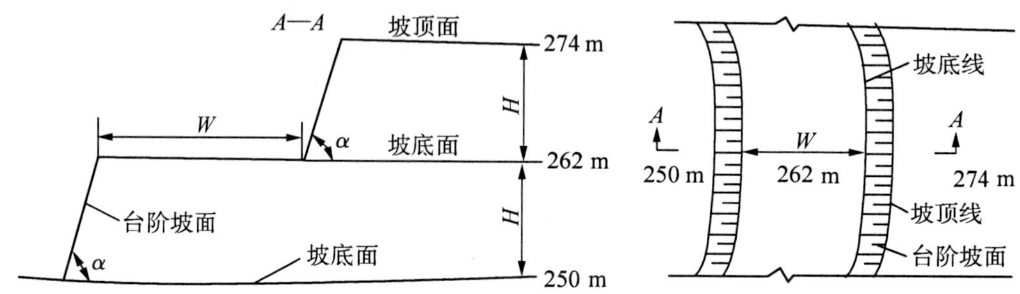

图 1-2-4 台阶的组成要素

（2）工作平盘：仍然处于被开采状态的台阶称为工作平盘，也称工作台阶或工作平台（图 1-2-5）。

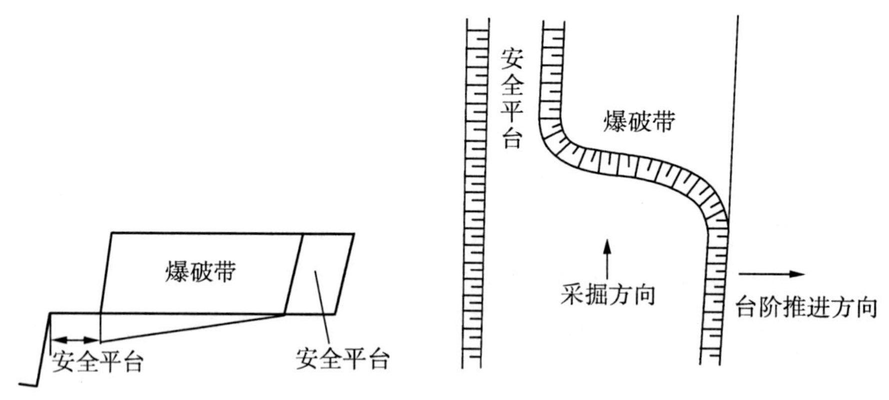

图 1-2-5 工作平盘的局部示意图

（3）安全平台：在开采过程中，工作台阶不能一直推进到上个工作台阶的坡底线位置，而是应留有一定的宽度，留下的这部分称为安全平台，其作用是收集从上部台阶滑落的碎石和阻止大块岩石滚落。

（4）最终开采境界：由于受到技术条件的制约和出于经济上的考虑，一般只有一部分地质储量的开采是技术上可行的和经济上合理的，这部分储量称为开采储量。圈定开采储量的三维几何体称为最终开采境界。

（5）生产剥采比：露天生产过程中某一时段（或某一开采区域）内的废石量与矿石量之比称为生产剥采比。常用的生产剥采比的单位有 t（废石）/t（矿石），m^3（废石）/m^3（矿石），m^3（废石）/t（矿石）。

（6）排土作业：将剥离的废石运输到排土场进行排弃称为排土作业。

1）排土场：按与采场的相对位置，排土场可分为内部排土场与外部排土场。

排土场的要素包括：阶段高度、堆置高度、平盘宽度和容积。

2）排土工艺：对于内部排土场，当所开采的矿体厚度与所剥离的岩层厚度不大时，剥离下的废石可使用大型机械铲和索斗铲直接倒入采空区内；当矿体较厚、剥离量大且排移距离较大时，必须通过某种运输方式把废石运到采空区，进行内部排土。

根据废石的运输与排弃方式及所使用的设备不同，外部排土的排弃工艺可分为公路运输排土、铁路运输排土和胶带运输排土。

2. 地下开采

（1）矿床开拓：矿床开拓就是通过掘进一系列井巷工程，建立地表与矿体之间的联系，构成一个完整的提升、运输、通风、排水、供风、供水、动力供应系统，以便把地下将要采出的矿石和废石运至地面；把新鲜空气送入地下，并把地下污浊空气排出地表；把矿坑水排出地表；把人员、材料和设备等送入地下和运出地表。为此目的而掘进的井巷，称为开拓巷道。

（2）崩落采矿法：崩落采矿法为一个步骤回采，随回采工作面的推进，同时崩落围岩充满采空区，从而达到管理和控制地压的目的。崩落围岩充满采空区，是应用本类采矿方法的必要前提。

（3）空场采矿法：空场采矿法是指将矿块划分为矿房和矿柱，先采矿房后采矿柱（分两步开采）。回采矿房时所形成的采空区，靠矿柱和矿岩本身的强度支撑。矿石和围岩均稳固，是使用本类采矿法的理想条件。

（4）充填采矿法：充填采矿法分为矿房和矿柱两步回采。回采矿房时，随回采工作面的推进，逐步用充填料充填采空区，防止围岩片落，即用充填采空区的方法管理地压。个别条件下，用支架和填充配料配合维护采空区，进行地压管理。因此，不论矿石和围岩稳固或不稳固，均可应用本类采矿方法。

2.1.4 选矿

1. 粉碎与分级

选矿处理的物料通常是有用矿物（组分）与脉石矿物或有用矿物紧密连生在一起的，要用物理的方法将它们分离为单独的产品，必须将连生在一起的各矿物（组分）单体解离。同时，不同选矿方法受到严格的粒度限制。矿物粒度过粗，有用矿物与脉石矿物没有单体解离，无法分选；过细则由于现有选矿方法难以控制而无法回收。因此，有用矿物与脉石矿物的单体解离程度直接影响分选指标。

（1）粉碎：包括破碎与磨矿，是选矿生产中的重要环节。通过粉碎，大块物料在外力作用下粒度减小，连生体破裂，从而引起矿物解离和解离增加。但是，粉碎就会产生微粒，出现过粉碎的可能。

（2）分级：把物料按颗粒大小（粒度范围）分成若干粒级的作业。

2. 选矿方法

(1) 重选：是在分选介质中，利用不同矿物颗粒间密度的差异，将物料群进行分离的过程。颗粒的粒度和形状影响其按密度分选的精确性。

(2) 磁选：是利用各种矿物（物料）的磁性差别，在磁选设备的不均匀磁场中实现分离的一种选别方法。磁选被广泛用于黑色金属矿石的选别，有色金属和稀有金属矿石及一些非金属矿石的精选、提纯。

(3) 浮选：是依据不同固体矿物表面物理化学性质的差异，借助气泡，选着性地富集一种或几种目的矿物，实现矿物分选的过程。

(4) 电选：是利用自然界各种矿物和物料电性质的差异使之进行分离的一种选矿方法；有色金属和稀有金属矿石（黑钨矿、锆英石、金红石、钛铁矿等）、黑色金属矿石（铁矿石、锰矿石、铬铁矿）和非金属矿石（金刚石、石墨、石棉、陶瓷原料、玻璃原料等）以及铀矿石的分选方面。

(5) 拣选：从大块原料矿中挑选出有价值的矿块，废弃不值得进一步加工的脉石。

(6) 化学分选：是矿物原料的一种化学处理、加工方法。它是利用不同的矿物原料在化学性质上的差异，采用化学方法直接处理矿物原料或中间产品（废渣），改变其有用组分的存在形态，从中制取化学精矿或单独产品（金属或金属化合物）的加工方法。

(7) 微生物选矿：通过多种途径对矿物作用，将矿物中的油价元素转化为溶液中的离子。利用微生物的这种性质，结合湿法治金等相关工艺，形成了生物至金技术(生物浸矿技术)。

2.2 矿山工业污染及危害

2.2.1 矿山工业对大气污染危害及特点

1. 大气污染来源

(1) 采矿污染源：矿山生产因大量使用大型移动式机械设备和大爆破，使矿内空气产生一系列尘毒污染，如爆破和采用柴油机为动力的设备等。常见的污染物质主要有粉尘、有害有毒气体（H_2S，SO_2，CO，NO_2 等）和放射性气溶胶。

(2) 选矿污染源：选矿生产过程中产生的大量粉尘和有毒物质，也是矿区大气污染的重要因素，在自然及运输车辆产生的风流作用下，会将尾矿粉直接扬起，使大气中粉尘浓度非常高，严重地污染矿区空气。

2. 大气污染特点

(1) 由于生产工序的不同，产尘量与所用的机械设备类型、生产能力、岩石性质、作业方法及自然条件等许多因素有关。

(2) 开采强度大，机械化程度高，受地面气象条件影响，产生的气体常具突发性。如爆破，不利的气象条件及不良的自然通风方式可使局部污染扩散全矿。

2.2.2 矿山工业对水体污染危害及特点

1. 污水来源

在矿山范围内，从采掘生产地点、选矿厂、尾矿坝、排土场及生活区等地点排出的废水，统称为矿山废水。

（1）矿坑水：也称为矿井水，主要组成有地下水、老窿水涌入巷道、采矿生产工艺形成的废水、地表降水通过裂隙、地表土壤及松散岩层或其他与井巷相联的通道流入井下或露天矿场。

（2）矿山工业用水产生的废水。

（3）矿山酸性废水的来源。

在金属矿山，由于矿石或围岩中含有硫化矿物，它们经氧化、分解并溶解在矿坑水源之中，从而使之形成酸性废水。

2. 矿山废水的污染特点

矿山废水有排放量大且持续时间长，污染范围大，影响地区广，成分复杂，浓度极不稳定等特点。

2.2.3 矿山工业固体废物污染危害及特点

1. 矿山工业固体废物来源

矿山工业固体废物属于工业固体废物，主要是指各类矿山在建井、开采、露天采矿过程中所产生的尾矿或废渣。其主要来源为在矿山建井、开采产生的剥离废石，以及对产生的矿产加工、洗选、冶炼都会产生大量的固体废弃物。

2. 矿山工业固体废弃物的污染特点

（1）占用土地、损伤地表。比如大量的煤矸石堆存，占用大量的土地。

（2）污染水体。煤矿固体废物中含有许多的混合盐类的溶液，以及重金属元素会产生物理和化学污染，影响地表径流和地下水。

（3）污染大气，如煤矸石自燃会产生大量 CO、CO_2、SO_2 等对大气产生严重污染的有害气体。石山经常粉尘飞扬，同样对大气环境产生严重污染。

（4）引发重大地质灾害，如煤矸石的堆放不合理会诱发滑塌、矸石流等环境地质灾害。

2.3 矿产资源开发保护措施

2.3.1 矿产资源开发监管的含义、任务、目的和范围

1. 矿产资源开发监督管理的含义

矿产资源监督管理是指地质矿产主管部门对矿业权人在从事矿产资源勘查、开发的过程中履行合理开发利用和有效保护矿产资源义务的监督管理。1987 年 4 月为加强矿产资源开发利用和保护，国务院发布《矿产资源监督管理暂行办法》。2001 年为进一步加强矿产资源勘查开采的监管，国土资源部发布《关于加强矿产资源勘查开采监督管理工作的通知》。2005 年为解决矿产资源开发中存在的深层次问题，国务院发布《关于全面整顿和规范矿产资源开发秩序的通知》。

2. 矿产资源开发监督管理的任务

我国实行统一管理、分工负责的矿产资源监督管理体制。各级国土资源行政主管部门的监督管理工作任务分工如下。

（1）国务院国土资源行政主管部门的监督管理职责：国务院国土资源行政主管部门主管全国矿产资源勘查开采的监督管理工作，主要包括如下职责：

1）制定全国性的矿产资源勘查开采与矿产资源合理利用监督管理的规章。

2）监督检查矿产资源管理法规的执行情况。

3）组织全国探矿权年检和采矿权年检工作。

4）指导全国矿山储量动态监督管理工作

5）建市矿产资源合理开发利用的考核指标体系及考核制度。

6）负责国家级矿产督察员聘任、资格培训和颁发证书。

7）组织或者参与矿产资源开发利用与保护工作的调查研究，总结交流经验。

（2）省级国土资源行政主管部门的监督管理职责：省、自治区、直辖市人民政府国土资源行政主管部门主管本行政区域内矿产资源勘查开采的监督管理工作，主要包括如下职责：

1）对本行政区域内矿产资源勘察开采与矿产资源合理利用进行监督管理和指导。

2）制定本行政区域内矿产资源勘查开采与合理利用的监督管理制度。

3）监督检查矿产资源法律、法规和规章执行情况。

4）指导市、县人民政府国土资源行政主管部门的监督管理工作。

5）依法查处矿产资源违法行为，决定并执行行政处罚。

6）组织本行政区域内探矿权年检和采矿权年检工作。

7）组织本行政区域内矿山储量动态监督管理工作。

8）负责审批地方级矿产督察员，对本行政区的矿产督察员进行日常管理，根据需要向矿企业派出矿产督察员。

9）组织或者参与矿产资源开发利用与保护工作的调查研究。

（3）市（地）县（市）国土资源行政主管部门的监督管理职责：设区的市、自治州和县级人民政府国土资源行政主管部门，依法对在本行政区域内的矿产资源勘查开采进行监督管理，依法保护矿业权人的合法权益。主要做好以下几项工作：

1）贯彻执行矿产资源管理法律、法规和规章，参与起草本行政区矿产资源监督管理的实施办法。

2）监督检查矿产资源管理法规在本地区的执行情况。

3）负责组织本地区矿产资源勘查开采的日常巡查。

4）负责对探矿权人和采矿权人的日常监管。

5）参与矿产督察员的日常督察。

6）负责探矿权和上级管理机关发证的采矿权年检初审。

7）接受省级国土资源行政主管部门的委托，对矿产资源的违法行为进行行政处罚。

8）组织或者参与矿产资源开发利用与保护工作的调查研究，总结交流经验。

9）履行《中华人民共和国矿产资源法》及其配套法规所赋予的其他监督职责。

3. 矿产资源开发监督管理的目的

（1）加强矿产资源勘查开采范围、资源利用、矿山储量监督、矿山环境、依法缴费、违法开采、矿产资源保护的监督管理工作。维护矿产资源开发秩序。

（2）对矿山企业、勘查施工的单位和个人进行监督管理，依法保护探矿权人、采矿权人的合法权益。

（3）促进地方经济发展，增加地方财政收入，改善当地群众生活条件，加快基础设施建设，带动相关产业的发展，增加就业机会。

（4）合理开发矿产资源，保障可持续发展，使资源的开发利用控制在其承载力范围之内，实现资源效益、经济效益与社会效益的统一。坚持在保护中开发，在开发中保护，走可持续发展的道路，努力提高矿产资源利用水平，加强矿山环境与生态保护。

4. 矿产资源开发监督管理范围

（1）勘查监督：监督对象包括勘查投入、勘查范围、勘查施工、违法勘查等。

（2）开采监督：监督对象包括开采范围、资源利用、矿山储量监督、矿山环境、依法缴费、违法开采等。对开采方法、选矿工艺、尾矿、矸石、废石等矿业固体废物的产生量和储存量进行监督。尾矿、矸石、废石等矿业固体废物储存设施停止使用后要采取环境保护措施，防止造成环境污染和生态地质环境破坏。

2.3.2　矿山工业生产过程的监管

1. 环境保护相关制度的执行情况监管

（1）环境影响评价制度执行情况监管：检查新建、改建和扩建矿山项目是否进行环境影响评价；环境影响评价文件是否经由有审批权的环境保护主管部门批准。检查污染防治设施和生态保护措施是否符合环境影响评价审批文件和相关要求，是否与主体工程同时设计、同时施工、同时投产使用。

（2）矿山生态环境保护与恢复治理工程监管：建立了矿山生态环境保护与恢复治理机制的地区，检查矿山企业是否按规定编制并执行矿山生态环境保护与恢复治理方案。

2. 探矿过程监管

（1）检查钻探和槽探作业点数量、密度与勘探范围与设计要求的符合性：钻探方式探矿的，检查钻探冲击性噪声污染情况、泥浆水外泄情况。坑探方式探矿的，检查坑下废石（含矸石）堆存处置情况、坑下废水各因子（含放射性）达标排放情况。

（2）了解探矿作业便道建设对地表植被的影响和损毁情况：钻探方式探矿的，了解局部地表破坏情况。槽探方式探矿的，了解表层土的回填情况、回填不及时造成的水土流失情况。坑探方式探矿的，了解采空区地表塌陷、开裂、损毁或影响地表相关建、构筑物及田土、植被等情况，了解地下水疏干漏斗疏排相关地域（含河流、水库、湖泊、溪流、井泉、农田等）地表水的情况。

3. 采矿过程监管

（1）露天开采的检查内容：

1）检查矿石与废石堆场的规范化建设情况、物料输送管路建设情况、运输粉尘（含煤尘）对大气环境的污染情况及治理措施；露天水力开采矿山的，检查沉淀池建设情况；检查爆破作业环境噪声、震动污染情况。

2）了解露采封闭圈范围内对生态环境的影响和破坏情况（含对地表植被破坏、表土剥离和水土流失、难以恢复的裸露采坑）；了解废石堆场（排土场）对地表的占压（含对地表植被、田土的占压）情况；了解废石堆失衡垮塌，引起泥石流等灾害对下游环境（含人居环境）的冲击与覆盖的环境风险；了解采掘区疏干水排出后整个矿区地下水水位的下降情况和周边植被的变化情况。

（2）井下开采的检查内容：

1）检查矿石与废石堆场及运输粉尘（含煤尘）对大气环境的污染及治理措施。

2）了解井下废石（含矸石）堆场占压地表情况及回填情况；了解地下水疏干漏斗疏排相关地域（含河流、水库、湖泊、溪流、井泉、农田等）的地表水的情况；了解采空区地表塌陷、开裂，损毁对地表相关建、构筑物及田土、植被影响。

4. 选矿过程监管

（1）破碎磨矿作业的检查内容：

1）检查破碎磨矿时产生的粉尘污染环境情况及治理措施。

2）检查环境噪声污染情况及所采取的降噪措施。

（2）选别作业的检查内容：

1）检查一类污染物产生情况。

2）如果有一类污染物产生，检查是否在适当的位置（如车间、生产装置排放口或进入常规污水处理设施前）进行处理及监控并达标排放。

3）如果没有一类污染物产生，确定废水产生源及主要污染因子，检查是否达标排放。

4）检查尾矿库及其配套污染治理设施建设情况。

5. 场区环境过程监管

（1）场区（特别是选矿废水处理装置区、尾矿库等特殊位置）是否采取防渗措施，并满足设计方案要求。

（2）生产、运输过程中是否存在跑、冒、滴、漏现象。

6. 废水污染防治设施监管

（1）废水来源：了解废水来源，确定矿山企业废水主要污染因子。

（2）进水水量和水质：各废水产生源水量（直接回用的除外）与污水处理设施进水量是否一致，同时检查污水处理站进水水质。

（3）处理工艺：根据处理工艺类型，判定处理工艺与污染物处理需求的匹配性。

（4）运行状态：检查来水颜色等表征特性，判断来水是否为矿山原水；废水污染防治设施是否正常运行；污泥处置方式是否符合要求。

（5）出水水量及水质：检查污水处理站出水量及水质的达标排放情况。

（6）循环水系统排水处理利用：检查矿井废水、选矿废水（含尾矿库溢流水）是否循环利用并实现闭路循环，未循环利用的部分是否进行收集并经处理达标后排放。

（7）排放口和自动监控：检查污染物排放口的数量和位置、污染物排放方式和排污去向，与企业排污申报登记、环评批复文件的一致性；检查是否设置符合国家标准《环境保护图形标志》（GB 15562.1—1995）规定的排放口标志牌，是否有偷排、漏排或采取其他规避监管的方式排放废水的现象；检查自动监控设施安装、运行、联网验收情况，自动监控设施的定期比对监测及数据有效性审核情况；检查自动监控设施显示的数据，是否能查阅历史数据；根据历史数据显示的浓度曲线，检查日常超标情况和频次；检查是否存在闲置、私改电路、违规设定参数等现象，探头位置是否规范，数据线是否有效连接探头及监控仪器。

7. 大气污染防治设施监管

（1）大气污染源：主要包括矿石与废石堆场及运输粉尘（含煤尘），破碎、磨矿产生的粉尘，干滩面积较大尾矿库在起风季节产生的扬尘。

（2）检查内容：①无组织排放的扬尘，检查堆场（尾矿干滩）的抑尘措施及其效果；②破碎机产尘口集尘罩是否密闭；③颗粒物是否达标排放。

8. 环境噪声污染防治设施监管

（1）噪声来源：矿山环境噪声主要包括以钻探方式探矿产生的冲击性噪声，采矿场地面高噪装备与爆破噪声，破碎、磨矿产生的环境噪声。

（2）检查内容：逐一检查主要噪声源位置、个数，以及所采取的隔声降噪措施。

9. 固体废物处置设施监管

矿山固体废物来源，包括坑探方式探矿的坑下废石（含矸石），矿井下开采产生的井下废石（含矸石），矿井废水处理设施产生的污泥，破碎机产尘口集尘罩收集的灰渣，选别作业产生的尾矿等。

（1）产生量和处置方式：是否产生危险废物，各类固体废物产生量和处置方式；检查危险废物转移联单，是否擅自将危险废物运出场（厂）外。

（2）储存：检查危险废物储存设施和储存时间，是否按照危险废物储存污染控制标准（GB 18597—2001）。设置专用储存设施；储存时间是否超过 1 年，超过 1 年的是否由环保部门指定单位按照国家有关规定代为处置（处置费用由矿山企业承担）。危险废物是否按照危险特性进行分类储存，是否混入非危险废物中储存，是否设置危险废物识别标志。

检查露天储存的废渣、废矿等一般固体废物，是否按照一般固体废物储存、处置场污染控制标准（GB 18599—2001）设置专用的储存设施、场所。

（3）尾矿库：检查尾矿库中的物质是否存在危险废物；检查尾矿库选址及尾矿设施防流失、防扬散、防渗漏等措施；检查尾矿库是否存在违法排污现象；检查尾矿库下游拦截坝或拦截沟的建设是否满足实际需求；检查尾矿产生企业是否制定尾矿污染防治计划，是否建立环境保护制度。了解尾矿库是否具有安全生产许可证，尾矿库回水系统、防控系统以及设计储存容量和服务期，是否存在可能导致垮坝、引发突发环境事件发生的风险。

10. 其他生态保护措施监管

（1）防止地表占压破坏：矿山开发过程中，占压和破坏地表的情形主要包括：探矿作业便道建设，对地表植被的影响和损毁；钻探方式探矿会造成局部地表破坏；坑探和井下采矿出现地下水疏干漏斗，疏排相关地域（含河流、水库、湖泊、溪流、井泉、农田等）的地表水；坑探和井下开采，导致采空区地表塌陷、开裂，损毁或影响地表相关建（构）筑物及田土、植被；露采封闭圈范围内将原生态破坏成难以恢复的裸露采坑；露天开采废石堆场（排土场）和井下废石（含矸石）对地表植被和田土的占压。

（2）水土保持：矿山开发过程中，造成水土流失的情形主要包括：槽探作业表土剥离倒置在槽坑旁未及时回填，造成水土流失；露天坑、废石场、尾矿库、矸石山等永久性坡面未进行稳定化处理，引起水土流失和滑坡。

（3）土地复垦：矿山开发过程中，废石场、废尾矿库、废矸石山等固体废物堆场服务期满后，应及时封场和复垦，防止水土流失及风蚀扬尘等。复垦时应对土质进行监测并充分考虑对地下水的影响。对受污染的土地应进行风险评估和治理修复，禁止直接复垦开发。

（4）地质环境保护与治理恢复：矿山开发过程中，以槽探、坑探方式勘查矿产资源，探矿权人在矿产资源勘查活动结束后未申请采矿权的，应采取相应的治理恢复措施，对其勘查矿产资源遗留的钻孔、探井、探槽、巷道进行回填、封闭，对形成的危岩、危坡等应进行治理恢复，消除安全隐患。采选固体废物专用储存场所，应采取有效措施防止次生地质灾害发生。矿山关闭前，采矿权人应履行矿山地质环境治理恢复责任。

2.3.3　矿山工业污染治理措施

1. 矿山施工期污染物防治措施

（1）环境空气污染防治措施：矿山开采施工期对环境空气的影响主要是矿山工业场地平整以及车辆运输引起的扬尘污染影响。

1）对于矿山露采场地和地采工业场地基建剥离和场地施工扬尘，选择有经验、有资质的施工单位，做到文明施工。土方的挖掘、堆放要规范有序，将施工扬尘降到最低程度；施工中土方堆放场地要合理选择，应设在敏感点的下风向；易产生扬尘的施工材料要加盖帆布篷，洒落的施工材料要及时清理，弃土要及时清运；施工过程应不断对场地进行洒水，以防止在有风的条件产生扬尘，以减轻对周围环境的影响。

2）对于车辆运输扬尘，本次评价提出通过对运输道路适时定期洒水，以减少空气中的TSP（颗粒悬浮物）含量，并且加强对车辆运输材料的管理，当车辆运输石料、石灰、水泥、大沙等建筑材料时一定要加盖帆布篷，并且要放慢速度。这样也可以有效地抑制扬尘产生。

（2）噪声污染防治措施：基建施工和设备安装时期的大型机械，施工过程产生的噪声会对周围的环境产生一定影响，需选择性能良好且低噪声的施工机械，并注意保养，维持其最低噪声水平；对机械操作人员采取轮流工作制，减少工人接触高噪声的时间，并要求佩戴防护耳塞；合理安排施工时间，强化环境管理，强噪声设备应避免在夜间作业，尽量安排在白天进行，运输车辆也安排在白天进出，减轻对附近村民的影响。

（3）水污染防治措施

施工期间生产及生活污水在外排前需对其进行收集处理。

（4）固体废弃物的治理措施

施工期固体废弃物需按照《一般工业固体废物储存、处置场污染控制标准》及水土保持要求运至临时排土场堆放。

（5）加强施工过程中的环境监理工作

为减少建设项目施工期给周围环境产生的影响，建设单位必须加强对施工单位的监督管理，按照环境管理规章制度，聘请具有环境监理资格的人员对工程施工期进行环境监理。

2. 矿山营运期污染物防治措施

（1）环境空气污染防治措施分析：

1）矿石及废石堆场风蚀扬尘：为减少排土场及矿石周转场等对环境空气的污染，设计中设专人并配以人工洒水装置，定时洒水，洒水次数根据天气情况而定，干燥大风天气多洒水，多雨时可适当减少洒水次数，一般每天喷洒 3～5 次，每次 2～3 分钟，使矿石、废土石渣表面保持一定水分，以控制风蚀扬尘。

2）装卸运输扬尘：矿石在装卸过程中不可避免会产生少量扬尘，特别是汽车运输道路产生的扬尘，其污染物主要是 TSP。道路扬尘指聚积于道路表面的颗粒物，在外界风力或由于车辆的运动，使其离开稳定位置而进入环境空气。装矿石时不高于车厢、加盖帆布以控制矿石运输的扬尘污染。在所经村庄处应配置专人及时清扫路面，并定时洒水防尘。在通过村庄时应谨慎慢行，减少车辆颠簸，矿石抛撒。为了防治噪声影响，路面应经常维护修补，汽车也应经常维修保养，维持良好的车况，由专人维护路面平整，在重要敏感点附近路段两端设置限速标志等管理措施，最大限度地减轻对运输道路沿线居民的影响。

（2）废污水处理措施分析：矿山污废水原则上不外排，如需外排的要对其进行处理达标后再进行外排，避免了污水排放对周围环境的影响。

（3）噪声污染防治措施：

1）工程设计中尽量选用低噪声设备，从源头减轻噪声污染。

2）高噪声设备尽量布置在机房内。

3）根据高噪声设备特性分别采取隔声、减振、消声等措施。

4）要求车辆在道路和矿区限速行驶，在通过村庄时减速慢行，夜间禁止运输，以降低运输车辆噪声。

5）加强矿区绿化措施，降低噪声的传播。选择的树种应适宜于自然条件，对树形与色彩的选择应与建筑物和周围环境和谐。

（4）固体废弃物的治理措施：运营期产生的固体废弃物，主要生产期的废石全部运至废石场堆存，生活垃圾运到垃圾中转站处理。

2.4　综合利用与生态保护

2.4.1　矿山资源综合利用的概念

矿产资源综合利用是通过科学的采矿方法和先进的选矿工艺，将共生、伴生的矿产资源与开采利用的主要矿种同时采出，分别提取加以利用，即通过选矿和其他手段，将综合开采出的主、副矿产中的有用组分，尽可能地分离出来，产出多种价值的商品矿，同时通过一物多用，变废为宝，化害为利，消除“三废”（废气、废水、废渣）污染等途径，科学地使用矿产资源，从而全面、充分和合理地利用矿产资源。是依法有效保护环境，防止矿产资源浪费、破坏的重要措施。

2.4.2 我国重金属矿产资源综合利用现状

目前，我国矿产资源总的回采率仅为30%，低于世界平均水平20%。对共、伴生矿进行综合开发的仅有1/3，其采、选综合回收率及综合利用率也分别只有30%，而西方矿业发达国家从有色金属的选冶过程中回收利用的有价元素已达70多种，副产品价值占总产品价值的30%以上，其选冶综合回收利用率已达80%以上。

1. 我国共、伴生矿产资源综合利用水平低

目前有色金属行业70%以上共、伴生有价元素都能得到不同程度的综合利用，综合回收的共、伴生元素近40种。特别是包头稀土矿、攀枝花钒钛磁铁矿、金川镍矿等3个大型共生矿床，最近几年在选冶技术与产品利用方面都获得了多项技术成果，创造巨大经济效益和社会效益。我国已有一部分冶金企业综合利用率达到或超过70%。很多采选联合企业已初步形成了共、伴生矿产资源综合回收体系。综合回收的黄金产量现在已占总产量的1/4~1/3，银、铂族金属和稀散元素几乎100%都是综合回收的，近3/4的硫酸原料是从有色金属生产过程中综合回收的。但是总体上我国共、伴生矿产资源综合利用率不足20%，矿产资源总回收率约30%，而国外先进水平均在50%以上，差距分别为30%和20%。在品种上，我国综合利用的矿种只占可以开展综合利用矿种总数的50%左右。在数量上，我国铜铅锌矿产伴生金属冶炼回收率平均为50%左右，发达国家平均在80%以上，相差30%左右。我国伴生金的选矿回收率只有50%~60%，伴生银的选矿回收率只有60%~70%，与国外先进水平相比，均落后10%左右。

2. 废弃物的资源化利用程度低

我国有色金属工业固体废弃物回收利用率为69%，钢铁高炉渣回收率为85%，选矿尾矿为2%。煤矸石为17%，在日本，粉煤灰已基本上被利用。而我国目前的利用率仅为21%左右。废旧金属资源的二次利用率也很低，在每年新增总量中不到5%，而法国已超过30%，美国为25%~30%。

3. 尾矿的综合利用率低

尾矿是矿石经磨矿后进行选别，在当时条件下将有用矿物选出后，不宜再分选回收利用的矿山固体废料。它具有量大、集中、颗粒小的特点。由于我国伴生矿多，有的矿床中共（伴）生的有用组分价值大大超过了主矿产的价值，再加之我国选矿回收率低，这些共（伴）生矿物和有价元素的很大部分进入了尾矿之中，开发利用尾矿具有很大的经济效益。我国对尾矿的处理在很大程度上是采用荒地筑坝堆存，并采取一系列可靠的措施来进行维护管理。我国每年要花费10多亿元用于堆放尾矿，现有的尾矿已占地3 000 km^2，这对于我国这样一个人多地少的国家来说是非常不利的。我国的金属尾矿综合利用率不足10%。

4. 技术落后，利用总量少

我国目前还有许多小矿在采用最原始的手工挖矿的采矿方法。在国有企业中，工艺落后的现象也很严重，如我国国有重点煤矿采煤机械化程度比世界主要采煤国低20%。生产技术的落后直接导致了废物产出多，综合利用困难。据统计，全国金属矿山尾矿存量已超过50亿t，每年新增尾矿排放量约3亿t，而尾矿的综合利用率很低。我国工业“三废”总体综合利用率偏低，国外先进水平的矿产资源总回收率在50%以上，而我国只有30%。

5. 开发导致环境问题严重

一个地区的矿产开发必然会影响这个地区的生态环境，主要是对地形地貌的破坏和“三废”的排放。前者会造成严重的地质灾害，地表下沉，滑坡和泥石流等，后者则会对大气、江河、农田造成污染，而且会占用大量耕地。有色金属矿山企业是排出废渣最多的行业，很多废渣中含有重金属及有害元素，如铬、砷、铅、镉、铀、钍等。这些废渣会严重破坏环境，威胁人畜安全，且治理起来比较困难。

2.4.3　矿山资源综合利用前景展望

1. 综合利用潜力巨大

矿产资源综合利用是提高增量和盘活存量的统一，既需要提高增量，更需要盘活存量。提高增量就是地质勘查找矿工作，盘活存量就是将找到的资源用好，通过技术进步和指标改善，将低品位、共伴生、复杂难利用的矿产资源、废弃物等资源化，实现“一矿多开”“吃干榨净”，在提高资源利用效率和效益的同时，减少大规模找矿对环境的扰动和资源粗放利用的“三废”排放，同时也反过来促进技术进步和创新。目前我国有大量由于技术经济原因而呆滞的资源，盘活这部分资源不仅能增加企业的经济效益，提高国家的资源保障水平，而且能有效保护社会的生态环境，因此综合利用潜力巨大。

2. 共伴生资源丰富，潜在价值可观

我国矿产资源的特点之一是共伴生矿多。目前，国内已开发利用的141种矿产中，有87种是共伴生矿，占总数的63%。全国有色金属矿区中，有85%以上是多元素共伴生矿产。我国银储量的90%，金储量的45%，铂族金属储量的73%是以共伴生矿的形式产出的。有色金属矿床是贵金属矿的重要来源。因此，综合利用共伴生资源不但能提高资源利用效率和效益，而且能够减少共伴生资源废弃物排放，从而保护环境。

3. 技术取得突破，低品位矿利用成为现实

贫矿多、难选矿多是我国矿产资源的又一特点。低品位矿和难利用矿的回收利用对于减少矿山废弃物排放，从而降低矿业对环境的影响至关重要。目前，我国一些低品位资源利用技术达到国际先进水平，独立研发了包括油田稠油开采技术、超低品位铁矿开发利用技术、低品位铜矿利用技术和中低品位磷矿开发利用技术在内的一批具有重大影响的科技成果，将低品位资源转化为工业可利用资源，对于保护资源和节约集约利用资源意义重大。

4. 尾矿等矿山废弃物大量堆存，综合利用潜力巨大

尾矿作为排放量最多的矿山废弃物，近年来引发了诸多的环境和安全问题。据《中国资源综合利用年报》数据显示，目前我国尾矿累计堆存量达120亿t，且尾矿年产出量仍超过10亿t。2012年尾矿排放超过16亿t，当年新增尾矿约有18%得到利用。尾矿的用途主要有下列形式：尾矿再选回收有用矿物，用于生产建筑材料，用作充填材料，用作土壤改良剂及微量元素肥料，进行土壤复垦和生态恢复。矿山空场充填是尾矿利用的重要方式，约占尾矿利用总量的53%。铁矿山、金矿山、铜矿山是尾矿充填利用的主要领域，分别占尾矿利用总量的11.4%、18.0%、23.6%。未来随着胶结充填采矿技术的推广和新建尾矿库征地成本及难度的不断增加，尾矿利用将持续高速增长。

5. 再生金属资源与日俱增，利用前景广阔

再生金属的回收利用，可大大减少矿产资源的开发强度，节约资源，保护资源，减少环境扰动。随着我国经济持续快速发展，废旧资源的社会积存量迅速增多，尤其是物理化学性质比较稳定，可回收利用的再生金属资源，为我国再生金属资源利用提供了雄厚的物质基础。

思考题

1. 矿产资源是如何分类的？有何基本特征？
2. 露天采矿中排土工艺有哪些？地下开采有哪些采矿法？
3. 简述选矿过程和选矿方法。
4. 矿山工业的污染危害有哪些？各有什么特点？
5. 什么叫矿产资源开发管理？矿产资源开发监督管理的任务、目的和范围是什么？
6. 矿山工业污染治理的措施有哪些？

第3章　涉重金属污染行业类别

3.1　重有色金属采选业

重有色金属采选是重金属提炼的第一步，也是各种重金属环境污染中重要的行业污染源之一。

3.1.1　重有色金属矿采选业简介

在矿产开发过程中，需要较复杂的生产设备，同时需要对开采过程中产生的废物进行无害化处理，对当地生态进行修复。在矿产采选过程中，根据采、选矿工艺的不同，带来的污染物及对环境的危害有较大差别。

1. 重有色金属矿类别

重有色金属主要是以矿藏的形态存在于自然界中，其矿藏形式为重有色金属精矿，与其他金属、非金属及多种重有色金属伴生矿。各类重有色金属均存在精矿，但是贵金属由于含量低，多是与其他金属形成伴生矿。

2. 采矿工艺

金属矿开采工艺主要有露天开采和地下开采两种工艺。两种开采工艺有一定的差别，部分矿产会同时采用两种工艺。

(1) 露天开采：露天开采具有建设速度快、回采率高、开采成本低、作业安全性高等优点，但是也存在前期基建投资高、占用土地较多、开采完后采坑恢复困难等劣势。露天开采技术主要有露天陡帮开采、穿爆技术、高台阶技术、间断-连续开采等，各开采技术都有其独特的优势。露天开采主要由以下工艺和工作系统组成。

1) 确定开采范围：根据矿区内周围地形地势、重要构筑物、交通干线及其他保护目标情况，确定合理的露天开采范围。

2) 道路运输系统：在基建前期，要做好排渣、矿产中转和运输等道路系统的规划，并提前建设。

3) 穿孔：根据调查设计和预测，在矿岩内钻凿一定直径和深度的定向爆破孔。

4) 爆破：根据预测和设定的爆破参数，在爆破孔内填药爆破，必要时可对部分矿石进行二次爆破。

5) 采剥装载系统：对爆破后的岩体进行陡帮开采或缓帮开采剥离、装车。

6) 排渣系统：前期基建剥离表土及开采期间废矿石、尾矿等，渣场设置要考虑距离、运输方式、占地面积、防洪等。

7) 排水系统：主要考虑生产员工生活用水和污水、矿坑涌水、雨水等的排放问题。

8）通风系统：矿区采挖过程中爆破粉尘较大，可采用自然气流通风、管道通风等方式通风。

（2）地下开采：相对露天开采，地下开采建设速度慢、回采率低、开采成本高、作业安全事故隐患大，但是也具有占用土地少、开采受天气影响小、开采过程中粉尘排放量小等优势。地下开采技术主要有自然支护采矿法、人工支护采矿法、崩落采矿法等，各开采技术在某些方面有独特的优势。地下开采主要由以下工艺和工作系统组成。

1）矿床开拓：根据矿床的赋存条件与矿体的产状选用不同的矿床开拓方式，以便于运输、行人、通风排水。

2）采准：按照预定的计划和图纸，掘进一系列巷道，从而为矿块的切割和回采工作创造必要的条件。

3）切割：在采准工作的基础上，为回采矿石开辟自由面和落矿空间，从而为矿块回采创造必要的工作条件。

4）回采：从矿块里采出矿石的过程，是采矿的核心。

5）装载提升系统：将开采的矿石进行装车，经巷道车运至提升井，再用罐笼将矿车提升至地面或使用矿仓将矿车中矿石提升至地面。

6）排渣系统：前期基建打井、巷道掘进及开采期间废矿石、尾矿等，渣场设置要考虑距离、运输方式、占地面积、防洪等。

7）排水系统：主要考虑生产员工生活用水和污水、矿井涌水等。

8）通风系统：地下开采过程中矿井中内空气稀薄，需要强制通风。

3. 选矿工艺

由于金属矿原矿石含量低，在进行冶炼前需要先富集，即进行选矿。选矿是将原矿石通过物理、化学或物理化学方法，使所需矿物和岩石及其他杂质有效分离的生产过程。选矿过程主要有以下生产环节构成。

（1）破碎：使用机械方式使原矿石分阶段地逐渐变小的过程称为破碎。

（2）筛分：将每道破碎工序破碎后的矿石按粒径进行分离，符合要求的进入下道工序，不符合要求的返回上道工序重新破碎。

（3）磨矿分级：将筛分后达到要求的矿石研磨到设计粒径及以下并经分级机分级，以满足后续工艺要求，根据生产要求可多级研磨。

（4）富集：使用物理、化学、物理化学和微生物等方法将分级后的矿粉或矿浆与其他伴生矿或杂质分离形成精矿的过程称为富集。主要生产方法有重选、电磁选、浮选、化学选矿、细菌选矿等。

（5）脱水：将精矿和尾矿按照产品或其他要求脱除多余水分的工艺称为脱水。

3.1.2 有色金属矿采选业行业重金属污染特征

我国有色金属矿产品种多，分布广，资源总量大，但是富矿稀少，贫矿较多，且多为伴生矿床和中小型矿床。在开采过程中，对地表的扰动大，产生的污染物较多，对环境的影响严重。有色金属矿采矿及选矿过程中产生重金属污染物分别见表 1-3-1、表 1-3-2。

表 1-3-1　有色金属矿采矿污染特征

项目	污染物	产生部位	污染因子
废水	疏排水	矿井（坑）	重金属离子、SS
	雨水	露天矿坑、废石堆场和矿石堆场	SS、重金属离子
	生活污水	办公楼、宿舍、餐厅	COD、氨氮、SS
废气	粉尘	表土剥离、基建及井巷建设	含重金属的颗粒物
		道路	含重金属的颗粒物
		废石和矿石堆场	含重金属的颗粒物
	汽车尾气	运输及建设车辆	氮氧化物
	烟气	锅炉	SO_2、烟尘、NO_x
固废	废土石方	基建、表土剥离、掘进	
	尾矿	矿井	
	废矿物油	采掘设备、车辆	
	生活垃圾	办公楼、宿舍和餐厅	
噪声	噪声	爆破	
	噪声	采矿设备	
	噪声	运输车辆	
辐射	放射性	矿石	
		废石	

表 1-3-2　有色金属矿选矿污染特征

项目	污染物	产生部位	污染因子
废水	选矿废水	选厂	pH 酸性、重金属离子、SS、有机物、CN^-等
	雨水	尾矿库、厂区	SS、重金属离子
	生活污水	办公楼、宿舍、餐厅	COD、氨氮、SS
	粉尘	皮带运输转载点	含重金属的颗粒物
		破碎、筛分	含重金属的颗粒物
		尾矿库	含重金属的颗粒物
固废	尾矿	选矿过程	
	废包装	选矿添加剂包装	
	废铁	除铁器	
	生活垃圾	办公楼、宿舍和餐厅	

续表

项目	污染物	产生部位	污染因子
噪声		破碎、磨矿	
辐射	放射性	产品	
		尾矿	

3.2 重有色金属冶炼及压延加工业

3.2.1 有色金属冶炼及压延加工业简介

在国民经济行业分类中，没有“重有色金属冶炼及压延加工业”，而是把其拆分为各行业归于第 32 类“有色金属冶炼及压延加工业”。包括 3211“铜冶炼”、3212“铅锌冶炼”、3213“镍钴冶炼”、3214“锡冶炼”、3215“锑冶炼”3261“铜压延加工”。重有色金属冶炼有两种提取方法，一是火法冶炼，二是湿法冶炼。由于重有色金属矿通常以硫化物为主，因此大约 60%以上的重有色金属的提取采用火法冶炼。湿法冶金的历史大约可追溯到公元 1200 年，北宋时期就已能从胆矾（硫酸铜）溶液中提取铜。但是在冶金工业发展进程中湿法冶炼技术发展十分缓慢，真正意义上的现代湿法冶金直到 20 世纪 40 年代以后才逐步实现了工业化。由于湿法冶金在环境保护、生产成本、能源消耗以及对原料的适应性等方面具有独特的优势，近 50 年来发展十分迅速。

重有色金属火法冶炼是指用燃料、电能或其他能源产生高温，在高温下应用冶金炉把有价金属和精矿中的大量脉石等杂质分离开，提取金属或提纯金属（精炼）的各种作业。重有色金属火法冶炼的主要化学反应是氧化-还原反应，火法冶炼是提取纯金属最古老、最常用的方法。

重有色金属湿法冶炼就是将重有色金属矿物原料在酸性介质或碱性介质的水溶液进行化学处理或有机溶剂萃取、分离杂质、提取金属及其化合物的过程。

重有色金属湿法冶炼化学反应主要包括氧化、还原、中和、水解及络合等。湿法冶炼的一般步骤如下：

（1）将原料中有价金属溶解到酸或碱体系溶液中，在湿法冶金中将这一工序称作“浸出”。

（2）通过过滤使浸出液与浸出渣分离，同时将夹带于浸出渣中的溶剂和金属离子洗涤回收。

（3）浸出液的净化和富集。浸出液的净化一般采用化学沉淀、离子交换或溶剂萃取等方法。

（4）从净化液中提取金属或化合物。通常采用电解、电积或化学沉淀等方法。

压延加工是指将纯金属或者多种金属压延加工成产品或合金的生产活动。压延加工实际是指锻压（固态下成型）加工，只能对钢材进行锻压，铸铁不能进行锻压（原因是铸铁含碳量太高，很脆）。加工工序包括变形加工、切削加工、磨削加工、焊接、热处理等。如电线的加工，就是将纯铝通过熔化、铸型等步骤，使其成型。在我国，有色金属冶炼及压延加工业是基础产业，其产品是国民经济发展的基础材料，航空、航天、汽车、机械制造、电力、通信、建筑、家电等绝大部分行业都以有色金属材料为生产基础。经济的快速增长离不开对金属资源的高强度消费。所以，有色金属的冶炼及压延加工也是重金属污染的重要行业之一。

3.2.2　有色金属冶炼及压延加工业重金属污染特征

有色金属冶炼及压延加工业是资源、能源密集型产业，其特点是产业规模大、生产工艺流程复杂。其生产过程产生污染，其中包括大气污染、水污染、固体废物污染和噪声污染。

1. 铜冶炼

目前我国铜冶炼主要以火法冶炼为主，总产量占全部铜产量约 96%，湿法炼铜产量占全国铜产量约 4%。湿法炼铜在我国虽然规模还不大，但在近 20 年来也有了较快的发展，湿法工艺不仅可以处理一些难选的氧化矿和表外矿、铜矿废石等，而且随着细菌浸出和加压浸出的发展，亦可以处理硫化铜矿石，并能获得较好的经济效益，从而大大拓宽了铜资源的综合利用。

火法炼铜是生产铜的主要方法，特别是硫化铜矿，主要采用火法工艺。其生产过程一般由以下几个工序组成：备料、熔炼、吹炼、火法精炼、电解精炼，最终产品为电解铜。

湿法炼铜是在常温常压或高压下，用溶剂浸出矿石或焙烧矿中的铜，经过净液，使铜和杂质分离，然后用萃取-电积法，将溶液中的铜提取出来。对氧化矿和自然铜矿，大多数工人用溶剂直接浸出；对硫化矿，通常先经焙烧，然后浸出。

（1）大气污染：铜冶炼过程中产生的废气主要来源于：备料过程产生的含尘废气、工业炉窑烟气、环保通风烟气、电解槽等散发的硫酸雾、氯化处理工段产生的含氯尾气、制酸尾气等，见表 1-3-3。

表 1-3-3　铜冶炼过程中产生的大气污染物及其来源

工序	污染源	主要污染物	备注
干燥工序	干燥窑烟气	颗粒物、SO_2	
	精矿上料、精矿出料、转运	颗粒物	环保通风烟气
配料工序	抓斗卸料、定量给料设备、皮带运输设备转运过程中扬尘	颗粒物	
熔炼工序	熔炼炉烟气	颗粒物、SO_2、SO_3、NO_x、CO_2 等	
	加料口、硫放出口、渣放出口、喷枪孔、溜槽、包子房等处泄漏	颗粒物、SO_2、SO_3、NO_x、CO_2 等	环保通风烟气
吹炼工序	吹炼炉烟气	颗粒物、SO_2、SO_3、NO_x、CO_2 等	
	加料口、粗铜放出口、渣放出口、喷枪孔、溜槽、包子房等处泄漏		环保通风烟气

续表

工序	污染源	主要污染物	备注
精炼工序	精炼炉烟气		
渣贫化工序	炉窑烟气		
	加料口、粗铜放出口、渣放出口、喷枪孔、溜槽、包子房等处泄漏		环保通风烟气
烟气制酸	制酸尾气	含 SO_2、SO_3、粉尘	
电解工序	电解槽及其他槽	酸雾	
电积工序	电积槽及其他槽	酸雾	
净液工序	真空蒸发器	酸雾（160 ℃）	
	脱铜电解槽	酸雾、AsH_3 气体	
阳极泥处理工序	回转窑排料	粉尘	
	硒吸收塔	SO_2	
	贵铅炉	烟尘	
	分银炉	烟尘	
	中频炉	烟尘	
	反应槽	酸雾	
	水溶液氯化槽	微量氯气	
	银电解造液槽	NO_x	
	银电解槽、干燥器	HNO_3、NO_x	
	中频感应炉	烟气	

（2）水污染：铜冶炼过程中产生的废水主要来源于二氧化硫烟气净化排放的废酸，湿法冶炼中的阳极泥工段、中心化验室排出的含酸废水，车间地面冲洗水，工业冷却循环水的排污水，余热锅炉排污水，锅炉化学水处理车间排出的酸碱废水。其中烟气净化排出的废酸中含重金属离子等有毒有害物质，对环境的污染最严重，见表 1-3-4。

表 1-3-4　铜冶炼过程中产生的水污染物及其来源

废水种类	排水来源	主要污染物	备注
冶金炉水套排污水	工业炉窑汽化水套或水冷水套	热污染	
余热锅炉排污水 化学水处理站排污水	余热锅炉房、化学水处理站	热污染	锅炉排污水排至降温池 含酸碱污水排至中和池
金属铸锭或产品熔铸冷却水排水	圆盘浇铸机、直线浇铸机等	热污染	

续表

废水种类	排水来源	主要污染物	备注
冲渣水和直接冷却水	水淬装置等	固体颗粒物以及少量重金属污染物	沉淀处理后循环使用
湿式除尘循环水系统	精矿干燥烟气湿式除尘废水	SS、热污染	沉淀、冷却后循环使用，少量外排
酸性污水	制酸系统烟气净化装置泵类设备泄漏	重金属离子、废酸、酸泥	进污酸污水处理站
电解、净液、阳极泥处理车间排水	电解槽、阴极板清洗水	Cu^{2+}、硫酸、Ni、As、Bi、Sb、Ag	返回电解系统
	含氯尾气吸收后的废水	Cl^-、Na^+	去污酸污水处理站
	硒吸收塔溶液、洗涤粗硒的洗液	Se	铁屑置换后去渣
	银粉洗涤水	Pb、As、Bi、Sb、Ag、Cu	返回电解系统
	车间地面冲洗水、压滤机滤布清洗水	重金属离子	返回电解系统

（3）固体废物污染：铜冶炼排放的固体废物主要有冶炼水淬渣、渣选矿尾矿、浸出液、制酸系统铅渣、污酸污水处理渣、脱硫副产品等，见表1-3-5。

表1-3-5　铜冶炼过程中产生的固体废物及其来源

固体废物名称	固体废物来源	主要污染物	备注
冶炼水淬渣	贫化电炉		一般固体废物
渣选矿尾矿	渣选矿		一般
浸出渣	湿法炼铜浸出工段	重金属元素和酸根离子	危险固体废物
制酸系统铅渣	制酸系统烟气净化工段	Pb^{2+}	危险固体废物
硫化渣	污酸处理系统	Cu^{2+}、As^{3+}等重金属元素	危险固体废物
石膏渣	污酸处理系统		一般固体废物
中和渣	污水处理系统	As^{3+}、Cu^{2+}等重金属元素	危险固体废物
脱硫副产物	烟气脱硫系统	Ca^{2+}、Mg^{2+}、SO_4^{2-}、SO_3^{2-}	危险固体废物

（4）噪声污染：铜冶炼过程产生的噪声主要为由于机械的撞击、摩擦、转动等运动而引起的机械噪声，以及由于气流的起伏运动或气动力引起的空气动力性噪声，主要噪声源有：熔炼炉、吹炼炉、精炼炉、余热锅炉、鼓风机、空压机、氧压机、二氧化硫风机、各类除尘风机、各种泵类，见表1-3-6。

表 1-3-6　铜冶炼过程中主要噪声源及噪声声级

噪声源	噪声级[dB(A)]	排放规律	噪声源	噪声级[dB(A)]	排放规律
余热锅炉汽包排气	120	间歇式	空压机	105	连续式
汽化冷却装置	110~120	间歇式	氧压机	105	间歇式
破碎机	110	连续式	风机	92~96	连续式
球磨机	100	连续式	水泵	85~92	连续式
加压釜	95	连续式	冷却塔	95	连续式

2. 铅冶炼

铅冶炼是指将铅精矿熔炼，使硫化铅氧化为氧化铅，再利用碳质还原剂在高温下使氧化铅还原为金属铅的过程。

铅冶炼通常分为粗铅冶炼和精炼两个步骤。粗铅冶炼过程是指铅精矿经过氧化脱硫、还原熔炼、铅渣分离等工序，产出粗铅，粗铅含铅 95%~98%。粗铅中含有铜、锌、镉、砷等多种物质，再进一步精炼，去除杂质，形成精铅，精铅含铅 99.99% 以上。粗铅精炼分为火法精炼和电解精炼，我国通常采用电解精炼。

（1）大气污染物。铅冶炼产生的大气污染物主要为颗粒物、二氧化硫和重金属（铅、锌、砷、镉、汞及其氧化物）。铅冶炼过程中主要大气污染物及其来源见表1-3-7。

表 1-3-7　铅冶炼过程中主要大气污染物及其来源

工序	产污节点	主要污染物
原料制备工序	精矿装卸、输送、配料、造粒、干燥、给料等过程	颗粒物、重金属（Pb、Zn、As、Cd、Hg）
熔炼-还原工序	熔炼炉、还原炉排气口、加料口、出铅口、出渣口、溜槽以及皮带机受料点等处泄漏烟气	颗粒物、SO_2、重金属（Pb、Zn、As、Cd、Hg）、CO
烟化工序	烟化炉排气口、加料口、出渣口以及皮带机受料点等处泄漏烟气	颗粒物、SO_2、重金属（Pb、Zn、As）
烟气制酸工序	制酸尾气	SO_2、硫酸雾、重金属（As、Hg）
初步火法精炼工序	熔铅锅	颗粒物、SO_2、重金属（Pb）
浮渣处理工序	浮渣处理炉窑烟气、加料口、放冰铜口、出渣口等处泄漏烟气	颗粒物、SO_2、重金属（Pb、Zn、As）
电解精炼工序	电解槽及其他槽	酸雾
	电铅锅	颗粒物、重金属（Pb）、SO_2

（2）水污染：铅冶炼过程中产生的废水包括炉窑设备冷却水、冲渣废水、高盐水、冲洗废水、烟气净化废水等。铅冶炼过程中主要水污染物及其来源见表 1-3-8。

表 1-3-8　铅冶炼过程中主要水污染物及其来源

工序	产污节点	主要污染物
熔炼-还原工序	炉窑汽化水套或水冷水套、余热锅炉	盐类
烟化工序	炉窑汽化水套或水冷水套、余热锅炉	盐类
	冲渣	固体悬浮物（SS）、重金属（Pb、Zn、As）
烟气制酸工序	制酸系统烟气净化装置	酸、重金属（Pb、Zn、As）、SS
浮渣处理工序	炉窑汽化水套或水冷水套、余热锅炉	盐类
电解精炼工序	阴极板冲洗水、地面冲洗水	酸
软化水处理站	软化水处理后产生的高盐水	钙、镁等离子
初期雨水收集	熔炼区、电解区初期雨水	酸、重金属（Pb、Zn、As、Cd、Hg）、SS
废气湿式除尘	湿式除尘器	重金属（Pb、Zn、As、Cd、Hg）、SS

（3）固体废物污染：铅冶炼过程中产生的固体废物主要包括烟化炉渣、浮渣处理炉渣、含砷废渣、脱硫石膏渣及废触媒。铅冶炼过程中主要固体废弃物及其来源见表 1-3-9。

表 1-3-9　铅冶炼过程中主要固体废弃物及其来源

工序	产污节点	主要污染物
烟化工序	烟化炉	烟化炉水淬渣（含 Pb、Zn、As、Cu）
烟气制酸系统	污酸处理系统	含砷废渣（含 Pb、Zn、As、Cd、Hg）
	制酸系统	废触媒（主要为五氧化二钒）
浮渣处理工序	铜浮渣处理	浮渣处理炉渣（含 Pb、Zn、As、Cd、Hg）
电解精炼工序	电解槽	阳极泥
烟气脱硫系统	烟气脱硫系统	脱硫副产物

（4）噪声污染：铅冶炼过程中产生的噪声分为机械噪声和空气动力性噪声，主要噪声源包括鼓风机、烟气净化系统风机、余热锅炉排气管及氧气站的空气压缩机等。

在采取控制措施前，其噪声声级可达到85~120 dB（A）。

3.3 金属制品与表面处理业

3.3.1 金属制品与表面处理业简介

在国民经济行业分类中，表面处理行业属于第34类“金属制品业”。它包括：

（1）电镀，抛光、阳极氧化防腐处理。

（2）着色、雕刻、印花、涂装等。

（3）淬火、磨光、去毛刺、研磨、焊接。

（4）喷砂处理、滚筒清理、清洗或其他活动。

其中涉及重金属的主要是电镀、抛光、阳极氧化、涂装、不锈钢酸洗等。

表面处理涵盖了在物体表面上所发生的各种技术，可有效地改善提高材料和产品的性能，延长产品使用寿命，节约资源和能源，减少环境污染，是实现材料可持续发展的一项重要措施。

表面处置作为制造业的一个中间工序，是产业链中的一个环节，具有不可替代的作用。

3.3.2 金属制品与表面处理业重金属污染特征

金属表面处理行业中的电镀、抛光、阳极氧化、清洗和涂装等工段，其原材料或处理后产生的“三废”中含有重金属，对环境有程度不等的污染。

电镀污染环境的重金属主要是铬、镍、铜、锌。

涂装主要污染物是VOCs（挥发性有机化合物），有少量涂料含有铅、汞等重金属。

金属制品与表面处理行业污染主要包括水污染、大气污染、固体废物污染和噪声污染。其中水污染（含重金属离子和有机污染物）和大气污染（各类酸雾）和重金属的废水处理污泥污染是主要环境问题。

表面处理行业组成复杂，以电镀行业为例说明。

（1）水污染：电镀废水污染物浓度高，含有数十种有机无机污染物，其中无机污染物主要是铜、锌、铬、镍、镉等重金属离子以及酸、碱、氰化物等。有机污染物主要是含碳有机物、含氮有机物等。电镀废水主要由以下几类废水组成。

1）酸碱废水：包括预处理及其他酸洗槽、碱洗槽的废水，主要污染物为盐酸、硫酸、氢氧化钠、碳酸钠、磷酸钠等。

2）含氰废水：包括氰化镀铜，碱性氧化物镀金，中性和酸性镀金，金、银、铜锡合金，仿金电镀等含氰电镀工序产生的废水。主要污染物为总氰化物、总铜、总锌、总银等，有剧毒，需单独收集处理。

3）含铬废水：包括镀铬、镀黑铬、退镀、塑料电镀前处理粗化等工序产生的废水。主要污染物为六价铬、总铬、pH值等。毒性大，需单独收集和处理。

4）重金属废水：包括镀镍、镉、铜、锌等金属及其合金产生的废水，焦磷酸盐镀铜废水，电镀钯镍合金废水，化学镀废水，以及阳极氧化、磷化工艺产生的废水。主要污染物为总氰化合物、总镍、总镉、总铜、总锌、化学需氧量、悬浮物等。

5）有机废水：包括工件除锈、脱脂、除油、除蜡等电镀前处理工序产生的废水。主要污染物为悬浮物、氨氮、总氮、总磷、石油类等。

6）混合废水：包括多种工序排放的废水，组分复杂多变，主要污染物为多种金属离子、悬浮物、石油类、总磷等。

（2）大气污染：电镀工艺产生的大气污染物中含有颗粒物和多种无机污染物。颗粒物主要为粉尘，无机类污染物包括酸性废气、碱性废气、含铬酸雾、含氰废气等。电镀废气主要由以下几种废气组成。

1）含尘废气：主要由喷砂、磨光及抛光等工序产生，含有砂粒、金属氧化物及纤维性粉尘等。此类废气不但污染空气，也会对从业者咽喉、肺部造成伤害。

2）酸碱废气：采用盐酸、硫酸等酸性物质进行酸洗、出光和化学抛光等工艺所产生酸性废气。如氯化氢、二氧化硫、氟化氢及磷酸等废气和酸雾。酸碱废气具有极强的刺激性气味，对从业者咽喉、气管及肺部产生伤害，还会腐蚀厂房及设备，污染大气或形成酸雨。

3）含铬酸雾：在镀铬工艺中产生，铬雾有很强的毒性和腐蚀性，对人体和环境造成极大的伤害和污染。

4）含氰废气：由氰化电镀产生，如氰化镀铜、镀锌、镀锡合金及仿金等。氰化物遇酸反应，能够产生毒性更强的氰化氢气体。

（3）固体废物污染：电镀工艺产生的固体废物较少，固体废物主要为处理电镀废水的过程中产生的污泥。氢氧化物、硫化物及重金属污染物从废水中转移到污泥中，属于危险废物。但当金属含量达到精矿含量要求时，可不作为废物处理而进行资源化综合利用。

（4）噪声污染：电镀工艺产生的噪声分为机械噪声和空气动力性噪声。主要噪声源包括磨光机、振光机、滚光机、空压机、水泵、超声波、电镀通风机、送风机等设备。噪声源通常为65~100 dB（A）。

3.4　铅蓄电池制造业

3.4.1　铅蓄电池制造业简介

铅酸蓄电池是指电极由铅及其氧化物制成，电解液是硫酸溶液的一种蓄电池，主要构成成分为：阳极板（二氧化铅 PbO_2）活性物质、阴极板（海绵状铅 Pb）活性物质、电解液（稀硫酸）、硫酸（H_2SO_4）+水（H_2O）、电池外壳、隔离板及液口栓、盖子等。它是目前世界上广泛使用的一种化学电源，具有电压平稳、安全可靠、价格低廉、适用范围广、原材料丰富和回收再生利用率高等优点，是世界上各类电池中产量最大、用途最广的一种电池。

铅蓄电池分为启动电池、动力电池和工业电池三大类。启动电池主要应用于汽车、摩托车、柴油机启动、点火和照明；动力电池主要应用于电动自行车、电动摩托车、电动三轮车、电动特种车、低速电动乘用车、混合电动车等电动车辆作动力；工业电池主要用于通信设备电源、可再生能源储能、不间断电源等其他各种储能和备用电源。

铅蓄电池所采用的技术不同，其生产工艺也不同。铅蓄电池制造大致可分为铅合金制造、板栅制造、极板制造、电解液配置、电池装配、极板或电池化成等几大过程。

3.4.2 铅蓄电池制造业重金属污染特征

铅蓄电池生产所产生的特征污染物主要是含铅和含硫酸的废气、废水和固体废物。铅属于第一类污染物，对人体和环境的危害极大，被列为我国《重金属污染综合防治“十二五”规划》中进行总量控制的五大重金属之一。

铅蓄电池生产过程中含铅污染源主要有：①铸板和组装工序产生的铅烟，制粉、涂板、固化、干燥工序产生大量的铅尘；②铅粉制造、纯水制备、和膏、极板固化和干燥、充电化成、清洗、配酸等工序产生的含铅酸性废水；③生产过程中产生的铅渣、废极板、废电池、废塑料、废封口材料、污泥、废旧劳保用品等含铅固体污染物。铅可通过呼吸道、消化道和皮肤进入人体，容易被吸收，如若管理不善，危害人体健康，进入周围环境就会对土壤和庄稼果实以及其他植物造成危害，同样也会间接危害人类健康。

3.5 制革及毛皮加工业

3.5.1 制革及毛皮加工业简介

制革是指将生皮鞣制成革的过程。

毛皮，指带毛的动物皮经鞣制、染整所得到的具有使用价值的产品。毛皮如果去除毛即为皮革。

中国皮革行业是由制革、制鞋、皮具、皮革服装、毛皮及制品五个主体行业，以及皮革科技、皮革化工、皮革机械、皮革五金、鞋用材料等配套行业组成的。经过20多年的快速发展，我国皮革行业已形成从生产、经营、科研，到人才培养的完整体系。中国已成为世界主要皮革、毛皮及其制品生产地区之一。

皮革分轻革和重革，这两种皮革的不同之处主要是鞣制方法和用途。轻革一般指用铬鞣、铬植结合鞣或其他鞣制方法得到的鞋面、服装、包袋等质地较为柔软的皮革；重革一般指用植物鞣剂，质地较硬，用于制造鞋底、工业等特殊用途。我国以轻革为主，轻革产量约占皮革总产量的90%以上。

毛皮被人们誉为软黄金，毛皮业在我国历史悠久，经过数代人的共同努力，我国已经成为世界公认的毛皮生产大国。

皮革、毛皮及制品行业是一个劳动密集型的行业，生产和贸易格局始终遵循着从劳动力成本高的地区向成本低的地区转移的规律。20世纪60年代，世界制革和制鞋中心在意大利，70年代转移到日本和韩国，80年代转移到中国台湾地区，90年代转移到中国大陆，使中国成为备受世界关注的皮革加工及销售地区。

从原料皮种类看，全球以牛皮为主，约占55%，羊皮占24%，猪皮占11%；而我国有所不同，牛皮约占50%，羊皮占31%，猪皮占18%。原料皮是畜牧养殖业的副产品，因此其数量受养殖业的影响很大，比如近年来我国猪皮由于猪的养殖量以及肉价的升高（皮随肉卖）等因素，已经由原来的30%降为20%以下。从皮革功能来看，全球皮革以鞋面革为主，约占53%，其次为家具革、服装革和汽车坐垫革。我国产品结构跟全球不一样，鞋面革的比重较低，为 35%，其次为服装革、家具革和手套革。

3.5.2　制革及毛皮加工业重金属污染特征

皮革及其制品业工生产过程中主要产生废水、废气、固体废物及噪声。其污染特征见表 1-3-10。

制革和毛皮加工工业在铬鞣过程中存在铬污染。在世界制革和毛皮加工工业中，约有 90%以上的企业在制革和毛皮加工过程中使用三价铬盐。主要是因为三价铬的鞣性最好，鞣出的皮革和毛皮柔软、耐湿热性高，是一种使用最普遍、最有效的鞣剂，同时三价铬循环利用及沉淀技术成熟（可参考《制革及毛皮加工废水治理工程技术规范》）。根据《制革及毛皮加工工业水污染物排放标准》（GB 30486—2013），制革企业和毛皮加工企业产生废水中的总铬及六价铬需要在车间或生产设施废水排放口达到规定排放浓度标准限值要求，在实际生产中，制革企业和毛皮加工企业也应注意对含铬废水的预处理以达标排放。目前，一些皮革经销商也开始呼吁使用其他鞣剂，如戊二醛、铝和植物制革剂，但这些用剂的使用缺乏科学依据，同时也会带来其他污染。

我国多数制革及毛皮加工厂都分布在县城以下，规模小、厂址分散，工艺落后，污染治理设施较差，清洁生产水平低，污染重。皮革及其制品业环境污染特征见表 1-3-10。

表 1-3-10　皮革及其制品业环境污染特征

污染因子		产生工序	特点
废水	含铬废水	鞣制和复鞣	酸性，铬、化学需氧量、氨氮及悬浮颗粒物浓度较高
	含硫废水	浸灰、脱毛	强碱性，色度高，硫离子、化学需氧量、氨氮、悬浮物浓度大
	脱脂废水	脱脂	碱性，油脂、化学需氧量、五日生化需氧量、悬浮颗粒物浓度高
	综合废水	染色加脂	成分复杂
废气		磨革	粉尘
		涂饰	挥发性有机物（甲醛、酚系溶剂、酯类溶剂）
固体废物	一般固体废物	脱脂、去肉、剖层、削匀、磨革	肉渣、革屑或革坯边角料
		脱毛	动物毛
		综合废水处理站	脱水污泥
	危险废物	含铬废水处理	含铬污泥
噪声		磨革	

3.6 化学原料及制品制造业

3.6.1 化学原料及化学制品制造业简介

化学原料及化学制品制造业工业，习惯上称为“化学工业”，是指利用化学工艺生产经济社会所需的各种化学产品的社会生产部门的总称。在国民经济中具有举足轻重的地位和作用。

根据国家统计局行业分类标准（GB/T 4754—2011），化学原料及化学制品制造业工业共包括基础化学原料制造，肥料制造，农药制造，涂料、油墨、颜料及类似产品制造，合成材料制造，专用化学产品制造及日用化学产品制造 7 个子行业。

化学原料及化学制品制造业中涉及重金属污染的行业主要有：硫酸工业、铬盐工业、氯碱工业、染料、颜料、涂料、油墨工业及涉及重金属催化剂制造和使用的行业等，见表 1-3-11。

表 1-3-11　我国化学原料及化学制品制造业行业分类

行业代码	行业名称	主要内容
261	基础化学原料制造	主要包括：无机酸制造（2611）、无机碱制造（2612）、无机盐制造（2613）、有机化学原料制造（2614）、其他基础化学原料制造（2619）
262	肥料制造	化学肥料、有机肥料及微生物肥料制造。主要包括：氮肥制造（2621）、磷肥制造（2622）、钾肥制造（2623）、复混肥制造（2624）、有机肥制造及微生物肥料制造（2625）、其他肥料制造（2629）
263	农药制造	主要包括：化学农药制造（2631）、生物化学农药及微生物农药制造（2632）
264	涂料、油墨、颜料及类似产品制造	主要包括：涂料制造（2641）、油墨及类似产品制造（2642）、颜料制造（2643）、染料制造（2644）、密封用填料及类似品制造（2645）
265	合成材料制造	主要包括：初级形态塑料及合成树脂制造（2651）、合成橡胶制造（2652）、合成纤维单（聚合）体制造（2653）、其他合成材料制造（2659）
266	专用化学产品制造	主要包括：化学试剂和助剂制造（2661）、专项化学用品制造（2662）、林产化学产品制造（2663）、炸药及火工产品制造（2664）、信息化学品制造（2665）、环境污染处理专用药剂材料制造（2666）、动物胶制造（2667）、其他专用化学品制造（2669）
267	日用化学产品制造	主要包括：肥皂及合成洗涤剂制造（2671）、化妆品制造（2672）、口腔清洁用品制造（2673）、香料香精制造（2674）、其他日用化学产品制造（2679）

3.6.2　化学原料及化学制品制造业污染特征

化学原料及化学制品制造业污染表现在废水、废气及工业固体废物。其中废水中主要污染物为氨氮、氰化物、汞、砷、铬等，汞主要产生于电石法聚氯乙烯生产过程，砷主要产生于硫铁矿和冶炼烟气制硫酸的生产过程，铬主要产生于铬盐工业生产过程。固体废物中主要有废催化剂、污泥、硫酸矿渣、电石渣、碱渣、煤气炉渣、磷渣、汞渣、铬渣、盐泥、污泥硼渣、废塑料及橡胶碎屑等。废气中主要污染物有硫氧化物、硫化氢、氮氧化物、氯气、氯化氢、铬酸雾和烃类等。

1. 硫酸工业污染特征

硫酸生产通常采用接触法，其总体工艺流程包括原料预处理、二氧化硫炉气制取、炉气净化、二氧化硫转化、三氧化硫吸收、尾气处理等六大工序。不同的生产原料有着不同的预处理方式，而产生的二氧化硫则按相同的反应原理制得硫酸。硫酸工业企业因采用的原料和生产工艺不同，其排污情况也各不相同。硫酸工业按原料主要分为硫黄制酸、硫铁矿制酸和冶炼烟气制酸。硫铁矿制酸炉气和冶炼烟气必须净化，净化分水洗工艺和酸洗工艺。生产工艺主要分为“一转一吸”和“二转二吸”，“一转一吸”生产工艺转化和吸收率较低，目前大多数企业采用“二转二吸”工艺。

硫酸工业尾气和废水排放是该行业较为突出的环境问题。按照《硫酸工业污染物排放标准》，大多数企业排放尾气中二氧化硫达不到400 mg/m^3；矿制酸中仍有部分装置采用水洗净化工艺，耗水量大，污水排放量大；部分中小型冶炼制酸装置排放污水中重金属超标。硫铁矿制酸的矿含硫品位低，矿渣中的铁资源不能得到充分利用，而只能作为水泥添加剂。

硫酸工业的主要废气污染源是硫酸工业尾气，即由吸收塔顶部或经进一步脱硫后排放的制酸尾气，其中污染物为二氧化硫和硫酸雾；此外，硫铁矿制酸过程中因原料破碎、干燥等工序产生含尘废气，主要污染物为颗粒物。

硫酸工业废水包括生产工艺酸性废水、脱盐废水、设备冷却水、锅炉排污水、循环冷却排污水及生活污水等，其中净化工序产生的酸性废水为主要污染源。硫酸工业废水水质与生产原料有密切关系。硫铁矿制酸和冶炼烟气制酸产生的废水含有氟及砷、铅等重金属离子，采用硫化法治理废水需加入硫化剂；磷石膏制酸废水中氟和悬浮物含量较高；硫化氢制酸废水中含有硫化物。因此，硫酸工业排放的水污染物有氟化物、硫化物及重金属（砷、铅、镉、铬、汞等）离子。

硫酸工业产生的固体废物主要为：硫铁矿制酸在沸腾炉高温焙烧后产生的硫铁矿烧渣，烧渣成分一般含30%~50%的铁及少量的铜、锌等；净化工序产生的含重金属滤渣；硫酸工业酸性废水采用石灰（电石渣）中和处理产生的污泥（中和渣），主要成分为硫酸钙和少量的氟及砷、铅等重金属；采用硫化法处理产生的硫化渣，含有重金属硫化物；失效的五氧化二钒（V_2O_5）催化剂。

2. 铬盐工业污染特征

我国现有的铬盐生产工艺分为焙烧法工艺和液相法工艺两大类。焙烧法工艺包括有钙焙烧工艺和无钙焙烧工艺；液相法工艺包括钾系亚熔盐液相氧化工艺、气动流化塔式连续液相氧化工艺、铬铁碱溶氧化工艺、亚熔盐加压液相氧化工艺等。其中，无钙焙烧工艺和液相法工艺因含铬废渣中不含酸溶性六价铬（铬酸钙致癌物），而被视为清洁生产工艺，而有钙焙烧工艺则属重污染工艺。近年来，虽然我国自主研发的无钙焙烧工艺、钾系亚熔盐液相氧化法工艺等清洁生产技术已实现产业化，但推广应用不够。

铬盐生产过程产生的废水，主要包括铬酸酐尾气吸收废水、地面及设备清洗废水、化验室废水、锅炉排污水等。

铬盐生产过程产生的废气，主要来自回转窑、烘渣炉、雷蒙磨机、铬酸酐加热炉和燃煤锅炉等，主要污染物为烟尘、粉尘以及其中包含的六价铬和总铬；同时，在燃料燃烧及蒸发等过程中还会产生二氧化硫、氮氧化物、铬酸雾、氯化氢、氯气等废气。

铬盐工业的首要污染物为含铬固废，主要包括铬渣、芒硝、铝泥、铬酸物、含铬硫酸氢钠、含铬污泥、煤渣、粉煤灰及生活垃圾等。

3. 氯碱工业污染特征

我国烧碱生产主要有离子交换膜法、金属阳极隔膜法、石墨阳极隔膜法和水银法等工艺，其中水银法和石墨阳极隔膜法对环境污染比较大，这两种工艺在氯碱工业中基本已淘汰。目前，我国烧碱生产主要采用离子交换膜法和金属阳极隔膜法（隔膜法）。

聚氯乙烯生产过程分为两个部分，首先是氯乙烯单体（VCM）的生产，然后由氯乙烯单体聚合生产聚氯乙烯。目前，我国聚氯乙烯生产有乙烯法和电石法两种原料路线。由于我国具有丰富廉价的煤炭资源，用煤炭和石灰石生成碳化钙（电石），然后电石加水生成乙炔再合成 VCM，该方法具有明显的成本优势，所以我国 VCM 的生产目前以电石法为主。我国聚氯乙烯生产也有直接进口单体，也有采用二氯乙烷，但其均来自乙烯，都属于乙烯原料路线。

氯碱企业产生的废水主要有：烧碱工段产生的含氯废水；乙烯氧氯化法生产氯乙烯过程中产生的废水；电石法生产氯乙烯过程中产生的电石渣上清液、次氯酸钠废水和含汞废水；聚合工段产生的离心母液。

氯碱企业产生的废气主要有：烧碱生产过程中产生的电解槽开停车、事故氯气和合成盐酸尾气；聚氯乙烯生产过程中产生的氯乙烯精馏尾气、电石破碎和产品干燥过程产生的含粉尘废气。

氯碱企业产生的固体废物主要有：烧碱生产过程产生的废盐泥和盐水精制废渣；乙炔工序废电石渣；VCM 生产工序产生的废汞触媒；蒸馏残渣；燃煤灰渣等。

4. 染料、颜料、涂料、油墨工业污染特征

染料工业中的产生的废水主要为：含盐有机物有色废水，其中无机盐浓度在 15%~25%，主要是氯化钠、少量硫酸钠、氯化钾及其他金属盐类，氯化或溴化废水；废酸水，主要是稀硫酸水，酸度 30%~70%；含有铬、铜、铅、锰等金属离子的有色废水；含硫的有机物废水；含苯系、萘系、蒽醌系、杂环类的中间体废水。

涂料工业产生的废水成分复杂，涂料生产所用原料、半成品、成品废水中都会存在。据统计分析，一般油基型涂料废水，COD_{Cr}为 2 000~5 000 mg/L，色度 200 倍以上，含油量大于 100 mg/L，属重污染源；废水中含有有毒物质，涂料废水一般含有酚醛、苯等有毒有机物，有些涂料废水含 Cr^{6+} 、Pb^{2+} 等重金属离子及其化合物，能在生物体内富集并有致癌性。

油墨生产中的废水来源，由于有些油墨企业与颜料生产混合使用，所以油墨企业的生产废水包含了颜料生产和连接料生产的废水，则废水主要来源于颜料车间、连接料车间生产废水和轧墨车间生产废水。其废水主要有以下特征：有机物含量高，对于油墨生产的废水，其中的有机物主要包括乙酸、二甲苯、亚胺类、乙醇，以及一些有机酸和某些可溶性颜料，废水 COD 浓度在 1 000~5 000 mg/L，高者可达 30 000 mg/L 以上；生物降解性差，其 BOD_5/COD 一般为 0.4 左右，甚至更低，且一部分品种生产废水中有大量抑制生物反应的物质（如酚、醛、油等）和重金属离子；酸、碱度高，除个别颜料品种为中性或碱性外，大部分颜料废水都为酸性，pH 在 1~3；含有金属离子，废水中所含金属离子和重金属离子主要有 Al^{3+} 、Hg^{2+} 、Cr^{3+} 等；色度高，色度主要来自颜料，颜色各异，一般色度范围为 500~3 000 倍。

颜料主要由有机颜料和无机颜料两大类构成，在涂料、油墨、塑料、橡胶、纸张、化纤、陶瓷、玻璃等方面有着广泛的应用。颜料生产中产生的废水具备高 COD、高色度、高含盐量、难降解等特征，颜料生产过程中的废水还含有重金属和致癌物质（亚硝酸盐、芳胺等）。

染料、颜料、涂料、油墨工业生产过程中主要大气污染物为 VOCs 和粉尘。

思考题

1. 涉重金属污染的行业类别有哪些？
2. 举例说明有色金属采选业的污染物、产生部位和污染因子。
3. 简述铅冶炼中对环境污染的种类、产污节点及污染因子。
4. 金属制品与表面处理业重金属污染的特征是什么？
5. 铅蓄电池重金属污染的特征是什么？
6. 制革及毛皮加工业为什么会列入涉重金属污染行业？
7. 化学原料及制品制造业包括几个子行业？名称是什么？
8. 说说铬盐、氯碱工业的污染特征。

第4章　重金属污染环境危害及其防控

4.1　重金属环境污染及其主要途径

4.1.1　重金属污染及其特点

重金属污染指由重金属或其化合物造成的环境污染，主要由采矿、废气排放、污水灌溉和使用重金属制品等人为因素所致，因人类活动导致环境中的重金属含量增加，超出正常范围，并导致环境质量恶化。

重金属污染与其他有机物的污染不同，不少有机物可通过自然界本身物理、化学或生物的净化作用，降低或解除其有害性。而重金属污染具有富集性，很难在环境中降解，浓度小时可被动植物吸附，产生食物链浓缩，从而在生物和环境中积累造成公害。环境中重金属有利或有害性不仅取决于重金属的种类、理化性质，还取决于重金属的浓度及存在的价态和形态，即使有益的金属元素浓度超过某一数值也会有剧烈的毒性，使动植物中毒，甚至死亡。重金属有机化合物（如有机汞、有机铅、有机砷、有机锡等）比相应的重金属无机化合物毒性要强得多；可溶态的重金属又比颗粒态重金属的毒性要大；六价铬比三价铬毒性要大；等等。

重金属能在人体内和蛋白质及各种酶发生强烈的相互作用，使它们失去活性，也可在人体的某些器官中富集，如果超过人体所能耐受的限度，就会造成人体急性中毒、亚急性中毒、慢性中毒等，对人体会造成较大的伤害。

4.1.2　重金属污染水环境的途径

造成水体重金属污染的主要途径有采矿和冶炼业、金属加工业、化工行业、废电池处理、电子、制革和染料、农药和化肥的使用等，特别是六大重金属污染重点防控行业会产生大量的重金属废水。六大重金属污染重点防控行业包括有色金属矿（含伴生矿）采选业、有色金属冶炼业、金属制品与表面处理业、含铅蓄电池业、皮革及其制品业、化学原料及化学制品制造业。

金属开采、冶炼排放废水含大量铅、锌、镉等重金属；尾矿渣中含有大量重金属，尾料堆放过程中，重金属污染物经雨水淋溶、地表径流进入水体，造成水体中重金属污染；各种工业废水和固体废弃物的渗出液直接排入水体，以及被重金属污染的土壤颗粒被地面径流带到水体，使水体中金属含量升高。这些人为因素均能导致水环境中重金属含量超标。

4.1.3　重金属污染大气环境的途径

大气中重金属污染情况复杂，污染来源包含多种途径，主要来源于工业生产、燃料燃烧、矿山开采、汽车尾气和汽车轮胎磨损等，并且不同的重金属元素其来源也各不相同，这些污染物的传递与富集严重污染大气环境和危害人体健康。

工业生产如金属冶炼厂、火力发电厂及各种化学工业会产生大量含有重金属的颗粒物，在风力的作用下，与其他物质反应，产生二次污染物，生物毒性会更强。钢铁行业的烧结工艺会排放 Pb、Hg 等重金属污染物，炼铁及炼钢等工艺的无组织排放尘中也含有浓度较高的重金属。

由于机动车数量迅猛增加，城市大气中的铅、镉、铜等重金属污染物急剧上升，公路交通的重金属污染源呈带状分布，燃料添加剂中含有铅等重金属元素，润滑油添加剂中一般含有锌盐和镉盐，汽车轮胎磨损产生的含铜、铅等粉尘，车辆行驶中引起的扬尘也是大气重金属的重要来源。

不同元素其来源也有所不同，铅的污染主要来自蓄电池、冶炼、颜料和电镀工业等行业以及汽车尾气，镉的污染主要来自于电镀、染料、采矿、化学制品以及一些光敏元件制备等行业，镍的污染主要来源于工业污染和矿山开采。

4.1.4　重金属污染土壤环境的途径

重金属进入土壤的途径可分为五种，分别是大气沉降、污水灌溉、农用化学品的使用、工业废水废渣和生活垃圾。

大气沉降这种污染途径比较广泛，主要是工业废气和汽车尾气的排放造成的。重金属污染物进入大气后，通过大气沉降作用进入地表的土壤，然后再通过扩散迁移进入更深层的土壤，造成土壤重金属污染。矿区、工厂周围和道路两侧这种现象尤为突出。

污水灌溉也是土壤重金属污染的一大原因，是因为使用工业污水和生活污水进行土壤灌溉而造成的。工业污水和生活污水中含有超标的重金属，可以富集在土壤中，引起土壤重金属含量超标，并能通过植物吸附进入农作物体内，危害人类。

随着人们对产量的追求和化学药品研究的不断进步，越来越多的化肥农药进入农业生产，这些化肥农药大部分含有重金属元素，在施用的过程中进入土壤，也会造成土壤的重金属污染。

工业废物排放是重金属污染土壤的最主要原因，重金属采选业、重金属冶炼业、化工、皮革、火力发电、电镀等，都会产生大量的废水、废渣，工业废水排放会使重金属渗透迁移进土壤，工业固体废物的堆积会产生垃圾渗滤液，以高于土壤标准值数千数万倍的浓度污染土壤。

现在城市的生活垃圾也越来越多，处置率又较低下，大多数生活垃圾都是填埋处理为主，而现在的生活垃圾中又往往含有重金属，这些重金属污染物通过生活垃圾渗滤液进入土壤，造成土壤重金属污染。

4.2　重金属对水环境的污染与影响

4.2.1　水环境中重金属形态

为了分析重金属污染物在水体中的迁移和转化规律，首先要了解污染物在水体中以何种形式存在及各种存在形态间的关系。水体中重金属存在形态可分为溶解态和颗粒态，即用 0.45μm 滤膜过滤水样，滤水中的为溶解态，原水样中未过滤的为颗粒态。用 Tessier 等提出的逐级化学提取法又可将颗粒态重金属继续划分为以下 5 种存在形态：一是可交换态，指吸附在悬浮沉积物中的黏土、矿物、有机质或铁锰氢氧化物等表面上的重金属；二是碳酸盐结合态，指结合在碳酸盐沉淀上的重金属；三是铁锰水合氧化物结合态，指水体中重金属与水和氧化铁、氧化锰生成结合的部分；四是有机硫化物结合态，指颗粒物中的重金属以不同形态进入或包括在有机颗粒上，同有机质发生螯合或生成硫化物；五是残渣态，指重金属存在于石英、黏土、矿物等结晶矿物晶格中的部分。

4.2.2 重金属对水环境的影响

重金属污染物为难降解性有毒污染物，进入水体后很难被微生物降解，而且某些重金属在微生物作用下可转化为金属有机化合物，产生更大的毒性。当重金属进入水生生态系统后，对生态系统中的各个组分都会造成影响，当生物体内重金属积累到一定数量后，生物体的生长发育都会出现症状甚至死亡，进而使整个水生生态系统结构受到破坏。重金属元素主要通过阻碍生物大分子的重要生理功能，取代大分子中的必需元素以改变其活性部位的组成来影响生物体的正常发育和新陈代谢，对水生植物的毒害作用主要表现在改变运动器的细微结构，抑制光合作用、呼吸作用和酶的活性，使核酸组成发生变化，细胞体积缩小和生长受到抑制等，对水生动物的生长发育、生理代谢过程、遗传表达产生一系列的影响。

水环境中重金属对人体的危害，一方面通过直接饮用受重金属污染的水源，造成重金属中毒而损害人体健康；另一方面，间接污染农产品和水产品，除了可以对农产品和水产品产生直接的毒性作用，影响农产品的质量和产量外，还可通过食物链的富集对人体健康产生威胁，并可造成土壤的二次污染。人类如果长期食用被重金属污染的农产品、水产品及其制品，可引起急性或慢性中毒。研究表明，Cr、Co、Ni、Cd、Se 等有致癌作用，有些重金属还有致畸、致突变作用。

4.3 重金属对大气环境的污染与影响

4.3.1 大气环境中重金属形态

采用分步提取法，将大气颗粒物中重金属分为可交换态、碳酸盐和氧化态、有机态和残渣态。可交换态存在的重金属主要以相对较弱的静电作用吸附在颗粒物的晶格体表面上，其很容易进入到环境中被植物和人体吸收，这一形态中 Cr、Pb 比例较低，Cu、Mn、Ni、Co 的比例较高，Zn、As、Cd、Mo 在该形态中所占比例最高。

以碳酸盐态、可氧化态与可还原态存在的重金属主要以碳酸盐形式和不定型铁锰氧化物结合形式存在，碳酸盐结合形式易溶解在弱酸性体系中，而金属的铁锰氧化物结合态是金属与铁锰氧化物联系在一起的被包裹体或本身就成为氢氧化物沉淀的部分，属于较强化学形态，这一形态的重金属在 pH 降低或氧化还原电位降低时可以被还原，在外界条件发生改变时易发生转变，从而增加活动性和生物可利用性。大气颗粒中 Pb、Cd、Zn、As 主要以碳酸盐结合态和铁锰氧化物结合态为主要存在形式。

有机质、氧化物与硫化物结合态是以重金属离子为中心离子，以有机质活性基团为配位体的结合或是硫离子与重金属生产的难溶于水的物质，这一形态的重金属必须在强氧化条件下才能释放出来。

残渣态重金属在自然条件下长期稳定存在，沉降到地表后不易发生转变，对环境影响较小，除 Cd 外重金属元素在大气细颗粒物中的残渣态比值都比较低，这一现象间接说明 PM2.5 中重金属的污染相对较严重。

4.3.2　重金属对大气环境的影响

重金属具有不同的化学活性及生物效应，其毒害程度首先取决于元素的活性，其次是其含量。重金属在大气环境中产生的危害主要有四个方面，一是污染土壤和水体，二是增加了大气污染程度，三是危害环境中的植物，四是危害人体健康。

大气中含有的重金属颗粒物，通过干湿沉降可转移到地表土壤和地面水体中，造成了土壤和水体的二次污染，并通过一定的生物化学作用，将重金属转移到动植物体内，造成植物叶片中重金属的富集，当重金属污染物超过一定阈值就会导致植物毒害或死亡。

重金属污染物进入大气，成为大气气溶胶系统中的重要组分，在大气中产生一系列的化学转化作用，能够催化氧化众多化学物质，甚至还能催化大气有机物的光化学反应，产生次生大气污染物，同时影响大气污染物的转化过程。例如，大气中的 Fe^{3+} 和 Mn^{2+} 催化氧化酸性气体 SO_2，使得大气中的强酸性物质浓度增加。

大气中的重金属通过呼吸作用和皮肤直接进入人体，不仅危害人体的呼吸系统，甚至随着血液循环，在体内长期积累，与体内有机质结合并转化为毒性更强的重金属有机化合物。大气颗粒物沉降下来，落到地面、水体或植物叶面，甚至混杂在食物中，也直接或间接地危害人体健康。

4.4　重金属对土壤环境的污染与影响

4.4.1　土壤环境中重金属形态

一般将土壤中重金属形态分为可交换态、碳酸盐结合态、铁锰氧化物结合态、有机态和残渣态 4 种形态。土壤环境中的可交换态、碳酸盐、氧化态、有机态重金属是原生矿物经风化破坏，重金属被释放后，在地表环境中通过各种物理化学作用于土壤各相重新结合而成的，残渣态是存在于原生矿物晶格中的重金属。

一般认为残渣态重金属的含量可以代表重金属元素在土壤中的背景值，残渣态的重金属很稳定，一般不能被生物利用。可交换态最易被生物利用，主要通过扩散作用和外层络合作用非专性地吸附在土壤表面。碳酸盐态重金属以沉淀或共沉淀的形式存在于碳酸盐中。铁锰氧化态重金属在还原条件下稳定性较差，较易为生物利用。有机态重金属主要以配合作用存在于土壤中，活性较差。

4.4.2　重金属对土壤环境的影响

进入土壤的重金属会在土壤中累积，当积累到一定程度，会影响植物的发芽率、开花结果率及产量，进而影响植物根系的酶活性甚至可造成植物的死亡，并通过各种途径对环境产生危害，污染食物链，危害人类健康。

大多数重金属在土壤中相对稳定，但是大量的重金属进入土壤后，就很难在生物物质循环和能量交换过程中分解，更难以从土壤中分离，并逐渐对土壤的理化性质、生物特性和微生物群落结构产生不良影响，进而影响土壤生态结构和功能的稳定。土壤中的微生物种类繁多，对重金属的吸收和代谢途径多种多样，因此重金属对土壤微生物的影响极为复杂，重金属污染可以影响土壤微生物群落，降低土壤微生物数量，随着重金属污染严重性的增加，微生物多样性指数呈现下降趋势。

重金属污染土壤后，在土壤–植物系统间迁移，可以直接影响植物的生长发育。有些重金属在浓度较低时，对各种酶产生催化作用，可以促进农作物的生长，这时候它们是农作物生长所需要的微量营养元素，但当浓度过高时，它们又可破坏植物正常的生长代谢功能，抑制植物的生长并影响对其它元素的代谢吸收，还有些重金属元素，可抑制和破坏植物的生长，严重时能造成植物死亡。吸收到植物体内的重金属能诱导其体内产生某些对酶和代谢具有毒害作用和不利影响的物质，间接引起植物伤害，如在某些重金属作用下植物体内产生的过氧化氢、乙烯类等物质，会与植物体内代谢和酶活性形成负效应，并能够对其带来直接伤害。在重金属的作用下，有时会引起植物大量营养元素如氮、磷、钾的缺乏和其有效性的降低，较高浓度的重金属含量有抑制植物体对钙、镁等矿物质元素的吸收和转运的能力；重金属也会引起植物铁含量的下降或缺乏，导致铁参与的生理过程产生异常，呈现铁缺乏症状；镉金属对植物叶和根的生长具有明显的抑制作用，如在茎和叶中富集的镉量增加，铁、镁、钙和钾等营养元素的含量就会下降，并影响钙离子在植物体内的分配，当镉超过一定浓度后对叶绿素有破坏作用，并促进抗坏血酸分解，导致游离脯氨酸积累，抑制硝酸还原酶活性，外界较高的镉浓度也会引起植株磷浓度变化和吸收量下降；土壤维持较高的镍含量将抑制植物对氮的吸收。

土壤中的污染物会通过食物链，经过逐级生物富集对人体健康产生严重危害。它既可通过食物链对人体健康产生直接危害，还可通过影响水体和大气环境质量间接对人类健康造成威胁。更值得注意的是，许多低浓度有毒污染物属环境激素类物质，其影响效果是缓慢和长期的，可能长达数十年乃至数代人，危害可达几十年，并通过食物链富集后，其浓度往往比最初在环境中的浓度高出万倍以上，对人体健康影响巨大，甚至造成区域性疾病的发生。

4.5 固体废物与危险废物

4.5.1 固体废物

固体废物是指人类在生产、生活和其他活动中，产生的丧失原有利用价值或者虽未丧失利用价值但被抛弃或废弃的固态、半固态和置于容器中的气态物品、物质，以及法律行政法规规定纳入固体废物管理的物品、物质，具有时间和空间的相对性。根据来源可将其分为工矿业固体废物、生活垃圾以及其他固体废物。

4.5.2 危险废物

危险废物是指列入国家危险废物名录或根据国家规定的危险废物鉴定标准和鉴定

方法认定的具有危险废物特性的废物。危害特性是指腐蚀性、急性毒性、浸出毒性、反应性、传染性、核放射性等。危险废物因其会对环境甚至人体造成严重影响，因而必须安全妥善处理处置。凡是列入《国家危险废物名录》的都是危险废物；不是名录里的，应按照《危险废物鉴别技术规范》进行鉴别。危险废物管理必须按照国家及地方的危险废物管理办法进行管理。

根据国家危险废物名录（最新2008版），含铬废物［含铬酸酐，（重）铬酸钾，（重）铬酸钠，铬酸，重铬酸，三氧化铬，铬酸锌，铬酸钾，铬酸钙，铬酸银，铬酸铅，铬酸钡的废物］、含铜废物［含溴化（亚）铜，氢氧化铜，硫酸（亚）铜，碘化（亚）铜，碳酸铜，硝酸铜，硫化铜，氟化铜，硫化（亚）铜，氯化（亚）铜，醋酸铜，氧化铜钾，磷酸铜，二水合氯化铜铵的废物］以及含镉废物、含砷废物、含汞废物、含铊废物等很多类含重金属废物均属危险废物。不确认是否属于危险废物的含重金属废物，也应据国家规定的危险废物鉴别标准和鉴别方法，辨别其是否具有危险特性。

4.5.3　含重金属固体废物管理

产生危险废物单位必须将危险废物进行集中处理，安排专人负责收集和管理工作，待运危险废物要设置专门容器储存，危险废物必须交由具有相应资格的单位进行收集、运输、处理和处理。

对危险废物的容器和包装物以及收集、贮存、运输、处置危险废物的设施、场所，必须设置危险废物识别标志。产生危险废物的单位，必须按照国家有关规定制定危险废物管理计划，并向所在地县级以上地方人民政府环境保护行政主管部门申报危险废物的种类、产生量、流向、贮存、处置等有关资料。

从事收集、贮存、处置危险废物经营活动的单位，必须向县级以上人民政府环境保护行政主管部门申请领取经营许可证；从事利用危险废物经营活动的单位，必须向国务院环境保护行政主管部门或者省、自治区、直辖市人民政府环境保护行政主管部门申请领取经营许可证。禁止无经营许可证或者不按照经营许可证规定从事危险废物收集、贮存、利用、处置的经营活动。禁止将危险废物提供或者委托给无经营许可证的单位从事收集、贮存、利用、处置的经营活动。

转移危险废物的，必须按照国家有关规定填写危险废物转移联单，并向危险废物移出地设区的市级以上地方人民政府环境保护行政主管部门提出申请。移出地设区的市级以上地方人民政府环境保护行政主管部门应当商经接受地设区的市级以上地方人民政府环境保护行政主管部门同意后，方可批准转移该危险废物，未经批准的，不得转移。转移危险废物途经移出地、接受地以外行政区域的，危险废物移出地设区的市级以上地方人民政府环境保护行政主管部门应当及时通知沿途经过的设区的市级以上地方人民政府环境保护行政主管部门。运输危险废物，必须采取防止污染环境的措施，并遵守国家有关危险货物运输管理的规定。禁止将危险废物与旅客在同一运输工具上载运。

产生危险废物的单位，必须按照国家有关规定处置危险废物，不得擅自倾倒、堆放；不处置的，由所在地县级以上地方人民政府环境保护行政主管部门责令限期改正；

逾期不处置或者处置不符合国家有关规定的，由所在地县级以上地方人民政府环境保护行政主管部门指定单位按照国家有关规定代为处置，处置费用由产生危险废物的单位承担。

收集、贮存危险废物，必须按照危险废物特性分类进行。禁止混合收集、贮存、运输、处置性质不相容而未经安全性处置的危险废物。贮存危险废物必须采取符合国家环境保护标准的防护措施，并不得超过一年；确需延长期限的，必须报经原批准经营许可证的环境保护行政主管部门批准，禁止将危险废物混入非危险废物中贮存。

收集、贮存、运输、处置危险废物的场所、设施、设备和容器、包装物及其他物品转作他用时，必须经过消除污染的处理，方可使用。产生、收集、贮存、运输、利用、处置危险废物的单位，应当制定意外事故的防范措施和应急预案，并向所在地县级以上地方人民政府环境保护行政主管部门备案；环境保护行政主管部门应当进行检查。

因发生事故或者其他突发性事件，造成危险废物严重污染环境的单位，必须立即采取措施消除或者减轻对环境的污染危害，及时通报可能受到污染危害的单位和居民，并向所在地县级以上地方人民政府环境保护行政主管部门和有关部门报告，接受调查处理。

4.5.4 含重金属固体废物处置

对于含重金属的固体废弃物，常用处理方法有三种。第一种是采用湿法或火法冶金的技术将废弃物中的重金属分别回收，以达到资源化目的；第二种方法是首先将重金属离子一次性全部转移到水相，然后再处理重金属废水；第三种方法是首先将渣中毒性重金属进行解毒、降毒处理后，再进行固化、安全填埋。总的来说，第一种处理方法是重金属固体废弃物资源化处理的首选方法，流程简单、二次污染少，具有一定经济效益，但要求废物中重金属含量较高，铜铅锌冶炼过程中产生的炉渣、黄渣、氧化渣、再生渣等，宜采用富氧熔炼及烟化炉或选矿方法回收铅、锌、铜、锑等金属；第二种方法比较合适处理含附加值高但其元素浓度较低的废弃物；第三种方式主要用于处理重金属价值低但毒性强的废渣，对重金属废物进行稳定化处理，以达到无害化目的，如污泥中重金属微生物脱毒方法、重金属分离和浓缩方法等，这些方法均能减少有害成分的浸出毒性等。

在诸多处理方法中，已发展了许多重金属危废的治理技术，稳定化技术是危险废物处置中的一项重要技术，在区域性集中管理系统中占有重要地位。这些重金属稳定化技术概括起来包括：惰性固体基材稳定化技术，药剂稳定化技术，pH 值控制技术，氧化还原电位控制技术，沉淀技术，束缚于不溶性基质技术，吸附技术，离子变换技术等。

1. 惰性固体基材稳定化技术

将有害废物固定或包封在惰性固体基材中的处理方法，称为稳定化或固化。有害废物经过稳定化处理，其浸出毒性将大大降低，能安全地运输，并能方便地进行最终处置。对于稳定性和强度适宜的产品，还可作为建筑基材循环利用。

现在已经得到开发利用的稳定化技术主要包括水泥固化、凝硬性材料固化、大型包胶、自胶结固化和水玻璃固化等几种类型。目前稳定化固化技术主要是利用无机凝硬性凝结剂处理含重金属废物，如用水泥固化、稳定化技术处理电镀重金属污泥。但常规的稳定化、固化技术存在着一些不可忽视的问题，如废物经固化处理后，其增容比较大，有时体积可增加 6~10 倍；另一个重要的问题是固化体的长期稳定性问题，因为一旦包胶体破裂后，废物会重新进入环境造成不可预见的影响。很多研究表明，废物稳定的主要机制是废物和凝结剂之间的化学键合力、凝结剂对废物的物理包胶及凝结剂水合产物对废物的吸附等协同作用，但对于确切的包胶机制及固化体在不同化学环境中的长期稳定性的认识还不够，对固化试样的长期化学浸出行为和物理完整性还没有客观的评价，这些都影响常规稳定化技术在危险废物处理中的进一步应用。

2. 药剂稳定化技术

药剂稳定化处理是指在废弃物中加入某种化学物质，使废物中的有害成分经过变化或被引入某种稳定的晶格结构中，其浸出毒性将大大降低。上海交通大学近年研究重金属电镀污泥的固化、稳定化处理技术，经铁氧体湿法预固化的电镀污泥，再用混凝土进行固化，与单纯的混凝土对污泥进行固化处理相比，固化体强度有明显的提高，浸出毒性也有很大降低。又如在普通水泥中加入黄原酸盐来处理重金属污泥，能降低重金属的浸出率，钙矾石矿物中天然金属也可以置换废物中的危险重金属等。利用人工合成的高分子螯合物捕集废物中的重金属的研究也正在开展中，如清华大学研究的用聚乙烯亚胺与二硫化碳反应得到重金属螯合剂二硫代氨基甲酸或其盐，这种重金属螯合剂对于 Cr^{3+}、Cu^{2+}、Ni^{2+}、Ag^{+}、Pb^{2+}、Zn^{2+}和 Cd^{2+}均有较好的捕集作用，并且其捕集重金属离子的效果也不受 pH 值的影响。

用药剂稳定化技术处理危险废物，可以在实现废物无害化的同时，达到废物少增容或不增容，从而提高危险废物处理、处置系统的总体效率和经济合理性。同时，还可通过改进螯合剂等的结构和性能，使其与废物中的危险成分之间的化学螯合作用得到强化，进而提高稳定化产物的长期稳定性，减少最终处置过程中稳定化产物对环境的影响。因此，药剂稳定化、固化投术将有其广泛的应用前景。

3. pH 值控制技术

pH 值控制技术是一种最普遍、最简单的方法，其原理是通过加入碱性药剂，将废物的 pH 值调整到合适范围，致使重金属离子具有最小溶解度而析出，从而实现其稳定化。常用的 pH 值调节剂有石灰、苏打、氢氧化钠等。对于不同的重金属离子，其最小溶解度的范围也不同。另外，除了这些常用的强碱外，大部分固化基材，如普通水泥、石灰窑灰渣、硅酸钠等也都是碱性物质，它们在固化废物的同时，也有调整 pH 值的作用，一些类型的黏土也可作为 pH 值缓冲材料。

4. 氧化还原电位控制技术

为了使某些重金属离子更易沉淀，常要将其还原为最有利的价态。最典型的是把六价铬（Cr^{6+}）还原为三价铬（Cr^{3+}），五价砷（As^{5+}）还原为三价砷（As^{3+}）；常用的还原剂有硫酸亚铁、硫代硫酸钠、亚硫酸氢钠、二氧化硫等。

5. 沉淀技术

沉淀技术是通过添加化学物质来改变固体废弃物中重金属的溶解性的方法来达到稳定化的技术。常用的沉淀剂包括氢氧化物、硫化物、硅酸盐、无机和有机配合物等，如部分有机化合物表面的活性基团反应可与重金属离子结合形成稳定的沉淀，从而去除水相中溶解的重金属。

6. 吸附技术

作为处理重金属废物的常用吸附剂有活性炭、黏土、金属氧化物（氧化铁、氧化镁、氧化铝）等，天然材料（锯末、沙、泥炭、沸石等），人工材料（飞灰、活性氧化铝、有机聚合物、离子交换树脂、硅胶）等。

4.6 重金属污染防控的处理技术

4.6.1 重金属废水污染防控的处理技术

总结近年来各种重金属废水处理的技术，将其归纳为三种：化学法、物理化学法和生物法。

1. 化学法

化学法即废水中的重金属离子通过发生化学反应被去除的方法。化学法包括化学沉淀法、氧化还原法、中和沉淀法和电解法等。

（1）化学沉淀法：其基本反应原理是通过使用化学沉淀剂，使废水中溶解态的重金属发生化学反应转变为难溶态的重金属化合物，然后通过过滤和化合物分离等方法，将不溶于水的重金属化合物从溶液中分离出来。此法的优点是操作简便，处理水量大。常用的化学沉淀剂有碱性中和剂（石灰、NaOH 等），硫化剂（Na_2S、NaHS、H_2S 等）。碱性中和剂使废水中的重金属离子形成难溶的强氧化物和碳酸盐沉淀，硫化剂使废水中的重金属离子与硫离子反应生成难溶的金属硫化物沉淀。金属硫化物的溶度积比金属氢氧化物小得多，故前者比后者更为有效。同石灰法比较，硫化物沉淀法还具有渣量少、易脱水、沉渣金属品味高、有利于有价金属回收利用等优点。但硫化钠价格高，处理过程中产生硫化氢气体可能造成二次污染，处理后水中硫离子含量超过排放标准，还需做进一步处理；同时生成的金属硫化物非常细小，难以沉降等，这些都限制了硫化物沉淀法的应用，使其不如氢氧化物沉淀法应用普遍广泛。

沉淀法去除废水中重金属离子，需根据不同的重金属类型选择合适的 pH，如铬在 pH 6.5~9 的时候沉淀比较完全，铜在 pH 8~11 沉淀比较完全，铅在 pH 8.0 左右沉淀比较完全，砷在 pH 11~12 沉淀比较完全，镉在 pH 10.5~12.5 能较完全去除。

铅锌冶炼企业所产生的废水为酸性重金属工业废水，含锌、铅、镉、铜、汞等多种重金属及砷金属。中和沉淀法是目前处理酸性重金属工业废水应用最广泛的方法，所采用的中和剂通常是石灰和电石渣。在废水中加入石灰乳，重金属形成氢氧化物沉淀，再经过过滤和分离使沉淀物从水溶液中去除。中和沉淀法操作简单，中和剂来源广、价格低廉，在去除重金属离子的同时能中和硫酸，是常用的处理方法。不足之处在于：沉渣量大，含水率高，易二次污染，且对 pH 值要求严格。

（2）电解法：电解法是利用金属离子在电解时能够从相对高浓度的溶液中分离出来的特点，主要应用于电镀废水的处理。但缺点是耗能大，废水处理量小，不适于处理较低浓度的含重金属离子的废水。

（3）氧化还原法：是利用氧化剂或还原剂，将重金属污水中有毒化合物氧化或还原为无毒或低毒化合物的过程。氧化法主要用以处理废水中的锰离子和铬离子等。常用的氧化剂有氯气等，常用的还原剂有硫代硫酸钠、硫酸亚铁、金属铁、锌、铜等。

目前氧化还原法一般用作废水处理的预处理。

（4）重金属捕集剂法：重金属捕集剂是一种与重金属离子有强力螯合的化工药剂，因能在常温和很宽的pH值条件范围内，与废水中的Cu^{2+}、Cd^{2+}、Hg^{2+}、Pb^{2+}、Mn^{2+}、Ni^{2+}、Zn^{2+}、Cr^{3+}等各种重金属离子进行化学反应，并在短时间内迅速生成不溶性、低含水量、容易过滤去除的絮状沉淀，从而达到从水中去除重金属离子的目的，故而该化学品又被称为重金属捕捉剂，被广泛地应用于水体重金属污染的治理。

2. 物理化学法

物理化学法包括吸附法、溶剂萃取法、离子交换法和膜分离法等。

（1）吸附法：主要是利用吸附剂的表面活性作用达到对重金属离子的吸附去除效果。吸附剂的种类很多，较常用的吸附剂有活性炭、膨润土和海泡石等。活性炭的优点是可以同时吸附多种重金属阳离子，且吸附容量大，对铬离子还有较强的还原作用。但是工业用粉末活性炭不仅生产过程对环境造成严重污染，而且产品在使用过程中也存在过滤困难等缺点。目前工业用粉末活性炭多用传统氯化锌法生产，生产过程中耗用大量优质原材料，生产成本较高，价格昂贵，给广泛的应用带来很大困难。

（2）溶剂萃取法：是利用重金属离子在有机相和水相中溶解度的不同，使重金属浓缩于有机相，从而达到去除或降低水中重金属的含量，同时回收有价值金属的目标。废水中重金属一般以阳离子或阴离子形式存在，使用这种方法时，要选择有较高选择性的萃取剂。例如在酸性条件下，与萃取剂发生络合反应，从水相被萃取到有机相，然后在碱性条件下被反萃取到水相，使溶剂再生以循环利用。尽管萃取法有较大优越性，然而溶剂在萃取过程中的流失和再生过程中能源消耗大，使这种方法存在一定局限性，应用受到很大的限制。

（3）离子交换法：是利用废水（液相）中的重金属离子和交换树脂（固相）中的离子发生置换，从而将其从废水中去除的过程。常用树脂可分为阴、阳离子交换树脂，利用离子交换树脂可以有效去除废水中的各种重金属离子。目前，这种离子交换技术已成为治理电镀废水及回收某些重金属的有效方法之一。离子交换法的优点是可以回收废水中有用物质并进行水的循环使用，尤其对低浓度废水，能较彻底地净化和回收。缺点是树脂易受污染或氧化失效，再生频繁，操作费用较高。

（4）膜分离法：是利用一种特殊的半透膜将溶液隔离开，使溶液中的某种溶质或溶剂渗透出来，从而达到分离的目的。膜分离法一般包括超滤、反渗透膜和电渗析等方法。它的优点是操作简便，分离效率高，耗能小，没有二次污染等。缺点是此方法对膜的抗污染性要求高，膜的使用寿命短。已有工业应用的膜分离法包括微孔膜过滤、纳滤、超滤、反渗透、电渗析、液膜分离等技术。

3. 生物处理法

生物法主要利用藻类、细菌等微生物来处理低浓度的重金属废水，主要依靠附着生长在某些固体表面的微生物（即生物膜）将重金属离子吸附至其表面，然后通过细胞膜将其运输到细胞的不同部位，从而达到去除重金属的效果。生物法包括微生物和藻类治理法、植物治理法、生物絮凝法和生物吸附法。

（1）微生物和藻类治理法：微生物治理在生物治理技术中占据主导地位，主要通过微生物的作用清除水体中的污染物，或是使水中的污染物无害化的过程，包括自然和人为控制条件下的污染物降低或无害化的过程。研究表明氰细菌和藻类的菌绒可有效除去污水中的重金属；硫酸还原细菌可以将水溶性极低的重金属硫化物沉淀下来，达到治理重金属污染的目的；根霉也可以用于处理重金属污染的水体。

（2）植物治理法：是一种利用自然生长的耐重金属植物或者遗传工程针对性培育的植物来治理重金属污染的技术总称。它是利用植物通过吸收、沉淀、富集等作用提取、分解、吸收、转化或固定地表水、地下水中的重金属离子，降低其重金属含量，以达到治理重金属污染的目的。

（3）生物吸附法：是利用生物体及其衍生物的化学结构及某些特殊成分对废水中重金属离子进行吸附作用，包括细胞的不同部位对重金属离子的吸附、络合和离子交换等，最终达到对废水中重金属离子去除的目的。能够吸附废水中重金属离子的生物材料被称为生物吸附剂。某些细菌、藻类、真菌等具有这种吸附功能，都能被应用于吸附废水中的重金属。

此法的优点是吸附剂成本较低，来源广泛，吸附速度快，去除率较高，适用于低浓度重金属废水的处理。但是生物吸附法处理重金属废水对于微生物的种类和数量要求较高，而且所用吸附材料的性能稳定性不好，不易于回收再生，因此应用并不广泛。

含重金属废水的主要处理方法比较见表 1-4-1。

表 1-4-1　含重金属废水的主要处理方法比较

处理方法	处理原则	试剂	特征	存在的问题
石灰中和法	添加碱，生成溶于水的氢氧化物	$Ca(OH)_2$ $CaCO_3$	操作简便，便于实现	生成大量沉淀物，络合离子难去除，管道腐蚀，有价金属浪费
石灰中和-铁(铝)盐沉淀法	底泥回流的改进石灰中和法，适合石灰法改进		可回收有价重金属，尤其是有毒金属	与石灰法相比工程投资和运行费用会增加
硫化法	生成不溶于水的硫化物	NaHS，H_2S，Na_2S	可以在低 pH 值下处理，成本低	Cr 不能处理，试剂管理困难
铁酸盐法	将重金属氧化成具有磁性的 MFe_2O_4	$FeSO_4$，NaOH	能处理 Hg，络合离子妨碍少，Cu 可转化为资源	有 Al、Si 时需要进行预处理
离子交换法	用离子交换树脂的交换基吸附金属离子	离子交换树脂，NaOH，HCl	固液分离，脱水容易，可利用铁酸盐	树脂价格和再生费用高
络合物法	使络合物树脂附着在酚醛树脂、聚苯乙烯上以吸附重金属	络合物树脂，NaOH，HCl	可获得高纯度的处理水，可回收有价物质	Fe 过量溶出，沉淀量大

续表

处理方法	处理原则	试剂	特征	存在的问题
铁粉法	利用铁与重金属离子间的离子化倾向，利用游离状态的铁离子	铁粉，NaOH HCl，NaOH，HCl	可去除铁氧化物、亚铁氧化物，Cu 可转化为资源	试剂成本高，不适于高浓度
离子浮选法	用黄原酸盐生成不溶于水的金属盐，使其附着在气泡上再除去	黄原酸盐，松油	可连续大量处理，金属可转化为资源	损耗有机催化剂，试剂成本高
萃取法	利用难溶于水的有机催化剂将金属离子萃取、反萃、浓缩精制	有机萃取剂，界面活性剂	可连续大量处理，金属可转化为资源	电力成本高、半透膜易堵塞，需进行预处理

4.6.2　重金属大气污染防控的处理技术

大气中重金属大多吸附在其他物质（多为颗粒物）上，因此，对重金属的治理一般均为采取除尘方式。除尘工艺包括湿法除尘和干法除尘。

1. 湿法除尘

湿法除尘的基本原理是化学吸收，在碱性溶液里以氧化剂作为吸收剂，利用中和或氧化还原法，去除废气中的重金属及酸根离子，再将废液集中到废水池中进行处理。常用的湿法除尘有旋风水膜除尘、文丘里除尘、冲击式水浴除尘等。然而经过实践表明，湿法除尘产生的一些问题会给企业带来了长期困扰：除尘沉淀池占用厂区大片面积，除尘泥浆难以处置，烟尘中有用资源难以回收，除尘装置和引风机腐蚀损坏严重。

2. 干法除尘

造成大气重金属污染的主要行业其烟气高温高黏，因此对重金属粉尘的干法除尘，需考虑设备的耐热、耐腐蚀性。常用的干法除尘有旋风除尘、袋式除尘、电除尘等。针对重金属粉尘的特点及收尘效率要求，目前应用较多的是高效布袋除尘器。铜、铅、锌冶炼烟气一般要求取负压工况收集、处理，采用微孔膜复合滤料等新型织物材料的布袋除尘器及其他高效袋式除尘器，处理含铅、锌等重金属颗粒物的烟气。重金属行业常用的袋式除尘器有脉冲袋式除尘器、反吹风布袋除尘器等。

脉冲袋式除尘器设备工作时，含尘气体由进风口进入灰斗，由于气体体积的急速膨胀，一部分较粗的尘粒受惯性或自然沉降等落入灰斗，其余大部分尘粒随气流上升进入袋室，经滤袋过滤后，尘粒被滞留在滤袋的外侧，净化后的气体由滤袋内部进入上箱体，再由阀板孔、排风口排入大气，从而达到除尘的目的。随着过滤的不断进行，滤袋织物表面附着粉尘层的增厚，除尘器阻力也随之上升，当阻力达到一定值时，清灰控制器发出清灰命令，首先将提升阀板关闭，切断过滤气流；然后清灰控制器向脉冲电磁阀发出信号，随着脉冲电磁阀把用作清灰的高压逆向气流送入袋内，滤袋迅速鼓胀，并产生强烈抖动，导致滤袋外侧的粉尘抖落，从而达到清灰的目的。由于设备分为若干个箱区，所以上述过程是逐箱进行的，一个箱区在清灰时，其余箱区仍在正常工作，保证了设备的连续正常运转。之所以能处理高浓度粉尘，关键在于这种强清灰所需清灰时间极短，一般喷吹一次只需 0.1~0.2 s。

反吹风布袋收尘器，系内滤式、弱清灰袋式除尘器，每次反吹时间要 10~20 s，只能处理常规浓度的烟尘，价格便宜。含尘气体首先由入口进入带有倾斜板的预收尘室，利用含尘气流方向的急剧改变，粗颗粒粉撞在导向板上落入灰斗，其余随气流进入装有菱形滤袋的过滤室，粉尘附着于滤袋的外表面，净化后气体透过滤袋后，经过上部净气室、排风道由风机排出。随着滤袋织物表面附着粉尘层的增厚，除尘器阻力随之上升，需要向滤袋内吹入反向气流进行清灰，清灰工作逐室进行。清灰各室的切换动作由电磁阀控制来完成。整个清灰过程由反吹风机、气缸阀及清灰控制系统完成。

4.6.3 重金属土壤污染防控的处理技术

土壤重金属污染具有隐蔽性、长期性和不可逆性的特点。土壤中有害重金属积累到一定程度，不仅会导致土壤退化，农作物产量和质量下降，而且还可以通过地面径流、淋失作用污染地表水和地下水，恶化水文环境，并可直接毒害植物或通过食物链途径危害人体健康。目前，世界各国对土壤重金属污染治理技术进行广泛的研究，取得了可喜的进展。土壤重金属污染治理途径主要有两种：一是改变重金属在土壤中的存在状态，使其由活化态转为稳定态；二是从土壤中除去重金属。具体有如下几种处理技术。

1. 物理法

用物理或物理化学的原理来治理土壤重金属污染，其原理主要是通过减少土壤表层污染物的浓度或增强土壤中的污染物的稳定性，使其水溶性、扩散性和生物有效性降低，从而减轻其危害。在重金属污染土壤治理技术中，物理手段是最先发展和应用的技术之一，包括物理工程措施、玻璃化技术、电动力学技术等。物理工程措施是指利用物理、物理化学原理治理重污染土壤且工程量比较大的一类方法，如换土、翻土、去表土等。该类技术是利用外来重金属多富集在土壤表层的特性，去除受污染的表层土壤以后，将下层土壤耕作活化或用未被污染活性土壤覆盖受污染土壤的表层的方法。此方法可以使耕作层土壤中的重金属浓度降至临界浓度以下，减少重金属对土壤，植物系统产生的毒害，从而达到控制其危害的目的，目前只用于污染严重、面积小的地区。由于此类措施只是把环境问题从高危区转移到低危区，具有明显缺陷，已逐渐被新兴的治理技术所取代。

（1）玻璃化技术：利用电极加热，将重金属污染的土壤置于高温高压条件下，使之熔化并冷却后形成比较稳定的玻璃态结构，从而将重金属固定于其中，稳定了土壤中的重金属。由于在通常条件下玻璃态物质非常稳定，一般的试剂难以破坏其结构，所以玻璃化技术对某些特殊重金属（如放射性废物）非常适用。虽然该技术可从根本上消除土壤重金属污染且处理速度较快，但该技术相对较复杂，实地应用中会出现难以达到统一熔化以及地下水渗透等问题，同时熔化过程需要消耗大量电能，这使得该技术成本较高，限制了其应用，目前该技术仅用于重金属重污染区的抢救性治理中。

（2）土壤电动力学法：是一门新的经济型土壤治理技术，其基本原理是通过在包含污染土壤的两侧施加直流电压形成电场梯度，以孔隙中的地下水或额外补充的流体作为传导介质，在电场作用下，水溶或吸附在土壤颗粒表层的污染物根据各自所带电荷不同而向不同的电极方向移动，使污染物富集在电极区并进行进一步的处理或分离，从而实现污染土壤样品的减污或清洁。

该技术主要用于水力传导性质较低、传统的技术应用受到限制的低渗透性介质的治理，在饱水带及非饱水带均可用，适用于大部分无机污染物，也可用于对放射性物质及吸附性较强的有机物的治理。其中动电效应机制主要分为电迁移、电渗流及电泳。电迁移指带电离子在土壤溶液中朝向带相反电荷电极方向的运动；电渗流指土壤微孔中的液体在电场作用下，由于其带电双电层与电场的作用而做相对于带电土壤表层的移动；电泳指带电粒子相对于稳定液体的运动。

影响土壤电动处理效率的因素较多，包括土壤 pH 与缓冲性能、土壤类型、污染物性质、电压和电流大小、洗脱液组成和性质、电极材料和结构及在电场作用下发生的电化学反应等。其中土壤 pH 是影响电动处理的关键因素，pH 控制着土壤溶液中重金属离子的吸附与解吸、沉淀与溶解等。该技术能适用于从层状黏土到精细沙土的多种土壤类型，土壤性质基本不影响该技术的应用，但是在一定程度上影响其处理速度和效率。研究显示污染土壤具备以下性质适合电动处理：低水传导性的土壤；污染物存在或可溶于土壤溶液中；土壤溶液中含有较低浓度的非目标离子。

2. 化学处理法

化学处理是依据治理场地的土壤性质以及重金属的自身性质，选择合适的化学处理剂进行污染土壤治理，其中化学处理剂主要为改良剂、沉淀剂、增溶剂等。化学处理主要是通过各种处理剂对重金属吸附、氧化还原、沉淀及萃取等作用，从而达到降低重金属污染的效果，降低重金属的生物有效性。根据化学处理方式的不同可将其分为化学固定、化学淋洗等。

（1）化学固定法：即通过改变土壤的物理、化学性质，通过对重金属的吸附、沉淀或共沉淀作用，改变了重金属在土壤中的存在状态，从而调节重金属的移动性，达到固定重金属污染物的方法。化学固定法的关键是选择一种经济而有效的固化剂。常用的固化剂有无机固化剂和有机固化剂。其中无机固化剂主要包括石灰、碳酸钙、粉煤灰等碱性物质，磷矿粉、磷酸氢钙等磷酸盐，以及天然、天然改性或人工合成的沸石、膨润土等矿物；有机固化剂包括农家肥、绿肥、草炭等有机肥料。不同的固化剂在土壤环境中固定重金属的作用机制也不尽相同，但其主要是根据固化剂在环境中与重金属污染物产生化学反应，判断其作用机制。如石灰主要通过重金属自身的水解反应及其与碳酸钙的共沉淀反应机制，降低土壤中重金属的移动性。

化学固化处理重金属污染土壤不是长久之计，因为土壤环境的变化直接会导致原先已固定的重金属重新释放，同时在固化处理过程中需要大量的固化剂，这样也会破坏土壤结构，很难恢复到原有水平。因此，此种技术只适用于污染严重但面积较小的污染土壤治理。

（2）化学淋洗：土壤环境中的重金属一般是以吸附的形式固定于土壤颗粒物表面或形成离散的金属化合物沉淀，化学淋洗就是一种通过注入、抽吸淋洗液过程来去除土壤中重金属污染物的治理技术，主要是通过以下两种方式去除污染物：以淋洗液溶解液相、吸附相的污染物；利用冲洗水力带走土壤孔隙中或吸附于土壤中的污染物。该技术处理过程是将淋洗液注入受污染的土壤环境中，使淋洗液与土壤充分混合，吸附于土壤颗粒上的重金属被淋洗液溶解、乳化、解吸整合等作用进入淋洗液中，从而随淋洗液排出，达到治理污染土壤的目的。土壤淋洗以柱淋洗或堆积淋洗更为实际和经济，这对该技术的商业化具有一定的促进作用。由于该方法成本较高，操作复杂，仅适用于对面积小污染重的土壤进行处理。

事实上，土壤淋洗技术作为一种工艺简单、处理效率高的土壤治理技术，其处理污染土壤关键在于淋洗液的选择。淋洗液主要是把污染物从土壤中淋洗出来的流体。选择处理重金属污染土壤的淋洗液必须具备以下条件：具有较强的提取重金属能力，同时也不能对土壤结构产生破坏；淋洗液和重金属结合体易于分离且必须不会对土壤环境产生“二次污染”；使用的淋剂必须比较经济具有实用性。现阶段淋洗液种类繁多，且作用机制各不相同，但主要包括水、无机淋溶剂（盐碱类）、螯合剂、表面活性剂以及无机酸或有机酸等，甚至开始着手研究有机废水作为淋洗剂。现已证明 EDTA（乙二胺四乙酸）是最有效的螯合提取剂，能在很宽的 pH 范围内与大部分金属形成稳定的复合物，但 EDTA 价格昂贵，限制了其商业化操作，且回收方面还存在许多未解决的技术问题。有机酸（如柠檬酸、草酸）是天然有机螯合剂，对环境无污染，易被生物降解，对重金属的清除能力也比较稳定。

3. 生物治理技术

生物治理是指利用特定的生物（包括植物、动物和微生物）吸收、转化、清除或降解重金属污染物，实现环境净化、生态效应恢复的生物措施。它主要通过两种途径来达到对土壤中重金属的净化作用：一是通过生物作用改变重金属在土壤中的化学形态，使重金属固定或解毒，降低其在土壤环境中的流动性和生物可利用性；二是通过生物吸收、代谢达到对重金属的削减、净化与固定作用。生物治理技术与其他重金属污染的处理技术相比，具有成本低、效果好、操作简单、无二次污染且能大面积推广应用等优点，具有良好的社会、生态综合效益，具有广阔的应用前景。

（1）植物治理技术：又称植物修复法，是指将某种特定的植物种植在重金属污染的土壤上，该种植物对土壤中的污染元素具有特殊的吸收富集能力，将植物收获并进行妥善处理（如灰化处理）后即可将该重金属从土壤中去除，达到处理污染与生态修复的目的，这种特定的植物被称为超积累植物。目前，全球已发现大约 400 种超积累植物，主要为十字花科植物，其中以 Ni 的超积累植物最多，达 227 种。在我国已经发现狼把草、龙葵对 Cd 和 Zn 有富集作用，蜈蚣草可以修复 Pb-As、Zn-As、Cu-As 等复合污染土壤。

根据植物治理的机制和作用过程，可将重金属污染土壤的植物治理技术划分为植物提取、植物挥发和植物稳定三种基本类型。

植物提取治理技术是目前应用最多、最有发展前景的土壤重金属污染植物治理技术。植物提取是利用耐受并能积累重金属的植物吸收土壤环境中的金属，将它们输送并贮存在植物体的地上部分，通过种植和收割植物而去除土壤中的重金属。该方法适合于从污染的土壤中去除如 Pb、Cd、Ni、Cu、Cr，或土壤中过量的营养物质如 NH_4NO_3 等。这些植物有超积累植物和诱导的积累植物两大类。前者是指一些具有很强的吸收重金属并运输到地上部积累能力的植物；后者则是指一些不具有超积累特性但通过一些过程可以诱导出超量积累能力的植物。尽管超积累植物在治理土壤重金属污染方面表现出很高的潜力，但超积累植物的某些固有特性给植物提取治理技术带来了很大的限制。首先，大部分超积累植物生长缓慢、生物量低并且不易机械化作业，从而使得处理效率受到很大影响；其次，超积累植物对生态气候条件要求比较严格，区域性分布强，使得引种种植受到限制；此外，一种超累积植物只能作用于一种或两种特定的重金属元素，对土壤中其他含量较高的重金属则表现出中毒症状，限制了其在多种重金属污染土壤治理方面的应用前景。

植物挥发是利用植物根系分泌的一些特殊物质使土壤中的重金属转化为可挥发态，或者植物将土壤中的重金属吸收到体内后将其转化为气态物质释放到大气中，从而净化土壤。植物挥发要求被转化后的物质毒性要小于转化前的污染物，以减轻对环境危害。植物挥发治理技术能有效去除土壤中的重金属，但只限于挥发性重金属的处理，应用范围较小，而且是将 Hg、Se、As 等挥发性重金属转移到大气中，对人类和生物具有一定的风险。采用此法时须注意其污染物向大气挥发的速度应以不构成生态危害为限。

植物稳定是指植物通过某种生化过程使污染基质中重金属的流动性降低，生物可利用性下降，从而减轻重金属的毒性。这类植物可以通过根际微生物活动来改变根际环境的 pH 值和氧化还原电位，从而改变根基环境中重金属的化学形态，实现固定土壤中重金属的目的。这类植物一般具有两个特征：一是能在高含量重金属的土壤上生长；二是根系发达且分泌物能够吸附、沉淀或还原土壤中重金属。值得注意的是，植物稳定治理并没有将重金属从土壤中去除，只是暂时将其固定，当土壤环境发生变化时重金属仍可能重新活化并恢复毒性，没有彻底解决重金属污染问题。它适合处理土壤质地黏重、有机质含量高的污染土壤，对矿区土壤重金属污染物和放射性核素污染物的固定尤为重要。

（2）动物治理：动物治理是利用土壤中的某些低等动物（如蚯蚓）能吸收土壤中重金属的特性，对土壤重金属吸收、降解、转移，以去除重金属或抑制其毒性。动物治理的生理基础包括：①动物体内普遍存在一种金属硫蛋白，能与重金属结合形成低毒或无毒的络合物；②动物体代谢产生一些多肽类物质，其能与重金属螯合，从而改变其存在状态；③生物体内存在多种金属转运蛋白基因（如最早克隆的 Zn 转运蛋白基因和 Fe 转运蛋白基因），这些基因编码的转运蛋白能提高生物对金属的抗性。

（3）微生物治理：土壤重金属污染的微生物治理是利用微生物的生物活性，实现对重金属的亲和吸附或将其转化为低毒产物，从而降低重金属的污染程度。在长期受某种重金属污染的土壤上，生存着数量众多的、能适应重金属污染的环境并能氧化或还原重金属的微生物群落。微生物不能降解和破坏重金属，但可通过改变它们的化学或物理特性而影响金属在环境中的流动与转化。有毒重金属离子可以沉积在细胞的不同部位或结合到胞外基质上，或被轻度螯合在可溶性或不溶性生物多聚体上，一些微生物如蓝细菌、硫酸还原菌及某些藻类，能够产生胞外聚合物如多糖、糖蛋白等，它们具有大量阴离子基团，能与重金属离子形成络合物，富集重金属；另一些微生物可对重金属进行生物转化，其主要作用机制是微生物能够通过氧化还原、甲基化和去甲基化作用转化重金属，改变其毒性，从而形成了某些微生物对重金属的解毒机制，降低其毒性。

4. 农业生态治理

农业生态治理是指在特定的区域内，通过人工调控和生态系统的自组织和自协调，使受重金属污染的土壤达到相对健康的状态。农业生态治理包括两方面的措施。一是农艺治理措施，包括：①通过耕作制度和耕作方式的改变，降低重金属污染土壤目标作物中重金属的含量；②调节种植作物品种，种植不进入食物链的植物，收割作物进行焚化后对重金属集中进行处理；③在污染土壤施用有机肥，利用有机肥的物理化学特性改变土壤 pH、氧化还原电位等，固定吸附重金属在土壤中，减少有效态重金属含量，或者将重金属从高毒性的价态解毒成低毒性价态。二是生态治理措施，主要通过调节诸如土壤水分、土壤养分、土壤 pH 值和土壤氧化还原状况及气温、湿度等生态因子，实现对污染物所处环境介质的调控。

农业生态治理技术适合重金属污染并不十分严重的场地，否则生态系统中各生物要素无法有效发挥作用，难以实现污染场地治理。利用农业生态治理技术处理污染土壤，一般处理周期较长，效果不太显著。但是，相对与其他许多重金属污染土壤处理技术，农业生态治理所需成本低，在某些地区得到广泛应用。

5. 组合治理技术

在各种重金属污染土壤治理技术中，没有一种技术是堪称完美的，每一种治理技术都具有自己的优势和局限性。因此，将电化学、土壤淋洗法和植物提取等综合应用到土壤重金属治理中，形成组合治理技术，可以扬长避短，增强处理效果，降低处理成本。

植物组合技术是将植物治理技术与其他土壤重金属污染治理方法综合利用形成的组合技术，与其他物理、化学、工程方面的以及植物治理等单一重金属处理技术相比，植物组合治理技术具有独特的优点。植物组合技术能很大程度地清除土壤中的重金属，并且投资省，组合处理周期短，操作程序简单。有代表的植物组合技术有螯合剂-植物组合治理技术、基因工程-植物组合治理技术及微生物-植物组合治理技术等。

4.7 重金属对人体健康的防控与治疗

4.7.1 重金属进入人体的途径

重金属通过食物和饮水摄入、呼吸道吸入和皮肤接触等途径进入人体，受重金属污染的水在不受觉察的情况下直接饮用，造成重金属直接进入人体；受重金属污染的空气，通过呼吸作用和皮肤接触进入人体；水、大气、土壤中的重金属还能通过富集到动植物体内，人通过食用受污染的食物，间接使重金属进入体内从而最终影响人类健康。

4.7.2　重金属危害人体健康的防控

1. 增加膳食纤维的摄入

膳食纤维可以减缓重金属吸收的速度，特别是富含果胶的膳食对铅有很大的亲和力，可在肠道内与铅结合形成不溶解的、不被吸收的复合物，而随粪便排出。果胶通常存在于水果和蔬菜中，尤其是柑橘和苹果中含量较多。

2. 改善机体的营养状况以及食物的营养平衡

机体营养状况良好，可以增强人体免疫功能，有利于抵抗外来有害物质的侵害，或缓解毒性；蛋白质的质量以及某些维生素（维生素 C）的营养水平对金属毒物的吸收和毒性有较大的影响。过量的铅影响人体蛋白质代谢，因此增加膳食中优质蛋白质（牛奶、鸡蛋、豆制品等）的供给，增加蛋氨酸和胱氨酸等含硫氨基酸的摄入量，可有效地阻止和减轻中毒症状。维生素 C 是强还原剂，能使氧化型谷胱甘肽还原为还原型谷胱甘肽，后者可与有毒物质结合使其排出体外，从而起到解毒作用，新鲜的蔬菜和水果富含维生素 C。另外，维生素 B_1、B_{12}、叶酸、维生素 D 对预防和缓解有害金属中毒也有重要作用。

3. 适当增加无机盐的摄入

人体对无机盐的吸收利用与其价态有关，特别是相同的价态有相互竞争的抑制作用，利用此特性可降解进入人体内的重金属毒性。如铁可减轻铅的毒作用，其原因是铁与铅竞争肠黏膜载体蛋白和其他相关的吸收和转运载体，从而减少铅的吸收；锌可减轻镉的毒作用，因锌可与镉竞争含锌金属酶类；硒可减轻汞、铅、镉等金属的毒作用，因硒能与这些金属形成硒蛋白络合物，使其降低毒性，并易于排出。因此膳食中增加钙、铁、锌、硒等无机元素的供给，就可以抑制有害金属的吸收，或减轻有害金属的危害。

4. 控制脂肪的摄入

有的重金属如汞亲脂性强，过多的脂肪可促进其毒作用。因此在饮食中应该控制脂肪的摄入量。

4.7.3　重金属危害人体健康的治疗

1. 有效利用食物排除体内重金属

（1）茶叶：茶叶能加速人体内的重金属元素和放射性金属元素的排泄。茶多酚是茶叶的主要成分，茶多酚和维生素 C 两者共同作用后，能与较多的锶等金属元素结合，多酚结构对重金属有较强富集作用，能与重金属形成络合物而产生沉淀，有利于减轻重金属对人体产生的危害。茶多酚进入体内经消化吸收后的代谢产物，能与肝或血液循环中的镉形成复合物经肾从尿排出，也可从胆道随胆汁分泌从粪排出。茶多酚同样具有良好的排铅作用，并不加重肝肾损伤，对胃、肾、肝起着独特的化学净化作用。

（2）萝卜：胡萝卜与体内的汞离子结合之后，能有效降低血液中汞离子的浓度，加速体内的汞离子的排除。白萝卜、红萝卜等也具有上述功效。萝卜可用于铅、汞超标的化妆品或饮食中铅、汞引起的黄褐斑、蝴蝶斑等皮肤问题的辅助治疗。

（3）海带：海带能减慢人体对锶等有害金属元素的吸收，海带中的褐藻还能与已进入人体内的重金属元素结合成能排出体外的不溶性物质。海带中的碘被人体吸收后，促进有害物质、病变物和炎症渗出物的排出；同时海带含有一种硫酸多糖，能吸收血管中的胆固醇，并排出体外。

（4）黄瓜：黄瓜本身重金属含量低，且有美容养颜作用，也有一定的驱除重金属的作用。黄瓜所含的黄瓜酸，能促进人体新陈代谢，排出毒素。

（5）猪血：猪血中的血浆蛋白被人体内的胃酸分解后，产生一种解毒清肠分解物，能将有害粉尘及金属微粒排出体外。

（6）大蒜：大蒜中的特殊成分能让体内铅的浓度下降。

（7）牛奶和奶制品：具有阻止铅等重金属元素吸收的作用。

（8）木耳等食用菌：食用菌生长在山区属于没有被污染的食物。这些食物不但具有很好的清除人体中的有机毒素、无机毒素、降血脂作用，而且有良好的排出人体中重金属元素的作用。木耳是排毒解毒、消胃涤肠、活血止血的最佳食物。木耳含有一种植物胶质，有较强的吸附力，可将残留在人体消化系统内的灰尘、杂质吸附，再排出体外。

2. 利用药物排除体内重金属

壳聚糖（chitosan）是由自然界广泛存在的几丁质（chitin）经过脱乙酰作用得到的，化学名称为聚葡萄糖胺（1-4）-2-氨基-B-D 葡萄糖。壳聚糖因有游离氨基，有螯合二价金属离子的作用，故在酸性条件下有阳离子型聚电解质的性质，可聚附镉、汞、铅、铜等重金属后排出体外。壳聚糖的一个显著特性是吸附能力。许多低分子量的材料，比如金属离子、胆固醇、甘油三酯、胆酸和有机汞等，都可以被壳聚糖吸附。特别是壳聚糖不仅可以吸附镁、钾，而且可以吸附锌、钙、汞和铀。壳聚糖的吸附活性可以有选择地发挥作用。壳聚糖的吸附能力的大小取决于其脱乙酰度，脱乙酰度越大，吸附能力越强。

急性重金属中毒采用支持性治疗及使用重金属解毒剂，常用重金属解毒剂有 D-青霉胺、二巯基丙醇、二巯基丙磺酸钠、二巯基丁二酸钠等。

D-青霉胺（D-penicillamine）D-青霉胺能促使铜、铁、铅、汞、锌由尿排出。治疗汞中毒以用 N-乙酰-DL-青霉胺为好。

二巯基丙醇（BAL，dimercaprol）治疗砷、无机汞、锑、铋中毒有效，但在 4 小时之内可全部代谢和排除，因而在急性中毒治疗时需要多次给药。BAL 可使汞在体内重新分布，但不能增加汞的排出量；它还可使有机汞由血液吸收到脑，故不宜用于有机汞中毒的治疗。

二巯基丙磺酸钠（DMPS，sodium 2，3-dimercapto-1-propanesulfonate）是水溶性化合物，毒性比 BAL 小，可口服或注射。一般用其 5%溶液肌内注射，对促排汞、烷基汞、砷、铜有效，砷化氢中毒不用。

二巯基丁二钠（DMS，sodium dimercaptosuccinate）治疗铅中毒的效果类似 Ca-EDTA，治疗汞中毒的效果类似 DMPS，尚可用于治疗砷、锑中毒。

3. 其他治疗手段

红外线是在所有太阳光中最能够深入皮肤和皮下组织的一种射线。红外线的波长范围很宽，人们将不同波长范围的红外线分为近红外、中红外和远红外区域，相对应波长的电磁波称为近红外线、中红外线及远红外线。

由于远红外线与人体内细胞分子的振动频率接近，“生命光波”渗入体内之后，便会引起人体细胞的原子和分子的共振，透过共鸣吸收，分子之间摩擦生热形成热反应，促使皮下深层温度上升，并使微血管扩张，加速血液循环，有利于清除血管囤积物及体内有害物质，将妨害新陈代谢的障碍清除，重新使组织复活，促进酵素生成，达到活化组织细胞、防止老化、强化免疫系统的目的。此外，对人体内的一些有害物质，如重金属和其他有毒物质等，就能够借助代谢的方式，不必透过肾脏，直接从皮肤和汗水一起排出，可避免增加肾脏的负担。

太阳光中的红外线对皮肤的损害作用不同于紫外线。紫外线主要引起光化学反应和光免疫学反应，而红外线照射所产生的反应是由于分子振动和温度升高所引起的。红外线引起的热辐射对皮肤的穿透力超过紫外线。红外线通过其热辐射效应使使皮肤温度升高、毛细血管扩张、充血、增加表皮水分蒸发等，直接对皮肤造成的不良影响，其主要表现为红色丘疹、皮肤过早衰老和色素紊乱。

思考题

1. 重金属对水环境有何影响？对大气环境有何影响？对土壤环境有何影响？
2. 固体废物和危险废物是如何区别的？
3. 含重金属的固体废物处置技术有哪些？
4. 简要叙述重金属水污染防控处理技术。
5. 重金属土壤污染防控技术与重金属水污染防控技术有何异同？
6. 如何进行重金属对人体健康危害的防控？

第5章　涉重金属污染建设项目环境准入政策

为切实做好我国重金属防治工作，国家要求加大有色、化工、印染、制革等行业落后产能淘汰力度，并要求加大重点地区的行业污染物减排力度。

禁止在重点流域江河源头建设有色、化工、制革等项目。在重金属污染综合防治重点区域进行重点重金属污染物排放总量控制，加大污染治理和技术改造力度。强化污染物减排和治理，进行主要污染物排放总量控制。行业准入政策是产业政策的重要内容和具体体现，制定并严格执行建设项目在土地、环保、节能技术、安全等方面的准入标准，是政府管理产业发展对投资项目管理职能转变的重要举措。行业准入政策的制定较好地体现了发展循环经济、节能减排和贯彻落实科学发展观的有关规定，是对产业政策和经济社会发展规划内容的补充和完善。

5.1　重有色金属矿采选业相关政策

5.1.1　重有色金属矿采选业行业准入

1. 行业准入条件

我国矿产资源属于国家所有，由于矿产资源开采的高风险和特殊技术要求，故企业进入本行业，必须依法申请并取得国土资源部门颁发的探矿证和授予的采矿权。

有色金属矿采选业属采矿业，投资周期长，开采成本高。国家在授予采矿权时，要求采矿权申请人必须具有相应的资质条件，包括：有与开采方案相适应的资金、技术和设备，有能够独立承担民事责任、履行法定义务的能力，具备采矿权设立的法定前提（一是采矿权申请人为探矿权人，探矿权人在法律上具有在其探矿权范围内的采矿优先权；二是采矿权申请人申请开采的矿区范围是未设立任何矿业权的“空白地”。具备上述两项条件之一，即具备了申请采矿权的基本前提）。采矿权人应严格按照批准的开发利用方案进行开采，严禁无证勘查开采、乱采滥挖和破坏、浪费资源。按照法律法规和有关规定，严格探矿权、采矿权的出让方式和审批权限，严禁越权审批，严禁将整装矿床分割出让。

铅、锌、铜、镍矿产勘查投资大于500万元（含）的勘查项目，由国土资源部颁发勘查许可证，其矿床储量规模为大型（含）以上的，由国土资源部颁发采矿许可证。铬、镉、汞、砷则授权省级人民政府国土资源主管部门颁发勘查许可证和采矿许可证。总投资5亿元及以上的矿山开发项目由国务院投资主管部门核准，其他矿山开发项目由省级政府投资主管部门核准。限制外商投资电解铝、铜、铅、锌等有色金属冶炼项目。

2. 行业规模限制

铅、锌、铜、镍、汞矿山生产建设规模级别为：大型（≥100万t矿石）、中型（30万~100万t矿石）和小型（<30万t矿石）。要求中型矿山单体矿生产建设规模应达到30万t/年（1 000t/日）以上；新建铅、锌、铜、镍矿山生产建设规模应达到单体矿3万t/年（100t/日）及以上，服务年限要求在15年以上；采用浮选法选矿工艺的选矿企业处理矿量必须达到1 000t/日以上。

3. 能耗要求

铅锌坑采矿山：原矿综合能耗要求在7.1kg标准煤/吨矿以下，露采矿山铅锌矿综合能耗要求在1.3kg标准煤/吨矿以下。铅锌选矿综合能耗要求在14kg标准煤/吨矿以下。矿石耗用电量低于45 kW·h/t。

4. 资源综合利用

国家禁止建设资源利用率低的铅锌矿山及选矿厂。国土资源管理部门在审批采矿权申请前会严格审查矿产资源开发利用方案，铅锌矿的实际采矿损失率、贫化率和选矿回收率不得低于批准的设计标准。相关要求见表1-5-1。

表1-5-1　铅锌矿的实际采矿损失率、贫化率和选矿回收率

项目		标准
铅锌采矿损失率	坑采（地下矿）	<10%
	露采（露天矿）	<5%
采矿贫化率	坑采（地下矿）	<10%
	露采（露天矿）	<4.5%
硫化矿	选矿铅金属实际回收率	>87%
	选矿锌金属实际回收率	>90%
	混合（难选）矿铅、锌金属回收率	>85%
	耗用电量	<35kW·h/t矿石
	耗用水量	<4t/吨矿石
	废水循环利用率	>75%

5.1.2　有色金属矿采选业行业技术政策

根据我国富矿少、贫矿多的资源现状，为充分利用国内贫矿资源，国家鼓励企业发展低品位矿采选技术，大力推广高效节能采选工艺和设备。高效、节能、环保采选矿技术为国家鼓励类项目。新建大中型铅锌矿山要求采用先进的采矿方法来适应有限的矿床开采条件，鼓励采用大型设备，提高自动化水平，并且选矿须采用浮选工艺。国家支持有条件的大型骨干企业集团到境外采用独资、合资、合作、购买矿产资源等方式，建立铁矿、铬矿、锰矿、镍矿、废钢及炼焦煤等生产供应基地。沿海地区企业所需的矿石、焦炭等重要原辅材料，国家鼓励依靠海外市场解决。现有铅锌采选、冶炼企业必须依法实施强制性清洁生产审核。

严禁矿山企业破坏及污染环境。露采区必须按照环保和水土资源保持要求完成矿区环境恢复。要求对废渣、废水进行再利用，弃渣进行固化、无害化处理，污水全部回收利用。地下开采要求采用充填采矿法，将采矿废石等固体废弃物、选矿尾砂回填采空区，控制地表塌陷，保护地表环境。要求采用充填采矿法的矿山，地表不能出现位移现象；采用其他采矿法的矿山，地表位移程度不得破坏自然景观、地表植被、建（构）筑物等。

以铅、锌、铜、镍四种金属矿为代表，对其工业指标一般要求见表 1-5-2～表 1-5-4。

表 1-5-2 铅锌矿床工业指标一般要求

项目	硫化矿石		混合矿		氧化矿石	
	铅	锌	铅	锌	铅	锌
边界品位（ωB）/%	1.3～0.5	0.5～1	0.5～0.7	0.8～1.5	0.5～1	1.5～2
最低工业品位（ωB）/%	0.7～1	1～2	1～1.5	2～3	1.5～2	3～6
最小可采厚度/m	1～2		1～2		1～2	
夹石剔除厚度/m	2～4		2～4		2～4	

表 1-5-3 铜矿床工业指标一般要求

项　目	硫化矿石		氧化矿石
	坑采	露采	
边界品位铜（Cu）/%	0.2～0.3	0.2	0.5
最低工业品位铜（Cu）/%	0.4～0.5	0.4	0.7
最小可采厚度/m	1～2	2～4	1
夹石剔除厚度/m	2～4	4～8	2

表 1-5-4 镍矿床工业指标一般要求

项目	硫化镍矿				氧化镍-硅酸镍矿
	原生矿石		氧化矿石		
	坑采	露采	坑采	露采	
边界品位（ωB）/%	0.2～0.3	0.2～0.3	0.7	0.7	0.5
最低工业品位（ωB）/%	0.3～0.5	0.3～0.5	1	1	1
最小可采厚度/m	1	2	1	2	1
夹石剔除厚度/m	≥2	≥3	≥2	≥3	1～2

5.2　重有色金属冶炼相关政策

有色金属行业“十二五”规划的工作重点是产业结构调整，以有色金属行业为中心，向产前、产后环节逐步延伸的合理布局是促进各产业部门协调发展的重中之重。目前国家未出台明确的有色金属压延加工行业准入政策和技术，该行业的自律组织是中国有色金属工业协会。

5.2.1　重有色金属冶炼行业准入

为了遏制有色金属行业产能的盲目扩张，控制能耗，淘汰落后生产能力，国家出台了铜、铝、铅、锌等有色金属冶炼行业的准入条件，以规范该行业的发展，并要求淘汰落后生产工艺装备，包括采用马弗炉、马槽炉、横罐、小竖罐（单日单罐产量8 t以下）等进行焙烧、简易冷凝收尘设施等落后方式炼锌或生产氧化锌制品；采用铁锅和土灶、蒸馏罐、坩埚炉及简易冷凝收尘设施等落后方式炼汞；密闭鼓风炉、电炉、反射炉炼铜工艺及设备；直接采用燃煤反射炉再生铅、再生铜生产工艺及设备；50 t以下传统固定式反射炉再生铜生产工艺及设备、坩埚炉再生铅生产工艺及设备。

1. 铜冶炼行业准入条件

根据国土资源部、国家发展改革委制定的《禁止用地项目目录（2012年本）》，单系列10万t/年规模以下粗铜冶炼项目属禁止用地的项目。根据《产业结构调整指导目录（2011年本）（修正）》（国家发展改革委令第21号），单系列10万t/年规模以下粗铜冶炼项目属国家限制类项目，要求淘汰鼓风炉、电炉、反射炉炼铜工艺及设备和50 t以下传统固定式反射炉再生铜生产工艺及设备。2014年5月1日起开始实施的《铜冶炼行业准入条件》对铜冶炼行业的企业布局、生产规模、工艺和装备及环境保护等多方面提出了以下要求。

（1）冶炼能力须在10万t/年及以上。现有利用含铜二次资源为原料的铜冶炼企业生产规模不得低于5万t/年。项目资本金比例达到20%及以上。

（2）工艺要求：要求采用闪速熔炼、富氧底吹、富氧侧吹、富氧顶吹、白银炉熔炼、合成炉熔炼、旋浮铜冶炼等生产效率高、工艺先进、能耗低、环保达标、资源综合利用好的富氧熔炼先进工艺，鼓励采用先进的节能环保、清洁生产工艺。烟气制酸采用稀酸洗涤净化、双转双吸（或三转三吸）工艺。冶炼工艺采用生产效率高、能耗低、资源综合利用效果好、环保达标的先进生产工艺，例如NGL炉、旋转顶吹炉、精炼摇炉、倾动式精炼炉、100 t以上改进型阳极炉（反射炉）及其他。

（3）装备要求：要求配置冶炼尾气、硫酸尾气余热回收、收尘、烟气制酸、资源综合利用、节能和具备二噁英防控能力等设施。预处理环节要求采用自动化程度高的机械法破碎分选设备，例如导线剥皮机、铜米机等，对特殊绝缘层及漆包线等除漆需要焚烧的，要配置烟气治理设施完善的环保型焚烧炉。

（4）淘汰工艺及设备：烟气净化严禁采用水洗或热浓酸洗涤工艺。淘汰直接燃煤熔炼含铜二次资源的反射炉。全面淘汰无烟气治理措施的冶炼工艺。禁止采用化学法及无烟气治理设施的焚烧工艺。

（5）企业须办理排污许可证（尚未实行排污许可证的地区除外），持证排污，达标排放。污染物排放总量不得超过环保部门核定的总量控制指标，最终废弃渣必须进行无害化处理。铜冶炼含重金属废水必须达标排放，排水量必须达到国家相关标准的规定。新建及改造项目要同步建设配套在线污染物监测设施，并与当地环保部门联网（现有企业应在 2014 年前完成）。

2. 铅锌行业准入条件

根据《产业结构调整指导目录（2011 年本）（修正）》（国家发展改革委令第 21 号），限制建设铅冶炼项目（单系列 5 万 t/年规模及以上，不新增产能的技改和环保改造项目除外）、单系列 10 万 t/年规模以下锌冶炼项目（直接浸出除外）；淘汰利用坩埚炉熔炼再生铝合金、再生铅的工艺及设备。

《铅锌行业准入条件》于 2007 年 3 月 10 日起实施。为加快结构调整，规范铅锌行业的投资行为，促进我国铅锌工业的持续、协调、健康发展，该文件对企业布局及规模、外部条件要求、工艺和装备及环境保护等方面提出了以下要求。

（1）铅锌矿山、冶炼、再生利用项目资本金比例要达到 35%及以上。新建铅锌冶炼项目企业自有矿山原料比例应达到 30%以上。对规模的限制见表 1-5-5。

表 1-5-5 规模指标

<table>
<tr><th colspan="2">冶炼项目</th><th>冶炼能力</th></tr>
<tr><td colspan="2">单系列铅</td><td>>5 万 t/年</td></tr>
<tr><td colspan="2">单系列锌</td><td>≥10 万 t/年</td></tr>
<tr><td rowspan="2">现有生产能力通过升级改造淘汰落后工艺改建</td><td>单系列铅熔炼</td><td>>5 万 t/年</td></tr>
<tr><td>单系列锌冶炼</td><td>≥10 万 t/年</td></tr>
<tr><td colspan="2">现有再生铅</td><td>>1 万 t/年</td></tr>
<tr><td colspan="2">改造、扩建再生铅</td><td>>2 万 t/年</td></tr>
<tr><td colspan="2">新建再生铅</td><td>>5 万 t/年</td></tr>
</table>

（2）工艺要求：利用火法冶金工艺进行冶炼的，必须在密闭条件下进行，防止有害气体和粉尘逸出，实现有组织排放。

铅冶炼项目工艺要求：粗铅冶炼要求采用生产效率高、能耗低、环保达标、资源综合利用效果好的先进炼铅工艺，如具有自主知识产权的富氧底吹强化熔炼或富氧顶吹强化熔炼等。制酸系统要求采用双吸附工艺，例如双转双吸系统。

锌冶炼项目工艺要求：硫化锌精矿焙烧要求采用硫利用率高、尾气达标的沸腾焙烧工艺。单台沸腾焙烧炉炉床面积必须达到 109 m^2 及以上，必须配备双转双吸等制酸系统。

（3）设备要求：利用火法冶金工艺进行冶炼的，必须设置尾气净化系统、报警系统和应急处理装置。利用湿法冶金工艺进行冶炼的，必须有排放气体除湿净化装置。要求建设资源综合利用、余热回收等节能设施。要求建设冶炼尾气余热回收、收尘和尾气低二氧化硫浓度治理设备。熔炼、精炼必须采用国际先进的短窑设备或等同设备。

再生锌项目设施要求：再生锌资源的回收管理工作要求强化，集中处理回收的镀锌铁皮及其他镀锌钢材，有效回收其中的锌、铅、锑等二次金属。

（4）要求淘汰的工艺及设备：烟气制酸严禁采用热浓酸洗工艺。禁止对废铅酸蓄电池进行人工破碎和露天环境下进行破碎作业。禁止利用直接燃煤的反射炉建设再生铅、再生锌项目。禁止新建烧结机–鼓风炉炼铅企业，淘汰经改造后虽然已配备制酸系统但尾气及铅尘污染仍达不到环保标准的烧结机炼铅工艺。要求立即淘汰采用落后方式炼铅工艺及设备，例如土烧结盘、烧结锅、简易高炉、烧结盘等；立即淘汰采用坩埚炉熔炼再生铅工艺；立即淘汰采用落后方式炼锌或氧化锌的工艺，例如用土制马弗炉、马槽炉、横罐、小竖罐等进行还原熔炼再以简易冷凝设施回收锌等。

（5）环境污染防治政策：

1）废气：企业应配置完整的废气净化设施，并安装自动监控设备。防止铅冶炼二氧化硫及含铅粉尘污染，确保二氧化硫、粉尘达标排放；铅锌冶炼项目的原料处理，中间物料破碎、熔炼、装卸等所有产生粉尘部位，均要配备除尘及回收处理装置进行处理，并安装经环保总局指定的环境监测仪器检测机构适用性检测合格的自动监控系统进行监测；熔炼、精炼工序产生的废气必须有组织排放，送入除尘系统。

2）废水：严禁铅锌冶炼厂排出的废水中含有的重金属离子、苯和酚等有害物质超标。含铅量较高的水处理泥渣，铅烟尘（灰）要求返回熔炼炉熔炼；企业应配置完整的废水净化设施，并安装自动监控设备。

3）固体废物：熔炼工序的废弃渣、废水处理系统产生的泥渣、除尘系统净化回收的含铅烟尘（灰）、防尘系统中废弃的吸附材料、燃煤炉渣等必须进行无害化处理；防止锌冶炼热酸浸出锌渣中汞、镉、砷等有害重金属离子随意堆放造成的污染。

地方人民政府要对达不到排放标准或超过排污总量的企业进行处罚，并限期治理，治理后仍不合格的，依法决定给予停产或关闭处理。2011年《重金属污染综合防治“十二五”规划》得到国务院批复，规划要求，对涉重金属排放源制（修）订更加严格的排放标准，进一步加强重金属污染物排放管理，到2015年，重点区域铅、汞、铬、镉和类金属砷等重金属污染物的排放比2007年削减15%。非重点区域重金属污染排放量不超过2007年的水平。

5.2.2　有色金属冶炼及压延加工业行业技术政策

1. 铜

鼓励铜冶炼企业建设伴生稀贵金属综合回收利用装置。鼓励大中型骨干铜冶炼企业同时处理铜精矿及含铜二次资源。资源综合利用要求见表1–5–6。

表 1-5-6 资源综合利用指标

项目		指标
新建铜冶炼	水循环利用率	>97.5%
	新水消耗	<20t/t 铜
	硫的总捕集率	>99%
	硫的回收率	>97.5%
	占地面积	<4m²/t 铜
现有企业	水循环利用率	>97%
	新水消耗	<20t/t 铜
	硫的总捕集率	>98.5%
	硫的回收率	>97%
新建含铜二次资源冶炼	水循环利用率	>95%
现有含铜二次资源冶炼	水循环利用率	>90%

铜冶炼企业要具备健全的能源管理体系，配备必要的能源（水）计量器具，鼓励企业建立能源管理中心。综合能源消耗要求见表 1-5-7。

表 1-5-7 综合能源消耗要求

项目		综合能耗（kg 标准煤/t）
新建利用铜精矿的铜冶炼企业粗铜冶炼		≤180
电解过程（含电解液净化）		≤100
现有铜冶炼企业粗铜冶炼		≤300
新建利用含铜二次资源的铜冶炼企业精炼	阴极铜	≤360
	阳极铜	≤290
现有利用含铜二次资源的铜冶炼企业精炼	阴极铜	≤430
	阳极铜	≤360

2. 铅、锌

鼓励大中型优势铅冶炼企业并购小型再生铅厂与铅熔炼炉合并处理或者附带回收处理再生铅。能源消耗要求见表 1-5-8。

表 1-5-8　能源消耗要求

工艺		（综合）能耗/电耗
新建	铅冶炼	<600kg 标准煤/t
	粗铅冶炼	<450kg 标准煤/t
	粗铅冶炼	<350kg 焦/t
	电铅直流电	<120kW・h/t
	锌冶炼电锌工艺	<1 700kg 标准煤/t
	电锌生产析出锌电解直流电（锌电解电流效率大于 88%）	<2 900 kW・h/t
	蒸馏锌	<1 600kg 标准煤/t
现有	铅冶炼	<650kg 标准煤/t
	粗铅冶炼	<460kg 标准煤/t
	粗铅冶炼	<360kg 焦/t
	电铅直流电（铅电解电流效率大于 95%）	<121 kW・h/t
	精馏锌工艺	<2 200kg 标准煤/t
	电锌工艺	<1 850kg 标准煤/t
	蒸馏锌工艺	<1 650kg 标准煤/t
	电锌直流电（电解电流效率大于 87%）	<3 100 kW・h/t
新建及现有	再生铅冶炼	<130kg 标准煤/t
	电耗	<100 kW・h/t

所有铅锌冶炼投资项目必须设计有价金属综合利用建设内容。资源综合利用要求见表 1-5-9。

表 1-5-9　资源综合利用要求

项目		指标
新建铅冶炼项目	总回收率	>96. 5%
	粗铅熔炼回收率	>97%
	铅精炼回收率	>99%
	总硫利用率	>95%
	硫捕集率	>99%
	水循环利用率	>95%

续表

项目		指标
新建锌冶炼项目	总回收率	>95%
	蒸馏锌冶炼回收率	>98%
	电锌回收率（湿法）	>95%
	总硫利用率	>96%
	硫捕集率	>99%
	水的循环利用率	>95%
所有铅锌冶炼投资项目	回收有价伴生金属的覆盖率	>95%
现有铅锌冶炼企业	铅冶炼总回收率	>95%
	粗铅冶炼回收率	>96%
	总硫利用率	>94%
	硫捕集率	>96%
	水循环利用率	>90%
	锌冶炼蒸馏锌总回收率	>96%
	精馏锌总回收率	>94%
	电锌总回收率	>93%
	硫的利用率	96%（ISP 法>94%）
	硫的总捕集率	>99%
	水循环利用率	>90%
新建再生铅企业	铅的总回收率	>97%
现有再生铅企业	铅的总回收率	>95%
	冶炼弃渣中铅含量	<2%
	废水循环利用率	>90%

5.3 金属制品业与表面处理业相关政策

5.3.1 金属制品业与表面处理业准入政策

鼓励外商投资金属制品模具（铜、铝、钛、锆的管型和棒型挤压模具）设计、制造。要求淘汰落后生产工艺及装备，包括采用土坑炉或坩埚炉焙烧、简易冷凝设施收尘等落后方式炼制氧化砷或金属砷制品、无烟气治理措施的再生铜焚烧工艺及设备。

1. 钢铁产业准入政策

钢铁产业是实现工业化的支撑产业，是技术、资金、资源、能源密集型产业，钢铁产业的发展需要综合平衡各种外部条件。我国是一个发展中的大国，在经济发展的相当长时期内钢铁需求量较大，产量已多年居世界第一，但钢铁产业的技术水平和物耗与国际先进水平相比还有差距。为实现技术升级和结构调整，降低物耗能耗，重视环境保护，提高企业综合竞争力，国家制定了钢铁产业发展政策、行业规范及废钢铁加工行业准入条件，以指导钢铁产业的健康发展。

（1）要求大型钢铁企业主要分布在沿海地区。内陆地区钢铁企业要求以矿定产，不谋求生产规模的扩大，以可持续生产为主要考虑因素。原则上不再单独建设新的钢铁联合企业、独立炼铁厂、炼钢厂，不提倡建设独立轧钢厂，必须依托有条件的现有企业，结合兼并、搬迁，在具有比较优势的地区进行改造和扩建。新增生产能力要和淘汰落后生产能力相结合，原则上不再大幅度扩大钢铁生产能力。重要环境保护区、严重缺水地区、大城市市区，不再扩大钢铁冶炼生产能力。建设炼铁、炼钢、轧钢等项目，企业自有资本金比例必须达到40%及以上。钢铁企业跨地区投资建设钢铁联合企业项目，普钢企业上年钢产量必须达到500万t及以上，特钢企业产量必须达到50万t及以上。境外钢铁企业投资中国钢铁工业，须具有钢铁自主知识产权技术，其上年普通钢产量必须达到1000万t以上或高合金特殊钢产量达到100万t。境外企业投资国内钢铁行业，必须结合国内现有钢铁企业的改造和搬迁实施，不布新点。外商投资我国钢铁行业，原则上不允许外商控股。

（2）规模要求：普钢企业粗钢年产量要求不小于100万t、特钢企业不小于30万t，合金钢比大于60%（不含合金钢比100%的高速钢、工模具钢等专业化企业）。

（3）装备要求：禁止企业采用国内外淘汰的落后二手钢铁生产设备。高炉应配套煤粉喷吹和余压发电装置，高炉、转炉应配套煤气回收装置。焦炉应配套除尘、脱硫、污水生化处理、煤气回收利用（不得放散）及干熄焦装置。烧结机应配套烟气余热回收及脱硫装置。钢铁行业设备规格要求见表1-5-10。

表1-5-10　钢铁行业设备规格要求

项目	指标
高炉有效容积	>400m^3
转炉公称容量	>30t
电炉公称容量	>30t
电炉变压器容量	>15 000 kV·A
高合金钢电炉公称容量	>10t
高合金钢电炉变压器容量	>5000 kV·A
球团竖炉	≥8m^2
烧结机有效烧结面积	≥90m^2
常规机焦炉炭化室高度	≥4.3 m
捣固焦炉	≥3.8 m

（4）环保要求：要求钢铁企业吨钢烟（粉）尘排放量不超过1.19kg，吨钢二氧化硫排放量不超过1.63kg。企业污染物排放总量不超过环保部门核定的总量控制指标。有单项污染物减排任务的企业，须落实减排措施，满足减排指标要求。

为推动废钢铁资源综合利用工作深入开展，加强废钢铁产业规模化、现代化，优化资源配置，实现精料入炉，国家要求在自然保护区、风景名胜区、饮用水源保护区、基本农田保护区和其他需要特别保护的区域内，居民聚集区和其他严防污染的企业周边1 km内，不得新建废钢铁加工配送企业。已在上述区域投产运营的废钢铁加工配送企业，在一定期限内，通过依法搬迁、转产等方式逐步退出。废钢铁加工配送企业规模要求见表1-5-11。

表1-5-11　废钢铁加工配送企业规模要求

项目	性质	标准
加工能力	新建	>15万t/年
	改造、扩建	>10万t/年
厂区面积	新建	≥3万m^2
	改造、扩建	≥2万m^2
土地租用合同	所有	≥15年
作业场地	新建	≥1.5万m^2
	改造、扩建	≥1万m^2

（5）装备：要求配备剪切设备或破碎设备，以及配套装卸设备和车辆、辐射监测仪器、电子磅和非钢铁类夹杂物分类设备等。环境保护设施包括：粉尘收集、污水处理和噪声控制设备，料场配备有放射性检测设备，破碎生产线配套安装除尘设备、废油回收贮存设备和相关处理措施等。地面必须进行硬化处理。建设雨水、生产废水、生活废水的收集和循环利用系统。

（6）能源消耗：加工生产系统综合电耗应低于30 kW·h/t废钢铁，新水消耗应低于0.2t/t废钢铁。

2. 铸造行业准入政策

《铸造行业准入条件》于2013年5月10日开始实施。为推进我国从世界铸造大国向铸造强国转变，提升我国装备制造业整体实力，引导铸造产业健康、有序和可持续发展，促进铸造行业产业结构优化升级，遏制低水平重复建设和产能盲目扩张，保护生态环境，推进节能减排，提高资源、能源利用水平。该文件对铸造行业的生产工艺、规模、设备、环境保护等进行了相关要求。

（1）企业要合理选择低污染、低排放、低能耗、经济高效的铸造工艺，吨铸铁的综合能耗≤0.44t标准煤；吨铸钢的综合能耗≤0.56t标准煤。不得采用黏土砂干型/芯、油砂制芯、七〇砂制型/芯等落后铸造工艺。

规模要求见表1-5-12。

表 1-5-12　铸造企业铸件最低年生产能力

<table>
<tr><th rowspan="2">地区</th><th rowspan="2">铸件材质</th><th colspan="3">现有铸造企业规模</th><th colspan="2">新（扩）建铸造企业规模</th></tr>
<tr><th>二类区（t）</th><th>三类区（t）</th><th>产值（万元）</th><th>二类区、三类区（t）</th><th>产值（万元）</th></tr>
<tr><td rowspan="5">北京、上海、天津、江苏、浙江、山东、福建、广东</td><td>铸铁</td><td>5 000</td><td>4 000</td><td rowspan="5">≥3 000</td><td>100 000</td><td rowspan="5">≥7 000</td></tr>
<tr><td>铸钢</td><td>4 000</td><td>3 000</td><td>8 000</td></tr>
<tr><td>铝合金</td><td>1 200</td><td>1 000</td><td>3 000</td></tr>
<tr><td>铜合金</td><td>600</td><td>400</td><td>1 000</td></tr>
<tr><td>其他（有色）</td><td>—</td><td></td><td>—</td></tr>
<tr><td rowspan="2">河北、辽宁、海南</td><td>离心球墨铸铁管</td><td colspan="2">10 000</td><td>≥50 000</td><td>200 000</td><td>≥100 000</td></tr>
<tr><td>离心灰铸铁管</td><td colspan="2">200 000</td><td>≥10 000</td><td>30 000</td><td>≥15 000</td></tr>
<tr><td rowspan="7">其他省、市、自治区</td><td>铸铁</td><td>4 000</td><td>3 000</td><td rowspan="5">≥2 000</td><td>10 000</td><td rowspan="5">≥7 000</td></tr>
<tr><td>铸钢</td><td>3 000</td><td>2 000</td><td>8 000</td></tr>
<tr><td>铝合金</td><td>1 000</td><td>800</td><td>3 000</td></tr>
<tr><td>铜合金</td><td>500</td><td>300</td><td>1 000</td></tr>
<tr><td>其他（有色）</td><td>—</td><td></td><td>—</td></tr>
<tr><td>离心球墨铸铁管</td><td colspan="2">100 000</td><td>≥50 000</td><td>200 000</td><td>≥100 000</td></tr>
<tr><td>离心灰铸铁管</td><td colspan="2">20 000</td><td>≥10 000</td><td>30 000</td><td>≥15 000</td></tr>
</table>

装备要求：配备熔炼设备和精炼设备，如冲天炉、中频感应电炉、电弧炉、精炼炉（AOD、VOD、LF 炉等）、电阻炉、燃气炉等。炉前应配置必要的化学成分分析、金属液温度测量装备，并配有相应有效的通风除尘、除烟设备与系统，并配备造型、制芯、砂处理、清理等设备。采用砂型铸造工艺的企业应配备旧砂处理设备、试验室和必要的检测设备。落砂及清理工序应配备隔音降噪和通风除尘设备。现有铸造企业冲天炉的熔化率应大于 3t/h，不得采用无芯工频感应电炉、0. 25t 及以上无磁扼的铝壳中频感应电炉、铸造用燃油加热炉；新（扩）建铸造企业冲天炉的熔化率应大于 5t/h，不得采用铸造用燃油加热炉。生产过程中产生废气的部位配置大气污染物收集及净化装置。其中对设备的指标要求见表 1-5-13～表 1-5-20。

表 1-5-13 旧砂处理设备的回用率

项目	回用率
水玻璃砂（再生）	≥60%
呋喃树脂自硬砂（再生）	≥90%
碱酚醛树脂自硬砂（再生）	≥70%
黏土砂	≥95%

表 1-5-14 冲天炉熔炼铸铁的能耗指标（铁液 1 480 ℃）

冲天炉的熔化能力（t/h）	能耗指标（kg 标准煤/t 金属液）
>3～≤5	<140
>5～≤10	<135
>10（水冷炉）	<125

表 1-5-15 无芯感应电炉熔炼铸铁的能耗指标（热炉纯熔化）

感应电炉容量（t）	能耗指标（kW·h/t 金属液）
≤1.0	<630
1.5	<620
2	<610
3	<600
≥5	<590

表 1-5-16 感应电炉炼钢（普通钢）的能耗指标（最大值）

感应电炉的容量（t）	≤0.5	1	2	3	≥5
能耗指标（kW·h/t 金属液）	730	720	710	700	690

表 1-5-17 感应电炉熔炼铝合金的能耗指标（最大值）

感应电炉的容量（t）	≤0.15	0.3	0.5	1	2	≥3
能耗指标（kW·h/t 金属液）	700	680	660	640	630	620

表 1-5-18 电弧炉炼钢的能耗指标（最大值）

电弧炉的容量（t）	≤1.5	3	5	10	20	30	≥50
能耗指标（kW·h/t 金属液）	800	780	770	760	750	720	700

表 1-5-19　电阻炉熔化铝合金能耗指标（最大值）

电阻炉容量（t）	≤0.15	0.3	0.5	≥1
最高能耗限值（kW·h/t 金属液）	830	800	750	700

表 1-5-20　燃气铝合金熔化炉能耗指标（最大值）

设备名称	燃气铝合金熔化炉
最高能耗限值（t 标煤/t 金属液）	<0.28

5.3.2　金属制品业与表面处理业技术政策

1. 钢铁行业

钢铁企业须具备健全的能源管理体系，配备必要的能源（水）计量器具。鼓励有条件的企业应建立能源管理中心。能源消耗和资源综合利用要求见表 1-5-21。

表 1-5-21　能源消耗和资源综合利用要求

项目	指标
焦化工序	≤155kg 标准煤
烧结工序	≤56kg 标准煤
高炉工序	≤446kg 标准煤
普钢电炉工序	≤92kg 标准煤
特钢电炉工序	≤171kg 标准煤
转炉工序	负能
新水消耗	≤4.1m^3/t 钢
固体废弃物综合利用率	≥94%

要求新建、改扩建废钢铁加工配送企业选择生产效率高、加工工艺先进、能耗低、环保达标和资源综合利用率高的加工生产系统。

（1）鼓励工艺及设备：鼓励废钢铁加工企业积极开发使用节能、环保、高效的新技术、新工艺、新装备。鼓励特钢企业研发生产国内需求的齿轮、工模具、军工、轴承、耐热、耐冷、耐腐蚀等特种钢材，提高产品质量和技术水平。鼓励企业采用国产设备和技术，减少进口。对国内不能生产或不能满足需求而必须引进的装备和技术，要先进实用。对今后量大面广的装备要组织实施本地化生产。鼓励采用精料入炉、富氧喷煤、铁水预处理、大型高炉、转炉和超高功率电炉、炉外精炼、连铸、连轧、控轧、控冷等先进工艺技术和装备。鼓励采用以废钢为原料的短流程工艺。

（2）鼓励类原材料、产品及其他：鼓励减少铁矿石比例，增加废钢比重。鼓励用可再生材料替代和废钢材回收，减少钢材使用数量。鼓励研究、开发和使用高性能、低成本、低消耗的新型材料，替代钢材。鼓励钢铁企业生产高强度钢材和耐腐蚀钢材，提高钢材强度和使用寿命，降低钢材使用数量。推广Ⅲ级（400 MPa）及以上级别热轧带肋钢筋、各类用途的高强度钢板、H 型钢等钢材品种。鼓励开发应用抗硫化氢、抗二氧化碳腐蚀的油井管和管线钢板、耐大气腐蚀钢板和型钢、耐火钢等产品，提高钢材的耐腐蚀性和钢材使用寿命。鼓励钢铁企业与用户建立长期战略联盟，稳定供需关系，提高钢材加工配送能力，延伸钢铁企业服务。鼓励钢铁生产和设备制造企业采用工贸或技贸结合的方式出口国内有优势的技术和冶金成套设备。鼓励大型钢铁企业进行铁矿等资源的勘探开发。

（3）鼓励外商投资的金属制品业：航空、航天、汽车、摩托车轻量化及环保型新材料研发与制造（专用铝板、铝镁合金材料、摩托车铝合金车架等），建筑五金件、水暖器材及其五金件开发、生产，用于包装各类粮油食品、果蔬、饮料、日化产品等内容物的金属包装制品（厚度 0.3mm 以下）的制造及加工（包括制品的内外壁印涂加工），节镍不锈钢制品的制造。

（4）限制及淘汰：加快淘汰并禁止新建土烧结、容积 300m^3 及以下高炉（专业铸铁管厂除外）、公称容量 20t 及以下电炉（机械铸造和生产高合金钢产品除外）、中频感应炉公称容量 20t 及以下转炉、土焦（含改良焦）、热烧结矿、化铁炼钢、复二重式线材轧机、三辊劳特式中板轧机、叠轧薄板轧机、横列式小型轧机、普钢初轧机及开坯用中型轧机、热轧窄带钢轧机、直径 76mm 以下热轧无缝管机组等落后工艺技术装备，逐步淘汰鳄鱼剪式剪切机。不支持特钢企业采用电炉配消耗高、污染重的小高炉工艺流程。

2. 铸造行业

支持和鼓励现有铸造企业积极开展清洁生产，依法进行清洁生产审核，大力推广清洁生产技术，不断提高企业清洁生产水平。

5.4 铅蓄电池与再生铅相关政策

5.4.1 产业结构调整政策

国家鼓励发展循环经济，支持铅锌再生资源的回收利用，提高铅再生回收企业的技术和环保水平，走规模化、环境友好型的发展之路。新建及现有再生铅锌项目，废杂铅锌的回收、处理必须采用先进的工艺和设备。新建及现有再生铅锌项目，必须有节能措施，采用先进的工艺和设备，确保符合国家能耗标准。《产业结构调整指导目录（2011 年本）（修正）》（国家发展改革委令第 21 号）有以下内容。

（1）鼓励类项目：储能用新型大容量密封铅蓄电池，废旧铅酸蓄电池资源化无害化回收，年回收能力 5 万 t 以上再生铅工艺装备系统制造。

（2）限制类项目：新建单系列生产能力 5 万 t/年及以下，改扩建单系列生产能力 2 万 t/年及以下，资源利用、能源消耗、环境保护等指标达不到行业准入条件要求的再生铅项目。

（3）淘汰类项目：利用坩埚炉熔炼再生铝合金、再生铅的工艺及设备，1 万 t/年以下的再生铝、再生铅项目。

5.4.2 市场准入政策

1. 铅蓄电池行业准入条件

我国铅蓄电池行业管理和环保治理已成为重金属污染防治工作的重中之重，《铅蓄电池行业准入条件》的制定对防治“血铅”超标事件意义重大，其鼓励铅蓄电池生产企业利用销售渠道建立回收系统，并与有资质的再生铅企业合作，形成完整的铅蓄电池生产和回收体系。文件除产能门槛外，还从工艺装备、环境保护、节能与回收利用等诸多方面对企业提出了要求。

（1）生产能力：新建、改扩项目，同一厂区年生产能力要求达到50万kV·A时（按单班8 h计算，下同）及以上，现有项目为20万kV·A时，现有商品极板（指以电池配件形式对外销售的铅蓄电池用极板）项目，要求达到100万kV·A时及以上。

卷绕式、双极性、铅碳电池（超级电池）等新型铅蓄电池，或采用扩展式（拉网、冲孔、连铸连轧等）板栅制造工艺的生产项目，不受生产能力限制。

（2）不符合准入条件的建设项目：开口式普通铅蓄电池（指采用酸雾未经过滤的直排式结构，内部与外部压力一致的铅蓄电池）生产项目、现有开口式普通铅蓄电池生产能力应予以淘汰。新建、改扩建商品极板、外购商品极板组装铅蓄电池、干式荷电铅蓄电池（内部不含电解质，极板为干态且处于荷电状态的铅蓄电池）生产项目。新建、改扩建镉含量高于0.002%（电池质量百分比，下同）或砷含量高于0.1%的铅蓄电池及其含铅零部件生产项目，现有项目立即淘汰。

2. 再生铅行业准入条件

为引导再生铅行业健康发展，《再生铅行业准入条件》要求新建再生铅项目单系列生产能力必须在5万t/年以上，淘汰1万t/年以下再生铅生产能力，以及坩埚熔炼、直接燃煤的反射炉等工艺及设备。鼓励企业实施5万t/年以上改扩建再生铅项目，淘汰3万t/年以下的再生铅生产能力。鼓励针对回收干电池中二次金属的研发、建厂工作，工厂生产规模暂不设限。禁止利用直接燃煤的反射炉建设再生铅项目。要求整只回收废铅酸蓄电池。

（1）再生铅项目设施要求：破碎分选使用机械化回收、处理塑料、铅极板、含铅物料和废酸液。熔炼过程中采用机械化加料、放料、精炼铸锭。要求采用密闭熔炼、低温连续熔炼、新型节能环保熔炼炉，在负压条件下生产。

（2）综合能耗：单独处理含铅废料的所有再生铅项目综合能耗应低于130kg标准煤/t铅，铅的总回收率大于98%，废水实现全部循环利用。现有再生铅企业，铅的总回收率大于96%，冶炼弃渣中铅含量小于2%，废水循环利用率应大于98%。

5.4.3　铅蓄电池与再生铅污染防治技术政策

1. 铅蓄电池污染防治技术政策

禁止对废铅酸蓄电池进行人工破碎和露天环境下进行破碎作业。严禁将蓄电池破碎的废酸液不经处理直接排入环境中。禁止使用开口式和膏机。禁止采用开放式熔铅锅和手工铸板、开口式铅粉机和人工输粉、手工涂板工艺、手工操作干式灌粉人工配酸和灌酸、手工焊接外化成等工艺。2012年12月31日后新建、改扩建的项目，禁止采用外化成工艺，且化成充电机放电能量必须回馈利用，不得用电阻消耗。对各个工序的污染防治要求见表1-5-22。

表 1-5-22　铅蓄电池各工序污染防治要求

工序	装备	要求
新建、改扩建项目的包板、称板工序	采用机械化包板、称板设备	
新建、改扩建项目的焊接工序	使用自动烧焊机或自动铸焊机等自动化生产设备	
新建、改扩建项目的电池清洗工序	使用自动清洗机	
熔铅、铸板及铅零件工序	设在封闭的车间内，产生烟尘的部位，应保持在局部负压环境下生产，并与废气处理设施连接	
	熔铅锅	应保持封闭，并采用自动温控措施，加料口不加料时应处于关闭状态
	如采用重力浇铸板栅工艺	实现集中供铅（指采用一台熔铅炉为两台以上铸板机供铅）
铅粉制造工序	采用全自动密封式铅粉机	铅粉系统（包括贮粉、输粉）应密封，系统排放口应与废气处理设施连接
和膏工序（包括加料）	使用自动化设备	在密封状态下生产，并与废气处理设施连接
涂板及极板传送工序	配备废液自动收集系统	废水管线连通
	生产管式极板	使用自动挤膏机或封闭式全自动负压灌粉机
分板刷板（耳）工序	采用机械化分板刷板（耳）设备	设在封闭的车间内，做到整体密封，保持在局部负压环境下生产，并与废气处理设施连接
供酸工序	采用自动配酸系统、密闭式酸液输送系统和自动灌酸设备	
化成工序	配备硫酸雾收集装置	设在封闭的车间内，并与相应处理设施连接
	2012 年 12 月 31 日前如使用外化成工艺	化成槽应封闭，并保持在局部负压环境下生产
包板、称板、装配焊接工序	配备烟尘收集装置	保持合适的吸气压力，并与废气处理设施连接，确保工位在局部负压环境下
淋酸、洗板、浸渍、灌酸、电池清洗工序	配备废液自动收集系统	通过废水管线送至相应处理装置进行处理

2. 再生铅污染防治技术政策

鼓励企业封闭化生产。现有熔炼设施的生产过程中，应采取有效措施去除原料中含氯物质及切削油等有机物。对分选出的铅膏必须进行脱硫预处理或送硫化铅精矿冶炼厂合并处理，脱硫母液要求进行处理并回收副产品。要求采用机械化破碎分选处置废铅蓄电池，预处理过程中采用水力分选的，要求做到水闭路循环使用不外泄。废气中铅尘应采用自动清灰的布袋除尘技术、静电除尘技术、湿法除尘技术等进行处理，应建有通风除尘系统对车间内含铅烟气进行收集处理，鼓励企业将收尘灰返回熔炼系统处理。鼓励企业将沉淀泥进行无害化处理。含铅量大于2%的水处理泥渣、铅烟尘（灰）必须要经过二次处理。禁止对废铅蓄电池进行人工破碎和露天环境下破碎作业，严禁直接排放铅蓄电池破碎产生的废酸液。不得带壳直接熔炼废铅酸蓄电池，不得利用坩埚炉熔炼再生铅。

5.5　皮革制品业相关政策

5.5.1　国家政策

我国是世界上最大的皮革生产国，但不是皮革强国。纵观近年来皮革产业发展历程，结合国际制革业发展现状、产业中存在的问题及国家的产业政策，总体看来，皮革业未来发展趋势重点将围绕环保这条主线。中国的皮革工业经过百年的发展，已经形成了以制革、披肩、皮鞋、毛皮及制品四个主体专业和人造皮革、鞋革材料、皮革机械等为配套专业及科研院所组成的完整的皮革工业体系。随着节能减排环保要求越来越高，各种国家政策的调整，消费市场需求的提升，都将加快制革行业的重组。在未来，环保达标、产品市场竞争力强、技术创新能力强、管理规范的制革行业将在企业重组中做大崛起，成为行业发展的骨干和引领者。

开展节能减排，保护环境，调整产业结构，转变增长方式，通过科技创新，提高产品核心竞争力，提高产品附加值，制造绿色生态皮革是未来制革业的发展趋势。皮革制品产业准入门槛将越来越高，其涉及重金属污染方面的主要是生产过程中产生的含铬废水。

（1）国家鼓励类项目：制革及毛皮加工清洁生产，皮革后整饰新技术开发及关键设备制造，皮革废弃物综合利用，皮革铬鞣废液的循环利用，三价铬污泥综合利用；无灰膨胀（助）剂、无氨脱灰（助）剂、无盐浸酸（助）剂、高吸收铬鞣（助）剂、天然植物鞣剂、水性涂饰（助）剂等高档皮革用功能性化工产品开发、生产与应用。

（2）国家限制类项目：聚氯乙烯普通人造革生产线；年加工生皮能力20万标张牛皮以下的生产线；年加工蓝湿皮能力10万标张牛皮以下的生产线；吨原毛洗毛用水超过20t的洗毛工艺与设备。

（3）国家要求淘汰类项目：年加工生皮能力5万标张牛皮、年加工蓝湿皮能力3万标张牛皮以下的制革生产线，Z261型人造毛皮机。

5.5.2　地方政策

随着节能减排及环保要求越来越高，淘汰落后产能作为我国结构调整的一个政策将长期存在并持续加强。全国大多数地方已经对新建项目规模在30万标张牛皮以下的不允许立项，部分地区规定新建皮革鞣制加工企业产量不得低于20万标张牛皮，把提高行业准入的门槛作为污染防治的重要抓手。另外，对工艺也做了限制，如皮革及其制品企业应积极采用高吸收铬鞣剂和皮革铬鞣废液的循环利用技术；毛皮应采用环保型非铬鞣剂；凡应用铬鞣剂的，其含铬污泥应采用再利用技术。皮革及其制品企业应每两年进行一次强制性清洁生产审核，其综合评价指数应在80以上，达到清洁生产先进企业（对应国内清洁生产先进水平），企业应持续处于清洁生产审核有效期内，并将审核结果依法向有关部门报告。

（1）对严格项目环境准入的要求具体有：现有皮革（毛皮）鞣制加工、电石法聚氯乙烯等防控重点行业重点企业以提高资源利用率、节约能源、减少重金属污染物产排量为目的的清洁生产技术改造项目，应限制在现有生产规模以内。涉重金属企业利用自产含重金属固体废物、废液和废气进行有价重金属资源回收或综合利用深加工项目，应限制在现有废弃资源总量规模以内，其回收加工过程重金属污染物排放量应限制在规划目标排放总量以内。

1）对进产业集聚区和循环经济工业园区的项目均应在符合园区循环经济实施方案要求的同时，不得新增重金属污染物排放量，并满足规划减排目标要求。

2）支持优势企业兼并重组，扩大企业规模，拉长并完善循环经济产业链，提升清洁生产技术水平，提高治污能力和效果，达到减少重金属污染物排放量的目的。

3）对于饮用水水源保护区、居民集中区等需要特殊保护的区域范围以内的现有重金属污染物排放企业，应严格按照有关准入、防护、保护等要求，实施搬迁和退出等防控措施。

（2）对推进产业结构调整的措施有：从被动治污到主动环保，鼓励现有防控重点企业在达标排放的基础上改造现有治污设施、进行深度处理。鼓励强化事故排污的回收利用，减少环境风险。严格执行国家政策，结合实地特点，将淘汰退出工艺、设备、产品落实到具体企业，分阶段按期完成各项目标任务，并定期向社会公告限期淘汰企业名单。针对关停并转企业遗留环境污染问题，制订切实可行的解决方案，落实资金渠道。鼓励建设重金属危险废物综合利用处置工程，大力发展循环经济，依法对防控重点企业实施强制性清洁生产审核，每两年进行一次，清洁生产水平要力争达到国内清洁生产先进水平。

（3）对强化重金属污染综合防治及监管的要求具体有：加大污染源清洁生产审核，从源头上减少重金属污染物产生量。禁止无经营许可证企业从事含重金属危险废物利用处置的经营活动。

1）对污水处理厂的污泥要进行重金属识别，对重金属含量超过填埋和农用标准的产业集聚区、工业园区集中污水处理厂和城镇污水处理厂污泥进行无害化处理处置，对生活垃圾填埋场的渗滤液要实现重金属污染物达标排放。

2）开展重金属污染源普查，实施动态监控。建设的动态数据库要全面监督企业的重金属使用、管理与排放情况，及时跟踪重金属污染物产生、排放量及其动态变化。制订并实施防控重点企业环境监管和监督性监测实施方案，及时安装、更新、改造在线监控设施，完善监管体系。建立监督员制度，派遣环保监督员定点监督，加强对防控重点企业的污染防治和监督检查。加大危险废物的日常监管，加强申报登记工作，确保危险废物申报登记率达100%。

5.5.3　技术政策

为促进皮革制品工业生产工艺和污染治理技术进步，防治污染，保护环境，针对环境污染物做出如下规定。

1. 废气

（1）在磨皮、抛光等皮革表面处理工艺车间（或生产设施排气筒）颗粒物排放浓度不得高于50 mg/m^3。

（2）造成周围大气环境污染的现有制革企业，应予搬迁。

2. 废水

（1）企业应采用高吸收、高结合铬鞣技术，并完全实现铬鞣废液的循环利用。要求鞣制三价铬废液单独处理、建设规范化工艺设施，提高废液循环利用率，减少含铬污泥的产生量。

（2）要求水循环利用率不低于50%。废水中污染物排放浓度应符合当地环保部门规定的排放级别要求。严格执行在车间口或车间处理设施排放口采样的规定。

（3）凡排放废水的生产企业应建设规范化排污口，并在排污口安装在线监测装置，与环保部门联网。

3. 固体废物

（1）铬污泥全部收集，并达到环保部门提出的综合利用要求。

（2）其他危险废物（皮屑、铬磨革革灰）应定期交予有资质的单位安全处置，在厂区内进行临时储存的要规范储存条件。

（3）固体废弃物要求分类处理处置。经鉴别为一般固体废物的按一般固体废物处置，经鉴别为危险废物的需严格按照危险废物管理要求进行处置。

4. 噪声

对所有高噪声设备均应设置减震基础、安装消声器、置于室内等降噪措施，有效降低噪声源强。

5.6　化学原料及化学制品制造业相关政策

化学原料及化学制品制造业中涉及重金属污染的行业主要有：硫酸工业、铬盐工业、聚氯乙烯工业、染料、颜料、涂料、油墨工业等。无机重金属化合物工业指以钡、锶、铬、锌、锰、镍、钼、铜、铅、镉、锡、汞、钴、锑、锆和银等重金属元素矿物、单质及含重金属物料为原料生产的各类无机重金属化合物的工业。

5.6.1　国家政策

1. 聚氯乙烯行业

（1）准入条件限制：禁止新建电石法聚氯乙烯和烧碱生产装置的区域，包括：风景名胜区、自然保护区、饮用水源保护区和其他需要特别保护的区域内；城市规划区边界外 2 km 以内；主要河流两岸、公路、铁路、水路干线两侧，以及居民聚集区和其他严防污染的食品、药品、卫生产品、精密制造产品等企业周边 1 km 以内；国家及地方所规定的环保、安全防护距离内。

国家限制乙炔法聚氯乙烯、起始规模小于 30 万 t/年的乙烯氧氯化法聚氯乙烯、超薄型（厚度低于 0.015mm）塑料袋和超薄型（厚度低于 0.025mm）塑料购物袋的生产。

规模限制：为满足国家节能、环保和资源综合利用要求，实现合理规模经济，新建烧碱装置起始规模必须达到 30 万 t/年及以上（老企业搬迁项目除外），新建、改扩建聚氯乙烯装置起始规模必须达到 30 万 t/年及以上。国家限制 20 万 t/年以下乙炔法聚氯乙烯、起始规模小于 30 万 t/年的乙烯氧氯化法聚氯乙烯项目的建设。

（2）工艺与装备要求：新建、改扩建电石法聚氯乙烯项目，要求同时配套建设电石渣制水泥等电石渣综合利用装置，其电石渣制水泥装置单套生产规模要求达到 2 000t/d 及以上。现有电石法聚氯乙烯生产装置配套建设的电石渣制水泥生产装置规模必须达到 1 000t/d 及以上。新建、改扩建烧碱生产装置禁止采用普通金属阳极、石墨阳极和水银法电解槽。

要求淘汰落后生产工艺装备，包括：无输液用聚氯乙烯（PVC）软袋（不包括腹膜透析液、冲洗液用）、用聚氯乙烯（PVC）生产接触饮料和食品的包装、聚氯乙烯（PVC）食品保鲜包装膜、聚氯乙烯（PVC）食品保鲜包装膜。

现有烧碱生产装置单位产品能耗限额指标包括综合能耗和电解单元交流电耗，其限额值应符合表 1-5-23。

表 1-5-23　现有烧碱装置单位产品能耗限额

产品规格 质量分数（%）	综合能耗限额 （kg 标准煤/t）	电解单元交流电耗限额 （kW·h/t）
离子膜法液碱≥30.0	≤500	≤2 490
离子膜法液碱≥45.0	≤600	
离子膜法固碱≥98.0	≤900	
隔膜法液碱≥30.0	≤980	≤2 570
隔膜法液碱≥42.0	≤1 200	
隔膜法固碱≥95.0	≤1 350	

注：表中隔膜法烧碱电解单元交流电耗限额值，是指金属阳极隔膜电解槽电流密度为 1 700 安/m^2 的执行标准。并规定，电流密度每增减 100 安/m^2，烧碱电解单元单位产品交流电耗减增 44 kW·h/t。

（3）能源消耗限制：新建、改扩建电石法聚氯乙烯装置，电石消耗应小于 1 420 kg/t（按折标 300 L/kg 计算）。新建乙烯氧氯化法聚氯乙烯装置乙烯消耗应低于 480kg/t。

2. 印染行业

（1）准入条件限制：风景名胜区、自然保护区、饮用水保护区和主要河流两岸边界外规定范围内不得新建印染项目；已在上述区域内投产运营的印染生产企业要根据区域规划和保护生态环境的需要，依法通过关闭、搬迁、转产等方式限期退出。

缺水或水质较差的地区原则上不得新建印染项目。水源相对充足地区新建印染项目，地方政府相关部门要科学规划，合理布局，必须在工业园区内集中建设，实行集中供热和污染物的集中处理。缺少环境容量地区，要限制发展印染项目，新建或改扩建项目要与淘汰区域内落后产能相结合。工业园区外企业要逐步搬迁入园，原地改扩建项目，不得增加污染物排放量。

（2）工艺与装备要求：新建或改扩建印染项目要采用先进的工艺技术，采用污染强度小、节能环保的设备，主要设备参数要实现在线检测和自动控制。限制采用使用年限超过 5 年及达不到节能环保要求的二手前处理、染色设备。新建或改扩建印染生产线总体水平要接近或达到国际先进水平。

新建或改扩建印染项目应优先选用节能、高效、低耗的连续式处理设备和工艺；连续式水洗装置要求密封性好，并配有逆流、高效漂洗及热能回收装置；间歇式染色设备浴比要能满足 1∶8以下的工艺要求；拉幅定形设备要具有温度、湿度等主要工艺参数在线测控装置，具有废气净化和余热回收装置，箱体隔热板外表面与环境温差不大于 15 ℃。

现有印染企业要加大技术改造力度，逐步淘汰使用年限超过 15 年的前处理设备、热风拉幅定形设备及浴比大于 1∶10 的间歇式染色设备，淘汰流程长、能耗高、污染大的落后工艺。支持采用先进技术改造提升现有设备工艺水平，凡有落后生产工艺和设备的企业，必须与淘汰落后结合才可允许改扩建。

国家要求淘汰：未经改造的 74 型染整设备；蒸汽加热敞开无密闭的印染平洗槽；使用年限超过 15 年的国产和使用年限超过 20 年的进口印染前处理设备、拉幅和定形设备、圆网和平网印花机、连续染色机；使用年限超过 15 年的浴比大于 1∶10 的棉及化纤间歇式染色设备；使用直流电机驱动的印染生产线；印染用铸铁结构的蒸箱和水洗设备，铸铁墙板无底蒸化机，汽蒸预热区短的 L 形退煮漂履带汽蒸箱；在还原条件下会裂解产生 24 种有害芳香胺的偶氮染料（非纺织品用的领域暂缓）、9 种致癌性染料（用于与人体不直接接触的领域暂缓）。

（3）环境保护资源综合利用：印染废水原则上要求自行处理或接入集中工业废水处理设施，不得接入城镇污水处理系统，确需接入城镇污水处理系统的，须报经城镇污水处理行业主管部门充分论证，领取城市排水许可证后方可接入。接入城镇污水处理系统的印染企业，其排放的废水污染物指标要达到集中废水处理厂或《污水排入城市下水道水质标准》规定的要求。直接排入水体的印染企业，其排放的废水必须达到国家和地方纺织染工业水污染物排放标准的控制要求。要采用高效节能的污泥处理工艺，实现污泥资源化和无害化处理。

现有印染企业要具备废水、固体废弃物处理条件，加强废水处理及运行中的水质分析和监控，对废水及固体废弃物进行综合治理，废水排放实行在线监控。废水处理设施不能正常运行和废水排放不达标的企业，经有关部门限期整改仍不能达标的，不得继续从事生产活动。

坯布要求选择可生物降解（或易回收）浆料；使用生态环保型、高上染率染化料和高性能助剂；丝光工艺必须配置碱液自动控制和淡碱回收装置；实行生产排水清浊分流、分质处理。

（4）资源综合利用：印染企业要按照环境友好和资源综合利用的原则，完善冷却水、冷凝水及余热回收装置；实行生产排水分质回用，水重复利用率要达到35%以上。

印染企业要采用可持续发展的清洁生产技术，提高资源利用效率，从生产的源头控制污染物产生量。印染企业要依法定期实施清洁生产审核，按照有关规定开展能源审计，不断提高企业清洁生产水平。

3. 其他

行业准入限制：要求新建高分子防水卷材（PVC、TPO 即热塑性聚烯烃类防水卷材）项目单线产能规模不低于 300 万 m^2/年、生产线总挤出能力不低于 1 200kg/h、单位产品综合能耗限额准入值不高于 0. 08kg 标准煤/m^2。

（1）国家鼓励类项目：持久性有机污染物类产品的替代品开发与应用、废弃持久性有机污染物类产品处置技术开发与应用；水性木器、工业、船舶涂料，高固体分、无溶剂、辐射固化、功能性外墙外保温涂料等环境友好、资源节约型涂料生产；单线产能 3 万 t/年及以上并以二氧化钛含量不小于 90%的富钛料（人造金红石、天然金红石、高钛渣）为原料的氯化法钛白粉生产；水性油墨、紫外光固化油墨、植物油油墨等节能环保型油墨生产。

（2）国家限制类项目：新建染料、染料中间体、有机颜料、印染助剂生产装置（不包括鼓励类的染料产品和生产工艺）；绞纱染色工艺；新建硫酸法钛白粉、铅铬黄、1 万 t/年以下氧化铁系颜料、溶剂型涂料（不包括鼓励类的涂料品种和生产工艺）、含异氰脲酸三缩水甘油酯（TGIC）的粉末涂料生产装置；防火封堵材料、溶剂型钢结构防火涂料、饰面型防火涂料、电缆防火涂料。

（3）国家要求淘汰类项目：300t/年以下的油墨生产总装置（利用高新技术、无污染的除外）；含苯类溶剂型油墨生产；改性淀粉、改性纤维、多彩内墙（树脂以硝化纤维素为主，溶剂以二甲苯为主的 O/W 型涂料）、氯乙烯-偏氯乙烯共聚乳液外墙、焦油型聚氨酯防水、水性聚氯乙烯焦油防水、聚乙烯醇及其缩醛类内外墙（106、107 涂料等）、聚醋酸乙烯乳液类（含乙烯/醋酸乙烯酯共聚物乳液）外墙涂料；有害物质含量超标准的内墙、溶剂型木器、玩具、汽车、外墙涂料，含双对氯苯基三氯乙烷、三丁基锡、全氟辛酸及其盐类、全氟辛烷磺酸、红丹等有害物质的涂料；300t/年以下的油墨生产总装置（利用高新技术、无污染的除外）；含苯类溶剂型油墨生产；用于凹版印刷的苯胺油墨；新建以含氢氯氟烃（HCFCs）为发泡剂的聚氨酯泡沫塑料生产线、连续挤出聚苯乙烯泡沫塑料（XPS）生产线。

5.6.2 地方政策

为加强重金属污染综合防治工作，进一步加强对重金属污染物排放企业的监管，加大污染防治工作力度，做好重金属污染防治工作，各个地区制定了重金属污染综合防治规划等文件，对严格准入条件、完善监管体制及加大治理力度、严格总量控制等提出了要求。下面选取部分地区部分规定进行介绍。

（1）行业要求：淘汰300t/年以下的油墨生产装置（利用高新技术、无污染的除外）。油墨生产推广有机颜料替代无机颜料。颜料、防霉剂、防腐剂等助剂生产不得添加铅、汞、铬、镉等重金属物质。新、改、扩建电石法聚氯乙烯项目鼓励采用干法乙炔工艺。电石法聚氯乙烯行业全部使用低汞触媒，每吨聚氯乙烯氯化汞使用量下降50%，废低汞触媒回收率达到100%；高效汞回收技术普及率达到50%；盐酸深度脱吸技术普及率达90%以上；采用硫氢化钠处理含汞废水（包括废盐酸、废碱液等）的普及率达100%。新、改、扩建钛白粉生产线必须使用氯化法，鼓励单线产能在3万t/年以上，以二氧化钛含量不小于90%的富钛料为原料氯化法钛白粉装置建设。

（2）投资：新建化工项目一次性固定资产投资额（主要是工程投资，不含土地费用）要求在3000万元以上，且不得分期投入；其中涉及危险化学品的项目一次性固定资产投资额要求在5000万元以上；单纯混合、分装、复配类化工项目及国家产业政策鼓励类项目可适当放宽，但一次性固定资产投资额不得低于2 000万元。

严格控制重金属污染物排放总量对排污总量已超过控制指标或已无环境容量的区域，暂停审批新增污染物排放量的化工项目。对确需建设的，应按主要污染物总量等量替代原则，先行关停淘汰落后的产能。严格实施建设项目重金属污染物总量控制制度，开展涉重金属企业清洁生产审核，对涉重各行业开展专项整治，对重点区域地表水、大气、地下水、土壤等开展跟踪监测。

（3）规划：重点防控区内，新建氯碱生产企业应靠近资源、能源产地，有较好的环保、运输条件，并符合本地区氯碱行业发展和土地利用总体规划等。在依法设立的自然保护区、风景名胜区、世界文化和自然遗产地，森林公园、地质公园、重要湿地，饮用水水源保护区及其他需要特别保护的区域内，禁止建设化工项目；已经建设的，应该按照保护区规划及相关规定，限期迁出。涉及危险化学品构成重大危险源的化工项目，不得在黄河、淮河干流及其他具有集中式饮用水供水功能的河段两侧1.5 km内建设。涉及南水北调干渠的项目选址，应严格执行国家南水北调总干渠水源保护的有关规定。严格控制在城市规划区内新建化工企业。位于城市规划区内的现有企业，若原址不符合规划的功能要求，或者位于城镇人口密集区域内，禁止在原址改扩建化工项目。严格执行环境防护距离的规定，涉及防护距离内环境保护目标搬迁的，应制订可行的搬迁方案，落实搬迁资金。

同类整合，园区化、区域式集中治污实施污染源全过程控制，突出区域分类治理。

（4）清洁生产：化工建设项目须达到国内清洁生产先进水平，满足节能减排政策的要求；项目建设须符合相关化工企业设计规范，项目设计单位须符合相关工程设计资质分级标准的规定。鼓励技术工艺提升改造和设备更新换代、资源综合利用及废弃物的无害化处理。化工企业应优化工艺及装备，优先采用高效、节能、低污染的设备，实现生产过程的自动控制，严格控制无组织排放。

5.6.3 技术政策

1. 聚氯乙烯行业

鼓励新建电石法聚氯乙烯配套建设大型、密闭式电石炉生产装置，实现资源综合利用。鼓励采用乙烯氧氯化法聚氯乙烯生产技术替代电石法聚氯乙烯生产技术，鼓励干法制乙炔、大型转化器、变压吸附、无汞触媒等电石法聚氯乙烯工艺技术的开发和技术改造。鼓励新建电石渣制水泥生产装置采用新型干法水泥生产工艺。新建、改扩建烧碱生产装置鼓励采用 30m^2 以上节能型金属阳极隔膜电解槽（扩张阳极、改性隔膜、活性阴极、小极距等技术）及离子膜电解槽。

为实现节能减排，聚氯乙烯行业能源消耗指标要求见表 1-5-24。

表 1-5-24 新建、改扩建烧碱装置产品单位能耗限额准入值

<table>
<tr><th rowspan="2">产品规格
质量分数（%）</th><th colspan="3">综合能耗准入值（kg 标准煤/t）</th><th colspan="3">电解单元交流电耗准入值（kW · h/t）</th></tr>
<tr><th>≤12 个月</th><th>≤24 个月</th><th>≤36 个月</th><th>≤12 个月</th><th>≤24 个月</th><th>≤36 个月</th></tr>
<tr><td>离子膜法液碱≥30.0</td><td>≤350</td><td>≤360</td><td>≤370</td><td rowspan="3">≤2 340</td><td rowspan="3">≤2 390</td><td rowspan="3">≤2 450</td></tr>
<tr><td>离子膜法液碱≥45.0</td><td>≤490</td><td>≤510</td><td>≤530</td></tr>
<tr><td>离子膜法固碱≥98.0</td><td>≤750</td><td>≤780</td><td>≤810</td></tr>
<tr><td>隔膜法液碱≥30.0</td><td colspan="3">≤800</td><td colspan="3" rowspan="3">≤2 450</td></tr>
<tr><td>隔膜法液碱≥42.0</td><td colspan="3">≤950</td></tr>
<tr><td>隔膜法固碱≥95.0</td><td colspan="3">≤1 100</td></tr>
</table>

注①：表中离子膜法烧碱综合能耗和电解单元交流电耗准入值按表中数值分阶段考核，新装置投产超过 36 个月后，继续执行 36 个月的准入值。

注②：表中隔膜法烧碱电解单元交流电耗准入值，是指金属阳极隔膜电解槽电流密度为 1 700 A/m^2 的执行标准。并规定，电流密度每增减 100 A/m^2，烧碱电解单元单位产品交流电耗减增 44 kW · h/t。

2. 印染行业

国家鼓励类项目：高固着率、高色牢度、高提升性、高匀染性、高重现性、低沾污性及低盐、低温、小浴比染色用和湿短蒸轧染用的活性染料，高超细旦聚酯纤维染色性、高洗涤牢度、高染着率、高光牢度和低沾污性（尼龙、氨纶）、小浴比染色用的分散染料，用于聚酰胺纤维、羊毛和皮革染色的不含金属的弱酸性染料，高耐晒牢度、高耐气候牢度有机颜料的开发与生产。

染料及染料中间体清洁生产、本质安全的新技术（包括催化、三氧化硫磺化、连续硝化、绝热硝化、定向氯化、组合增效、溶剂反应、循环利用等技术，以及取代光气等剧毒原料的适用技术，膜过滤和原浆干燥技术）的开发与应用。

采用酶处理、高效短流程前处理、冷轧堆前处理及染色、短流程湿蒸轧染、气流染色、小浴比染色、涂料印染、数码喷墨印花、泡沫整理等染整清洁生产技术和防水防油防污、阻燃、抗静电及多功能复合等功能性整理技术生产高档纺织面料。

纺织行业生物脱胶、无聚乙烯醇（PVA）浆料上浆、少水无水节能印染加工、“三废”高效治理与资源回收再利用技术的推广与应用等。

资源消耗标准：新建或改扩建印染项目单位产品能耗和新鲜水取水量要达到规定要求，现有印染企业通过技术改造，单位产品能耗和新鲜水取水量要达到规定要求，见表1-5-25、表1-5-26。

表1-5-25 新建或改扩建印染项目印染加工过程综合能耗及新鲜水取水量

分类	综合能耗	新鲜水取水量
棉、麻、化纤及混纺机织物	≤35 kg 标准煤/百米	≤2t 水/百米
纱线、针织物	≤1.2 t 标准煤/t	≤100t 水/t
真丝绸机织物（含练白）	≤40 kg 标准煤/百米	≤2.5t 水/百米
精梳毛织物	≤190 kg 标准煤/百米	≤18t 水/百米

表1-5-26 现有印染企业印染加工过程综合能耗和新鲜水取水量

分类	综合能耗	新鲜水取水量
棉、麻、化纤及混纺机织物	≤42 kg 标准煤/百米	≤2.5t 水/百米
纱线、针织物	≤1.5t 标准煤/t	≤130t 水/t
真丝绸机织物（含练白）	≤45 kg 标准煤/百米	≤3.0t 水/百米
精梳毛织物	≤230 kg 标准煤/百米	≤20t 水/百米

3. 无机化合物工业清洁生产工艺

（1）铬：鼓励无钙焙烧、钾系亚熔盐法和气动流化塔法连续液相氧化法、铬铁碱熔氧化法等清洁生产技术。限制少钙焙烧、淘汰有钙焙烧工艺。

（2）钡盐工业：推行大规模化的尾气余热利用、静电除尘器技术，热风闪蒸干燥系统替代回转烘干炉等技术普遍推广。污染物治理技术：钡渣综合利用率可达90%以上，碳酸钡转窑余热利用率可达90%，工艺废水在系统内循环使用。淘汰5万t/年以下碳酸钡装置。碳酸锶盐生产工艺装置与碳酸钡相近，其清洁生产工艺参照钡盐。

（3）锌化合物：间接法及湿法氧化锌取代直接法工艺；用精馏法生产优级品氧化锌；利用锌渣或含锌废料生产锌化合物。

（4）锰化合物：在电解锰及电解二氧化锰中利用低品位的菱锰矿；用两矿（黄铁矿、软锰矿）加酸法硫酸锰生产工艺；利用含锰废料生产锰化合物技术。

（5）钼化合物：利用含钼废渣生产钼化合物、氧压煮分解钼精矿、高压碱煮分解钼精矿（非团聚二钼酸铵工艺和连续结晶生产二钼酸铵工艺）。

（6）铜化合物：利用“湿法”生产硫酸铜，如酸浸法；用生物浸取技术处理金属贫矿；含铜废液再生。

（7）铅、钴、银、镉、镍、锑化合物：合成法生产硝酸汞，流化床氯化法生产氧氯化锆，直接法生产硝酸镉，电解法生产硫酸亚锡，以高冰镍、含镍废料为原料生产硫酸镍技术，利用含铅、钴、银、镉、锑废料或副产物生产铅、钴、银、镉、锑化合物技术。

（8）硫化物硫酸盐类：长转炉煅烧还原硫酸钠硫酸钡副产法生产硫化碱工艺；甲酸钠法生产保险粉工艺；淘汰锌粉法、焦炭间歇法和木炭法工艺。鼓励天然气法（克劳斯硫黄回收尾气采用氨法脱硫工艺）。

（9）氰化物类：发展安氏法、轻油裂解法和丙烯腈副产法工艺。淘汰氨钠法和氰熔体生产工艺。

（10）卤族类：

1）氟化物：利用低品位含氟资源（如磷肥行业副产的氟硅酸、铝型材行业氟铝酸铵、电解铝工业含氟废渣）为原料生产高品质氟化铝、冰晶石、无水氟化氢等产品的工艺。

2）氯酸盐：发展电解法氯酸盐（氯酸钠和氯酸钾）工艺，淘汰化学法。氯酸钠电解生产高氯酸钠；高氯酸钠-氯化钾复分解法生产高氯酸钾（$KClO_4$）技术。

3）溴、碘：溴素空气吹出法和水蒸气蒸馏法是行业主流生产工艺；采用余热加温卤水延长生产期；以海藻为原料提取碘，有灰化法、干馏法、发酵法及浸出吸附法；以卤水为原料提取碘，主要有离子交换法、空气吹出法、活性炭吸附法。回收湿法磷酸中的碘工艺最具发展前景。

（11）硅化物：淘汰元明粉法硅酸钠法，发展煅烧法（大型马蹄窑及脱硫装置）和湿法生产硅酸钠。

（12）硼化物：以硼铁矿为原料生产硼系列产品，同时回收铁工艺；根据原料的来源不同，采用一步法和二步法硼酸。

（13）钙盐：选用机械化立窑和智能化立窑，喷雾碳化、超重力碳化塔碳化、膜微分散碳化器等先进碳化技术设备，气流筛、风选机及分级技术进行筛分生产轻质碳酸钙技术。

（14）镁盐类：利用不同原料及特征，生产高附加值镁盐产品，如利用副产卤水生产镁化物。

（15）过氧化物类：发展离子膜法生产氢氧化物工艺，限制或淘汰隔膜法氢氧化钾。发展食盐熔融电解法生产金属钠工艺，淘汰汞齐法生产金属钠生产工艺。

4. 环境保护指标要求

（1）废水：电石法聚氯乙烯废水总汞最高允许排放浓度为0.005 mg/L；油墨工业水污染物排放规定限值：总汞0.001 mg/L、总镉0.01 mg/L、总铬0.1 mg/L、六价铬0.05 mg/L、总铅0.1 mg/L、总铜0.2 mg/L；涂料工业水污染物排放执行排放限值为总汞0.001 mg/L、总镉0.01 mg/L、总铬0.1 mg/L、六价铬0.05 mg/L、总铅0.1 mg/L、总砷0.05 mg/L。水循环利用率不低于80%。

（2）固体废物：电石渣等一般工业固体废弃物应全部综合利用。

（3）废气：工艺产生的重金属粉尘或含重金属废气（尾气）必须采取先进可靠的收尘技术措施，点源重金属排放浓度限值：铅≤0.70 mg/m³、汞≤0.012 mg/m³、镉≤0.85 mg/m³；无组织排放重金属浓度限值：铅≤0.006 0 mg/m³，汞≤0.0012 mg/m³，镉≤0.040 mg/m³。

重金属粉尘或含重金属废气（尾气）的点源排气筒高度不应低于 15 m。排气筒高度除须遵守点源排放速率标准值外，还应高出周围 200 m 半径范围的建筑 5 m 以上。

思考题

1. 为什么要制定行业准入政策？
2. 重有色金属采选业行业准入有哪些要求？
3. 铅锌冶炼的环境污染防治政策要求是什么？
4. 钢铁产业准入政策规定的规模要求和环保要求内容是什么？
5. 铅蓄电池不符合准入条件的建设项目有哪些？再生铅污染防治技术政策是什么？
6. 皮革制品业相关政策中国家鼓励类、限制类、淘汰类项目是什么？技术政策规定内容有哪些？
7. 聚氯乙烯准入条件的限制、规模限制、能源消耗限制各项内容有哪些？
8. 简述无机化合物铬盐的清洁生产工艺。

第2篇

重金属污染建设项目环境管理

第 6 章　建设项目环境保护管理

6.1　环境管理概述

随着世界经济发展的突飞猛进，环境容量、环境资源与经济、社会发展需求之间的矛盾日益凸显。同样的矛盾亦存在于我国，环境问题已迫切地摆在我们面前，它严重地威胁着人类社会的健康生存和可持续发展，并日益受到全社会的普遍关注。国际竞争的需要，国家制度的要求以及社会公众的期望，使各种类型的组织都越来越重视自己的环境表现（行为）和环境形象，并希望以一整套系统化的方法规范其环境管理活动，满足法律的要求和它们自身的环境方针，求得生存和发展。环境管理是国家管理的重要组成部分，环境管理的性质是国家意志的体现，是政府行为（行政管理）。

6.1.1　环境管理的概念

环境管理概念是人类在与环境污染斗争的实践中产生的，是指依据国家的环境法律、法规、制度和标准，从环境与发展综合决策入手，运用法律、经济、行政、技术和教育等手段，调控人类的各种行为，协调经济发展同环境保护之间的关系，限制人类损害环境质量的活动以维护区域正常的环境秩序和环境安全，实现区域社会可持续发展的行为总体。

环境管理应包括宏观管理和微观管理两部分。①宏观环境管理：指以国家的发展战略为指导，从环境与发展综合决策入手，制定一系列具有指导性的环境战略、制度、对策和措施的行为总体。②微观环境管理：指在宏观环境管理指导下，以改善区域环境质量为目的，以污染防治和生态保护为内容，以执法监督对基础的环保部门经常性的管理工作。概括地说，宏观环境管理是从参与综合决策入手，解决发展战略问题，其实施主体是国家和地方政府，微观环境管理是从执法监督入手，解决具体的污染防治和生态破坏问题。

6.1.2　环境管理的特点

（1）环境管理的二重性：环境管理的二重性与管理的二重性相对应。所谓管理的二重性，是指管理同时具有合理组织生产力的自然属性和为一定生产关系服务的社会属性。环境管理的自然属性与生产力相联系，适应社会化生产要求，具有指导、服务职能；环境管理的社会属性是因为它是国民经济和社会发展规划的一个组成部分，它受着规划的制约，具有一定的政治性、权威性和强制性，与生产关系相联系，主要反映主导地位的所有者的意志和利益要求，具有计划、组织、监督和协调职能。

（2）环境管理的综合性：由于环境管理的内容涉及土壤、水、大气、生物等各种环境因素，环境管理的领域涉及经济、社会、政治、自然、科学技术等方面，环境管理的范围涉及国家的各个部门，所以环境管理具有高度的综合性，必须采取立法、经济、教育、技术和行政等各种措施相结合的办法，才能有效地解决环境问题。

（3）环境决策的非程序化特点：环境决策的非程序化特点是环境管理与一般行政管理的一个重要区别。

（4）环境管理的区域性：环境问题由于自然背景、人类活动方式和环境质量标准的差异存在着明显的区域性。也就是必须根据各地的不同特点，因地制宜，采取不同的管理措施。

（5）环境管理的自适应性：就是怎样充分利用自然环境适应外界变化的能力、如资源再生能力、自净能力和自然界生物防治作物病虫害的作用等，以达到保护和改善环境的目的。

（6）环境管理的社会性（群众性、广泛性）：保护环境就是保护人的环境权、生存权，是全社会的责任和义务。

6.1.3 环境管理的目的任务

（1）控制人与环境系统中的物质流，调整环境行为。合理开发利用自然资源，减少和防治环境污染，维持生态平衡，促进国民经济长期稳定的发展。

（2）贯彻和研究制定有关环境保护的方针、制度、法规和条例，正确处理经济发展与环境保护的关系。

（3）创建人与自然和谐的生存方式，建设人类环境文明。建设一个清洁、优美、安静、生态健全发展的人类环境，保护人民健康，保证人类与环境能够持久地、和谐地协同发展下去。

（4）开展环境科学研究，培养科学技术人才，加强环境保护宣传教育，不断提高全民对环境保护的认识水平，转变环境观念。

6.1.4 环境管理的原则

环境保护部门的职责是进行环境管理，环境管理工作必须依照以下原则进行。

（1）必须坚持法制化原则。环境保护是我国的一项基本国策。20 多年来，我国逐步建立健全了环境保护的法律法规体系，依法保护环境、依法进行环境管理是我国建设法制社会的基本要求。

（2）必须遵循科学化原则。环境保护是一项综合的系统工程，涉及许多领域和学科，必须从具体实际出发，坚持科学决策、科学管理、科学治理、科学保护、科学开发。

（3）必须考虑经济性原则。努力实行清洁生产，大力推进循环经济，走资源节约型和环境友好型的路子，实现环境保护和经济发展的“双赢”。

（4）必须把握社会性原则。环境问题既是经济问题、技术问题，更是政治问题、社会问题。加强环境保护，做好环境管理工作，做到赏罚分明，有利于促进社会安定，推动建设和谐社会的步伐。

（5）必须落实完整性原则。环境管理应根据环境行为的具体特征，对其全部内容、全部影响时段、全部影响因素做出相应管理。

（6）注重长期性原则。保护环境是一项长期而艰巨的任务。目前，我国的环境保护工作取得了可喜的成绩，但是环境质量恶化的趋势还没有得到根本遏制，环境保护工作任重道远，环境管理工作必须进一步加强，永不放松。

6.2　环境管理的类型

6.2.1　环境管理的主体与对象

环境管理的主体是指由谁来管理、管理谁，广义地说是指环境管理活动中的参与者和相关方。

环境问题的产生是源自人们的社会经济活动，人类社会经济活动的主体可以分为三个方面：政府、企业、公众和非政府组织，因此环境管理的主体也是这三者。

（1）政府作为社会公共事务的管理主体，包括中央和地方各级的行政机关。在理论上它还包括立法、司法等机关，是环境管理中的主导力量。环境管理是政府公共管理中的一个分支，主要职责是：①制定具体的环境目标、环境规划、制度。②制定环境管理的法律法规和标准。③设置必要的专门环境保护机构。④提供公共环境信息和服务、进行环境教育。④对国际社会的环境行为进行管理。

（2）企业在社会经济活动中是以追求利润为中心的独立的经济单位。它既是社会物质财富积累的主要贡献值，又是自然资源的消耗者，产品的生产者和供应者。其主要职责包括：①制定自身的环境目标规划推行清洁生产和循环经济。②通过 ISO 14000 环境管理体系认证。③实行绿色营销。④发展企业绿色安全和健康文化等。企业环境管理与政府和公众的环境管理行为互动，发挥着重要的实质的推动作用。

（3）公众和非政府组织包括个人和各种社会群体。公众是环境管理的最终推动者和直接受益者；公众环境管理是公众参与的环境管理，能促进企业和政府的管理效果；参与监督是公众作为环境管理主体的主要管理模式。

环境管理的对象是人类作用于环境的行为，分为政府行为、企业行为、公众和非政府组织行为。

6.2.2　环境管理类型划分

（1）从环境管理的范围来划分：流域环境管理、区域环境管理、行业环境管理、部门环境管理。

（2）从环境管理的属性来划分：资源环境管理、质量环境管理、技术环境管理。

（3）从环保部门的工作领域来划分：规划环境管理、建设项目环境管理、执法监督环境管理。

6.2.3　建设项目环境管理

项目是指在一定约束条件下，具有明确目标的一次性任务。建设项目是项目的一种特殊类型。为了认真贯彻执行国务院颁布的《建设项目环境保护管理条例》（以下简称《条例》），切实做好建设项目的环境管理工作，国家环保总局 1999 年 4 月 21 日在《关于执行建设项目环境影响评价制度有关问题的通知》中规定《条例》所称的“建设项目”，是指“按固定资产投资方式进行的一切开发建设活动，包括国有经济、城乡集体经济、联营、股份制、外资、港澳台投资、个体经济和其他各种不同经济类型的开发活动”。按计划管理体制，建设项目可分为基本建设、技术改造、房地产开发（包括开发区建设、新区建设、老区改造）和其他共四个部分的工程和设施建设。《条例》管理范围也包括对环境可能造成影响的饮食娱乐服务性行业。建设项目一般都有明确的业主、统一的行政管理、统一的经费和统一的设计图纸。

建设项目环境（保护）管理是贯彻执行环境法的基本原则，处理环境、资源与发展三者之间的关系，协调和解决开发建设活动产生的环境问题，控制环境污染，防止生态破坏的环境管理的措施。建设项目环境保护管理是整个环境保护工作的重要组成部分，是治理老污染源，控制新污染源，保持经济持续、健康发展的有效的措施之一，它通过对项目的规划、选址、环境影响评价、防治污染设施的建设与使用等方面的管理，预防和尽可能减少建设项目对环境的污染和破坏，以达到经济效益、社会效益和环境效益的统一。

6.3 建设项目环境保护分类管理

6.3.1 环境管理法律法规制度

建设项目的环境保护管理是环境保护管理的重要环节。近些年来经济快速增长，在许多地方环境管理没跟上，建设项目环境污染和破坏现象有加重的趋势。国家颁布了一系列有关建设项目环境保护管理的法律法规，形成了较为完整的建设项目环境影响评价制度和“三同时”制度体系，这对规范我国建设项目各阶段的环境管理工作意义重大。“三同时”制度是指建设项目需要配套建设的环境保护设施，必须与主体工程同时设计、同时施工、同时投产使用的环境保护管理法律制度。

建设项目环境（保护）管理制度是以防止建设项目可能产生的环境危害，保障经济与环境的协调发展的法律、法规和行政规章的形式确定下来必须遵守的制度的总称。它融会于环境管理的法律法规体系之中，由若干相互联系的环境保护法律法规所组成的一个完整又相对独立的法律法规体系。

宪法的规定是环境保护立法的依据和指导原则。1982 年通过的《宪法》第九条规定：“国家保障自然资源的合理利用，保护珍贵的动物和植物。禁止任何组织或者个人用任何手段侵占或破坏自然资源。”第二十六条规定：“国家保护和改善生活环境和生态，防治污染和其他公害。”第十条、第二十二条也有关于环境保护的规定。

1989 年颁布实施的《中华人民共和国环境保护法》是中国环境保护的综合性法，在环境保护法中居核心地位。它是为保护和改善环境，防治污染和其他公害，保障公众健康，推进生态文明建设，促进经济社会可持续发展制定的国家法律，2014 年 4 月 24 日修订通过，修订后的《中华人民共和国环境保护法》于 2015 年 1 月 1 日起施行。

2002 年通过的《中华人民共和国环境影响评价法》是一部独特的环境保护单行法，规定了规划和建设项目环境影响评价的相关法律要求，将环境影响评价的范畴从建设项目扩展到规划即战略层次，力求从决策的源头防止环境污染和生态破坏。环境影响评价制度首先是从建设项目领域开始的，要求建设单位在建设项目动工兴建之前，对建设项目实施后可能造成的环境影响进行分析、预测和评估，提出预防或减轻不良环境影响的环保对策和措施。

环境保护单行法是针对特定的污染防治对象或资源保护对象而制定的，可以分为三类：自然资源保护法，如《中华人民共和国土地管理法》《中华人民共和国矿产资源法》《中华人民共和国森林法》《中华人民共和国草原法》《中华人民共和国渔业法》《中华人民共和国野生动物保护法》《中华人民共和国水法》《中华人民共和国水土保持法》《中华人民共和国气象法》等；污染防治法，如《中华人民共和国水污染防治法》《中华人民共和国大气污染防治法》《中华人民共和国固体废物污染环境防治法》《中华人民共和国噪声污染防治法》《中华人民共和国海洋环境保护法》《中华人民共和国放射性污染防治法》等；其他类的法律，如《中华人民共和国清洁生产促进法》《中华人民共和国循环经济促进法》等。

环境保护行政法规分为两类：为执行某些环境保护单行法制定的实施细则或者条例，如《中华人民共和国大气污染防治法实施细则》等；针对环境保护工作中某些尚无相应单行法律的重要领域制定的条例、规定或办法，如《中华人民共和国自然保护区条例》等。

建设项目环境保护管理制度不仅是对传统经济发展方式的改革，可以实现经济建设、环境保护与社会效益的协调统一，还是贯彻“预防为主”原则的准绳，是行政执法生态化的重要体现。

我们在强调制度的稳定性、权威性的同时，不能走极端，要看到目前人们对某些深层次的变化尚未完全认识，客观上存在着某些不确定性，所以环境制度随着时间的推移必须有所调整。正如可持续发展战略的确立对传统环境管理政策体系的影响一样。21世纪人类必须实施生态市场经济，不是狭义的环保产业、生态农业，而是经济生态化，产业环境化，即一切经济活动必须考虑到与环境友好。就现阶段的环境管理制度而言，应是可持续发展战略的延伸和实现可持续发展目标的重要调控手段，核心是采取防范措施和加强环境管理。这包含两大领域，即传统物资生产的生态化和环境生产的专业化。主要措施包括：将环境保护纳入国民经济与社会发展计划和年度计划，在经济发展中防治环境污染和生态破坏；改革和深化环境影响评价和“三同时”制度；健全环境保护法律、法规和规章，以保障环境管理沿着法制化和规范化轨道发展；健全环境管理机构，建立全国性环境保护管理网络；动员民众、社会团体参与环境保护监督管理、参与国际间的交流与合作、普及环保科学知识，逐步增强全民族的环保意识。

（1）环境经济政策方面：由简单地采用行政手段来协调环境与发展关系，逐步走向综合利用经济杠杆来协调发展与环境保护之间的关系，主要包括资金投入和税收优惠政策。

（2）环境技术政策方面：由单元化法规逐步趋向综合开发、战略设计和宏观管理的运作体系，根据我国环境科技的现状和发展要求，通过技术导向促进能源和资源利用效率的提高，减少污染物的排放。

（3）环境保护产业政策方面：强调在经济结构战略性调整中促进环保产业结构优

化，提高环保产品的科技含量；制定措施促进环保产业社会化、环保产业营运市场化、产品标准化等。

（4）环境社会政策方面：认识到环境问题不单纯是生产力问题，更是涉及社会人与人之间的生产关系问题；强调民主决策和公众参与，坚持环境和社会协调发展的原则；正确处理好国家之间、国家、集体和个人之间的关系，尽可能调动各方面保护环境的积极性，提高社会各阶层的环境保护意识；重视开展环境污染与健康的研究，建立以人为本的环境管理制度。

（5）环境国际合作政策方面：强调在认真做好本国环境保护工作的同时，以积极的态度参与国际环境事务；以新的伙伴关系共同推进区域和全球环境合作，加快解决全球环境问题的进程；坚持环境国际合作应该尊重国家主权，处理环境问题应兼顾各国现实的实际利益和世界的长远利益。

6.3.2 建设项目环境保护分类管理

建设项目分类是指根据项目管理的不同要求，按项目的不同特征将具有类似性质的建设项目归类。在一些情况下，一个建设项目可以归属于多个类别，如新建的公路建设项目，属于新建项目，也属于交通建设项目和非污染型建设项目等。根据项目的不同特征对建设项目进行分类，可以使建设项目管理更加科学化、专业化、规范化，使管理者最大限度地利用现有资源，运用恰当的理论与方法进行组织管理，提升建设项目管理效率，对于建设项目全过程科学管理具有重要的意义。

为适应科学管理的需要，从不同方面反映建设项目的地位、作用和性质等，需要从不同角度对建设项目分类。经过搜集相关制度资料，分析出我国现有建设项目分类有如下方法。

（1）建设性质分类法：建设性质分类是以项目建设的形式、目的为特征进行分类的方法。建设项目可分为新建项目、扩建项目、改建项目、迁建项目和恢复项目。

（2）项目隶属关系分类法：隶属关系分类是以建设项目管理权的直属关系为特征的分类方法。建设项目可分为国家部署项目、地方项目和联合项目三类。

（3）项目管理部门分类法：管理部门分类法是以国务院归属部门为特征的建设项目分类方法。建设单位不论归属哪个行业，都按管理部门划分。如公路建设项目和铁路建设项目同属于交通行业建设项目，但按照管理系统分类法，公路建设项目归属交通部建设项目，铁路建设项目归属铁道部建设项目。

（4）项目投资主体分类法：投资主体分类是以项目的投资建设单位为特征的建设项目分类方法。建设项目可划分为国家投资项目、各级地方政府投资项目、企业投资项目、“三资”企业项目和各类投资主体联合投资项目五类。

（5）项目资金来源分类法：资金来源分类是以项目建设资金来源渠道为特征的分类方法。建设项目可分为国家投资项目、自筹资金项目、银行贷款项目、引进外资项目和债券投资项目五类。

（6）建设规模分类法：建设规模分类是以项目的计划投资、规模、产品生产能力以及使用效益为特征的分类方法。按建设项目投资额标准，建设项目可分为大型、中型和小型三类。基本建设项目中能源、交通、原材料工业项目投资额在 5 000 万元以上，其他建设项目投资额在3 000万元以上的为大中型建设项目，此限额以下的为小型建设项目。按建设项目生产能力或使用效益标准划分，国家对各行各业都有具体规定，如年产钢100万t以上的钢铁联合企业为大型建设项目，年产钢10万~100万t为中型，10万t以下为小型建设项目。还有一些工业或非工业项目无论规模大小，都不作为大中型建设项目，如名胜古迹、风景点、旅游区的恢复修建等。

（7）建设阶段分类法：建设阶段分类是以项目当前所处的建设阶段为特征的分类方法。建设项目可分为筹建项目、在建项目、投产项目、收尾项目和停缓建项目五类。

（8）项目外在形式分类法：项目形式分类是以项目外在形状为特征的分类方法。建设项目可分为线型项目、点型项目和区域型项目三类。线型项目即跨越距离大，且纵向尺寸远大于横向尺寸的项目，如公路、铁路、航道、管道等建设项目。点型项目是指规模相对较小，可视为点状形式的建设项目，如住宅楼项目等。区域型项目是指规模大、占地面积广、涉及地区多的建设项目，如大型水利、矿山等建设项目。

（9）项目用途分类法：项目用途分类是以项目建成后在国民经济中的作用为特征进行分类的方法。建设项目可划分为生产性建设项目和非生产性建设项目两类。生产性建设项目是指直接或间接用于物质生产的建设项目，如工业项目、农业项目、水利项目、商业及物资供应项目、运输邮电项目等。非生产性建设项目也称为消费性建设项目，即用于满足人们物质文化生活需要的建设项目，如住宅项目、文化卫生项目、公用事业项目和行政性项目。

（10）项目产业分类法：建设项目的产业分类是以项目隶属于第一、第二或第三产业为特征的分类方法。建设项目可划分为：第一产业项目即农业建设项目，第二产业项目即工业、建筑业和地质勘探建设项目，第三产业项目即服务业建设项目。

（11）项目行业分类法：项目的行业分类是以建设项目所属行业为特征的分类方法。建设项目可分为农业项目、工业项目、商业项目、交通项目、水利项目、卫生项目、文教科研项目、市政项目和旅游项目九类。

（12）项目效益分类法：项目效益分类是以建设项目产生效益的类型为特征的分类方法。建设项目可分为经济效益型项目、社会效益型项目和环境效益型项目三类。

（13）项目环境影响程度分类法：国家根据建设项目对环境的影响程度，把建设项目分为可能造成重大环境影响的项目、轻度环境影响的项目、对环境影响很小的项目三类，并对其环境影响评价实行分类管理，分别要求建设单位编制环境影响报告书、报告表和填报环境影响登记表。

1）要求编制环境影响报告书，对产生的环境影响进行全面评价的项目，包括：所有流域开发、开发区建设、城市新区建设和旧区改建等区域性开发项目；可能对环境敏感区造成影响的大中型建设项目；污染因素复杂，产生污染物种类多、产生量大，产生的污染物毒性大或难降解的建设项目；造成生态系统结构的重大变化或生存环境功能重大损失的项目，影响到重要生态系统、脆弱生态系统，或有可能造成或加剧自然灾害的建设项目；易引起跨行政区污染纠纷的建设项目。

2）要求编制环境影响报告表，对产生的环境影响进行分析或者专项评价的项目，包括：不对环境敏感区造成影响的中等规模的建设项目；可能对环境敏感区造成影响的小规模建设项目；污染因素简单、污染物种类少和产生量小且毒性较低的中等规模的建设项目；对地形、地貌、水文、植被、野生珍稀动植物等生态条件有一定影响但不改变生态环境结构和功能的中等规模以下的建设项目；污染因素少，基本上不产生污染的大型建设项目；列入对环境造成重大影响的，在新、老污染源均达标排放的前提下，排污量全面减少的技改项目。

3）对环境影响很小、不需要进行环境影响评价的，要求填报环境影响登记表的建设项目，包括：基本不产生废水、废气、废渣、粉尘、恶臭、噪声、震动、放射性、电磁波等不利影响的建设项目；基本不改变地形、地貌、水文、植被、野生珍稀动植物等生态条件和不改变生态环境功能的建设项目；未对环境敏感区造成影响的小规模建设项目；无特别环境影响的第三产业项目。

（14）其他分类法：在实际工作中，也有将建设项目划分为基本建设项目和技术改造项目的方法，主要是以工程建设内容和目的、项目投资来源、土建工作量和项目所列的计划为特征进行划分的。一般将扩大生产能力或新增工程效益为主要建设内容的作为基本建设项目；将节约、增加产品品种、提高质量、治理“三废”、劳保安全为主要建设内容的作为技术改造项目。将以利用国家预算内拨款、银行基本建设贷款为主的作为基本建设；以利用企业基本折旧基金、企业自有资金和银行技术改造贷款为主的作为技术改造项目。将土建工作量投资占整个项目投资30%以上的作为基本建设项目。将列入基本建设计划的作为基本建设项目；将列入更新改造计划的项目作为技术改造项目。划分基本建设项目和技术改造项目，只限于全民所有制企业单位的建设项目，对于所有非全民所有制单位、非生产性部门的建设项目，一般不做这种划分。

6.4 环境管理的主要手段

6.4.1 行政干预

行政手段主要指国家和地方各级行政管理机关，根据国家行政法规所赋予的组织和指挥权力，制定方针、制度，建立法规、颁布标准，进行监督协调，对环境资源保护工作实施行政决策和管理。它主要包括环境管理部门定期或不定期地向同级政府机关报告本地区的环境保护工作情况，对贯彻国家有关环境保护方针、制度提出具体意见和建议；组织制定国家和地方的环境保护制度、工作计划和环境规划，并把这些计划和规划报请政府审批，使之具有行政法规效力；运用行政权力对某些区域采取特定指示，如划分自然保护区，重点污染防治区，环境保护特区等；对一些污染严重的工业、交通、企业要求限期治理，甚至勒令其关、停、并、转、迁；对易产生污染的工程设施和项目，采取行政制约的方法，如审批开发建设项目的环境影响评价书，审批新建、扩建、改建项目的“三同时”设计方案，发放与环境保护有关的各种许可证，审批有毒有害化学品的生产、进口和使用；管理珍稀动植物物种及其产品的出口、贸易事宜；对重点城市、地区、水域的防治工作给予必要的资金或技术帮助等。

6.4.2 法律手段

法律手段是环境管理的一种强制性手段。依法管理环境是控制并消除污染，保障自然资源合理利用，并维护生态平衡的重要措施。环境管理一方面要靠立法，把国家对环境保护的要求、做法，全部以法律形式固定下来，强制执行；另一方面还要靠执法。环境管理部门要协助和配合司法部门对违反环境保护法律的犯罪行为进行斗争，协助仲裁；按照环境法规、环境标准来处理环境污染和环境破坏问题，对严重污染和破坏环境的行为提起公诉，甚至追究法律责任；也可依据环境法规对危害人民健康、财产，污染和破坏环境的个人或单位给予批评、警告、罚款或责令赔偿损失等。我国自 20 世纪 80 年代开始，从中央到地方颁布了一系列环境保护法律法规。目前，已初步形成了由国家宪法、环境保护基本法、环境保护单行法规和其他部门法中关于环境保护的法律规范等所组成的环境保护法体系。

6.4.3　经济手段

经济手段是指利用价值规律，运用价格、税收、信贷等经济杠杆，控制生产者在资源开发中的行为，以便根治损害环境的社会经济活动，奖励积极治理污染的单位，促进节约和合理利用资源，充分发挥价值规律在环境管理中的杠杆作用。此方法主要包括各级环境管理部门对积极防治环境污染而在经济上有困难的企业、事业单位发放环境保护补助资金；对排放污染物超过国家规定标准的单位，按照污染物的种类、数量和浓度征收排污费；对违反规定造成严重污染的单位和个人处以罚款；对排放污染物损害人群健康或造成财产损失的排污单位，责令对受害者赔偿损失；对积极开展“三废”综合利用、减少排污量的企业给予减免税和利润留成的奖励；推行开发、利用自然资源的征税制度等。

6.4.4　环境教育手段

环境教育是环境管理不可缺少的手段。环境宣传既是普及环境科学知识，又是一种思想动员。通过报纸、杂志、电影、电视、广播、展览、专题讲座、文艺演出等各种文化形式广泛宣传，使公众了解环境保护的重要意义和内容，提高全民族的环境意识，激发公民保护环境的热情和积极性，把保护环境、热爱大自然、保护大自然变成自觉行动，形成强大的社会舆论，从而制止浪费资源、破坏环境的行为。环境教育可以通过专业的环境教育培养各种环境保护的专门人才，提高环境保护人员的业务水平；还可以通过基础的和社会的环境教育提高社会公民的环境意识，来实现科学管理环境以及提倡社会监督的环境管理措施。例如，把环境教育纳入国家教育体系，从幼儿园、中小学抓起加强基础教育，搞好成人教育以及对各高校非环境专业学生普及环境保护基础知识等。

6.4.5　技术手段

技术手段是指借助那些既能提高生产，又能把对环境污染和生态破坏控制到最小限度的技术，以及先进的污染治理技术等来达到保护环境目的的手段。运用技术手段，实现环境管理的科学化，包括：制定环境质量标准；通过环境监测、环境统计方法，根据环境监测资料以及有关的其他资料对本地区、本部门、本行业污染状况进行调查；编写环境报告书和环境公报；组织开展环境影响评价工作；交流推广无污染、少污染的清洁生产工艺及先进治理技术；组织环境科研成果和环境科技情报的交流等。许多环境制度、法律、法规的制定和实施都涉及许多科学技术问题，所以环境问题解决得好坏，在极大程度上取决于科学技术。没有先进的科学技术，就不能及时发现环境问题，而且即使发现了，也难以控制。例如，兴建大型工程、因湖造田、施用化肥和农药，常常会产生负的环境效应，就说明人类没有掌握足够的知识，没有科学地预见到人类活动对环境的反作用。

6.4.6 参与手段

环境管理的参与手段是指政府、企业与民众之间通过一种公开的、合法的、合理的、公平的参与渠道和参与方法，就环境管理工作中的环境政策、环境决策及环境问题的解决等进行交流、协调与监督。例如，采用听证会、座谈会等形式征求建设项目环境管理意见就属于环境管理的参与手段。参与手段是环境管理的全新手段，是伴随着公众参与意识的不断提高和民主政治制度的日益完善而发展起来的，是衡量一个国家、一个地区、一个城市环境保护成效的重要标志。

思考题

1. 什么是环境管理？环境管理的特点有哪些？环境管理的目的任务和原则是什么？
2. 项目、建设项目、建设项目环境管理三者的含义是什么？
3. 什么叫建设项目环境管理法律制度？简述建设项目环境管理法律法规体系的内容。
4. 建设项目环境保护管理中对建设项目分类的方法有哪些？
5. 环境管理的主要手段有几种？

第 7 章　环境工程项目管理

7.1　环境工程项目管理概述

7.1.1　建设项目与环境工程

基本建设工程项目，亦称建设项目，是指按一个总体设计组织施工，建成后具有完整的系统，可以独立地形成生产能力或者使用价值的建设工程。一般以一个企业(或联合企业)、事业单位或独立工程作为一个建设项目。建设项目是一个建设单位在一个或几个建设区域内，根据上级下达的计划任务书和批准的总体设计和总概算书、经济上实行独立核算、行政上具有独立的组织形式严格按基建程序实施的基本建设工程。凡属于一个总体设计中的主体工程和相应配套的附属工程、综合利用工程、环境保护工程、供水供电暖道工程等都统作一个建设项目；凡是不属于一个总体设计、经济上分别核算、工艺流程上没有直接联系的几个独立工程，应分别列为几个建设项目。环境工程俗称环保工程，是指特定为环境保护所做的工程，由于工业发展资源开发导致环境污染而以某组设想目标为依据，应用有关的科学知识和技术手段通过人们有组织的活动将环境污染或生态破坏问题去处理解决的一些工程。环保工程主要包括：水污染防治工程、大气污染防治工程、固体废物处理与综合利用工程、生态保护场地修复工程、噪声控制工程等。根据建设项目管理需要，常把建设项目分解为单项工程、单位工程、分部工程、分项工程和检验批环境工程有时就是一个建设项目，如污水处理厂、垃圾处理厂；有时是一个建设项目的单项工程。

7.1.2　环境工程项目管理发展趋势

近年来，随着人口的不断增长和经济地飞速发展，人类正面临着一系列严重的环境问题。日益严重的大气污染、水污染和固体废物污染，雨林锐减，土地沙漠化，生态系统的破坏，生物多样性减少，全球变暖，都在严重威胁着人类的健康和生存。日益恶化的环境问题，使人类意识到环境保护和环境治理的重要性，大量的环境保护设施和环境治理工程项目上马，环境工程项目管理应运而生。

环境工程项目管理源于建筑业工程项目管理，但又与建筑业工程项目不同。环境工程项目管理者要求具有环境专业人员的背景，因为建筑业的要求是坚固、美观，而环境类工程项目的要求是坚固、经济外，还要符合处理工艺流程和环境生态的需要。为适应现代化社会的要求，依照项目内在的客观规律，环境工程项目管理需要与时俱进，充分依托现代科学管理手段和方法，以达到更经济、更高效、更节能的目标。环境工程项目管理发展的趋势主要表现在以下几个方面：

(1) 管理思想由传统的粗放式管理向现代化精细式管理转变。要将现代化管理思想和理论如现代项目管理理论体系的系统论、信息论、控制论、行为科学等运用于环境工程项目管理。另外，环境工程项目管理中还要建立工程思维，要确立强烈的时间价值观念、充分认识工程合同的开放性等。

(2) 管理组织由传统的臃肿滞后向现代精简高效转变。依据现代管理组织理论，制定科学的法规和制度规范组织行为，依据具体的工程项目分工确定组织功能和目标，及时解决、协调组织内部及其组织同外部环境之间的关系，提高管理组织的工作效率。

(3) 管理方法由传统的经验化向科学化转变。要对现代化工程模式有一个科学的管理方法，对生产施工进行科学分析、调度，可以用预测技术、决策技术、数学分析方法、数理统计方法、计算机技术等去解决项目管理中的一些复杂问题。

(4) 管理信息的现代化。要善于使用现代通信工具和先进的技术装置，现代环境工程复杂程度越来越高，工程规模在扩大，项目管理的信息论迅速增加，将电子计算机运用于现代项目管理，可以有效地节省人力、物力，更快、更准确的传递信息。

(5) 管理成员向专业化转变。现代环境工程施工活动规模大、质量要求严格、精准度要求高、经济核算要求精确，这就要求更加专业化的项目监理团队，从施工管理、质量管理、设备选用、安装、工期把握和环保投资管理等各方面做到科学协调、科学管理。

(6) 管理方法民主化。项目环境总监要在保证科学决策的同时，充分调动项目环境监理部组成人员的积极性和创造性，使大家团结在一起，为共同实现项目目标而努力。

7.2 项目管理的含义

7.2.1 项目与项目管理

环境监理离不开项目，有了项目，环境监理的实质也就是进行建设项目的环境保护管理。人类创造特定产品或服务的活动都属于项目的范畴。它可以只涉及一个人，也可以涉及几百人，甚至成千上万人。有的项目用 100 个工时即可完成，有的项目则需要上千上万个工时才能完成。有的项目可能只涉及一个组织中的某个单位，有的项目可能跨越组织界限或由多个组织共同合作完成。

美国项目管理专业资质认证委员会主席 Paul Grace 说：“在当今社会中，一切都是项目，一切也将成为项目。”

项目是一个组织为实现自己既定的目标，在一定时间、人员和资源的约束下，所开展的一种具有一定独特性的一次性工作。

项目管理是“管理科学与工程”学科的一个分支，是介于自然科学和社会科学之间的一门边缘学科。

所谓项目管理，是项目的管理者在有限的资源约束下，运用系统的观点、方法和理论，对项目涉及的全部工作进行有效地管理。即从项目的投资决策开始到项目结束的全过程进行计划、组织、指挥、协调、控制和评价，以实现项目的目标。工程项目管理是指从事工程项目管理的企业受业主委托，按照合同约定，代表业主对工程项目的组织实施进行全过程或若干阶段的管理和服务。

7.1.2 项目管理的内容

项目管理知识体系包括项目集成管理，项目范围管理，项目进度（工期）管理，项目费用（成本）管理，项目人力资源管理，项目沟通管理，项目风险管理，项目采购管理。

1. 项目管理阶段

通常我们将项目管理分成四个阶段：概念阶段、开发阶段、实施阶段、结束阶段。其具体管理内容如下。

（1）概念阶段及其工作：①明确需求，策划项目；②调查研究，收集数据；③确立目标；④进行可行性研究；⑤明确合作关系；⑥风险分析；⑦拟订战略方案；⑧进行资源测算；⑨提出组建项目组方案；⑩提出项目建议书；⑪获准进入下一阶段。

（2）开发阶段及其核心工作：①确定项目组主要成员；②项目最终产品的范围确定；③实施方案研究；④项目质量标准的确定；⑤项目的资源保证；⑥项目的环境保证；⑦主计划的制订；⑧项目经费及现金流量的预算；⑨项目的工作结构分解；⑩项目政策与程序的制定；⑪风险评估；⑫确认项目有效性；⑬提出项目概要报告；⑭获准进入下一阶段。

（3）实施阶段及其核心工作：①建立项目组织；②建立与完善项目联络渠道；③实施项目激励机制；④建立项目信息控制系统；⑤建立项目工作包，细化各项技术需求；⑥执行 WBS（工作分解结构）的各项工作；⑦获得订购物品及服务；⑧指导/监督/预测/控制：范围、质量、进度、成本；⑨解决实施中的问题。

（4）结束阶段及其核心工作：①最终产品的完成；②评估验收；③清算最后账务；④项目评估；⑤文档总结；⑥资源清理；⑦转换产品责任者；⑧解散项目组。

项目管理的每一个阶段包含五个过程：启动、计划、控制、实施和收尾。项目管理的四个阶段和五个过程的关系如图 2-7-1 所示。

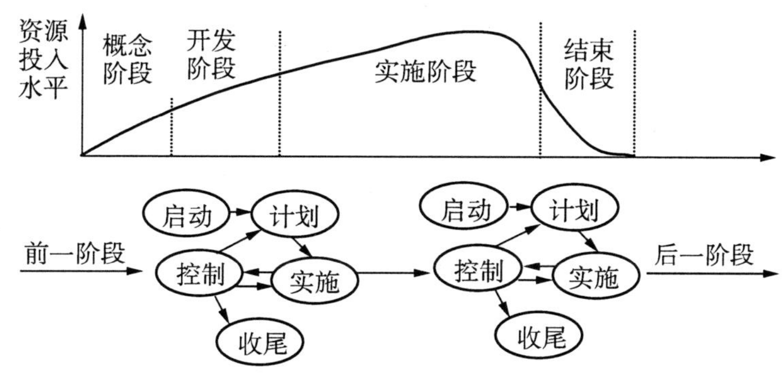

图 2-7-1 项目管理阶段内容

2. 项目管理内容

（1）项目集成管理：一个项目的完成是一个复杂的系统工程。在一个项目的实施过程中，各种要素都会直接或间接地影响一个项目的成功，项目中任何一个要素的变更都会对项目其他方面造成影响。这种项目各要素之间的相互影响和关联就要求在一个项目管理中必须充分、有效地开展项目的集成管理。通过对直接或间接影响一个项目成功的各要素、各方面的目标进行协调和对项目各项活动进行综合性的管理与控制就称谓项目集成管理。

项目集成管理是指为确保项目各项工作能够有机地协调和配合所开展的综合性和全局性的项目管理工作和过程。项目集成管理是以项目整体利益最大化为目标和出发点，对项目的进度、成本、质量等各种项目管理要素协同和优化的一种综合管理活动。

（2）项目范围管理：项目范围管理通俗地讲就是确定一个项目需要做哪些工作。也就是为了实现项目的目标，对项目的工作内容进行控制的管理过程。它包括范围的界定，范围的规划，范围的调整等。比如说项目环境监理的范围，说明了项目的可交付成果和为了提交这些可交付成果而必须开展的工作。环境监理范围界定清楚就不会“种了别人的地、荒了自家的田”；或者是与其他监理造成重复监理而加大业主负担。

（3）项目时间管理：项目的时间管理也就是项目的进度（工期）控制。它是为了确保项目最终的按时完成的一系列管理过程。它包括具体活动界定，活动排序，时间估计，进度安排及时间控制等项工作。很多人把 GTD 时间管理引入其中，大幅提高工作效率。GTD 就是 Get Thing Done 的缩写，翻译过来就是“把事情做完”，GTD 的核心理念概括一句话，就是：你必须记录下来你要做的事，然后整理安排自己一一去执行。GTD 的五个核心原则是：收集、整理、组织、回顾、执行。时间对于世界上每个人都是公平的，但能不能进行时间管理大不一样。

（4）项目成本管理：施工企业的最终目标是经济效益最优化。成本控制的一切工作都是为了效益，建筑产品的价格一旦确定，成本便是最终效益的决定因素。项目成本管理是为了保证完成项目的实际费用（成本）不超过预算费用（成本）的管理过程。它包括资源的配置，成本、费用的预算以及费用的控制等项工作。工程项目管理是现代企业管理的重要组成部分，而工程项目管理中又以项目成本管理为重中之重。施工企业是如此，监理企业也是如此。

（5）项目质量管理：“质量是企业的生命”“没有质量就没有数量”，施工有施工质量、监理服务有监理服务质量。项目质量管理是为了确保项目达到客户所规定的质量要求所实施的一系列管理过程。它包括质量规划，质量控制和质量保证等。销售商品有“依次充好”、建筑施工有“偷工减料”。任何一个建设项目和其他建设项目比来，在规模大小，技术复杂程度，或者工程性质上可能有许多不同之处，但是在工程管理上有许多相同之处。在当前激烈的市场竞争中，有的企业在保持发展原有的市场领域上还能够不断地开拓并适应新的市场。在竞争中不断发展壮大；而有的企业却停滞下前，不断萎缩，甚至退出市场走向衰亡。究其原因就是没有建立科学、有效的质量管理体系和制度。环境监理针对建设工程项目的环境管理本身就是一项新的管理制度处在试点发展阶段，所以一开始就要注重服务质量，关键是要落实好项目质量管理。

（6）人力资源管理：人力资源管理，就是指运用现代化的科学方法，对与一定物力相结合的人力进行合理的培训、组织和调配，使人力、物力经常保持最佳比例，同时对人的思想、心理和行为进行恰当的诱导、控制和协调，充分发挥人的主观能动性，使人尽其才，事得其人，人事相宜，以实现组织目标。根据定义，可以从两个方面来理解人力资源管理，即：①对人力资源外在要素——量的管理。对人力资源进行量的管理，就是根据人力和物力及其变化，对人力进行恰当的培训、组织和协调，使二者经常保持最佳比例和有机的结合，使人和物都充分发挥出最佳效应。②对人力资源内在要素——质的管理。主要是指采用现代化的科学方法，对人的思想、心理和行为进行有效的管理（包括对个体和群体的思想、心理和行为的协调、控制和管理），充分发挥人的主观能动性，以达到组织目标。项目人力资源管理是为了保证所有项目关系人的能力和积极性都得到最有效的发挥和利用所做的一系列管理措施。它包括组织的规划、团队的建设、人员的选聘和项目的班子建设等一系列工作。例如环境监理单位项目环境监理机构的组建就是项目人界人力资源管理的内容。

（7）项目沟通管理：项目沟通管理，就是为了确保项目信息及时适当地产生、收集、传播、保存和最终处置所需实施的一系列过程。项目沟通管理把成功所必须的因素——人、想法和信息之间提供了一个关键连接。所有的项目参与者，包括项目的开发投资者、管理者、设计单位、监理单位、施工单位等，都希望能以各自的沟通能力、技巧来完成必要的沟通，以使项目建设顺利地进行。对于项目来说，要科学的组织、指挥、协调和控制项目的实施过程，就必须进行信息沟通。没有良好的信息沟通，对项目的发展和人际关系的改善，都会存在制约因素和不良作用。项目沟通管理既牵涉“信息管理”也涉及“组织协调”。

（8）项目风险管理：项目风险管理是指对项目风险从识别到分析乃至采取应对措施等一系列过程，它包括将积极因素所产生的影响最大化（正效应）和使消极因素产生的影响（负效应）最小化两方面内容。项目风险管理的内容涉及可能遇到各种不确定因素。它包括风险识别、风险量化、制定对策和风险控制等。环境监理在项目风险管理中关注的是环境安全，关注的是在项目建设施工或试运行中突发环境风险事件和突发环境污染事故，与此同时，项目环境监理单位还要对所承担监理项目风险进行防控。

（9）项目采购管理：项目采购管理是为了从项目实施组织之外获得所需资源或服务所采取的一系列管理措施。它包括采购计划，采购与征购，资源的选择以及合同的管理等项目工作。采购管理、合同管理与项目管理是什么关系？它是几个不相同的管理内容，但又有着一定的管理关联。例如，有项目才有可能有采购，有采购才有可能签合同，有合同就需要管理。项目采购管理是项目管理中的一个重要部分，有效的项目采购管理是保证项目成功实施的关键环节。如果项目采购不当或管理不善，所采购的产品达不到项目要求，不仅会影响项目的顺利实施，还会降低项目的预期效益，甚至导致整个项目的失败。健全的项目采购管理工作可以降低项目成本、避免合同纠纷、保证按期交付并防止贪污浪费。环境监理单位也需要项目采购管理。

7.3　环境工程项目的含义与类别划分

7.3.1　环境工程项目的含义

环境工程项目是运用工程技术和有关基础科学的原理和方法防治环境污染和生态

破坏，合理利用自然资源，保护和改善环境质量，使人类社会和经济与生态环境达到协调而持续良性发展的工程项目。20 世纪 70 年代初，我国环保工作从“三废”治理和综合利用起步，随着社会经济和环保事业的不断发展，又开展了城市环境综合整治、生态环境保护，至今已涉及全球问题的工程项目。

7.3.2 环境工程项目类别划分

环境工程项目分类比较复杂，它与我国工程项目的管理体制、特点，需要解决的主要环境问题、环境政策法规、环境管理目标、管理历史改革等密切相关。我国环境工程项目分为五大类，每类又分为若干小类。五大类即企业污染防治项目、城市基础设施项目、生态环境保护、全球环境问题和国家环境监督管理能力建设。按照国家统计部门环境工程项目分类的代码如表 2-7-1 所示。

表 2-7-1 环境工程项目分类代码表

代码	环境工程项目分类	备注说明
10	企业污染防治项目	
11	“三同时”项目	新污染源项目
12	企业更新改造项目	以提高产品质量、增加花色品种、产品更新换代或降低成本、降低消耗或减轻污染、加强资源利用、劳保安全等为成本的项目
13	限期治理项目	对老污染源限期治理的项目。限期治理项目原属污染治理项目中的子类，以便于统计，故升级处理
14	污染治理项目	通常指以老污染源的污染治理和“三废”综合利用为主要目的的工程项目
15	重点示范工程	包括污染治理和清洁生产
19	其他污染防治项目	除 11、12、13、14、15 以外的污染防治项目
20	城市基础设施项目	
21	城市污水处理项目	
22	城市污水冲污截流工程	
23	城市河道整治清淤工程	
24	城市集中供热工程	
25	城市煤改气工程	
26	城市垃圾处理工程	
29	其他城市基础设施项目	除 21~26 以外的城市基础设施项目，以及污染集中控制项目
30	生态环境保护建设	
31	农村生态保护	指农村生态区的建设

续表

代码	环境工程项目分类	备注说明
32	自然保护区建设	指珍稀濒危动物、植物及其生存环境保护
33	生态环境建设	包括植树造林、防沙治沙、植被破坏后的治理及其生态保护与恢复等
39	其他生态环境保护建设	除 31～33 以外的生态环境保护建设项目
40	全球环境问题	
41	臭氧层保护	
42	生物多样性保护	
43	温室气体排放控制	
49	其他全球环境问题	除 41～43 以外的全球环境问题方面的项目
50	环境监督管理能力建设	
51	直属机关和事业单位能力建设	包括科研、监测、宣传、决策支持与服务
52	环境监测网络建设	
53	环境信息网络建设	
54	环境应急响应网络建设	
55	放射性环境管理及其网络建设	
56	自然保护区网络建设	
57	环境宣教网络建设	
59	其他环境监督管理能力建设	除 51～57 以外的环境监督管理能力建设项目
90	其他环境工程项目	除上述五大类之外的其他环境工程项目

注：环境工程项目分类编码采用面分法和线分法相结合的方法，其编码由 2 位数字组成。编码规则为：第一位数字为 1～9，表示项目的大类。从 1 开始，按大类顺序排序。第二位数字为 0～9，其中 1～9 表示项目大类中的小类。从 1 开始，按每一大类中的小类顺序排序。对每一大类的第二位数字补零。

7.4　环境工程项目资金来源

7.4.1　环境保护投资

环境保护投资相对于生产投资、证券投资来说是一个新的概念，国内外对环境保护投资的概念界定为不统一，有多种说法，这也是造成在环评中对环保投资进行分析预测时比较困难的原因之一。概括地讲，环境保护投资是国家（政府）、企业、团体法人或居民个人等环境保护投资主体，为了获得环境、社会、经济效益，将资金投入环境保护事业以增加资本或资本存量，保护和改善环境，防治环境污染、维护生态平衡，促进环境、社会和经济可持续发展的一项经济活动。

7.4.2　环保产业投资

随着国民经济的快速增长、人们环保意识的增强和环境保护工作力度的加大，中国环保产业取得了较大发展。在国家和各级政府不断加大重视并持续增加投入的基础上，截至 2013 年底，全国设市城市、县累计建成污水处理厂 3 513 座、污水处理能力约 1. 49 亿 m^3/d。全国工业固体废物产生量为 32. 77 亿 t，综合利用量（含利用往年储存量）为 20. 59 亿 t，综合利用率为 62. 3%。脱硫脱硝行业发展迅猛。2013 年 8 月国务院印发《关于加快发展节能环保产业的意见》明确了近 3 年节能环保产业产值年均增速 15%以上，预计到 2015 年达到 4. 5 万亿元的发展目标。中投顾问发布的《2015～2019 年中国环保产业投资分析及前景预测报告》具体介绍了污水处理、垃圾处理、大气污染防治、土壤修复、环保设备、环保服务的发展，分析科学预测，环保投资将对改善经济运行质量，促进经济增长，改善人们生产生活环境发挥重大作用。

7.4.3　环境工程项目资金离不开环保投资

随着我国经济体制向社会主义市场经济过渡，环境工程建设的国内资金来源渠道已有较大变化，具有计划经济和市场经济双重特点。同时随着改革开放，环境保护的国际合作不断发展，外资已逐步成为环境工程资金的重要来源。

资金来源可分为国内资金和国外资金两大部分。

国内资金可分为国家预算内基本建设资金、国家预算内更新改造资金、环保补助资金、综合利用利润留成资金（企业自有资金）、环保贷款（排污费环保贷款）、地方环境污染防治资金（基金）贷款、资本金、银行贷款、其他国内资金等。

国外资金可分为世界银行贷款、亚洲开发银行贷款、日援贷款、商业贷款、政府贷款、赠款和其他国外资金等七类。

7. 5　环境工程项目管理

7.5.1　项目生命周期

一个项目从始到终的整个过程构成了项目生命周期。具体见图 2-7-2。

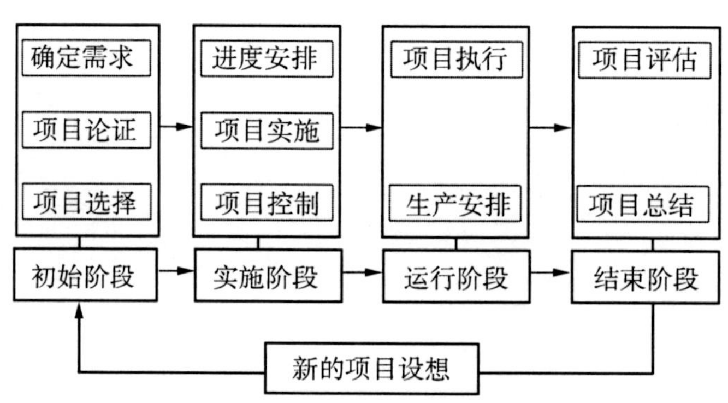

图 2-7-2　项目全生命周期示意图

环境工程项目的生命周期一般包括从项目立项、设计到发包、物资采购，最终施工、竣工验收。特殊的环境工程项目如铬渣无害化处理、土壤修复项目，还要包括运行阶段和项目评估结束阶段。

7.5.2　环境工程项目管理

环境工程项目管理是为满足环境污染治理工程处理设备和处理流程的需要，以建筑构筑物为载体，通过一个临时性的专门的团队组织，对环境工程项目进行有效的计划、组织、控制和指导，在各种约束条件下，在保证质量的同时，高效、及时、经济地实现项目目标的科学管理方法体系。

1. 环境工程项目管理的类型

（1）对环境有影响的建设项目的环境工程的建设项目管理。

（2）对环境有影响的城市污水及固体废物处理设施建设项目管理。

（3）新增环境保护设施或老设施改造的建设项目管理。

（4）满足对周边环境进行监测功能的建设项目管理。

（5）环境工程项目管理的目标：时间；资源；质量要求；客户满意度。

2. 环境工程项目管理内容及任务

环境工程项目管理分为项目管理启动、建立项目管理组织、资源控制、进度控制、质量控制、安全控制、合同管理和信息管理。主要任务有：

（1）项目管理启动：①确认项目目标；②明确项目范围；③建立项目的优先级；④创建项目计划；⑤风险评估。

（2）建立项目管理组织：①明确各单位的组织关系及联系渠道，选择合适的组织结构形式；②做好准备工作和组织工作；③建立领导班子；④聘任项目经理和项目组成员。

（3）资源控制：①编制投资计划、施工成本计划；②均衡各个因素，将资源控制在计划目标内。

（4）进度控制：①编制进度计划，安排工作的先后顺序，规定开工、完工时间，明确关键路线的时间；②经常检查进度计划执行情况，及时处理问题，做好解决方案，适时调整计划。

（5）质量控制：①规定技术标准；②质量监督；③及时处理不合格的工作。

（6）安全控制：①保证健康与安全；②制定相关安全生产、作业规范，建立安全组织检查机构；③遵守法律法规规定；④及时、正确处理安全事故。

（7）合同管理：①起草合同纠纷，修改合同，签订合同；②处理合同纠纷。

（8）信息管理：①确定信息收集和处理的方法、手段；②保持信息传递的畅通、准确；③明确信息传递的形势、时间及内容。

思考题

1. 建设项目与环境工程有何联系和区别？
2. 什么是项目和项目管理？
3. 项目管理内容包括哪些方面？项目管理的阶段是如何划分的？
4. 我国环境工程项目划分为哪五类？和你了解的环境工程分类有何不同？你认为应如何划分？
5. 如何正确理解环境保护投资？环境工程项目资金的来源有哪些？
6. 什么是环境工程的项目管理？

第 8 章　环境监理与环保服务业

8.1　环境监理概述

8.1.1　环境监理的定义、性质与作用

建设项目环境监理制度是一项新的环境管理制度，是一项涉及面广、内容复杂、专业性强的一项新型监理业务，是实现工程建设项目经济效益、社会效益和环境效益统一的重要举措。环境监理在工程建设环境管理全过程监控方面发挥了重要作用。通过推行建设项目环境监理，有利于实现建设项目环境管理由事后管理向全过程管理的转变，由单一环保行政监管向行政监管与建设单位内部监管相结合的转变，对于促进建设项目全面、同步落实环评提出的各项环保措施具有重要意义。

建设项目环境监理是指建设项目环境监理单位受建设单位委托，依据有关环保法律法规、建设项目环评及其批复文件、环境监理合同等，对建设项目实施专业化的环境保护咨询和技术服务，协助和指导建设单位全面落实建设项目各项环保措施。

环境监理的性质是一种第三方的咨询服务活动。环境监理的中心任务就是对建设项目施工期的环境保护目标实施有效的控制与协调，使工程环境管理由粗放型管理转变为科学型管理。环境监理不是监督执法，也不是施工单位和排污企业，环境监理只承担提供技术服务的相应责任，即在工程建设项目环境监理合同中确定的职权范围内的责任。

1. 环境监理的性质

（1）服务性。服务性是指环境监理人员利用自己的环保知识、技能和经验、信息以及必要的检测手段，为项目业主提供关于项目建设的技术服务。

（2）独立性。独立性是指按照工程监理国际惯例和我国有关法律法规，环境监理单位是直接参与工程建设项目的“三方当事人之一”，它与项目业主、工程承包商之间的关系是平等、横向的。

（3）公正性。公正性是指环境监理单位应以事实为依据，以法律和有关合同为准绳，不损害各方利益，不破坏环境。

（4）科学性。科学性是指环境监理单位及其环境监理工程师在进行环境监理过程中，必须不断提高自己解决环境监理中所出现的各种新情况、新问题、新工艺、新材料的技能和水平。

2. 环境监理的作用

（1）环境监理是提高环评有效性、落实“三同时”制度、实现建设项目全生命周

期环境监管的重要手段。

建设项目环评从项目环境管理的角度提出项目建设的可行性，环评是前期决策，环境监理是过程监管，好的环评报告建设过程不落实或不完全落实就很难起到应有效果。建设单位委托环境监理单位实施全方位全过程监理，可使项目投资符合国家经济与环保发展规划、产业政策、投资方向，使项目投资更加合理。

（2）环境监理是强化建设单位环境保护自律行为的有效措施。在建设工程实施过程中，环境监理可依据委托监理合同和有关的建设工程合同对承建单位的建设行为进行监督管理，采用事前、事中和事后控制相结合的方式，因此可以有效地规范各承建单位的建设行为。另一方面，由于建设单位不了解建设工程有关环境保护的法律、法规、规章、管理程序和市场行为准则，也可能发生不当建设行为。在这种情况下，环境监理单位可以向建设单位提出适当的建议，从而避免发生建设单位的不当建设行为，这对规范建设单位的建设行为也可起到一定的约束作用。

（3）环境监理是实现工程项目环境保护目标的重要保证。环境质量和环境安全是任何人和生物都不可离开的特殊物品，不仅看得见而且也摸得着。因此，保护建设项目施工期的环境质量和环境安全就显得尤为重要。环境监理对承建单位建设行为的监督管理，实际上是从社会需求者的角度对建设工程生产过程的管理，这与承建单位自身的管理和建设单位业主代表的管理有很大的不同。环境监理单位及其环境监理人员都是既懂工程技术又懂环境保护管理的专业人士，他们有能力及时发现建设工程实施过程中出现的环保问题，及时指导整改加以纠正。因此对实现工程项目环境保护目标有着重要作用。

（4）有利于实现建设工程投资效益最大化。建设工程投资效益最大化有以下三种不同表现：一是在满足建设工程预定功能和质量标准的前提下，建设投资额最少；二是在满足建设工程预定功能和质量标准的前提下，建设工程寿命周期费用（或全寿命费用）最少；三是建设工程本身的投资效益与环境、社会效益的综合效益最大化。

实施建设项目环境监理之后，建设工程投资效益最大化的第二种和第三种表现的比例将越来越大，环境监理在环境保护方面是专长，可以更好地达到建设项目社会效益、经济效益和环境效益的最大化。

8.1.2　环境监理项目范围、工作内容与特点

1. 建设项目环境监理工作适用范围

（1）环境敏感区域的建设项目，包括涉及饮用水源、自然保护区、风景名胜区等的项目。

（2）环境风险高或污染较重的建设项目，包括石化、化工、火力发电、农药、医药、危险废物（含医疗废物）集中处置、生活垃圾集中处置、水泥、造纸、电镀、印染、钢铁、有色及其他涉及重金属污染物排放的建设项目。

（3）施工期环境影响较大的建设项目，包括水利水电、煤矿、火电、矿山开发、石油天然气开采及集输管网、铁路、公路、城市轨道交通、码头、港口、航道、风电等建设项目。

（4）环境保护行政主管部门在建设项目环评文件批复中，要求开展环境监理的

项目。

2. 环境监理工作内容

建设项目环境监理应对项目建设实施全过程监理，主要包括项目设计中环境保护符合性监理、施工期污染物达标监理、环境保护工程监理、生态恢复监理和试运行期环保监理。

（1）环境保护符合性监理是在建设项目开工前监理单位依照环评批复对项目建设地点、规模、生产工艺和环保设施及相关环保措施进行符合性监理。

（2）施工期污染物达标监理应检查项目施工建设过程中各种污染因子达到环境保护目标要求情况的监理。

（3）环境保护工程监理是督查项目施工建设过程中环境污染治理设施、环境风险防范设施是否按照环境影响评价文件内容和环境保护行政主管部门批复要求建设情况的监理。

（4）生态恢复措施监理是督查项目施工建设过程中自然生态保护和恢复措施、环境敏感区保护目标的保护措施落实情况监理。

（5）试运行期环保监理是对环保设施与生产能力的匹配性及调试期各污染因子的达标排放进行的环境监理。

3. 环境监理的特点

（1）环境监理是建设项目环境管理发展新需求。从建设项目环境管理的制度上来讲，环评与“三同时”环保设施竣工验收只是监管了项目建设的两头，缺少中间环节的监管；现行的环境监察队伍肩负有对建设项目施工期的监管任务，但建设项目面广、量多、周期长，环境监察人员根本顾及不过来；在环境保护要求越来越严的形势下，建设单位迫切需要有懂环保、懂项目管理的专业人员提供咨询服务。

（2）环境监理的服务对象具有单一性。环境监理只接受建设单位的委托，即只为建设单位服务。它不能接受承建单位的委托为其提供管理服务。每个建设单位的具体建设项目是单一性的，从这个意义上看，可以认为我国的建设工程监理就是为建设单位服务的项目管理。

（3）建设工程环境监理具有监督功能。环境监理工程师在环境工程的处理工艺、环境质量控制方面的工作所达到的深度和细度，应当说远远超过其他工程上建设项目管理人员的工作深度和细度，这对保证工程项目环境质量和环境安全起了很好的作用。

（4）市场准入的双重控制。我国对建设项目环境监理的市场准入虽然没有国家层面的统一法律规定，但环境保护部的部门规章和试点各省环境保护厅的文件都采取了企业资质和人员资格的双重控制。要求环境监理单位应有相应环评资质，环境监理人员要取得环境监理培训合格证，不同资质等级的环境监理单位至少要有一定数量的取得环评工程师资格证书并经注册的人员。

建设单位的工程项目实行专业化、社会化的环境监理在国内虽然时间不长——仅有十几年的历史，但现在越来越显现出强劲的生命力，在提高投资的环境效益方面已经发挥出明显和重要作用，逐步为政府和社会所承认。

8.1.3　环境管理、项目管理与环境监理

环境管理是指依据国家的环境政策、法律、法规和标准，坚持宏观综合决策与微观执法监督相结合，从环境与发展综合决策入手，运用各种有效管理手段，调控人类的各种行为，协调经济、社会发展同环境保护之间的关系，限制人类损害环境质量的活动以维护区域正常的环境秩序和环境安全，实现区域社会可持续发展的行为总体。

传统的观点认为，项目管理者的工作就是单纯地完成既定的任务。从 20 世纪 80 年代开始，项目管理的应用扩展到其他工业领域（行业），如制药行业、电信部门、软件开发业等。当前，项目管理者也不再被认为仅仅是项目的执行者，要求他们能胜任其他各个领域的更为广泛的工作，同时具有一定的经营技巧。但项目管理真正被发展、提炼成一种具有普遍科学规律的理论模式，却只是近年来的事。

所谓项目管理，是指项目的管理者在有限的资源约束下，运用系统的观点、方法和理论，对项目涉及的全部工作进行有效的管理。即从项目的投资决策开始到项目结束的全过程进行计划、组织、指挥、协调、控制和评价，以实现项目的目标。工程项目管理是指从事工程项目管理的企业受业主委托，按照合同约定，代表业主对工程项目的组织实施进行全过程或若干阶段的管理和服务。

环境监理是指建设项目环境监理单位受建设单位委托，依据有关环保法律法规、建设项目环评及其批复文件、环境监理合同等，对建设项目实施专业化的环境保护咨询和技术服务，协助和指导建设单位全面落实建设项目各项环保措施。

从环境保护的观点出发，环境管理、项目管理（工程项目管理）、环境监理三者的关系在逐步细化和微观化，项目管理是环境管理的组成部分，而环境监理又是项目管理（工程项目管理）的组成部分，三者对建设项目都有管理职能，但管理的范围、内容、方法却有不同；环境监理不能代替项目管理、更不可能代替环境管理，同样环境管理、项目管理（工程项目管理）都不具备环境监理的作用。环境监理是项目管理科学的一个分支，同时又与项目管理相关的专业技术领域不可分割。通常，一个学科和专业可能包括一些已被其他学科和专业所包含但仍为本专业人员普遍接受的知识领域。但是，作为一门独立的学科和独立的专业，必须有独特的知识体系，这个知识体系既不是另一个专业知识体系的翻版，也不是一些其他专业知识体系内容的简单结合。环境监理突显建设项目中的环境保护工作，这在创建文明社会、坚持可持续发展的中国，就有它的立足之地。

8.2　环境监理基础理论

8.2.1　管理学

在现代社会中，管理作为组织实现目标的一种手段，可以说无时不在、无处不在。人们不管从事何种工作，都在参与管理活动，要么管理国家，要么管理组织，要么管理业务，要么管理家庭、管理子女。可以说，国家的兴衰、组织的成败、家庭的贫富无不与管理工作是否得当有关，环境监理也不例外。

管理学（又称管理科学，Management Science），是一门研究人类管理活动规律及

其应用的科学。它偏重于用一些工具和方法来解决管理上的问题，如用运筹学、统计学等来定量定性分析。管理的定义为管理者和他人及通过他人有效率且有效能地完成活动的程序。

管理学是在自然科学和社会科学两大领域的交叉点上建立起来的一门综合性交叉学科，涉及数学（概率论、统计学、运筹学等），社会科学（政治学、经济学、社会学、心理学、人类学、生理学、伦理学、哲学、法学），技术科学（计算机科学，工业技术等），新兴科学（系统论、信息科学、控制论、耗散结构论、协同论，突变论），以及领导学、决策科学、未来学、预测学、创造学、战略学、科学学等。管理学从宏观上分为计划、组织、领导、控制四个方面。

（1）计划职能指对未来的活动进行规定和安排。它是管理的首要职能。在工作实施之前，预先拟定出具体内容和步骤，它包括预测（分析环境）、决策（制定决策）和制订计划（编制行动方案）。

（2）组织职能是指为了实现既定的目标，按一定规则和程序而设置的多层次岗位及其有相应人员隶属关系的权责角色结构。它是指为达到组织目标，对所必需的各种业务活动进行组合分类，授予各类业务主管人员必要职权，规定上下左右的协调关系。它包括设置必要的机构，确定各种职能机构的职责范围，合理地选择和配备人员，规定各级领导的权力和责任，制定各项规章制度等。它不但要处理好管理层次与管理宽度（直接管辖下属的人数）的关系，而且还应处理好正式组织与非正式组织的关系，对于后者应“避免对立，加以利用”。

（3）领导职能主要是指在组织目标、结构确定的情况下，管理者如何引导组织成员去达到组织目标。将自己的想法通过他人实现的人，其职能包括：①激励下属；②指导别人活动；③选择沟通的渠道；④解决成员的冲突。

（4）控制职能就是按既定的目标和标准，对组织的各种活动进行监督、检查，及时纠正执行偏差，使工作能按照计划进行，或适当调整计划以确保计划目标的实现。控制是重要的，因为它是管理职能环节中最后的一环。

环境监理、项目管理和环境管理从理论基础上讲均离不开管理学。

8.2.2 组织行为学

目标是组织的前提。从实体角度看，组织是为实现某一共同目标，经由分工与合作，以及不同层次的权力和责任制度而构成的人群集合系统。任何组织都是为实现某些待定目标而存在的，不论这种目标是明确的，还是隐含的，目标是组织存在的前提和基础。

巴纳德（C. I. Barnard）将组织定义为“有意识地加以协调的两个或两个以上的人的活动或力量的协作系统”。一些学者将组织区分为有形的与无形的，即组织机构与组织活动。其中，作为组织活动结果的那种无形“组织”的概念，有别于作为有形实体（如工商组织、事业单位、政府部门等机构或组织）存在的“组织”概念。为区别起见，人们在日常生活中也常将有形的组织体称作组织机构，而将那种无形的、作为关系网络或力量协作系统的组织，称作组织活动。

组织目标是指一个组织未来一段时间内要实现的目的，它是管理者和组织中一切成员的行动指南，是组织决策、效率评价、协调和考核的基本依据。任何一个组织都是为一定的目标而组织起来的，目标是组织的最重要条件。无论其成员各自的目标有何不同，但一定有一个为其成员所接受的共同目标。一个组织必须有明确的既定的目标，任何管理系统都应有明确的目标，目标不确定，或者混淆了不同的目标，都必然会导致管理的混乱。任何管理活动都必须把制定目标作为首要任务。组织目标为组织与成员的考评提供了主要依据，根据这些依据又反过来使各部门、各个人都有了正确的工作方向与准绳。组织目标可以为管理者运用人、财、物等资源提供依据和标准。

组织行为学是在管理科学发展的基础上产生和发展起来的。管理是人类社会的永恒主题，它是人类社会有序发展的推动力。管理是管理者运用一定的职能和手段协调他人的活动，使他人同自己一起高效率地实现既定目标的活动过程。尽管管理活动自古就有，但形成一门独立的学科是在19世纪末至20世纪初。1911年泰罗的《科学管理原理》一书的出版，标志着管理学作为一门独立学科的诞生。人是管理的主体，也是管理的对象，研究人的行为规律便成为管理学的重要内容。社会的进步促使组织中的管理者必须重视对人的管理，组织管理学、人事管理学这些管理学的分支越来越显示出在管理体系中的地位，组织行为学就是在此基础上产生和发展起来的。众所周知，市场经济的一个重要特征是充满竞争，而竞争归根结底是人的竞争，是人的素质的竞争，换句话说是人的心理活动和行为的竞争。行为组织学（亦称组织行为学）是研究组织中个体、群体和组织结构对组织行为的影响规律，以提高组织管理有效性的学科。组织行为学是研究组织中人的行为与心理规律的一门科学。它是行为科学的一个分支，随着社会的发展，尤其是经济的发展促使了企业组织的发展，组织行为学越来越受到人们的重视。组织行为学又有其自身的许多分支，如企业组织行为学、学校组织行为学、医院组织行为学、军队组织行为学等。目前企业组织行为学研究较多、应用较广，因此，人们常把组织行为学与企业组织行为学等同看待。

环境监理有预订的环境质量目标和环境安全目标，环境监理单位与其环境监理人员要与建设单位、承包商、设备供应商等企业组织打交道，不少环境监理单位自身也是企业组织，因此更应该学习与了解行为组织学。

8.2.3　控制论

项目控制是保证组织的产出和规划一致的一种管理职能。如果工程项目没有目标，项目规划就无从谈起，更谈不上项目控制。同时，计划是相对的、变化是绝对的，静止是相对的、变化是绝对的，永远是工程项目管理理论的至理名言。这句话并非否定计划的必要性，而是强调了变化的绝对性和目标控制的重要性。工程项目管理的成败，很大程度上取决于项目规划的科学性和项目控制的有效性。

在控制论中，“控制”的定义是：为了“改善”某个或某些受控对象的功能或发展，需要获得并使用信息，以这种信息为基础而选出的、加于该对象上的作用，就叫作控制。控制论强调系统的行为能力和系统的目的性。控制论就是研究如何利用控制“器”，通过信息的变换和反馈作用，使系统能自动按照人们预定的程序运行，最终达到最优目标的学问。控制的基础是信息，一切信息传递都是为了控制，进而任何控制又都有赖于信息反馈来实现。信息反馈是控制论的一个极其重要的概念。通俗地说，信息反馈就是指由控制系统把信息输送出去，又把其作用结果返送回来，并对信息的再输出发生影响，起到制约的作用，以达到预定的目的。

在环境监理工作中，作为环境监理职能之一的控制是指：为了确保组织的环境质量、环境安全目标以及为此而拟订的计划能够得以实现，各级环境监理人员根据事先确定的目标或因发展的需要而重新拟订的目标，对下级的工作进行衡量、测量和评价，并在出现偏差时进行纠正，以防止偏差继续发展或今后再度发生；或者说根据组织内外环境的变化和组织的发展需要，在计划的执行过程中，对原计划进行修订或制订新的计划，并调整整个环境监理工作程序。因此，控制工作是每个环境监理人员的职能。在工程项目环境监理中，项目控制紧紧围绕着环境质量、环境安全及投资、质量和进度几大目标进行。这种目标控制是动态的，并且贯穿于工程项目实施的始终。

控制工作的重要性体现在：任何组织、任何活动都需要进行控制。控制工作通过纠正偏差的行动与环境监理的其他四个职能（计划、组织、激励、领导）紧密地结合一起，使环境监理过程形成了一个相对封闭的系统。

8.3 环境监理与环保产业

8.3.1 我国环保产业发展

我国环保产业发展迅速，未来将面临更大空间，产业结构将深刻调整。以 2011 年为例，当年全国环境保护相关产业从业单位 23 820 个，从业人员 319.5 万人，营业收入 30 752.5 亿元，营业利润 2 777.2 亿元，出口合同额 333.8 亿美元。2004～2011 年，我国环保产品、环保服务和资源循环利用产品年营业收入的年平均增长速度分别为 28.7%、30.5%和 14.1%。

目前，环保产业在国际上有狭义和广义两种定义。

狭义的环保产业是指为环境污染控制与减排、污染治理以及废弃物处理等方面提供设备和服务的行业，是以防治污染、改善环境为目的所进行的各种生产经营活动。它包括三个方面：一是环保设备（产品）生产与经营，主要指水污染治理设备、大气污染治理设备、固体废弃物处理处置设备、噪声控制设备、放射性与电磁波污染防护设备、环保监测分析仪器、环保药剂等的生产经营。二是资源综合利用，指利用废弃资源回收的各种产品，废渣综合利用，废液（水）综合利用，废气综合利用，废旧物资回收利用。三是环境服务，是指为环境保护提供技术、环境监理与工程设计和施工等各种服务。

环保产业广义的定义为：以实现环境可持续发展为目的所进行的各种生产经营活动。它包括四个方面：一是与自然资源开发和保护有关的生产服务企业；二是与节能降耗技术、减排及降低产品有害物质含量有关的技术研究开发、设备生产企业；三是废污物的循环利用、处理处置技术的研究开发和设备生产企业；四是提供环境监测、环境监理、风险评估、环境评价、清洁生产审核等技术咨询服务企业。广义的理解则包括生产中的清洁技术、节能技术，以及产品的回收、安全处置与再利用等，是对产品从“生”到“死”的绿色全程呵护。

8.3.2　环境监理是环保服务业的重要组成部分

环保产业包括环保服务业，环境监理是环保技术咨询服务业的一个类别。环保服务业是为满足应对和解决各类环境问题的需要而产生的。由于环境问题的多元性、广泛性和复杂性，准确地界定环保服务业的范围比较困难。环保服务业包括环境污染治理服务、区域环境质量改善服务、环境监测（包括污染源和环境质量监测）服务、环境咨询服务、环境工程监理服务、生态环境修复服务、环境金融服务等领域。

环境监理制度作为建设项目施工期环境保护工作的一种有效机制，虽然在部分省市及行业中得以先期推广和实施，但在国家层面上尚缺乏直接的法律依据。单位、人员资质和环境监理没有统一的办法，工作程序、范围、方法也无规范可循。目前各试点省市呈现“百花齐放、百家争鸣”或“各自为政”“各行其是”的主要原因有以下几方面。

一是对环境服务业重视不足。环境服务长期被视为公共物品，过度依赖政府提供，对环境服务业缺乏足够的认识和重视。对环境监管与环境服务业市场的关联性认识不足，未能将环境服务的潜在市场转变为现实市场。有法律法规不健全的因素，也有环境服务业水平不高的原因。

二是政策环境不完善。引导环境服务业发展的财政资金投入不足。促进环境服务业发展的投融资政策欠缺，比如建设项目的环境监理费用不知出自何处。价格、税收优惠政策不完善，现行税制中涉及环境服务业的税收扶植政策较少，也大多为临时性、阶段性的，缺乏系统性，对环境服务业的扶植作用有限。

三是支撑体系不健全。环境服务业标准体系、市场监督体系不完善，市场不规范。以有效的环境执法监管为前提，与建设项目环境管理、公共服务关系密切。环保服务业不同于其他服务业的主要特点有三：第一，内容较为宽泛，边界较为模糊，多数服务产品与其他服务业重叠，如环境咨询、环境认证、环境金融、环境保险等。第二，与政府提供的基本公共服务关系密切，以生产性服务为主，并依附于环境执法监管工作。第三，服务的权利责任关系较为复杂。主要服务的消费者（受益者）为社会公众，而非特定的自然人或法人，服务的购买者（排污企业或政府）并非服务的直接受益人。

服务业是国民经济的重要组成部分，其发展水平是衡量现代社会经济发达程度的重要标志。“十一五”以来，我国大力推进生态环境保护工作，污染物总量控制、重金属污染防治、环境风险防范、农村环境综合整治等方面工作取得重要进展，社会环保服务需求增加，为环保服务业提供了广阔的发展空间。在环保服务市场容量扩大的同时，服务能力进一步增强，服务内容进一步完善，服务质量进一步提高。从国际经验来看，着力发展环保服务业，也是一些发达国家已经走过的路径。目前，欧美大多数国家环保产业中，服务业所占比例早就超过 50%，甚至达到 60%。相比之下，我国目前环保服务业仅占 15%的比重，我国环保服务业目前还不能为环境监理提供有力支撑。根据第四次全国环保产业调查的初步统计，2011 年，我国环保服务业规模为 1 706 亿元，年增长率超过 30%。看似已经有了不错的发展，但环保服务业才刚刚起步，服务体系、服务模式还不完善，仍处于发展的初期阶段，未来有相当大的提升空间和潜力。

环保服务业是生产和供应环保服务产品、为保护生态环境提供物质基础和技术保障的产业，属于生产性服务业，是战略性新兴产业、现代服务业和环保产业的重要组成部分。环保服务以为各种生产活动提供污染防治服务为核心内容，包括相关的咨询、设计、监测、金融、保险、治污设施运行等服务活动。《2000 年全国环境保护相关产业状况公报》中，我国环境服务业首次被定义为与环境相关的服务贸易活动，具体分为环境技术服务、环境咨询服务、污染治理设施运营、废旧资源回收处置、环境贸易与金融服务、环境功能及其他环境服务六类。

8.3.3 试点省份环境监理概况

经济快速发展、环境容量有限、节能减排工作繁重，作为建设项目环境保护的验收要件，亟待开展环境监理。建设项目环境监理是中国环境管理制度的一个组成部分，国家层面目前尚处于试点阶段。1995 年我国首先在世行贷款大型项目——黄河小浪底工程中引进了工程环境监理管理模式。2002 年国家环保总局、铁道部等六部委联合发出通知，要求青藏铁路、西气东输管道工程等 13 个国家重点工程进行环境保护监理试点。2004 年交通部《关于开展交通环境监理工作的通知》（交环发〔2004〕314 号）；2010 年 6 月，国家环境保护部办公厅印发了环办函〔2010〕630 号文件《关于同意将辽宁省列为建设项目施工期环境监理工作试点省的复函》。2011 年始，国家环境保护部已举办多期环境监理人员培训班，为环境监理工作开展储备人才。2012 年又印发了环办函〔2012〕5 号文件《关于进一步推进建设项目环境监理试点工作的通知》，要求在 13 个省市开展试点工作。据不完全统计，目前已开展环境监理试点的省、自治区、直辖市有浙江、江苏、河南、辽宁、陕西、山西、甘肃、湖南、贵州、重庆、广东、四川、山东、河北、内蒙古、青海、新疆建设兵团、安徽、海南、湖北等共 20 个之多。试点省份在试点的基础之上制定了各省（区）、市的环境监理管理办法，资质备案、行业规范等不断完善，青海和陕西还制定了地方标准《青海省环境监理导则》和《陕西省建设项目环境监理规范》，已取得较好成效。

近年来，辽宁省全力推进建设项目环境监理。2011 年印发了《辽宁省建设项目环境监理管理办法》，先后组织辽宁蒲某河抽水蓄能电站工程、辽宁华锦化工集团年产 45 万 t 乙烯改扩建工程等一批大型重点工程开展建设项目环境监理工作。

目前，陕西拥有环境监理单位 19 家，具备环境监理上岗人员 884 人，其中 185 人获得了技术环境监理资格证书，累计开展环境监理项目 358 个，环境监理合同总额突破 2 亿元，涉及项目总投资 4 000 多亿元；成立了行业自律性组织陕西环境监理单位联谊会，定期开展研讨或理事会议，积极研究并通过行业自律或公约的形式，解决行政主管部门短期内所不能解决的问题。

江苏省环保厅出台了《江苏省建设项目环境监理工作方案》和《关于加强建设项目环境监理机构与从业人员管理的通知》，制定了《江苏省建设项目环境监理机构管理与考核办法（暂行）》《江苏省建设项目环境监理从业人员管理与考核办法（暂行）》《建设项目环境监理范围类别划分》等系统文件。

内蒙古自治区出台了《建设项目环境监理收费标准》、安徽省出台了《安徽省建设项目环境监理试点工作实施办法》、新疆建设兵团出台了《兵团建设项目环境监理暂行规定》，而重庆市以环境监理试点工作为抓手，加强建设项目过程环境监理，公布了全市第一批从事环境监理工作的8家单位名单及环境监理收费参考标准，避免恶性竞争。

各省市结合当地环境管理实际出台了告之有效的管理办法和相应措施，这种带有鲜明市场特点的监管方式，对于加强建设项目全过程环境管理、提高环境监理单位（企业）的工作主动性、事业责任感，规范和强化环境监理的服务主体地位具有不可替代的作用，已逐步成为助推环保咨询服务业健康成长的有效行动。

8.3.4　环境监理急待解决的问题

（1）加强环境监理制度宣传。环境监理的舆论氛围尚未形成，认识基础薄弱。环境监理从总体上看，还是强制多于自觉，应付多于责任，形式多于内容，务虚多于务实。有不少项目建设单位对环境监理的认识还停留在比较模糊的层次，对环境监理持抵触态度；有的环境监理单位只提效益不提服务，只重合同不重结论，只言结果不言过程；还有些项目单位割裂项目环境监理程序与环境监理要求，误认为环境监理只是一个手续；有的项目建设单位把环境监理看作是变相设置准入门槛等，这都与环境监理宣传教育滞后有关。

（2）明确环境监理管理体制。环境监理体制上的条块分割，不利于统一机制的形成。从建设项目环境监理发展的脉络看，应从行政审批与市场机制进行准确定位。近几年项目环境监理权限下放，环境监理也随之进入条块，在具体执行当中仍然存在着诸如资格重复审查备案登记、高门槛进低门槛出、行政影响或干预市场等现象。从环境监理职能和技术两个层面夯实环境监理责任，明确环境监理的任务，以此来实现建设项目环境监理的终极目的。

（3）制定统一的技术规范。环境监理的责、权、利关系在法律层面尚未确立。目前，国家和地方出台的环境保护法律法规不少，但专门有关环境监理的规范性文件很少。因此，环境监理在具体实践中的力度只能是有限的，其监理结果更多体现的是建设单位的意志，而不是环境保护的目的。同时，责、权、利关系的模糊，直接关系环境监理各项环境监理指标的考核与认定，客观上会给投机者提供方便，导致环境监理工作的形式化、表面化，加剧环境监理市场的不正当竞争，从而影响环境保护良好的行业形象。

（4）培养环境监理高技术人才。环境监理专业人才缺乏，市场响应不足。建设项目环境监理工作起步较晚，专业技术人才，特别是中高级专业技术人才（总监、总监代表）非常缺乏。目前，专业学校或培训机构并无建设项目环境监理相关专业，一线建设项目环境监理从业人员以环境科学、环境工程等传统的环境保护相关专业为主，普通专业技术人员在短期内要满足业务技术需要尚不现实。

（5）提高环境监理服务质量。建设项目环境监理行业从业人员受工作条件艰苦、人均产值较低、技术职称申报不畅、行业前景不明朗等因素影响，市场的观望情绪比较浓，一线从业人员流动性大，不利于形成稳定、持续发展的技术力量，质量是企业的生命，对于如何保证建设项目环境监理服务质量，这也是环境监理当前必须认真思考的问题。

8.4 环境监理与其他相关部门关系

8.4.1 工程监理与环境监理的联系与区别

在环境监理实践中，不少人会问到：环境监理与工程监理有哪些不一样，有了工程监理为何还要再实行环境监理，工程监理与环境监理有哪些联系和区别等。我们可以用表2-8-1 来说明。

表 2-8-1 工程监理与环境监理对照

类别 项目	工程监理	环境监理
基本概念	工程监理单位受建设单位委托，根据法律法规、工程建设标准、勘察设计文件及合同，在施工阶段对建设工程质量、进度、造价进行控制，对合同、信息进行环境监理，对工程建设相关方的关系进行协调，并履行建设工程安全生产环境监理法定职责的服务活动	环境监理是指建设项目环境监理单位受建设单位委托，依据有关环保法律法规、建设项目环评及其批复文件、环境监理合同等，对建设项目实施专业化的环境保护咨询和技术服务，协助和指导建设单位全面落实建设项目各项环保措施
相关服务	工程监理单位受建设单位委托，按照建设工程监理合同约定，在建设工程勘察、设计、保修等阶段提供的服务活动	环境监理单位受建设单位委托，按照建设工程环境监理合同约定，在建设工程设计、施工、试运行期提供环保咨询服务活动
监理单位	依法成立并取得建设主管部门颁发的环境监理资质证书，从事建设工程监理与相关服务活动的服务机构	依法成立并取得环保部颁发的环境评价资质证书，取得各省（自治区）环境保护主管部门环境监理资质备案的从事建设项目环境监理与相关服务活动的机构
监理人员	取得国务院建设主管部门颁发的《中华人民共和国注册监理工程师注册执业证书》和执业印章，从事建设工程监理与相关服务等活动的人员	取得国家环保部颁发的《中华人民共和国环评工程师执业证书》并登记注册，从事建设工程环评与环境监理经环保部或省环保厅培训合格取得上岗证等相关服务活动的人员
总监理工程师	由工程监理单位法定代表人书面任命，负责履行建设工程监理合同、主持项目监理机构工作的注册监理工程师	由环境监理单位法定代表人书面任命，负责履行建设工程环境监理合同、主持项目环境监理机构工作的注册环评（监理）工程师
行业规范	《建设工程监理规范》（GB/T 50319—2013）自 2014 年 3 月 1 日起实施	各省地方标准或环境监理规范

续表

类别 项目	工程监理	环境监理
必须实行监理的建设工程项目	（一）国家重点建设工程； （二）大中型公用事业工程； （三）成片开发建设的住宅小区工程； （四）利用外国政府或者国际组织贷款、援助资金的工程； （五）国家规定必须实行监理的其他工程。	（一）环境敏感区域的建设项目，包括涉及饮用水源、自然保护区、风景名胜区等； （二）环境风险高或污染较重的建设项目，包括石化、化工、火力发电、农药、医药、危险废物（含医疗废物）集中处置、生活垃圾集中处置、水泥、造纸、电镀、印染、钢铁、有色及其他涉及重金属污染物排放的建设项目； （三）施工期环境影响较大的建设项目，包括水利水电、煤矿、火电、矿山开发、石油天然气开采及集输管网、铁路、公路、城市轨道交通、码头、港口、航道、风电等建设项目； （四）环境保护行政主管部门在建设项目环评文件批复中，要求开展环境监理的项目。
监理模式	（一个项目）一个监理单位；多个监理单位（平等监理）	（一个项目）一个监理单位；多个监理单位（平等监理）
监理内容	"三控两管一协调"即质量、进度、投资控制，合同管理、信息管理，组织协调，关注重点施工质量和施工安全	批建符合性监理、达标监理、环境污染防治措施监理、生态保护措施监理，关注重点环境质量与环境安全
监理目标	建设工程质量标准：合格或优良	环境质量标准、污染物排放标准：达标排放、总量减排，生态安全

8.4.2　环境监理与相关部门的关系

环境监理单位及环境监理人员在实施具体建设项目环境监理的过程中，经常和项目参建各单位、各部门，包括地方政府、村镇居民等相接触与联系，如何界定和处理好与其之间的关系，这也是体现环境监理人员的组织协调、沟通能力如何的重要标志。从环境监理的职能上讲，环境监理要协助业主配合环境主管部门做好监督检查、建立环保沟通、协调、会商机制与平台。因此，环境监理人员必须理顺环境监理单位与相关部门的关系。业主在组织协调中分外部协调和内部协调，外部协调主要是建设项目的外部环境包括：地方各级政府、主管部门、厂址周边群众等，这主要是业主要做的工作；内部协调主要是建设项目各参建单位之间内部的协调包括：勘察设计单位、监理单位、施工单位（各分包商）、设备仪器供应商等，这是项目监理机构应该做的工作。环境监理与其联系较多的是环境主管部门、建设单位（业主）和各参建承包商、供应商单位。环境监理与相关部门关系见表2-8-2。

表 2-8-2　环境监理与相关部门关系

关系＼部门		与环境主管部门的关系	与建设单位（业主）的关系	与其他工程监理的关系	与承包商的关系
环境监理单位	关系定位	管理与被管理的关系	委托与被委托的关系	相互协助配合的平等关系	监理与被监理的关系
	行为准则	受环保法律法规的约束	受双方合同和环保法律法规的约束	受建设与环保相关法律法规的约束	受业主赋予双方权责的约束
	工作性质	提供技术支持。包括：防范施工期环境污染和生态破坏；落实环评与“三同时”要求；协助业主配合好环保部门监督检查；搭建沟通渠道与平台；为试生产和竣工验收提供依据	提供咨询服务。包括：受业主委托核查设计文件、施工计划、提出合理化建议；受业主委托对承建方实施业务监督；协助业主落实“三同时”和环评要求；帮助业主构建环境保护环境监理机制，组织环保宣传培训；建立环保沟通、协调、会商机制与平台；协助业主做好试生产和竣工环保验收准备	各有侧重、业务互补、不加重企业负担、不做重复监理 相同点：服务对象相同、工作性质相同、工作程序相同 不同点：工作范围不同、工作内容不同、工作依据不同、检测方法手段不同	实施监督检查与环境监理。包括：对项目施工组织计划的审核权；对环保工程设备、材料和施工质量的检验权；对项目施工进度、环保措施落实情况的检查监督权；对造成或可能造成重大环境事故和环境影响等紧急情况应急处置权；对环保工程进度款的支付签认权（根据业主授权）选择承包人的建议权
	责任追究	对环境监理结论负法律责任	对违约行为负法律责任	对重大质量问题各自承担相应责任	对违约行为负法律责任

8.5　环境监理单位管理

8.5.1　环境监理单位与环境监理机构

环保部环办〔2012〕5 号文要求：“省级环境保护行政主管部门应根据本地区建设项目环境管理需求和环境监理工作开展经验，建立健全管理体系，明确建设项目环境监理工作范围、工作程序、工作内容、工作方法和要求；确定建设项目环境监理单位准入条件，加强对环境监理单位的监督与考核；所有从事建设项目环境监理技术人员应持有相关业务上岗证书或培训合格证书，并定期参加环境监理业务培训”。

目前仍有不少人包括环保系统内的人员对环境监理单位与环境监理机构区分不清，误把环境监察当作环境监理，认为环境监理就是代表环保执法，或者把环境监理机构误解为环境监理单位。环境监理是社会“第三方”的环保技术咨询服务，环境监察才具有执法处罚权，至今互联网媒体词条“环境监理”还是别名“环境监察”把环境监理类型归为“政府行为”。环境监理单位和环境监理机构二者也是有区别的，环境监理单位是依法成立并取得省级环境主管部门备案认可具有建设项目环境监理资质、从事建设项目环境监理与相关服务活动的企业或事业单位。环境监理机构是环境监理单位派驻某项目负责履行具体建设工程项目环境监理合同的组织机构。

环境监理单位具有三个鲜明的特点：一是它不同于其他生产制造业，而是属于高智能的技术服务。员工是环境监理单位的最宝贵的财富。在“建设市场—监理单位—员工”和“员工—监理单位—建设市场”这个大循环中，监理单位员工始终处于重要环节，是最具活力和最具创造力的因素，对执业的环境监理人员的思想、文化和专业技术水平和环境监理能力要求普遍比较高。二是环境监理人员高度分散，服务的建设工程工地，环境艰苦，任务繁重。环境监理人员不仅需要智力储备、还需要付出一定的体力支持，要有科学态度和艰苦工作的精神。三是环境监理服务的质量好坏、建设单位的满意度、社会的信誉度，直接关系到环境监理单位在市场经营的占有率，关系到环境监理单位的社会信誉。而能否做到优质服务，更多的是取决于项目环境监理部的团队作用和每个环境监理人员尽心竭力的工作。

根据这些特点，应加强环境监理单位管理体系建设，尤其要突出人力资源建设。加强对环境监理人员的业务能力培训。要建立健全监督考核机制、突出职业道德建设，培养环境监理人员自重、自省、自警、自励的品德和依法环境监理、独立公正的精神，凸现环境监理服务特色，才能发挥自身的优势。不完全统计，全国环境监理单位 300 余家，环境监理从业人员 4 000 余人；工程监理 7 000 家，注册监理师 12 万人。在环境监理服务中，能否坚持与时俱进，不断提升环境监理人员的综合素质是在激烈的市场竞争中占据一席之地的至关重要的环节。

8.5.2　环境监理服务质量管理

目前的环境监理企业，一是成立时间不长，二是由事业单位转制而来，环境监理单位的服务质量还没有提上议事日程。行政管理观念较浓、履约意识不强，没有按投标承诺配足人力、物力资源。环境监理单位在施工期环境监理过程中，在“管”“控”“协调”上缺乏有效手段。环境监理人员缺乏建设项目环境监理实践经验，不敢管、不愿管、不会管、不会协调的现象仍然存在；工作不实、措施不力的情况仍然存在。在市场经济环境下，环境监理单位应转变思想认识，要想在招投标机制中谋得胜利，就必须把环境监理的服务质量提到议事日程。充分重视和提高环境监理服务质量刻不容缓。环境监理单位如果不能提供适应环境保护主部门对建设项目环境监理需要，不能提供使其他行业信服和令业主满意的高质量的环境监理服务，必将影响环境监理行业的声誉，在日趋激烈竞争的监理市场中将被淘汰。如何对环境监理机构的业绩进行评估、对环境监理服务质量进行有效考核？抓好环境监理现场服务质量是关键。对项目监理机构工作的评价考核的内容，应包括组织机构与人员配备、监理服务情况、工作质量、工作绩效等方面；特别是项目监理机构的前期筹备工作、施工准备阶段、工程施工阶段、试生产与竣工验收不同阶段的监理工作、合同管理、信息管理的工作情况，从而形成对项目监理机构工作水平的综合评价。项目环境监理机构服务质量考核标准见表 2-8-3。

表 2-8-3　项目环境监理机构服务质量考核标准

<table>
<tr><th>检查项目</th><th colspan="2">标　准　要　求</th><th>查验资料</th></tr>
<tr><td rowspan="11">项目环境监理机构与人员分工</td><td rowspan="6">总监理工程师</td><td>取得环评（监理）工程师资格</td><td>注册证书</td></tr>
<tr><td>在监理合同签订 10 天内由监理单位法定代表人授权</td><td>监理合同
授权文件</td></tr>
<tr><td>将授权通知建设单位</td><td>授权文件或任命通知</td></tr>
<tr><td>若调整总监时应先征得建设单位同意，并再次重行通知</td><td>调整任命文件</td></tr>
<tr><td>若兼职时，项目监理部应设总监代表</td><td rowspan="2">监理规划中项目部人员配置名单及其分工</td></tr>
<tr><td>总监负有项目部人员分工职责</td></tr>
<tr><td rowspan="2">总监代表</td><td>经法人代表同意</td><td rowspan="2">同意并有书面授权文件</td></tr>
<tr><td>由总监理工程师授权</td></tr>
<tr><td rowspan="3">项目监理机构人员</td><td>监理合同签订后 10 天内将成员名单通知建设单位和承包单位</td><td rowspan="3">环境监理合同、监理规划</td></tr>
<tr><td>岗位及人员数量符合规定且满足专业要求</td></tr>
<tr><td>若人员需调整时，应有记录，并通知建设单位和承包单位</td></tr>
<tr><td rowspan="5">监理规划</td><td colspan="2">收到设计文件和施工合同后 30 天内编制完成</td><td>监理日记、施工合同及监理规划</td></tr>
<tr><td colspan="2">总监理工程师主持编写，经监理单位技术负责人审批</td><td>监理规划审批页</td></tr>
<tr><td colspan="2">主要内容应符合相关规定与内容要求</td><td>监理规范</td></tr>
<tr><td colspan="2">报送建设单位</td><td>建设单位签收记录</td></tr>
<tr><td colspan="2">若有必要，调整监理规划</td><td>监理规划（查主持、审批、内容及报送）</td></tr>
<tr><td rowspan="4">监理细则</td><td colspan="2">环保工程或专业性较强的工程项目应有监理细则</td><td rowspan="4">监理细则（查内容、批准手续）</td></tr>
<tr><td colspan="2">经总监理工程师批准</td></tr>
<tr><td colspan="2">主要内容应符合《规范》规定</td></tr>
<tr><td colspan="2">若有必要，调整监理细则</td></tr>
</table>

续表

检查项目	标　准　　要　求	查验资料
监理月报	编制时限为上月26日至本月25日，于下月5日前发出	监理月报（查内容、发文记录）及《规范》
	报建设单位、当地环境主管部门和环境监理单位	
	格式基本固定，书面整洁，文字简练，用语规范	
	内容应符合《规范》规定	
环境监理整改通知	下达监理通知单的范围及回复的程序应符合《规范》规定	监理通知单及监理通知回复单（查内容、签字签收、日期等）
	下达监理通知单的理由充分、依据正确、表述清楚，用语规范	
	工程变更通知单及其环境监理程序应符合《规范》规定	工程变更通知单及工程变更报审表（查内容、报审程序、签字签收等）
	工程暂停令和工程复工报审表下达的范围及其环境监理程序应符合《规程》第11.2条的规定	工程暂停令及工程复工报审表（查内容、报审程序、签证验收、日期等）
监理会议纪要	内容表述清楚，书面整洁，文字简练，用语规范	监理会议纪要（查内容、签收填写完整）
监理日记	日记设置合理，逐日填写，不得拖延、追记	监理日记（查内容、审阅程序）签字确认
	日记记录内容应符合《规范》附录的规定	
	书面整洁，文字简练，用语规范	
	监理员日记应经专业监理工程师审阅	
旁站方案和旁站记录	旁站的关键工序或部位应满足住建部《建设工程监理旁站环境监理规定》	监理规划和旁站方案（查旁站范围、内容、程序和人员分工职责）
	监理规划中应有旁站方案	旁站监理记录表（可参照相关附表，查其内容、签字填写完整）
	旁站监理人员和施工方质检员未在旁站记录上签字的不得进行下道工序施工	
	实施过程旁站，应保存有关记录	
	旁站记录是总监或监理工程师依法行使签字权的重要依据	

续表

检查项目	标准要求	查验资料
图纸会审设计交底记录	《规范》规定，总监应组织监理人员熟悉设计文件，并对图纸中的问题提出书面意见和建议	图纸会审、设计交底记录、查审核签认工作程序是否规范
	监理人员应参加设计交底会	
	总监应对设计交底会纪要进行审核签认	
	专业监理工程师对本专业设计交底纪要进行签认	
施工组织设计（方案）审查	总监应按照《规范》5.2.3条的规定，组织专业监理工程师审查施工组织设计	对照环评及批复文件，监理日记
	审查内容应符合要求	
	提出审查意见，并经总监审核、签认	
	报送建设单位	
	专业监理工程师应按照《规范》5.4.2条的规定，审核签认关键工序的施工工艺和确保质量的措施	
	施工组织设计如需进行较大调整时，应重新申报	
	对新材料、新工艺、新技术、新设备的采用，项目监理部应审查并确认其相应的施工方案	
对承包单位(包括分包供货试验单位)资格审查	总监在开工前，根据《规范》5.2.4条的规定，应对承包单位现场机构的环境管理体系和质量保证体系进行审查、确认	对照《规范》
	将审查意见报送建设单位	
	分包工程开工前，专业监理工程师应按照《规范》5.2.5条5.2.6条和《规程》7.10.1条的规定，审查分包单位环境管理体系	对照《规范》不做重复监理
	总监理工程师对分包单位的环境管理体系审核确认	
	报送建设单位签署意见	
	参与施工项目部人员持证情况进行审查（包括：项目经理、工程师、质量员、安全员、资料员及《规范》规定的人员）	各类人员的上岗证书

续表

检查项目	标　准　　要　求	查验资料
环保工程物资设备（包括原材料、构配件、设备）质量控制	工程物资报验程序应符合《规范》规定	对照《规范》和监理日记
	专业监理工程师应按照《规范》5.4.6 条的规定，审核质量证明资料	
	专业监理工程师对进场实物进行外观检验	
	对有复试要求的工程物资，应在监理见证人员监督下取样送检。合格后，方可同意进场使用	
	对不符合使用要求的进场工程物资，项目监理部应限期清场	
	对未经监理人员验收或验收不合格的工程物资，监理人员应拒绝签认	
参与环保工程质量控制	参与检验批、分项、分部工程质量验收应按照《建筑工程施工质量验收统一标准》（GB 50300—2001）规定的程序进行	中间交工验收手续 质量评估报告 监理日记 监理月报
	项目环境监理部应要求承包单位按照《规范》规定，对检验批、分项等工程办理申请报验	
	对施工过程中，施工方的违规作业和存在的质量问题，专业监理工程师应下达监理通知单，令其限期整改	
	整改完成后，专业监理工程师应对其进行复查	
	分部工程质量验收程序，应按照《规程》表 8.3.2—5 执行	
	专业监理工程师审查施工资料和验收工程实体合格后，报总监理工程师	
	总监理工程师组织有关单位对工程实体验收，并签署审定意见	
	地基、基础和主体防渗分部工程验收合格后，总监理工程师应向建设单位提交质量评估报告	
	出现重大质量隐患或事故时，应按《规程》8.3.4 和 8.3.5 规定处理	

续表

检查项目	标　准　　要　求	查验资料
环境安全风险监理工作记录	应按照环保部有关要求，做好环境风险应急防范与环境安全监理工作	环境安全监理记录 环境风险应急预案 监理规划 监理日记 监理月报
	编制含有环境风险事故安全监理内容的监理规划和监理细则	
	审核施工单位提交的有关技术文件和资料，并由总监在报审表上签署意见；审查未通过的，安全措施及专项施工方案不得实施	
	对施工现场安全生产情况进行巡视检查，发现隐患，应下达书面通知，令其立即整改；情况严重的，应及时下达工程暂停令，要求停工整改，同时报告建设单位	
	施工单位拒不整改的，应及时向当地主管部门报告	
	环境安全事故隐患消除后，应检查整改结果，签署意见	
	核查施工方建设的事故水池、围堰、围护、防毒防火设施和安全设施验收记录，并签收备案	
	检查、整改、复查、报告等情况，应记载在监理日记、监理月报中	
	安全监理记录的内容应符合有关规定	

注：1. 环境监理服务质量评价考核内容的设定，其目的是为了规范环境监理单位的服务质量，给环境主管部门加强环境监理监管有一个抓手。

2. 在本表中，《建设工程监理规范》（GB 50319—2013）简称为《规范》。

3. 本表所设评价考核指标体系并不涵盖环境监理单位的全部业务工作。

8.5.3　环境技术管理

环境技术管理是指国家为保障环境保护目标，以指导社会生产采用先进成熟技术，高效利用资源和能源，有效控制污染物的产生与排放，防治环境污染和保护生态环境，引导环境技术发展为目的，而进行的环境技术监督与管理活动的总称，是环境管理体系的重要组成部分。环境监理的定义、职能和性质决定环境监理单位必须重视和加强环境技术管理，特别是对环境工程技术规范的学习与运用。国家环境技术管理体系由技术指导体系（包括污染防治技术政策、污染防治最佳可行技术导则、工程技术规范）、技术评价制度、技术示范与推广机制三部分组成。污染防治技术政策是根据一定阶段的经济技术发展水平和环境保护目标，针对污染严重行业提出的全过程控制污染的技术原则和技术路线，是行业污染防治的基本指导文件。技术政策的作用主要是为行业污染控制提出技术路线，引导环境工程技术发展，指导环保部门、工程设计单位和用户选择技术方案，最大限度地发挥环境投资效益，规范环保技术市场。

环境工程技术规范是对环境工程（污染治理设施）项目进行设计、施工、运营维护及管理做出的统一规定，是从工艺技术和重点行业污染控制为主要内容的行业性技术规范，即通过对环境污染治理设施建设运行全过程的技术规定，指导企业进行清洁生产工艺设计、环境工程设计，为环保部门进行污染物排放管理提供技术依据，规范环境工程建设市场，保证环境工程质量，为达标排放提供重要保障。环境工程技术规范包括：通用技术规范、污染治理工艺技术规范、重点污染源治理工程技术规范和污染治理设施运行技术规范四大类。无论哪种工程监理制度，其核心都是实行程序化、标准化和规范化，环境监理不能熟练掌握环境工程技术规范就失去环境监理的职能和意义，就会和其他工程监理（比如建设监理、交通监理、水保监理等）形成重复监理；就没有自己专业的优势，就不可能得到社会的认同或认可。

思考题

1. 简述环境监理的定义与环境监理的作用。

2. 试述环境监理的工作内容和特点。

3. 请你介绍建设项目环境管理、项目管理、环境监理三者之间的异同。

4. 环境监理基础理论有哪些？为什么？

5. 为什么说环境监理是环保服务业的重要成部分？环境监理急待解决的问题有哪些？

6. 环境监理与建设工程监理有什么联系和区别？

7. 环境监理单位与环境主管部门、建设单位，其他工程监理单位、承包商在关系定位、行为准则、工作性质、责任追究上有何异同？

8. 项目环境监理机构服务质量考核标准包括哪些方面？

9. 何为环境技术管理？环境技术管理与环境监理有什么关系？

第9章　环保专项资金管理

9.1　环保专项资金

环保专项资金是治理环境污染、加强生态保护、改善环境质量的重要保障，是落实环境保护基本国策、实施可持续发展的重要资金保证。科学地制订计划，加强管理，合理分配经费指标，加强对环保专项资金的核算和监督，严格控制资金流向，加强对资金的宏观调控、增收节支，提高资金的使用效益，是环保专项资金管理的重要内容。一般而言，专项资金是由财政部门、上级单位拨入的具有指定用途、专款专用、单独核算的资金。

环境保护专项资金（以下简称环保专项资金）是指除行政事业经费以外由环境保护部门会同财政等有关部门安排的用于环境保护的专用资金。环保专项资金纳入本级财政预算管理，专项用于环境保护。狭义来说，环保专项资金是指政府部门向企业征收的排污费而形成的中央环境保护专项资金和地方环境保护专项资金。广义来说，环保专项资金是指所有用于环境保护方面的资金，包括各级政府、机关团体、企事业单位和个人的资金。

加强施工期环保专项资金使用项目的监管，是环境监理对环保工程项目投资控制的重要工作内容。

9.1.1　政策出台背景

当前，我国正处于工业化中后期和城镇化加速发展阶段，发达国家一两百年间逐步出现的环境问题在我国集中显现。多年来，我国积极实施可持续发展战略，将环境保护放在重要的战略位置，不断加大解决环境问题的力度，并取得了明显成效。但由于产业结构和布局仍不尽合理，污染防治水平仍然较低，环境监管制度尚不完善等原因，环境保护形势依然十分严峻。

自 2003 年 7 月 1 日起，我国正式施行《排污费征收使用管理条例》，废止污费必须纳入财政预算，列入环境保护专项资金进行管理，并加强审计监督。《排污费征收使用管理条例》要求排污费实行收支两条线，收缴分离，从 1982 年颁布的《征收排污费暂行办法》和 1988 年颁布的《污染源治理专项基金有偿使用暂行办法》，到 2003 年颁布的《排污费征收使用管理条例》，排污费使用模式经历了政府拨款到有偿贷款再到定向投资的不断演化。环境保护专项资金作为排污费的主要使用途径开始纳入国家及地方环境污染防治战略。自 2004 年起，我国集中 10%的排污费设立中央环境保护专项资金，重点支持重点污染源防治、区域性污染防治、污染防治新技术、新工艺的开发示范和应用、国务院规定的其他污染防治项目等。

2008 年，我国相继发生了贵州独山县、湖南辰溪县、广西河池、云南阳宗海、河南大沙河 5 起砷污染事件，2009 年 8 月以来，又发生了陕西凤翔儿童血铅超标、湖南浏阳镉污染及山东临沂砷污染事件，重金属污染问题已经引起各级领导的高度重视。

2009 年 9 月 2 日，全国重金属污染防治工作会议在陕西省西安市召开，会议提出我国将出台重金属污染整治方案，并开展执法大检查，全面治理重金属污染。此外，环保部相关文件精神还指出我国将从多个方面推进重金属污染防治工作。

全面开展重金属污染防治执法大检查，首先是集中检查重点区域、重点行业、重点企业污染治理和环境安全隐患等情况。其次是组织编制重金属污染防治规划。筛选重点防控区域、行业和企业，将铅、汞、镉、砷和铬等重金属作为重点防控因子，统筹规划重金属污染治理，分期分批确定减排任务。创新重金属污染防治方法，通过专家评估和科学论证，探索有效方式加以防治。再次是申请重金属污染防治专项资金。按照“以奖促治”“以奖代补”的思路，对东部、中部、西部地区经过治理符合标准的企业区别对待，给予不同比例的奖励，鼓励推广应用治污新技术、新产品，提高污染治理水平。

9.1.2　支持对象及条件

根据中华人民共和国财政部第 17 号令《排污费资金收缴使用管理办法》中的相关规定，环保专项资金的支出范围有四个方面：

一是重点污染源防治项目。主要包括技术和工艺符合环境保护和其他清洁生产要求的重点行业、重点污染源防治项目。重点污染源防治项目是环保专项资金重点支持范围之一，能从源头上控制污染源、减少污染物排放。

二是区域性污染防治项目。主要用于跨流域、跨地区的污染治理及清洁生产项目。我国当前的环境问题无论是影响的范围、对象还是产生的后果，都具有区域性特点，这也在一定程度上增加了环境污染问题的治理难度。我国环保专项资金将区域性污染项目作为重点支持对象之一，也体现了我国各级领导对区域性环境问题的重视程度。

三是污染防治新技术、新工艺的推广应用项目。主要用于污染防治新技术、新工艺的研究开发及资源综合利用率高、污染物产生量少的清洁生产技术、工艺的推广应用。环保专项资金主要支持符合《国家鼓励发展的环境保护技术目录》《国家先进污染治理技术推广示范项目名录》中的污染防治新技术、新工艺推广应用项目，支持具有高新技术含量、具有科技示范意义，对区域、行业有良好示范带动作用的循环经济项目等。

四是国务院规定的其他污染防治项目。

9.1.3　重点支持范围

从 2004~2010 年，中央环保专项资金每年的支持重点有所变化，从 2004 年的重点区域和流域、行业和技术项目到 2005 年增加了基础能力建设项目，到“十一五”期间，配合国家环境保护宏观政策的变化，环境污染防治工作的重心调整及环保工作实际和总结之前的工作经验和教训，中央环保专项资金的重点支持范围进一步扩大，支持的对象也越来越丰富，更加关注民生工程。这一系列的变化充分反映了我国环境保护工作正在有序开展，并且越来越突出重点，着力提升我国整体环境污染防治水平和居民生活环境的改善。2004~2010年中央环保专项资金支持范围见表2-9-1。

表2-9-1　2004~2010年中央环保专项资金支持范围一览

年度	项目	中央环保专项资金支持范围
2004年	流域和区域	“三河三湖”等重点流域水污染治理项目；东北老工业基地水污染治理项目；西部贫困地区水污染治理
	行业和技术	造纸及纸制品业（纸浆造纸）、食品及饮料制造业（酿造、发酵）、化工原料及化学制品制造业、纺织工业（印染行业）、皮革制造业（毛皮鞣制业）、黑色金属冶炼及压延工业（钢铁行业）和医药工业七个行业的污水治理项目
2005年	流域和区域	国家或省级、市级政府各类环保规划项目并已获准实施；环境目标明确，项目建成后能明显改善本区域或流域环境质量；前期基础好，自筹资金有保障；政府相关职能部门负有监督管理职责的项目
	行业和技术	造纸及纸制品业（制浆造纸行业）、电力供应业、化工原料及化学制品制造业、金属冶炼及压延、医药工业和纺织工业六个行业的污染防治新技术新工艺推广应用示范项目
	基础能力建设	中西部地区地级城市环境监测站达标建设项目；基础条件好、监测辐射面广、对区域或流域环境监测具有重要突出作用的项目；优先支持地方政府承诺配套资金的项目
2006~2010年（“十一五”）	集中饮用水源地污染防治	主要支持污染源位于集中饮用水源地上游；污染源短期难以搬迁或转移；污染源排放基本达标，但仍存在较大环境风险和计划或正在对污染源实施污水回用、“零排放”或少排污染物、节水降耗、提高污染防治水平等污染防治措施。专项资金优先支持纺织印染、食品及饮料制造业、医药、化工等行业排放“三致”（致毒、致畸、致突变）物质，直接影响饮用水水源地水质安全的污染防治项目
	区域环境安全保障	燃煤电厂脱硫脱硝技术改造项目；区域性环境污染综合治理项目；排放重金属及有毒有害污染物的冶金、电镀、焦化、印染、石化等行业或企业的污染防治项目；严重威胁居民健康的区域性大气污染治理项目；重大辐射安全隐患处置项目
	社会主义新农村小康环保行动	土壤污染防治示范项目；规模化畜禽养殖废弃物综合利用及污染防治示范项目
	污染防治新技术新工艺推广应用	符合《国家鼓励发展的环境保护技术目录》和《国家先进污染治理技术推广示范项目名录》中的污染防治新技术、新工艺推广应用项目
	基础能力建设	地级、县级环境监测能力建设项目；地级环境监察执法能力建设项目；环境保护重点城市环境应急监测能力建设项目；重点污染源自动监测项目

纵观中央环保专项资金支持范围的调整，我国环保投入力度和广度都在逐年增大，支持的项目类型也逐渐丰富多样，涉及国民经济的多个领域和行业。

2004 年，中央环保专项资金重点支持包括区域、流域及行业和技术的污水治理项目；2005 年，支持范围在 2004 年的基础上增加了基础能力建设项目。对比两年的支持范围变化不难发现，2005 年的支持范围较 2004 年有所扩大，支持项目类型也不仅限于污水治理类项目，更加注重结合地方特点，调动地方力量推动中央专项资金项目的落实和监督，在很大程度上保障了项目的质量和专项资金的使用效益。基础能力建设主要支持地级市、对流域区域影响较大的环境监测站建设，着力提升地方监测水平和能力。

“十一五”期间，为了解决环境问题，我国采用以《国家环境保护“十一五”规划》（以下简称“十一五”规划）为依据，以项目为依托，以投资为保障，通过落实规划、落实资金、落实项目，把实现“十一五”环境目标落到实处。规划中指出将我国环境监管能力建设工程、危险废物和医疗废物处置工程、铬渣污染治理工程、城市污水处理工程、重点流域水污染防治工程、城市垃圾处理工程、燃煤电厂及钢铁行业烧结机烟气脱硫工程、重点生态功能区和自然保护区建设工程、核与辐射安全工程、农村小康环保行动工程十项环境保护重点工程作为重点实施对象，集中多方力量和资金，充分调动多方资源，对以上十项工程进行重点建设。

在“十一五”规划的指导下，中央环保专项资金的支持范围也在 2004 年和 2005 年的基础上有所调整，重点支持范围包括集中饮用水源地污染防治项目、区域环境安全保障项目、社会主义新农村小康环保行动项目、污染防治新技术新工艺推广应用项目和基础能力建设项目五大类。

（1）集中饮用水源地污染防治项目。集中饮用水源地概括了提供城镇居民生活及公共服务用水（如政府机关、企事业单位、医院、学校、餐饮业、旅游业等用水）取水工程的水源地域。包括河流、湖泊、水库、地下水等。

集中饮用水源地污染防治项目重点支持涉及人民群众生命安全和身体健康的集中式饮用水源地保护项目，支持内容包括饮用水源地周边农村生活污染治理工程、点源污染治理设施升级改造工程、入库河流污染整治工程、水库的富营养化生态治理工程、水源保护区隔离防护工程、饮用水源地标识与警告设施建设及水库富营养化和蓝藻水华监测能力建设等。

（2）区域环境安全保障项目。区域环境是指一种结构复杂，功能多样的环境。区域环境安全保障项目主要支持重点区域、流域环境综合整治项目，支持内容包括河流（湖泊）环境污染综合整治项目、城镇环境综合整治项目、危险废物或持久性有机污染物污染场地综合整治和修复工程及无责任主体的废弃矿山生态修复项目等。优先支持纺织印染、食品及饮料制造业、医药、化工等行业排放致毒、致畸、致突变物质，直接影响饮用水水源地水质安全的污染防治项目等。

（3）社会主义新农村小康环保行动项目。重点支持以农村饮用水源地保护为重点的农村环境连片综合整治，支持内容主要包括生活污水处理、生活垃圾收运处理、畜禽养殖废弃物综合利用等，优先扶持东江、西江和北江流域等重点流域，以及有工作基础、有资金配套、辐射效应明显的地方开展示范；群众反映强烈的突出环境问题的村庄整治；受污染农田的治理修复试点示范；奖励通过省环境保护厅验收并命名的省级生态示范创建项目。

专项资金重点支持在全国重点城市及流域基本农田保护区、与人民群众食品安全保障密切相关的农产品生产基地、全国重点污灌区、固体废物堆放区、矿山区、油田区、典型工矿企业废弃地等，采用物理、化学等技术开展的土壤污染综合治理示范项目。社会主义新农村小康环保行动项目旨在保护农村居民的生存环境，包括饮用水、大气、土壤等环境要素的污染治理和保护，扎实推进农村环境质量改善，切实保护人民群众生命健康安全。

（4）污染防治新技术新工艺推广应用项目。污染防治新技术新工艺推广应用项目重点支持技术先进、具有良好应用前景的符合《国家鼓励发展的环境保护技术目录》和《国家先进污染治理技术推广示范项目名录》中的污染防治新技术、新工艺推广应用项目。该类项目的建设可以有效带动行业、企业技术创新和污染防控工作的开展，为行业持续开展清洁生产、大力推行污染防治新技术新工艺提供了有力支持。同时，以此类项目为试点，逐步扩大至国民经济的其他行业，保障我国经济又好又快发展。

（5）基础能力建设项目。“十一五”期间，中央环保专项资金重点支持地县级环境监测能力建设、地级环境监察能力建设、国家环保重点市的应急监测能力建设及重点污染源自动监测项目等。

地县级环境检测能力建设项目主要支持当地环境监测站按照国家颁布的环境监测站建设标准配备监测仪器及设备，环保专项资金只能用于当地监测站用于购置标准要求的采样、监测仪器和设备，使其具备其应具备的常规监测能力。地级环境监察能力建设项目主要支持地级监察机构按照国家环境监察机构标准完善装备建设，环保专项资金只能用于购置符合标准要求的交通、通信工具，取证、应急设备等。国家环保重点市的应急监测能力建设项目主要支持国家重点保护的113个城市按照国家颁布的环境监测站专项配置标准应急监测仪器的购置，使国家环保重点城市具备应急监测的能力。重点污染源自动监测项目主要支持重点污染源、敏感区域的主要风险源、重点流域内化工、石化等企业配置污染源自动监控装置，旨在提高地区污染防治水平，确保区域环境安全。

综上所述，“十一五”期间中央环保专项资金支持范围比之前有所扩大，支持内容更加细化，进一步明确了环保专项资金的用途和支持力度，增强地方监管意识，为环保专项资金项目的落地、专项资金的落实提供了有力保障。

仅2010年我国重金属污染防治专项资金就有15亿元，重点支持铅、汞、镉、铬、砷等重金属污染企业的综合整治、清洁生产工艺改造、污染防治新技术示范和推广等项目。以河南省为例，河南省是全国14个重金属污染防控重点省区之一，也是全国2个重金属污染防治示范省之一，中央财政每年划拨大量资金支持河南省开展重金属污染防治工作。2010~2013年的中央财政共划拨重金属污染防治专项资金5.27亿元，支持共计117个重金属污染防治项目。2014年，中央财政下拨河南省重金属污染防治专项资金2.5亿元，主要支持河南省污染防治类项目、重金属污染防治监测能力建设类项目等。

9.2　环保专项治理资金的监管

9.2.1　资金监管的意义和作用

资金监管是财政管理部门的主要职能，就是对财政资金的监督和管理，环保部门对环境专项资金监管有着义不容辞的责任。通过对专项资金的集中管理、统筹规划，提高了对专项资金的宏观调控能力，充分发挥了专项资金的规模效益，为防范资金运营风险、提高资金使用效率、降低资金管理成本等发挥了重要的作用。

为了加大资金监管力度，规范资金管理行为，健全和完善资金管理制度，使各级资金管理工作做到有章可循、有法可依，规范了资金使用流程，避免了资金管理的随意性和盲目性，提高了资金管理工作的质量，建立良好的管理长效机制，为资金安全、高效运转保驾护航。财务管理部门和环保部门均能按照确定的业务流程，形成相互配合和监督制约的工作机制，使财务管理、资金管理等相互牵制，相互作用，通过内部制约制衡，加强资金安全风险防范。通过加强对专项资金的监管，发挥资金的规模效益，防范资金风险等，促进了资源的最优化配置，为推动行业持续、健康、稳定发展发挥了至关重要的作用。

9.2.2　资金监管的措施和手段

加强环保专项资金监管，建立科学的监管体系，符合践行科学发展观的要求，充分发挥好财政部门的监督管理职能，不断促使财政资金使用效益最大化，总的来说应采取以下几个方面的措施。

（1）建立健全资金管理制度，完善专项资金管理体系。2004~2008年，我国共计支出47.36亿元支持全国1 544个项目进行环境污染防治工作，这些项目的建设对改善当地乃至全国的环境质量起到了积极的推动和示范作用。但在项目建设中也反映出很多突出的问题和管理的漏洞，必须建立系统的、可操作性强的管理制度，确保各项财政管理体制运行有章可循。各项资金管理制度应做细、做实，既要有原则性、纲领性，又要有较强的针对性和实际可操作性。特别是在专项资金管理上，应针对每一项具体的项目资金监管都应制定相应的管理办法，确保各项资金使用规范管理有章可依。在管理制度的执行过程中，应严肃财经纪律，坚决按制度执行，严格按制度进行督促检查，对违规违纪财务行为要坚决查处。除此之外，还要随时针对制度运行中出现的新情况和新问题，适时予以修改、调整和完善，做好反馈工作，以更好地健全资金管理制度，完善资金管理体系，适应发展的需要。

（2）加强领导，狠抓落实，逐步增强相关部门资金监管力度。强化资金监管，正确的领导是保障，加强专项资金监管，更离不开各级领导重视和支持。在资金监管的过程，充分重视资金监管与绩效考核相结合，把强化资金监管工作纳入党风廉政建设责任制和各单位年度工作目标一并检查考核，并与负责人的政绩、业绩挂钩。对不认真履行资金监管责任的领导干部，要按照责任制的规定进行责任追究。将资金监管与反腐工作相结合，把严肃财经纪律、强化资金监管工作列入各级政府议事日程。增强各级领导，带头执行各项财经管理制度的自觉性，不断增强法纪观念和责任意识，着力提高资金监管意识。积极营造良好气氛，形成齐抓共管、全面协调的良好局面。继续建立和完善协调配合的财政资金使用监督机制，建立上下联动、横向协调、覆盖全面的监管网络，形成人大、政府、纪委、监察、财政、审计及资金使用单位在内的相互制约、相互补充的监督体系，实现事前、事中、事后监督检查不缺位。既要强调突出财政部门的监督管理职能，又要发挥好相关职能部门的积极性，财政部门应在宏观调控的基础上，主动与职能部门协调，密切与部门的关系，相互尊重，换位思考，得到支持与协作，明确好各自工作责任，实现利益“双赢”。将资金监管工作细化到日常工作中，既能极大地调动各级职能部门加强资金监管的主动性和积极性，保障专项资金落到实处，又能推动反腐倡廉工作开展，加强各部门间的团结协作，是一项利国利民的重大举措。

（3）积极推动体制创新，加强队伍建设，实行精细化管理。实现整个财政管理体制全面协调发展，关键在于创新管理体制，可探索财政系统相关联科室进行合署办公的管理新模式，将资金监管的相关科室进行内部整合管理，有利于整合资源，推进规范监管，加强稽核。通过这种方式既可以解决机构臃肿、重复设置、人力矛盾突出的现象，又能使各关联科室人员互通信息，互相取长补短，充分发挥人员优势，共同推动财政管理的各项工作。人是各项工作的直接执行者，也是管理工作的核心和关键，落实资金监管工作，实现精细管理的关键也是在人。目前财政部门人力资源矛盾问题突出，培养专业队伍，建设资金监管团队是解决财政人力资源紧缺现状的当务之急。其次还要管好人、用好人、注重人的全面发展，充分发挥每位团队成员的主观能动性和工作积极性，加强人员优化配置，实现人力资源高效利用。

实行精细化管理需要从以下两个方面入手，逐步推进。首先要深化预算管理，提高理财用财能力。增强预算编制的合理性、科学性，对环保专项资金项目而言，在项目申请专项资金初期，项目实施单位、咨询服务机构等要详细调研，认真做好项目投资估算，项目实施单位要严格按经费用途用款。在项目开工建设期间，项目实施单位要深化人员经费管理改革，规范各项支出管理，制定出切实的措施实施精细管理。相关职能部门要定期对项目进展情况和专项资金使用情况进行监督检查，真正做到专款专用，切实发挥专项资金的作用。其次突出监管重点，严堵专项资金漏洞。专项资金管理是财政资金监管的重点，继续完善和深化财政投资评审工作，让其真正成为政府性投资项目，得到规范管理的专门平台，并严格按照投资评审规程的各项要求办理，不断促使资金监管成效更加显著。在管理的具体措施上应严把“三关”，堵塞漏洞。一要严把“审批调度关”。要严格遵循审批程序，实行集体审批制度，不得搞暗箱操作。二要严把“资金使用关”。要严格执行专项资金管理制度和国家有关政策规定，保证专项资金专用。三要严把“资金监督关”。要将监督的关口前移，严防截留、挤占、挪用、套取专项资金问题的发生，严防“超概”现象。

（4）切实加强专项资金使用和管理，强化项目监管。项目从立项到审批、从开工建设再到验收通过，一般都在两年左右，耗时较长，牵涉环节也较多。为了加强和规范中央环保专项资金管理和使用，从项目立项到验收通过，国家对专项资金项目监管提出了很多要求。

在项目立项阶段，主管部门要加强专项资金项目申报阶段的审核论证工作。要求省级环保部门与财政部门积极协商，按照中央环保专项资金项目申报指南的相关要求，对申报项目提交的材料进行严格认真的审核论证工作。对项目提交的项目建议书、可行性研究报告等前期申报材料进行审查，并组织专家对其技术、经济可行性进行评审论证，对备选项目的实施基础、开工条件、建设方案、工艺流程、环境效益等进行充分论证和审查，确保申报项目的技术可靠性、真实性、可行性及环境目标的可达性，提高前期项目申报质量。

在项目建设阶段，相关部门要持续有效地开展项目及资金日常检查和监督、监管工作。省级环保部门要联合财政部门根据实际情况，采取定期检查、不定期抽查或委托项目所在地市、县级环保和财政部门等方式，对资金的使用和项目实施情况进行督促检查。在项目建设过程中，如出现建设单位、建设地点、建设规模、工艺技术、工程投资等发生重大调整，要及时向省级环保和财政部门、项目立项原审批部门提出项目变更申请，主管部门要组织专家对调整后的方案进行评审论证，评审通过后由主管部门下达调整后项目审批意见，项目根据审批文件意见开工建设；项目所在地环保部门、财政部门要定期对项目的进展情况、资金使用状况进行日常检查和随机抽查，确保项目按照我国项目建设程序有序进行，专项资金使用规范，自筹资金到位及时；当地主管部门要定期向省环保厅、财政厅等有关部门汇报其所管辖范围内项目的进展情况，省级环保部门会同省级财政部门每年年初向环保部、财政部呈文汇报环保专项资金项目的执行情况。

在项目验收阶段，环保专项资金项目建成后，项目建设单位应及时向主管部门申请进行竣工验收，由项目立项原审批部门或省环保、财政部门组织相关部门负责人、专家、技术人员、财务人员等对项目进行验收。验收重点包括原申报项目审批内容完成情况、专项资金的使用合规性、工程建设制度执行情况、环保设施运行情况及项目环境效益实现情况等。

在项目运行阶段，项目建设单位要确保项目正常运行、持续发挥环境效益。项目所在地环保部门要监督污染治理设施的正常运行，加强污染排放的动态监测和执法监察。项目所在地环境监测站要定期对项目运行情况进行监督性监测，为项目持续发挥环境效益提供保障。项目正常运行一年后，省环保部门要会同财政部门组织开展绩效评估，对资金管理、项目建设及运行情况，特别是环境效益进行衡量比较和综合评判。环境效益评价要依据项目建设前后的监测报告，对资源能源消耗、污染物削减、周边环境质量改善等进行对比分析，同时对达到预期目标的程度进行评价，环保部和财政部将定期选择部分项目进行绩效评估。

（5）对专项资金项目开展绩效评价工作，切实发挥资金使用效益。财政部门应发挥好主导作用，联系环保、监察、审计等部门，建立多层次的绩效评价体系。通过对专项资金项目开展绩效评价工作，激励各单位切实管好用好有限的专项资金，通过绩效评价助推整个财政管理工作的协调发展，让其发挥更大的效益，不断提高理财用财能力，保持财经秩序稳定，促进经济社会全面科学发展。

目前，国家环保部、国家审计署已经开展了环境审计试点工作，对项目、区域不但进行财务资金审计，而且还要进行环境绩效审计工作。

9.3 环保专项资金的绩效评价

根据我国《财政支出绩效评价管理暂行办法》(财预〔2011〕285号)文件，财政支出绩效评价是指财政部门和预算部门(单位)根据设定的绩效目标，运用科学合理的绩效评价指标、评价标准和评价方法，对财政支出的经济性、效率性和效益性进行客观、公正的评价。绩效评价应当遵循科学规范、公正公开、分级分类及绩效相关等原则，对项目立项时期设定的绩效目标、项目建设时期的资金投入和使用情况、为实现绩效目标制定的制度及采取的措施等、绩效目标的实现程度及效果等内容开展公正客观的评价。从更广的适用角度来说，绩效评价是指运用一定的评价方法、量化指标及评价标准，对中央部门为实现其职能所确定的绩效目标的实现程度，以及为实现这一目标所安排预算的执行结果所进行的综合性评价。

9.3.1 绩效评价背景

绩效评价的概念始于20世纪30年代的美国，蓬勃发展于20世纪80年代后，当时西方各国政府面临着严重的财务危机、政府机构膨胀、效率低下等各种问题。在这种情况下，西方各国相继掀起一场被称为“重塑政府”的行政改革运动，其目标是创造一个少花钱多办事的政府，提高政府财政资金使用效益和公共服务水平。政府绩效管理成为政府部门进行有效资源配置、提高政府回应力的重要手段，在西方国家大规模推行起来。到了20世纪90年代，英国、美国、澳大利亚等西方国家基本上建立了较为完善的绩效评价制度和体系，对提高政府管理效率、改善资金使用效益上起到极大的促进作用。

我国的政府绩效管理工作开展较晚，但发展较快。2003年，十六届三中全会提出“建立预算绩效评价体系”，同年，财政部印发《中央级教科文部门项目绩效考评管理试行办法》，启动三部门绩效评价试点工作。十七届二中、五中全会分别提出“推行政府绩效管理和行政问责制度”“完善政府绩效评估制度”。2009年，财政部发布《财政支出绩效评价管理暂行办法》和《财政部关于进一步推进中央部门预算项目支出绩效评价试点工作的通知》(财预〔2009〕390号)，绩效评价制度在我国财政支出领域得以全面推广。2011年后，财政部陆续发布相关绩效管理考核办法和规则，进一步规范了绩效评价管理的工作流程和要求，明确了绩效评价的流程和评价方法。胡锦涛总书记在中央政治局第十八次集体学习时强调，要把改革开放和社会主义现代化建设不断推向前进，就必须深化财税体制改革，完善公共财政体系，提高财政管理绩效。

在财政支出领域进行绩效评价制度推广的同时，环保领域也在进行着实践探索。2004年，山西省财政局发布《山西省环境保护专项资金绩效评价及项目竣工验收管理办法》(晋财建〔2004〕429号)，率先要求对中央和省下达的环保专项资金进行绩效评价。2008年，山西省环保局发布《山西省环境保护局关于进一步加强环保资金项目监督检查和绩效评价的通知》(晋环发〔2008〕65号)，进一步推行对环保项目进行绩效管理工作。同年，广东省连续对开展环保专项资金项目绩效评价工作。2012年，环境保护部组织山东、四川省对“十一五”期间获得中央环保专项资金支持的污染物防治项目开展绩效评价试点，对绩效评价技术方法的可行性和有效性进行验证，进一步修改完善评价技术方法。2013 年，环境保护部发布《关于开展部分省市污染防治项目绩效评价的通知》（环办函〔2013〕1300 号），要求河南、辽宁、江西等 7 省开展污染物防治项目开展绩效评价，环保项目绩效评价工作得以进一步在全国开展。

9.3.2　绩效评价的目的和意义

绩效评价是一项行之有效的项目管理措施，对环保专项资金项目进行绩效评价，其评价结果可以反映出项目决策的科学性和合理性，总结项目建设成效，发现项目建设和管理中存在的问题等，有利于中央级地方政府相关职能部门完善项目监督管理制度，进一步提高项目管理水平。同时，通过开展绩效评价工作，树立项目实施单位项目建设的绩效意识，严格按照项目建设管理制度开展工程建设，着力加强项目建设和管理能力，切实提高资金的使用效益。

环保专项资金项目绩效评价的意义主要体现在以下几个方面。

（1）绩效评价能检验专项资金支持项目的合理性和科学性。环保专项资金绩效评价主要审查中央专项资金设立和资金分配是否符合宏观调控需要，分析中央专项资金在实现宏观政策目标方面发挥的效用。审查专项资金项目设立情况，看是否存在项目过小、资金分散问题。审查多部门管理的同一性质的专项资金是否存在缺乏统一规划、重复建设、损失浪费等问题。审查资金分配原则和计算方法，看是否存在随意分配或平均分配专项资金问题。

（2）绩效评价能客观评价项目建设规范性和资金使用合规性。审查项目建设单位资金使用情况，分析资金使用的直接经济效益或使用效果。项目建设单位规模大小不一，很多存在建设制度不健全、资金管理不规范等问题。

（3）绩效评价能发现和解决中央及地方职能部门在项目管理中的问题。审查中央专项资金下拨后地方各级财政是否及时下拨，分析中央专项资金拨付使用的时效性。绩效评价工作的开展同时也能促进财政工作从“重分配”向“重管理”“重绩效”转变，解决财政资金使用的绩效和支出责任问题等。

（4）绩效评价能促使项目实施单位树立绩效意识，提升项目建设管理能力。绩效评价可以进一步强化建设单位的支出责任意识，促使项目实施单位按照国家项目建设程序开展项目建设，提高项目管理水平和能力。

（5）绩效评价成果能为项目决策者提供参考。绩效评价结果反馈给环保部、财务部等项目决策单位，评价结果为后续环保专项资金的分配原则和依据提供参考。对环保专项资金项目进行绩效评价有利于促进政府部门提高管理效率，改善决策管理和服务水平，提升公共产品和服务的质量，进一步转变政府职能，增强政府执行力和公信力。

9.3.3　绩效评价的方法和程序

我国绩效评价工作起步较晚，最初探索研究是由财政部、发改委在大型投资建设项目中试点进行，经过几十年的探索，财政部初步形成了绩效评价的框架和体系。“十二五”期间，财政部先后颁布《财政支出绩效评价管理暂行办法》（财预〔2011〕285 号）、《财政部关于推进预算绩效管理的指导意见》（财预〔2011〕416 号）、《预算绩效管理工作规划（2012—2015年）》（财预〔2012〕396号）、《经济建设项目资金预算绩效管理规则》（财预〔2013〕165号）及《预算绩效评价共性指标体系框架》（财预〔2013〕53号）等推进绩效管理工作的指导性文件。经过多年的探索实践，《财政支出绩效评价管理暂行办法》（财预〔2011〕285号）对绩效评价工作的原则、内容、标准、方法、程序等做了明确规定，详见专栏。

专栏：绩效评价方法及工作程序——摘自《财政支出绩效评价管理暂行办法》

第二十一条　绩效评价方法主要采用成本效益分析法、比较法、因素分析法、最低成本法、公众评判法等。

（一）成本效益分析法。是指将一定时期内的支出与效益进行对比分析，以评价绩效目标实现程度。

（二）比较法。是指通过对绩效目标与实施效果、历史与当期情况、不同部门和地区同类支出的比较，综合分析绩效目标实现程度。

（三）因素分析法。是指通过综合分析影响绩效目标实现、实施效果的内外因素，评价绩效目标实现程度。

（四）最低成本法。是指对效益确定却不易计量的多个同类对象的实施成本进行比较，评价绩效目标实现程度。

（五）公众评判法。是指通过专家评估、公众问卷及抽样调查等对财政支出效果进行评判，评价绩效目标实现程度。

（六）其他评价方法。

第二十六条　绩效评价工作一般按照以下程序进行。

（一）确定绩效评价对象。

（二）下达绩效评价通知。

（三）确定绩效评价工作人员。

（四）制订绩效评价工作方案。

（五）收集绩效评价相关资料。

（六）对资料进行审查核实。

（七）综合分析并形成评价结论。

（八）撰写与提交评价报告。

（九）建立绩效评价档案。

随着我国环境污染问题的凸显，国家对环保事业的投入力度逐年加大，大量中央专项资金划拨给地方和企业用于环境污染治理工作，为了对中央资金的使用效益进行考察，环保部也开始着力于对专项资金项目开展绩效评价工作。绩效评价工作程序以财政部绩效评价程序为依托，根据环境保护工作的特点调整制定。绩效评价工作程序主要包括：确定绩效评价对象，下达绩效评价通知，成立绩效评价工作组，制订绩效评价工作方案，项目建设单位进行自评价，绩效评价工作组现场核查，绩效评价工作组撰写绩效评价报告，反馈绩效评价报告征求意见，根据反馈意见修改完善绩效评价报告，向主管部门呈报绩效评价报告。

思考题

1. 请叙述环境保护专项资金的含义，以及环境监理与环保专项资金的联系。
2. 在“十一五”规划指导下、中央环保专项资金，支持使用范围有何变化？
3. 对环保专项资金的监管有何意义和作用？
4. 实施环保专项资金监管有哪些措施和手段？
5. 开展环保专项资金绩效评价的目的和意义是什么？

第10章　突发环境事件应急与环境风险评估

10.1　环境风险管理

项目风险管理是指通过风险识别、风险分析和风险评价去认识项目的风险，并以此为基础合理地使用各种风险应对措施、管理方法技术和手段，对项目的风险实行有效控制，妥善处理风险事件造成的不利后果，以最少的成本保证项目总体目标实现的管理。环境管理的重要职能是力争项目环境安全，所以环境监观对项目风险管理的内容项目环境风险管理。

近年来突发性事件、危机管理，这些为人们所熟知的词汇正渐渐出现在我国的环境保护领域。《2013年中国环境质量状况公报》显示，2013年，全国共发生突发环境事件712起，较上年增加31.4%，其中包含重大突发环境事件3起、较大突发环境事件12起、一般突发环境事件697起。环保部应急中心2009年以来直接调度处置环境突发事件680起，其中重特大事件30起、平均每2~3天要处置1起、最多一天处置过8起。新修订的《中华人民共和国环境保护法》（2015年1月1日起实施）第47条要求：各级人民政府及其有关部门和企业事业单位，应当依照《中华人民共和国突发事件应对法》的规定，做好突发环境事件的风险控制、应急准备、应急处置和事后恢复等工作。

据有关部门统计分析，从污染类型上讲：水污染事件约占48%、大气污染事件约占37%、土壤污染事件约占5%、其他污染事件约占10%。从事件诱因讲：交通事故次生突发环境事件约占40%、生产安全事故次生突发环境事件约占35%、自然灾害次生突发环境事件约占15%、违法排污导致突发环境事件约占10%。这些突发环境事件类型多、诱因杂、区域广、危害大、处置难，企业生产经营的利润远远抵不上事件造成的损失和对事件处理处置的费用。

“隐患险于事故，防范胜于救灾”。重金属污染的突发环境事件也屡屡出现，而且危害重、潜伏期长、特别是对土壤和地下水的污染治理难。暴发的“血铅”和“含镉大米”等事件已引起环境监管部门的高度重视，我国出台了《重金属污染综合防治“十二五”规划》。尽管如此，重金属企业仍暴露出许多环境隐患。国家正在采取严格的措施控制重金属污染。

重金属污染对于生态环境和人类健康存在很大的威胁，具有很大的环境风险。由此产生的环境风险具有不确定性和危害性。提高企业的环境风险管理水平，针对这样的特点制订相应的环境风险管理计划是非常有必要的。在重金属污染项目中加强对项目环境风险管理，可以达到消除或减少环境风险的目的。

10.1.1　环境风险概念

环境风险是由人类活动引起或由人类活动与自然界的运动过程共同作用造成的，通过环境介质传播的，能对人类社会及环境产生破坏、损失乃至毁灭性作用等不利后果的事件发生的概率。它是指人们在建设、生产和生活过程中，所遭遇的突发性事故（一般不包括自然灾害和不测事件）对环境（或健康乃至经济）的危害程度。环境风险具有客观性、危害性、不确定性和发展性，其中两个最主要特点，即不确定性和危害性。

在环境风险认知中有风险源、风险行为、风险对象、风险场、风险度、风险链、风险损失几个基本概念。

风险源是指导致风险发生的客体以及相关的因果条件。风险源可以是人为的，也可以是自然的。它的产生是随机的，具有相应概率，可以通过数学、物理、化学方法来确定。在重金属污染项目中，矿山、冶炼厂、氯碱厂、皮革厂等都是风险源，自然界的火山也是风险源。

风险行为是指风险源一旦发生事件或事故，它所排放的有毒有害物质、释放的能量流将立即进入环境，并可能由此导致一系列的人群中毒、火灾、爆炸等严重污染环境与破坏生态的行为。

风险对象是指评价终点或受害对象（受体），可以是人类，也可以是实物的、生态的。

风险场即指风险产生的区域及范围。它包括风险源与风险对象，是风险源物质上和能量上运动的场，具有相应的时空条件。风险评价中常用到的风险单元。

风险链是指风险源一旦在风险场中发生，周围的风险对象都可能受到影响，这个对象又可能由于物理、化学反应而产生新的风险影响，整个风险呈“链”式传递，逐渐扩展到其他对象。环境突发事件中的“二次污染”、次生灾害均存在风险链。

风险度即指风险源作用于风险对象后，物质上或能量上的贡献大小，也可定义为损害程度或损害量。安全评价中常用的工作危害性分析（LHA）风险等级的计算公式：风险（R）=可能性（L）×后果严重性（S），就是计算风险度的。当判断风险度的大小后，为防止环境风险计划整改就可以有轻重缓急之分，比如计算出的风险度很大，就要立即采取整改措施。

风险损失即指风险产生的经济损失，可以用货币来度量。

10.1.2 环境风险管理概念

环境风险管理是指根据环境风险评价的结果，按照恰当的法规条例，选用有效的控制技术，进行削减风险的费用和效益分析；确定可接受风险度和可接受的损害水平；并进行政策分析及考虑社会经济和政治因素；决定适当的管理措施并付诸实施，以降低或消除事故风险度，保护人群健康与生态系统的安全。从根本上讲，环境风险管理的过程是决策者权衡经济、社会发展与环境保护之间的相互关系，根据现有经济、社会、技术发展水平和环境状况做出的综合决策过程。

环境风险管理的目的是要控制环境风险，控制环境风险的方式主要有三种，即减轻环境风险、转移环境风险、避免环境风险。

在环境风险无法避免的情况下，可以通过技术改进，采用更先进的生产工艺、技术和设备，提高生产的稳定性和安全性。例如，铅冶炼、铅蓄电池的生产不可能不排污或有重金属污染产生，所以国家就出台准入政策和技术政策，提高风险管理水平，来消除或减少环境风险。这是最普遍采用的方式。同时实施重金属总量控制，要求应在环境容量许可的条件下，全面推行清洁生产，形成低投入、低消耗、低排放和高效率的节约型增长方式。这就属于减轻环境风险。

转移环境风险可以通过两种方式来实现，即如果建设项目所具有的环境风险不被社会所接受，则可以通过变更项目选址，或改变项目周围环境使它达到能够接受环境风险的程度，如移民、搬迁等。例如，铅冶炼厂周边 1 000 m 防护距离内不能居住，必须搬迁完毕才能试生产。另一种是还可以通过制定合理的保险费率，对环境风险进行投保，让保险公司承担环境风险的经济损失。环境污染责任保险是以企业发生污染事故对第三者造成的损害依法应承担的赔偿责任为标的的保险。它是一种特殊的责任保险，具体来说，排污单位作为投保人，依据保险合同按一定的费率向保险公司预先交纳保险费，就可能发生的环境风险事故在保险公司投保，一旦发生污染事故，由保险公司负责对污染受害者进行一定金额的赔偿。

避免环境风险是当环境风险评价结论达到了不被社会接受的程度，且又没有比较好的减少环境风险的方法，可以放弃实施该项可能引起较大环境风险损失的项目，也就是环保“一票否决”。例如小皮革、小化工、小造纸、小冶炼、小水泥等“五小”企业，污染严重、能耗高、对环境危害大，生产所产生的环境风险已经达到了社会不可接受的程度。因此，政府采用关闭“五小”的手段来降低其环境风险。这是一种从根本上避免环境风险的措施。

10.2　环境风险识别

环境风险识别是指在风险事故发生之前，人们运用各种方法系统地、连续地认识所面临的各种风险以及分析风险事故发生的潜在原因。环境风险识别对识别、分析和度量区域环境风险，选择优先管理的对象，采取相应措施以避免环境污染事故的发生，有效地事先控制风险损失，保证区域环境安全有很大助益。

环保部《关于进一步加强环境影响评价管理防范环境风险的通知》(〔2012〕77 号文)要求：对重点行业建设项目（如危险化学品、危险废物、挥发性有机物、重金属等的建设项目）应进一步加强环境影响评价管理，针对环境影响评价文件编制与审批、工程设计与施工、试运行、竣工环保验收等各个阶段实施全过程监管，强化环境风险防范及应急管理要求。

“建设单位及其所属企业是环境风险防范的责任主体，应建立有效的环境风险防范与应急管理体系并不断完善。环评单位要加强环境风险评价工作，并对环境影响评价结论负责；环境监理单位要督促建设单位按环评及批复文件要求建设环境风险防范设施，并对环境监理报告结论负责；验收监测或验收调查单位要全面调查环境风险防范设施建设和应急措施落实情况，并对验收监测或验收调查结论负责。各级环保部门要严格建设项目环境影响评价审批和监管，在环境影响评价文件审批中对环境风险防范提出明确要求”。

对于重金属项目企业的环境风险识别，从环境风险源、扩散途径、保护目标三方面识别环境风险。环境风险识别应包括生产设施和危险物质的识别，有毒有害物质扩散途径的识别（如大气环境、水环境、土壤等）以及可能受影响的环境保护目标的识别。在收集相关资料的基础上，开展环境风险识别。具体地说，环境风险识别首先要进行资料收集，包括：①企业基本信息；②周边环境风险受体；③涉及环境风险物质和数量；④生产工艺；⑤安全生产管理；⑥环境风险单元及现有环境风险防控与应急措施；⑦现有应急资源等。并综合考虑环境风险企业、环境风险传播途径及环境风险受体。收集企业地理位置图、厂区平面布置图、周边环境风险受体分布图，企业雨水、清净下水收集和排放管网图，污水收集和排放管网图以及所有排水最终去向图等。

10.2.1　环境风险识别的范围与类型

风险识别范围包括生产设施风险识别和生产过程所涉及的物质风险识别。

生产设施风险识别范围包括：主要生产装置、储运系统、公用工程系统、工程环保设施及辅助生产设施等。根据建设项目的生产特征，结合物质危险性识别，对项目功能系统划分功能单元，确定潜在危险单元及重大危险源。

物质风险识别范围包括：主要原材料及辅助材料、燃料、中间产品、最终产品以及生产过程，对项目所涉及的有毒有害、易燃易爆物质进行危险性识别和综合评价，筛选环境风险评价因子。

环境风险类型应根据有毒有害物质放散起因，分为火灾、爆炸和泄漏三种类型。

10.2.2　环境风险识别的内容

（1）资料收集和准备。环境风险识别需要收集的资料包括建设项目工程资料、环境资料及事故资料，具体内容如下：

1）建设项目工程资料：可行性研究、工程设计资料、建设项目安全评价资料、安全管理体制及事故应急预案资料。

2）环境资料：利用环境影响报告书中有关厂址周边环境和区域环境资料，重点收集人口分布资料。

3）事故资料：国内外同行业事故统计分析及典型事故案例资料。

（2）物质危险性识别。重金属项目物质危险性识别应对项目所涉及的有毒有害、易燃易爆物质进行危险性识别和综合评价，筛选环境风险评价因子。

（3）生产过程潜在危险性识别。根据重金属项目的生产特征，结合物质危险性识别，对项目功能系统划分功能单元，确定潜在的危险单元及重大危险源。

10.3　环境风险评价

10.3.1　建设项目环境风险评价

建设项目环境风险评价：对建设项目建设和运行期间发生的可预测突发性事件或事故（一般不包括人为破坏及自然灾害）引起有毒有害、易燃易爆等物质泄漏，或突发事件产生的新的有毒有害物质，所造成的对人身安全与环境的影响和损害，进行评估，提出防范、应急与减缓措施。

环境污染事故风险评价的目的是通过对建设项目运行过程中可能发生的事故类型及事故影响程度和范围，以确定建设项目发生哪种风险是社会可以承受的，从而为建设项目设计提供参考依据。

（1）环境风险分析评价。环境风险分析评价是评判环境风险发生的概率及后果。

事件的风险是不可能减少到零，新技术项目给社会带来效益的同时也对生态环境产生威胁。开展环境风险评价对于目前的社会现状很有必要性，首先要广泛收集相关材料，了解社会公众反映，在企业财务分析的基础上，比较项目带来的社会收益和产生的生态环境危害，最终决定该项目是否能批准建设。

由于环境风险本身具有很强的不确定性，因此不发生是不可能的。我们只能采取充足的预防措施来降低环境风险，使风险能够达到可接收的范围和程度。

（2）环境风险评价的基本内容。环境风险评价基本内容包括风险识别、源项分析、后果计算、风险计算和评价及提出环境风险防范措施及突发环境事件应急预案五个方面。

一级评价应当进行风险识别、源项分析、后果计算、风险计算和评价，提出环境风险防范措施及突发环境事件应急预案。

二级评价应当进行风险识别、源项分析、后果计算及分析，提出环境风险防范措施及突发环境事件应急预案。

三级评价应当进行风险识别，提出环境风险防范措施及突发环境事件应急预案。

重金属环境风险评价也应根据以上五方面进行。

（3）环境风险评价范围。大气环境风险评价范围为一级评价距建设项目边界不能低于5 km；二级评价距建设项目边界不能低于3 km；三级评价距建设项目边界不能低于1 km。长输油和长输气管道建设工程一级评价距管道中心线两侧不能低于500 m；二级评价距管道中心线两侧不能低于300 m；三级评价距管道中心线两侧不能低于100 m。

10.3.2 环境污染的健康风险评价

健康风险评价是20世纪80年代以后发展起来的，它把环境污染与人体健康联系起来，定量描述环境污染对人群健康的危害，估算有害因子对人体危害发生的概率。健康风险评价为有效控制有害因子的风险、确定有害因子的主次、暴露途径主次及治理优先次序提供科学依据。许多重金属作为环境污染物和潜在的有毒有害污染物已经引起国内外的广泛关注。含有重金属的水体会对人体健康造成严重危害，对人体来讲，饮用水中含有As、Cd、Pb、Hg和C被认为是很重要的途径，会严重损害人体肝、肾、消化系统和神经系统等，同时As和Cd还有致癌性。我国目前利用风险概念和分析方法对健康风险评价已经开展了相应的研究，一些地区和河段水体中的有毒有害物质与人体健康之间的关系进行了评价。在评价人体健康时候，通常没有考虑生态风险。其实，人类以外的其他生物更易于遭受危害，更易受到影响。已有研究提出整合人体健康风险和生态风险评价的观点，但如何进行还有待于进一步研究。

健康风险评价是因环境破坏对健康可能造成的影响进行分析、预测和评估，提出预防或者减轻健康危害的对策和措施，进行跟踪监测的方法和制度。评价的目的在于最大程度地降低环境污染对人类健康的影响。

重金属污染已经成为水环境面临的重要污染问题之一，其毒性大，难降解，进入水体之后可以直接通过应用水或者生活用水直接作用于人体，也能为水生动植物富集吸收，进入食物链进而危害人畜安全。土壤重金属污染在一定时期内不会表现出对环境的危害性，当其含量超过土壤承受力，或土壤环境条件变化时，重金属有可能突然活化引起严重的生态危害。因而对重金属项目进行环境污染的健康风险评价才能将其对环境的危害降到最低。目前《北京市饮用水源水重金属污染物健康风险的初步评价》，李丽娜、吕炳全编著的《上海市水环境中重金属类污染物的健康风险评价》及《湘西花垣矿区蔬菜重金属污染现状及健康风险评价》均可在书刊中见到。

10.3.3 环境风险评价的目的和重点

环境风险评价的目的是分析和预测建设项目存在的潜在危险、有害因素，建设项目建设和运行期间可能发生的突发性事件或事故（一般不包括人为破坏及自然灾害），引起有毒有害和易燃易爆等物质泄漏，所造成的人身安全与环境影响和损害程度，提出合理可行的防范、应急与减缓措施，以使建设项目事故率、损失和环境影响达到可接受水平。

环境风险评价应把事件引起的厂外环境的影响及生态系统影响的预测和防护作为评价工作重点。

环境风险评价在条件允许的情况下，可利用安全评价数据开展环境风险评价。环境风险评价与安全评价的主要区别是：环境风险评价关注点是事故对厂（场）界外环境的影响，而安全评价关注点是事故对厂（场）界内环境的影响。

10.3.4 环境风险评价流程

环境风险评价流程如图2-10-1所示。

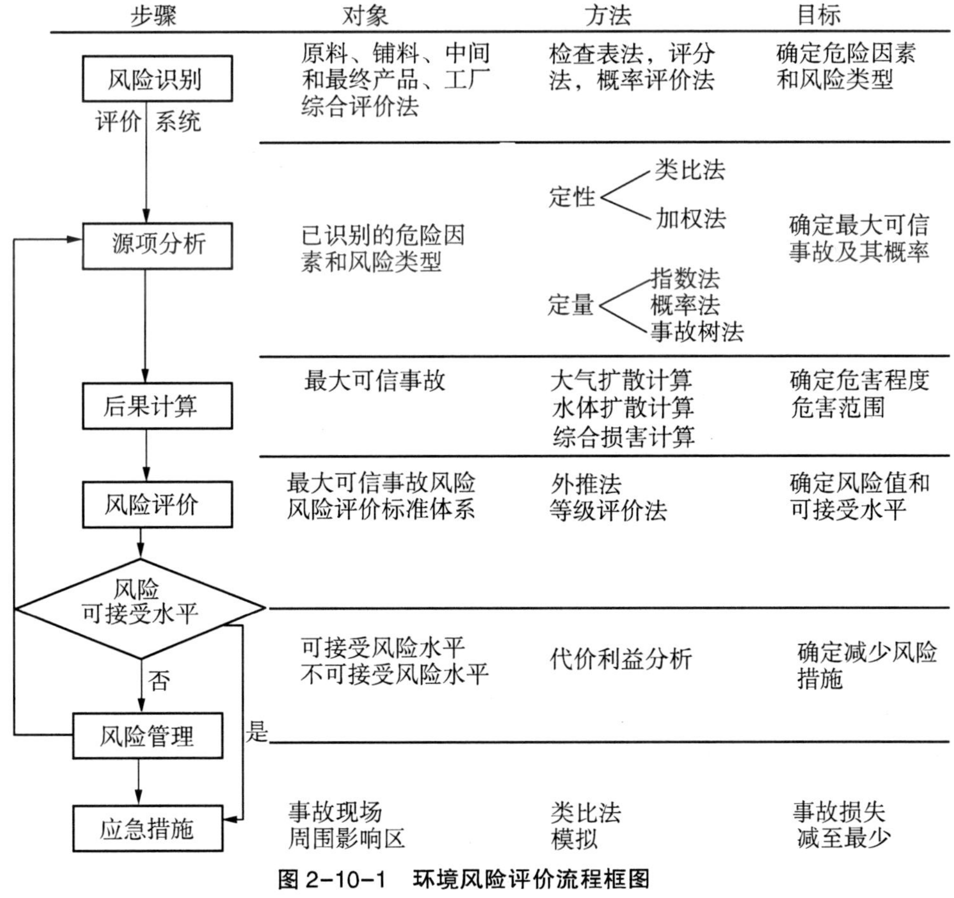

图2-10-1 环境风险评价流程框图

10.3.5 风险评价与风险管理的关系

环境风险评价是环境风险管理中的重要一环，在风险识别的基础上进行风险评价，从而为风险应急和对策提供支持。环境风险评价的有效与否影响着整个项目的风险管理效果。在重金属污染项目环境管理中，环境风险评价重点讨论重金属对人类健康和生态环境所造成的危害的可能性（包括健康风险评价和生态风险评价）及所应采取的风险削减措施；而环境风险管理重点研究的是怎样落实风险减缓措施，什么样的人什么时候如何落实这些风险减缓措施，落实的效果究竟如何？

环境风险评价是环境风险管理的基础，只有风险评价工作结论准确，才能更好地指导风险管理工作，才能使项目降低风险采取的措施和因此投入的风险设施投资达到最佳平衡点；环境风险管理从管理机构和管理手段两方着手，从机构设置、防范、应急措施、物资等方面结合环境管理重点关注的问题进行分析，使项目的环境风险管理工作具有可操作性、切实可行性并具有指导意义。

环境风险评价的最终目的是确定各种政策法规或生态环境的风险大小，以及确定什么样的风险水平是社会和公众可以接受的，如何将无法接受的风险水平降至社会可接受的最低限度。

环境风险管理的目的是以风险评价为基础，在行动方案效益与其实际或潜在的风险以及降低风险的代价之间谋求平衡，以选择较佳的管理方案。

10.4 突发环境事件应急预案

环境应急预案是针对可能发生的环境污染事件，为迅速、有序地开展环境应急行动而预先制订的行动方案。

10.4.1 预案编制程序

（1）预案编制基本要求。环境应急预案包括综合环境应急预案、专项环境应急预案和现场处置预案，预案之间应当相互协调，并与所涉及的其他应急预案相互衔接。

预案应当充分考虑现有物质、人员及环境风险源的具体条件，能及时、有效地统筹指导突发环境事件应急救援行动。

（2）成立预案编制组。成立由重金属项目主要负责人为组长的预案编制工作组，明确编制任务、职责分工和工作计划。工作组至少应当由重金属项目生产技术、安全环保人员和有关专家组成。

重金属项目可以委托相关专业技术服务机构编制环境应急预案。

（3）调查和资料收集。包括调查厂区内现场和厂区外环境，收集资料等内容。

（4）预案编制。在现场调查和资料收集的基础上，通过风险分析和应急能力评估，针对可能发生的环境事件的类型和影响范围，编制应急预案。对应急机构职责、人员、技术、装备、设施（备）、物资、救援行动及其指挥与协调方面预先做出具体安排。应急预案应充分利用社会应急资源，与地方政府预案、上级主管单位以及相关部门、单位的预案相衔接。

（5）预案的评估、发布与更新。预案编制完成后，应当按照《突发环境事件应急预案暂行办法》有关要求、程序进行评估。预案经评估完善后，由单位主要负责人签署发布，明确实施时间、抄送相关单位，并按规定报环境保护主管部门备案。

重金属项目单位应当根据自身内部因素（如重金属项目改、扩建项目等情况）和外部环境的变化及时更新预案，并重新进行评估、备案等。

（6）预案的实施。预案批准发布后，企业组织落实重金属预案中的各项工作，进一步明确各项职责和任务分工，加强应急知识的宣传、教育和培训，定期组织应急预案演练，实现应急预案持续改进。

10.4.2　预案的主要内容

（1）总则。简述项目环境应急预案编制的目的，以及预案编制所依据的法律法规和规章、有关行业管理规定、技术规范和标准等。说明预案适用的范围，以及突发环境事件的类型、级别。说明本单位应急工作的原则，内容应简明扼要、明确具体。

（2）基本情况调查。介绍企业的基本情况及企业的平面布置、企业生产现状、重金属的种类、存放方式和储存量，以及重金属的防护措施；企业周边的土壤环境和水环境；企业内部预案之间的关系及企业与周边企业、上级预案的关系说明。

（3）环境风险分析。阐述重金属的种类、名称及其危险特征，列出重金属储存方式、位置、数量，以及在运输、生产、储存环节所存在的潜在环境风险分析。调查分析企业针对重金属的应急能力。

（4）应急组织机构及职责。针对重金属污染成立相应的应急组织机构领导小组，阐明各小组在重金属突发环境事件中的相关职责。

（5）预防与预警。调查企业的危险源，对危险源采取相应的监控措施，减小突发环境事件发生的概率，针对危险源采取相应的预防预警措施。

（6）应急响应与措施。根据突发环境事件等级的不同，对应急响应进行分级，阐述先关的应急程序。对发生突发环境事件时，对厂区内、外所采取的应急措施进行详细说明，尽量把突发事件带来的环境影响降到最小。

（7）后期处置。突发环境事件发生后，组织专家对突发环境事件中长期环境影响进行评估，提出生态补偿和对遭受污染的生态环境进行恢复的建议。重金属项目应根据专家建议，对周边环境进行恢复。对应急过程进行评价，并进行事件原因、损失调查与责任认定；提出事件应急救援工作总结报告；环境应急预案的修订；维护、保养、增补应急物资及仪器设备。

（8）应急培训和演练。对相关工作人员进行培训，熟悉生产所涉及的重金属的物化特性，制订相应的培训计划，明确培训内容、频次及时间。为了应对突发事件，企业应组织演练，并对演练的频次、时间进行确定。

（9）奖惩。明确突发环境事件应急救援工作中奖励和处罚的条件和内容。

（10）保障措施。①保障通信与信息；②保障应急队伍；③保障应急物资装备；④保障经费保障。

（11）预案的修订、评估和备案。应当明确预案的修订条件、评估方式方法、备案部门与时限等要求。

（12）预案的实施和生效时间。列出预案实施和生效的具体时间；预案更新的发布与通知，抄送的相关部门等。

（13）附件。附加企业的相关文件，重金属运输、处置等的相关协议。

10.5 环境风险评估与风险评价

新修订的《中华人民共和国环境保护法》将正式实施。这部被誉为最严厉的《中华人民共和国环境保护法》在备受关注的同时，也肩负着解决各项环境、资源、生态问题的重担。环境风险评估延伸了环境保护的路线，除了对建设项目进行环境影响评估，还要对一些生产有害物质、有环境危险因素的行业都进行风险评估，把重点放在污染物进入环境前的风险防控和突发事件应急处理的措施上。环保部 2014 年 4 月印发的《企业突发环境事件风险评估指南（试行）》（简称《评估指南》）明确对可能发生突发环境事件的（已建成投产或处于试生产阶段的）企业进行环境风险评估。这就说明环境影响风险评价针对的是建设项目的前期准备可研阶段；而企业环境风险评估包括在建的和建成投产的项目对生产有害物质、有环境危险因素的行业都要进行风险评估。这标志着环境保护部将全面推进企业突发环境事件风险评估，推动企业落实环境安全主体责任，提高企业环境应急预案编制水平。这是环境应急管理的重大措施。

10.5.1 风险评估的任务与作用

风险评估的主要任务包括企业环境风险评估，即按照资料准备与环境风险识别、可能发生突发环境事件及其后果分析、现有环境风险防控和环境应急管理差距分析、制订完善环境风险防控和应急措施的实施计划、划定突发环境事件风险等级五个步骤实施。

环境风险评估有“四定”作用。

一是定性作用。即分析判定事件的性质，指通过追溯环境风险事件的本因，分析风险事件的形成过程来确定环境事件的危害类型、责任类型，并为消除风险危害、追究责任确定适用的法律法规。

二是定量作用。就是判定环境事件对人们的生活、生命、财产等各个方面的影响范围、延续时限、危害程度，为有关部门制订赔偿方案、惩治责任主体、平衡社会效应提供科学可信的数据。

三是定策作用。即制定对策。在风险评估定性、定量的基础上，提出合理可行的防范、应急与减缓措施，以使本项目环境风险尽可能降到最低。包括指导紧急避险，指导恢复生产、生活常态，安抚民众，落实赔偿补救目标等。

四是定向作用。主要是为类似事件提供参照案例，为此后生产、生活行为提供预测数据，为可行性分析提供事例依据。预测和评估事故所引起的对人群的伤害、对生态系统的损害范围和程度，提出防范、减少、消除对人群和环境影响措施。

突发环境事件及其后果情景分析是《评估指南》的突出特色。《评估指南》列出了生产安全事故、环境风险防控设施失灵或非正常操作、非正常工况、污染治理设施非正常运行、违法排污、停电断水停气、通信及运输系统故障以及自然灾害与极端天气等八种可能引发突发环境事件的情景，指导企业从环境风险管理制度、环境风险防控与应急措施、环境应急资源、历史经验教训等方面，对现有环境风险防控与应急措施的完备性、可行性和有效性进行分析，排查隐患、找出差距，根据其危害性、紧迫性和治理时间，制订短期、中期和长期的完善计划并逐项落实整改。企业按照这些方法持续排查、治理各类环境安全隐患，不仅可以提高环境风险防控和应急响应水平，还能动态完善应急预案，从而降低突发环境事件的发生概率，减轻其危害程度。环境风险评估在新修订的《中华人民共和国环境保护法》中是重要的一笔，也是国家环境保护宏伟蓝图的重要内容。

10.5.2　环境风险评估与现行其他风险评估导则的区别

环境评价、环境评估、技术导则、技术指南等常使人眼花缭乱。评价与评估意相近但又有区别。

评估是指依据某种指标、标准、技术或手段，对收到的信息按照一定的程序进行分析研究，判断其效果和价值的一种活动。

评价是通过评价者对评价对象的各个方面，根据评价标准进行量化和非量化的测量过程，最终得出一个可靠的并且逻辑的结论。

两者的区别是：主体不同，评价必须由特定主体承担，评估则不需要；责任不同，评价要承担相应责任（包括法律、经济责任），评估只需要承担道义上的责任；本质属性不同，评价的本质是价值判断，评估的本质是事实判断；而且评价常与理论探讨匹配，而评估常与实务结合。

《评估指南》主要用于企业突发环境事件风险的评估，是企业编制环境应急预案的基础。

《重点环境管理危险化学品环境风险评估报告编制指南（试行）》主要用于对列入《重点环境管理危险化学品目录》的化学品长期、累积和持久性危害及不利影响的评估，侧重为危险化学品环境管理登记服务。

《建设项目环境风险评价技术导则》主要用于部分重点行业新、改、扩建建设项目的环境风险评估，主要是进行建设项目环境评价使用的。

《环境风险评估技术指南——氯碱企业环境风险等级划分方法》《环境风险评估技术指南——硫酸企业环境风险等级划分方法》《环境风险评估技术指南——粗铅冶炼企业环境风险等级划分方法》主要用于企业环境污染责任保险工作。

思考题

1. 什么是环境风险管理？环境风险管理与项目管理有何联系？
2. 什么叫风险源、风险场、风险度？
3. 对于重金属项目企业如何进行环境风险识别？
4. 什么是环境污染健康风险评价？环境风险评价与安全评价有何联系和区别？
5. 环境风险评价与环境风险管理有何关系？
6. 编制环境风险应急预案的基本要求是什么？
7. 如何对风险评价与风险评估进行辨识？

第 11 章　环境监理安全管理

11.1　安全生产管理概述

在建设项目的环境监理中，不少环境监理单位常对环境监理过程的安全保证重视不够。一是对安全生产的法律法规学习了解的太少；二是把突发环境安全事故与安全生产事件缺少有机的联系；三是为环境监理而监理，不能与项目业主方、施工方和其他监理方进行有效地协调与沟通。这样不利于项目环境监理目标任务的完成，更不利于发挥污染治理项目建设的社会效益、经济效益和环境效益。

现阶段安全管理，有时也称为传统安全管理，包括安全行政管理、安全监督检查、安全设备设施管理、劳动环境及卫生条件管理、事故管理等。

现代安全管理发展的理论和方法有：安全信息论原理，安全经济学原理，安全系统论原理，安全控制论原理，事故预测与预防原理，事故突变原理，安全法制管理，安全目标管理法，事故致因理论，安全行为抽样技术，安全经济技术与方法，安全管理的微机应用，安全决策，事故判定技术，危险分析方法，风险分析方法，系统安全分析方法，安全评价，安全行为科学，系统危险分析，故障树分析，PCDA（全面质量管理）循环法，危险控制技术，安全文化建设等。

现代安全管理学的突出意义和特点是：变传统的纵向单因素安全管理为现代的横向综合安全管理；变传统的被动的安全管理对象为现代的安全管理动力，变传统的事故管理为现代的事件分析与隐患管理（变事后型为预防型），变传统的被动、辅助、滞后的安全管理程式为现代主动、本质、超前的安全管理程式，变传统的静态安全管理为现代的安全动态管理，变过去企业只顾生产经济效益的安全辅助管理为现代的效益、环境、安全与卫生的综合效果的管理，变传统的外迫型安全指标管理为内激型的安全目标管理（变次要因素为核心事业）。

11.1.1　安全管理相关法律法规

《中华人民共和国宪法》第 42 条明确规定：“中华人民共和国公民有劳动的权利和义务。国家通过各种途径，创造劳动就业条件，加强劳动保护，改善劳动条件，并在发展生产的基础上，提高劳动报酬和福利待遇。国家对就业前的公民进行必要的劳动就业训练。”宪法的这一规定明确了生产经营单位安全生产与健康各项法规和各项工作的总的原则、总的指导思想和总的要求。按照这一规定我国各级政府管理部门以及各类企事业单位机构，都要确立安全第一、预防为主的思想，加强安全生产工作，积极采取组织管理措施和安全技术保障措施，不断改善劳动条件，切实保护从业人员的安全和健康。

我国颁布的《刑法》，对安全生产方面构成犯罪的违法行为的惩罚做了如下规定。在危害公共安全罪中，刑法第 131 ~ 139 条，规定了重大飞行事故罪、铁路运营安全事故罪、交通肇事罪、重大责任事故罪、重大劳动安全事故罪、危险物品肇事罪、工程重大安全事故罪、教育设施重大安全事故罪和消防责任事故罪 9 种罪名。另外第 307 条规定了渎职罪，包括滥用职权罪、玩忽职守罪，还有重大环境污染事故罪、环境监管失职罪。刑事责任是法律对犯罪行为人的严厉惩罚，安全事故的责任人或责任单位构成犯罪的将被按刑法所规定的罪名追究刑事责任。

我国《民法通则》规定的 9 种特殊侵权民事责任中有 6 种属于安全事故民事责任范畴。《民法通则》第 123 条规定："从事高空、高压、易燃、易爆、剧毒、放射性、高速运输工具等对周围环境有高度危险的作业造成他人损害的，应当承担民事责任。如果能够证明损害是由受害人故意造成的，不承担民事责任。"同时，我国《民法通则》第 125 条规定："在公共场所、道旁或者通道上挖坑、修缮安装地下设施等，没有设置明显标志和采取安全措施造成他人损害的，施工人应当承担民事责任。"

《中华人民共和国劳动法》第 52 条规定："用人单位必须建立、健全职业安全卫生制度，严格执行国家职业安全卫生规程和标准，对劳动者进行职业安全卫生教育，防止劳动过程中的事故，减少职业危害。"

我国《职业病防治法》规定了职业病防治工作原则：采取预防为主、防治结合的方针，实行分类管理、综合治理。劳动者享有的职业卫生保护 7 项权利为：获得职业卫生教育、培训；获得职业健康检查、职业病诊疗、康复等职业病防治服务；了解作业场所产生或者可能产生的职业病危害因素、危害后果和应当采取的职业病防护措施；要求用人单位提供符合防治职业病要求的职业病防治设施和个人使用的职业病防护用品，改善工作条件；对违反职业病防治法律、法规以及危及生命健康行为提出批评、检举和控告；拒绝违章指挥和强令没有职业病防护措施的作业；参与用人单位职业卫生工作的民主管理，对职业病防治工作提出意见和建议。

我国《矿山安全法》是促进采矿业的发展的重要专业安全生产法律，全面概括了保障矿山生产安全、防止矿山事故，保护矿山职工人身安全的规定。

1.《中华人民共和国民法通则》

在第 6 章"民事责任"的第三节"侵权的民事责任"中，第 119 条明确侵害公民身体造成伤害的，应当赔偿医疗费、因误工减少的收入、残废者生活补助费等费用：造成死亡的，并应当支付丧葬费、死者生前抚养的人必要的生活费等费用。第 123 条明确从事高空、高压、易燃、易爆、剧毒、放射性、高速运输工具等对周围环境有高度危险的作业造成他人损害的，应当承担民事责任等。

2.《工业企业法》中有关安全生产的条款

第三章"企业的权利和义务"中，第 41 条规定企业必须贯彻安全生产制度，改善劳动条件，做好劳动保护和环境保护工作。做到安全生产和文明生产；第 49 条规定职工有依法享受劳动保护、劳动保险、休息、休假的权利；女职工有依照国家规定享受特殊劳动保护和劳动保险的权利；第 52 条规定职工代表大会行使下列职权：审查同意或者否决企业的……劳动保护措施……以及其他重要的规章制度。

3.《中国共产党纪律处分条例（试行）》中有关安全生产条文

第一百零八条在安全工作方面，有下列情形之一，造成较大损失的给予直接责任者严重警告或者撤销党内职务处分。造成重大损失的，对直接责任者，给予留党察看或者开除党籍处分；负有重要领导责任者. 给予警告、严重警告或者撤销党内职务处分。造成巨大损失的，加重处分。

（1）不认真执行劳动保护、安全生产和消防方面的法规，致使发生爆炸、火灾、翻车、沉船、飞机失事、工程倒塌以及其他事故的。

（2）在灾害面前，未采取必要和可能措施，贻误时机，使本来可以避免的损失未能避免的。

（3）在组织群众性活动时，缺乏周密布置，对可能发生的问题未采取有效的防范措施，发生恶性事故的。

《国务院关于特大安全事故行政责任追究的规定》（国务院令第 302 号）中第二条规定，地方人民政府主要领导人和政府有关部门正职负责人对下列特大安全事故的防范、发生，依照法律、行政法规和奉规定有失职、渎职情形或负有领导责任的，依照本规定给予行政处分；构成玩忽职守罪或其他罪的，依法追究刑事责任：①特大火灾事故；②特大交通事故；③特大建筑质量安全事故；④民用爆炸物品和化学品特大安全事故；⑤煤矿和其他矿山特大安全事故；⑥锅炉、压力容器、压力管道和特种设备特大安全事故；⑦其他特大安全事故。

《危险化学品安全管理条例》是对我国境内生产、经营、储存、运输、使用危险化学品和处置废弃危险化学品的各个环节和过程的安全管理规定。

危险化学品是指爆炸品、压缩气体和液化气体、易燃液体、易燃固体、自燃物品和遇湿易燃物品、氧化剂和有机过氧化物、有毒品和腐蚀品等。

11.1.2 新《安全生产法》解读

1. 三大目标及适用范围

新《中华人民共和国安全生产法》《全国人民代表大会常务委员会关于修改〈中华人民共和国安全生产法〉的决定》已由中华人民共和国第十二届全国人民代表大会常务委员会第十次会议于 2014 年 8 月 31 日通过，自 2014 年 12 月 1 日起施行。《中华人民共和国安全生产法》的第一条，开宗明义地确立了通过加强安全生产监督管理，防止和减少生产安全事故，实现如下基本的三大目标：保障人民生命安全，保护国家财产安全，促进经济社会持续健康发展。由此确立了安全（生产）所具有的保护生命安全的意义、保障财产安全的价值和促进经济发展的生产力动能。明确有关法律、行政法规对消防安全和道路交通安全、铁路交通安全、水上交通安全、民用航空安全以及核与辐射安全、特种设备安全另有规定的，适用其规定。

2. 五方结构运行机制

在《中华人民共和国安全生产法》的总则中，规定了保障安全生产的国家总体运行机制，包括如下五个方面：政府监管与指导（通过立法、执法、监管等手段）；企业实施与保障（落实预防、应急救援和事后处理等措施）；员工权益与自律（8 项权益和

3项义务）；社会监督与参与（公民、工会、舆论和社区监督）；中介支持与服务（通过技术支持和咨询服务等方式）。

3. 综合监管与专项职能部门结合监管体制

《中华人民共和国安全生产法》明确了其有关部门合理分工、相互协调。我国现阶段实行的国家安全生产监管体制是：国家安全生产综合监管与各级政府有关职能部门（公安消防、公安交通、煤矿监督、建筑、交通运输、质量技术监督、工商行政管理）专项监管相结合的体制。相应地表明了我国安全生产法的执法主体是国家安全生产综合管理部门和相应的专门监管部门。

4. 七项基本法律制度

《中华人民共和国安全生产法》确定了我国安全生产的基本法律制度是：安全生产监督管理制度；生产经营单位安全保障制度；从业人员安全生产权利义务制度；生产经营单位负责人安全责任制度；安全中介服务制度；安全生产责任追究制度；事故应急救援和处理制度。

5. 四个责任对象

《中华人民共和国安全生产法》明确了对我国安全生产具有责任的各方，包括如下四个具有责任的方面：政府责任方，即各级政府和对安全生产负有监管职责的有关部门；生产经营单位责任方；从业人员责任方；中介机构责任方。

6. 三套对策体系

《中华人民共和国安全生产法》指明了实现我国安全生产的三大对策体系。首先是事前预防对策体系，即要求生产经营单位建立安全生产责任制、坚持“三同时”、保证安全机构及专业人员、落实安全投入、进行安全培训、实行危险源管理、进行项目安全评价、推行安全设备管理、落实现场安全管理、严格交叉作业管理、实施高危作业安全管理、保证承包租赁安全管理、落实工伤保险等，同时加强政府监管、发动社会监督、推行中介技术支持等都是预防策略。第二是事中应急救援体系，要求政府建立行政区域的重大安全事故救援体系，制订社区事故应急救援预案；要求生产经营单位进行危险源的预控，制订事故应急救援预案等。第三是建立事后处理对策系统，包括：推行严密的事故处理及严格的事故报告制度，实施事故后的行政责任追究制度，强化事故经济处罚．明确事故责任追究等。

7. 生产经营单位主要负责人、生产经营单位的安全生产管理机构及安全生产管理人员七项职责

《中华人民共和国安全生产法》对生产经营单位负责人的安全生产责任做了明确规定：建立健全安全生产责任制；组织制定安全生产规章制度和操作规程；组织制订并实施本单位安全生产教育和培训计划；保证安全生产投入；督促检查安全生产工作，及时消除生产安全事故隐患；组织制定并实施生产安全事故应急救援预案；及时如实报告生产安全事故。

安全生产管理机构以及安全生产管理人员七项职责：组织或者参与拟定本单位安全生产规章制度、操作规程和生产安全事故应急救援预案；组织或者参与本单位安全生产教育和培训，记录安全生产教育和培训情况；落实本单位重大危险源的安全管理措施；组织或者参与本单位应急救援演练；检查本单位的安全生产状况，及时排查生产安全事故隐患，提出改进安全生产管理的建议；制止和纠正违章指挥、强令冒险作业、违反操作规程的行为；落实本单位安全生产整改措施。

同时明确规定：生产经营单位的安全生产管理机构以及安全生产管理人员应当恪尽职守，依法履行职责。生产经营单位做出涉及安全生产的经营决策，应当听取安全生产管理机构以及安全生产管理人员的意见。生产经营单位不得因安全生产管理人员依法履行职责而降低其工资、福利等待遇，或者解除与其订立的劳动合同。危险物品的生产、储存单位以及矿山的安全生产管理人员的任免，应当告知主管的负有安全生产监督管理职责的部门。

8. 从业人员八项权利

《中华人民共和国安全生产法》明确的从业人员的八项权利是：①知情权，即有权了解其作业场所和工作岗位存在的危险因素、防范措施和事故应急措施；②建议权，即有权对本单位的安全生产工作提出建议；③批评权、检举、控告权，即有权对本单位安全生产管理工作中存在的问题提出批评、检举、控告；④拒绝权，即有权拒绝违章作业指挥和强令冒险作业；⑤紧急避险权，即发现直接危及人身安全的紧急情况时，有权停止作业或者在采取可能的应急措施后撤离作业场所；⑥依法向本单位提出要求赔偿的权利；⑦获得符合国家标准或者行业标准劳动防护用品的权利；⑧获得安全生产教育和培训的权利。

9. 从业人员的三项义务

《中华人民共和国安全生产法》明确了从业人员的三义务：①自律遵规的义务，即从业人员在作业过程中，应当遵守本单位的安全生产规章制度和操作规程，服从管理，正确佩戴和使用劳动防护用品；②自觉学习安全生产知识的义务，要求掌握本职工作所需的安全生产知识，提高安全生产技能，增强事故预防和应急处理能力；③危险报告义务，即发现事故隐患或者其他不安全因素时，应当立即向现场安全生产管理人员或者本单位负责人报告。

10. 四种监督方式

《中华人民共和国安全生产法》以法定的方式，明确规定了我国除了政府安全生产监管意外的多种监督方式：第一是工会民主监督，即工会有权对建设项目的安全设施与主体工程同时设计、同时施工、同时投入生产和使用进行监督，提出意见；第二是社会舆论监督，即新闻、出版、广播、电影、电视等单位有对违反安全生产法律、法规的行为进行舆论监督的权利；第三是公众举报监督，即任何单位或者个人对事故隐患或者安全生产违法行为，均有权向负有安全生产监督管理职责的部门报告或者举报；第四是社区报告监督，即居民委员会、村民委员会发现其所在区域内的生产经营单位存在事故隐患或者安全生产违法行为时，有权向当地人民政府或者有关部门报告。

11. 新《中华人民共和国安全生产法》对违法行为范围更细化，处罚方式更严厉

《中华人民共和国安全生产法》明确了政府、生产经营单位、从业人员和中介机构可能的 46 种违法行为：其中生产经营单位及负责人 38 种，政府监督部门及人员 5 种，中介机构 1 种，从业人员可能的违法行为有 2 种。

《中华人民共和国安全生产法》明确了相应违法行为的处罚方式：对于安全监管部门的执法地位也做出了明确规定，明确负有安全生产监督管理的部门是执法部门，而且赋予安全监管部门综合监督管理行业安全管理的职责。另外，对拒不执行安监部门下达执法指令的，安监部门有权采取停电和停止供应爆炸品这些强制措施。这样有利于加大执法力度。对于违反《中华人民共和国安全生产法》的行为加大处罚力度。包括对行政罚款，由过去最高的 500 万元提高到 2 000 万元。而且对于事故单位主要责任人的处罚也做出了规定，可以罚上一年年收入的 30%、40%、60%、80%，如果出现瞒报，则是罚 100%。同时对重大以上事故单位的负责人要终生取消执业资格，这些处罚非常严厉。

11.1.3　安全生产责任制

安全生产责任制是安全生产管理的基础，是根据“管生产必须管安全”和“安全工作，人人有责”的原则，明确规定各级领导和各类人员在生产活动中应负的安全责任。它是企业安全管理中最基本的制度，是所有安全规章制度的核心，是企业岗位责任制的一个重要组成部分，其内容概括起来主要是以下 3 个方面。

1. 企业各级管理人员的安全责任

企业各级管理人员包括企业主要负责人、经理、主管生产的副经理、总工程师、工程队长、工区主任、施工队长、施工员等。明确规定在各自职责范围内的安全工作职责。在自己的日常生产管理工作之中要将安全工作纳入到首要位置，真正做到在计划、布置、检查、总结、评比生产的同时，做好安全工作。

2. 各有关职能部门的安全生产职责

各有关职能部门包括企业中安全环保部门、生产技术部门、机械动力部门、材料部门、财务部门、教育部门、劳动工资部门、供销部门等。各职能机构都应在各自业务工作范围内，对安全生产工作负责。

3. 生产工人的安全责任

企业中的一切安全生产制度都要通过生产一线工人来落实，生产工人做好本岗位的安全工作是搞好企业安全工作的基础，因此，企业要求每一名职工都能熟练掌握操作技能，自觉地遵守各项安全生产规章制度，不违章作业，并劝阻他人违章操作。

11.2　施工现场作业安全管理

11.2.1　施工现场危险作业风险分析及控制措施

环境监理人员在工程项目建设施工现场进行穿梭、巡视或见证取样，对施工现场作业要进行安全管理与指导，防止发生安全事故。施工现场常见的八大危险作业主要有：动火作业、高处作业、受限空间作业、抽堵盲板作业（指设备在抢修或检修过程中，设备、管道内存有物料（气、液、固态）及一定温度、压力情况时的盲板抽堵，或设备、管道内物料经吹扫、置换、清洗后的盲板抽堵）、临时用电作业、动土作业、吊装作业、断路作业，其风险分析及控制措施见表 2-11-1。

表 2-11-1 八大危险作业风险分析及控制措施

分类	危险作业	风险分析	控制措施
1. 动火作业	不办理动火安全作业证	违章作业引发事故	严格办理动火安全作业证
	安全措施不落实	引发事故	动火负责人负责安全措施的落实
	没有安排监护人	不能及时发现处理作业现场出现的问题	安排责任心强、有经验的人员进行监护
	易燃易爆有害物质	火灾、爆炸、人员伤害	(1) 将动火设备、管道内的物料清洗、置换，经分析合格 (2) 储罐动火，清除易燃物，罐内盛满清水或惰性气体保护 (3) 设备内通（氮气、水蒸气）保护 (4) 塔内动火，将石棉布浸湿，铺在相邻两层塔盘上进行隔离 (5) 进入受限空间动火，必须办理受限空间作业证
	焊接把线、电焊把子漏电	触电、人员伤害	使用前认真检测检查；电焊回路线应搭接在焊件上，不得与其他设备搭接，禁止穿越下水道（井）
	火星窜入其他设备或易燃物侵入动火设备	火灾、爆炸	切断与动火设备相连通的设备管道并加盲板可靠隔断，挂牌，并办理抽堵盲板作业证
	动火点周围有易燃物	火灾、烫伤	(1) 清除动火点周围易燃物，动火附近的下水井、地漏、地沟、电缆沟等清除易燃后予封闭 (2) 电缆沟动火，清除沟内易燃气体、液体，必要时将沟两端隔绝
	火星飞溅	火灾	(1) 高处动火办理高处作业证，并采取措施，防止火花飞溅 (2) 注意火星飞溅方向，用水冲淋火星落点
	气瓶间距不足或放置不当	火灾、人员伤害	(1) 氧气瓶、溶解乙炔气瓶间距不小于 5 m，二者与动火地点之间均不小于 10 m (2) 气瓶不准在烈日下暴晒，溶解乙炔气瓶禁止卧放
	电、气焊工具有缺陷	触电、人员伤害	动火作业前，应检查电、气焊工具，保证安全可靠，不准带病使用
	作业过程中，易燃物外泄	火灾、人员伤害	动火过程中，遇有跑料、串料和易燃气体，应立即停止动火
	通风不良	窒息，人员受伤害	(1) 室内动火，应将门窗打开，周围设备应遮盖，密封下水漏斗，清除油污，附近不得有用溶剂等易燃物质的清洗作业 (2) 采用局部强制通风

续表

分类	危险作业	风险分析	控制措施
1. 动火作业	未定时监测	火灾、爆炸、人员伤害	（1）取样与动火间隔不得超过30分钟，如超过此间隔或动火作业中断时间超过30分钟，必须重新取样分析 （2）采样点应有代表性，特殊动火的分析样品应保留至动火结束 （3）动火过程中，中断动火时，现场不得留有余火，重新动火前应认真检查现场条件是否有变化，如有变化，不得动火
	监护不当	爆炸、火灾、人员伤害	（1）监火人应熟悉现场环境和检查确认安全措施落实到位，具备相关安全知识和应急技能，与岗位保持联系，随时掌握工况变化，并坚守现场 （2）监火人随时扑灭飞溅的火花，发现异常立即通知动火人停止作业，联系有关人员采取措施
	应急设施不足或措施不当	爆炸、火灾，人员伤害	（1）动火现场备有灭火工具（如蒸汽管、水管、灭火器、沙子、铁铣等） （2）固定泡沫灭火系统进行预启动状态
	涉及危险作业组合，未落实相应安全措施	人员伤害	若涉及下釜、高处、抽堵盲板、管道设备检修作业等危险作业时，应同时办理相关作业许可证
	施工条件发生重大变化	爆炸、火灾，人员伤害	若施工条件发生重大变化，应重新办理二级动火作业证
	作业人员不穿戴劳动保护用品	人员伤害	佩戴劳动防护用品
	现场没有清理	人员伤害	及时清理
	余火没有扑灭	引发事故、人员伤害	扑灭余火后方可离开现场
2. 高处作业	作业人员不熟悉作业环境或不具备相关安全技能	人员伤害	作业人员必须经安全教育，熟悉现场环境和施工安全要求，按高处作业证内容检查确认安全措施落实到位后，方可作业
	作业人员未佩戴防坠落防滑用品或使用方法不当或用品不符合相应安全标准	引发事故、人员伤害	作业人员必须戴安全帽，拴安全带，穿防滑鞋。作业前要检查其符合相关安全标准，作业中应正确使用

续表

分类	危险作业	风险分析	控制措施
2. 高处作业	未派监护人或未能履行监护职责	人员伤害	作业监护人应熟悉现场环境和检查确认安全措施落实到位，具备相关安全知识和应急技能，与岗位保持联系，随时掌握工况变化，并坚守现场
	跳板不固定，脚手架、防护围栏不符合相关安全要求	坠落、人员伤害	搭设的脚手架、防护围栏应符合相关安全规程
	登石棉瓦、瓦檩板等轻型材料作业	坠落、人员伤害	在石棉瓦、瓦檩板等轻型材料上作业，应搭设并站在固定承重板上作业
	登高过程中人员坠落或工具、材料、零件高处坠落伤人	坠落、人员伤害	高处作业使用的工具、材料、零件必须装入工具袋，上下时手中不得持物；不准空中抛接工具、材料及其他物品；易滑动、易滚动的工具、材料堆放在脚手架上时，应采取措施防止坠落
	高处作业下方站位不当或未采取可靠的隔离措施	人员伤害	高处作业正下方严禁站人，与其他作业交叉进行时，必须按指定的路线上下，禁止上下垂直作业。若必须垂直进行作业时，应采取可靠的隔离措施
	与电气设备(线路)距离不符合安全要求或未采取有效的绝缘措施	触电、人员伤害	在电气设备(线路)旁高处作业应符合安全距离要求。在采取地(零)电位或等(同)电位作业方式进行带电高处作业时,必须使用绝缘工具
	作业现场照度不良	人员伤害	高处作业应有足够的照明
	无通信、联络工具或联络不畅	人员伤害	30 m 以上高处作业应配备通信、联络工具,指定专人负责联系,并将联络相关事宜填入高处作业证安全防范措施补充栏内
	作业人员患有高血压、心脏病、恐高症等职业禁忌证或健康状况不良	人员伤害	患有职业禁忌证和年老体弱、疲劳过度、视力不佳、酒后人员及其他健康状况不良者,不准高处作业
	大风大雨等恶劣天气条件下从事高处作业	人员伤害	如遇暴雨、大雾、六级以上大风等恶劣天气条件应停止高处作业

续表

分类	危险作业	风险分析	控制措施
2. 高处作业	涉及动火、抽堵盲板等危险作业,未落实相应安全措施	人员伤害	若涉及动火、抽堵盲板等危险作业时,应同时办理相关作业许可证
	作业条件发生重大变化	人员伤害	若作业条件发生重大变化,应重新办理高处作业证
3. 受限空间作业	不按规定要求办理用电许可证和用火作业许可证,乱接电源、私自动火	违章作业引发事故	严格办理动火安全作业证及用电许可证,严禁违章作业,严格按规定执行
	作业人员安全防护措施不落实	引发事故	动火负责人负责安全措施的落实
	作业人员未进行安全教育	不能及时发现处理作业现场出现的问题	作业前进行安全教育
	检修的设备清洗置换不合格,氧气不足	火灾、爆炸、人员伤害	严格按照处理方案进行清洗置换,并分析合格
	检修的设备不与外界隔绝	火灾、爆炸、人员伤害	安排专人进行加盲板或者拆除一段管线进行隔绝
	监护不足,监护人不到位	出现事故不能及时处置,造成事故扩大	(1)进入设备前,监护人应会同作业人员检查安全措施,统一联系信号 (2)监护人随时与设备内取得联系,不得脱离岗位 (3)监护人用安全绳拴住作业人员进行作业 (4)安排责任心强有经验的人员进行监护
	防护措施不当	人员伤害	(1)在缺氧、有毒环境中,佩戴隔离式防毒面具 (2)在易燃易爆环境中,使用防爆型低压灯具及不发生火花的工具,不准穿戴化纤织物 (3)在酸碱等腐蚀性环境中,穿戴好防腐蚀护具、扒渣服、耐酸靴、耐酸手套、护目镜

续表

分类	危险作业	风险分析	控制措施
3. 受限空间作业	通风不良	引发事故	(1)打开设备通风孔进行自然通风 (2)采用强制通风 (3)佩戴空气呼吸器或长管面具 (4)采用管道空气送风,通风前必须对管道内介质和风源进行分析确认,严禁通入氧气补氧 (5)设备内温度需适宜人员作业
	照明设备触电危害	触电、人员伤害	(1)设备内照明电压应小于 36 V,在潮湿容器、狭小容器内作业小于等于 12 V (2)使用超过安全电压的手持电动工具,必须按规定配备漏电保护器
	在设备内切割作业后切割物件落下,温度高	人员伤害	切割作业时,要做好安全防护措施,由专人看护
	未定时检测	人员伤害	(1)作业前 30 分钟内,必须对设备内气体采样分析,合格后方可进入设备 (2)采样点应有代表性 (3)作业中应加强定时监测,情况异常立即停止作业
	设备内高处作业不系安全带	高空坠落人员伤害	严格检查,违反者,按规定进行处理
	设备内焊接作业,烟雾大	人员伤害	加强通风、佩戴劳动防护用品
	设备内作业,扳手等工具放置不稳或者把持不牢,造成脱落	人员伤害	工具放置平稳。佩戴劳动防护用品
	设备内施工粉尘多	人员伤害	佩戴劳动防护用品
	拆除设备,不按规定放置,导致高空坠落	人员伤害	集中放置指定地点。由专人看护
	应急设施不足或措施不当	人员伤害	(1)设备外备有空气呼吸器、消防器材和清水等相应的急救用品 (2)设备内事故抢救时,救护人员必须做好自身防护,方能进入设备内实施抢救

续表

分类	危险作业	风险分析	控制措施
3. 受限空间作业	涉及危险作业组合,未落实相应安全措施	引发事故、人员伤害	若涉及动火、高处、抽堵盲板等危险作业时,应同时办理相关作业许可证
	施工条件发生重大变化	人员伤害	若施工条件发生重大变化,应重新办理受限空间作业证
	作业工程中出现危险品泄漏或人员不适	人员伤害	停止作业,撤离人员佩戴劳动防护用品
	设备内遗留异物	引发事故、人员伤害	设备内作业结束后,认真检查设备内外,不得遗留工具等
4. 抽堵盲板作业	无盲板拆装图	引发各类事故	(1)事先盲板拆装图表与方案,确认流程已断开 (2)使用面罩、风镜 (3)加强外来施工人员的安全教育 (4)办理作业票 (5)防静电工作服 (6)检、维修过程环保管理规定
	劳保护具不全	中毒、火灾	
	管道未退料、吹扫	大量溢油	
	盲板有缺陷	泄漏、中毒、火灾	盲板材质要适宜,厚度应经强度计算;高压盲板应经探伤合格;盲板应有一个或两个手柄,便于辨识、抽堵,应选用与之相配的垫片
	危险有害物质(能量)突出	泄漏、中毒、火灾	(1)在拆装盲板前,应将管道压力泄至常压或微正压 (2)严禁在同一管道上同时进行两处及两处以上抽堵盲目板作业 (3)气体温度应小于60 ℃ (4)作业人员严禁正对危险有害物质(能量)可能突出的方向,做好个人防护
	明火及其他火源	火灾	在易燃易爆场所作业时,作业地点30 m内不得有动火作业;工作照明使用防爆灯具;使用防爆工具,禁止用铁器敲打管线、法兰等
	通风不良	泄漏、中毒、火灾	(1)将门窗打开,加强自然通风 (2)采用局部强制通风

续表

分类	危险作业	风险分析	控制措施
4. 抽堵盲板作业	监护不当	中毒、火灾	(1)作业时应有专人监护,作业结束前监护人不得离开作业现场 (2)监护人应熟悉现场环境和检查确认安全措施落实到位,具备相关安全知识和应急技能,与岗位保持联系,随时掌握工况变化
	交底不清、拆错法兰	泄漏、污染环境	(1)生产主管确认作业位置、部门经理确认 (2)作业票办理时,清除记录作业点、介质排清方式 (3)事先释放人身静电 (4)防静电安全管理规定 (5)高处作业管理规定 (6)检、维修过程环保管理规定 (7)工程施工安全管理规定
	现场无防溢油措施	泄漏、污染环境	
	高空作业无脚手架	人员坠落	
	人身带静电	火灾、爆炸	
	未使用防爆工具	火灾、爆炸	(1)拆螺钉时有少量油流出用接油盘,大量油溢出停止拆卸重新吹扫、排空 (2)使用铜质工具和防静电设施 (3)加强岗位培训 (4)使用铜质工具管理规定 (5)使用接油盘 (6)安全教育制度、岗位培训 (7)使用工具袋
	有油流出	污染环境	
	操作失误、用力不当	砸伤人、损坏设备	
	工具、螺钉坠落	伤人、火灾、爆炸	
	垫片残留、操作不当	泄漏污染环境	(1)生产主管现场作业指导 (2)及时回收、定点存放 (3)岗位培训 (4)环保“三废”处理管理规定

续表

分类	危险作业	风险分析	控制措施
4. 抽堵盲板作业	垫片未收回	固废污染环境	
	法兰不对称	泄漏，污染环境	(1)加强法兰安装质量监督 (2)吹扫时所加的盲板必须记录清楚，吹扫完后一一拆除 (3)法兰面间加垫物 (4)盲板拆装图表与方案
	加、卸盲板未登记	憋压或抽空	
	应急不足	人员伤害	作业复杂、危险性大的场所，除监护人外，其他相关部门人员应到现场，做好应急准备
	涉及危险作业组合，未落实相应安全措施	人员伤害	若涉及动火、受限空间、高处等危险作业时，应同时办理相关作业许可证
	作业条件发生重大变化	人员伤害	若作业条件发生重大变化，应重新办理抽堵盲板作业证
5. 临时用电作业	违章作业	触电、人身伤害	(1)作业人员必须持有电气安全作业证 (2)临时用电线路架空高度在装置内不低于 2.5 m，道路不低于 5 m (3)所有临时用电线路，不得采用裸线 (4)临时用电线路架空线，不得在树上或脚手架上架设
	电缆损坏	触电、人员伤害	暗管埋设及地下电缆线路应设有“走向”标志和安全标志，电缆埋设深度大于 0.7 m
	配电盘、配电箱短路	触电、人员伤害	现场临时用电配电盘、箱应有防雨措施
	防止设施损坏	触电、人员伤害	(1)临时用电设施应有漏电保护器 (2)用电设备、线路容量、负荷应符合要求
	防止火灾爆炸	触电、人员伤害	所使用的临时电气设备和线路须达到相应的防爆要求
	作业条件发生重大变化	触电、人员伤害	若作业条件发生重大变化，应重新办理临时用电作业证
	不按规定要求办理用电许可证，乱接电源	触电、人员伤害	严格执行《临时用电作业安全管理制度》

续表

分类	危险作业	风险分析	控制措施
5. 临时用电作业	电工不掌握使用设备的性能或缺乏相应专业知识	触电、人员伤害	配备专业电工进行《作业,严格执行临时用电作业安全管理制度》
	电源线路、绝缘不符合要求,有断裂破损情况	触电、人员伤害	更换符合标准的电线,严格执行临时用电作业安全管理制度
	电工个人防护用品佩戴不齐或佩戴不当	触电、人员伤害	必须使用符合要求的防护用品绝缘工具,严格执行临时用电作业安全管理制度
	电箱安装位置不当,现场重要或危险部位没有醒目电气安全标志	触电、人员伤害	专业电工负责进行安装,设置明显安全标志,严格执行临时用电作业安全管理制度
	停电时未挂警示牌,带电作业现场无监护人	触电、人员伤害	悬挂警示牌,安排责任心强的监护人,严格执行临时用电作业安全管理制度
	电缆过路无保护措施	触电、人员伤害	电缆进行穿管埋地保护措施,严格执行临时用电作业安全管理制度
	搬迁或移动用电设备未切断电源、未经电工妥善处理	触电、人员伤害	专业电工负责相关事项,严格执行临时用电作业安全管理制度
	施工用电设备和设施线路裸露,电线老化破皮未包	触电、人员伤害	更换符合标准的电线,严格执行临时用电作业安全管理制度
	36 伏安全电压照明线路混乱和接头处未用绝缘胶布包扎	触电、人员伤害	严格执行临时用电作业安全管理制度
	在潮湿场所不使用安全电压	触电、人员伤害	按照规定使用安全电压,严格执行临时用电作业安全管理制度

续表

分类	危险作业	风险分析	控制措施
5. 临时用电作业	开关箱无漏电保护器或失灵	触电、人员伤害	严格检查,更换符合标准的保护器,严格执行临时用电作业安全管理制度
	电箱无门锁无防雨措施	触电、人员伤害	增加门锁及防雨措施,严格执行临时用电作业安全管理制度
	各种设备未做保护接零或无漏电保护器	触电、人员伤害	做好保护接零或安装漏电保护器,严格执行临时用电作业安全管理制度
	作业条件发生变化	触电、人员伤害	重新办理用电许可证,严格执行临时用电作业安全管理制度
	没有及时拆除临时用电设施	触电、人员伤害	专业电工拆除,严格执行临时用电作业安全管理制度
	非电工人员拆除临时用电设施	触电、人员伤害	严格监督,安排专业电工拆除,执行《临时用电作业安全管理制度》
6. 动土作业	不办理动土作业票证	违章作业引发事故	严格办理作业证
	安全措施不落实	引发事故	专人负责安全措施的落实
	没有安排监护人	不能及时发现处理作业现场出现的问题	安排责任心强、有经验的人员进行监护
	未办理动土作业证就施工	设备设施损坏、其他伤害	严格按照公司有关管理规定办理作业票证
	办理作业证时未经工艺、设备、电仪等有关人员批准	设备设施损坏、其他伤害	严格按照公司有关管理规定办理作业票证
	无施工方案	设备设施损坏、其他伤害	制订方案后施工
	施工现场无安全警	人员伤害	施工前安装标识

续表

分类	危险作业	风险分析	控制措施
6. 动土作业	施工中对暴露出的电缆、各类工艺管线及不明物品,不加以保护,仍进行作业	人员伤害、工艺管线及电缆损坏	(1)电力电缆已确认,保护措施已落实 (2)电信电缆已确认,保护措施已落实 (3)地下供排水管线、工艺管线已确认,保护措施已落实 (4)动土临近地下隐蔽设施时,应轻轻挖掘,禁止使用抓斗等机械工具 (5)已按施工方案图划线施工 (6)道路施工作业已报;交通、消防、调度、安全监督管理部门
	发生坍塌	掩埋、其他人身伤害	(1)多人同时挖土应保持一定的安全距离 (2)挖掘土方应自上而下进行,不准采用挖地脚的办法,挖出的土方不准堵塞下水道和窨井 (3)开挖没有边坡的沟、坑等必须设支撑,开挖前,设法排出地表水,当挖到地下水位以下时,要采取排水措施 (4)已进行放坡处理和固壁支撑 (5)作业人员必须戴安全帽。坑、槽、井、沟上端边沿不准人员站立、行走
	造成坠落	坠落或其他人身伤害	(1)作业现场围栏、警戒线、警告牌、夜间警示灯已按要求设置 (2)作业现场夜间有充足照明:A 普通灯 B 防爆灯 (3)作业人员上下时要铺设跳板
	施工中发现有毒有害物质时不采取防范措施	人员伤害	(1)备有可燃气体检测仪、有毒介质检测仪 (2)作业人员必须佩戴防护器具 (3)人员进出口和撤离保护措施已落实:A. 梯子;B. 修边坡
	擅自变更动土作业内容	设备设施损坏、其他伤害	按照方案施工
	在禁火区使用易产生	火花的工具	火灾、爆炸,使用防爆工具
	施工现场无安全警示标志	人员伤害	施工前安装
	施工条件发生重大变化	人员伤害	若施工条件发生重大变化,应重新办理动土作业证。

续表

分类	危险作业	风险分析	控制措施
7. 吊装作业	起吊前的检查	保护装置不完善，操作失灵，导致碰伤作业人员、损坏起重设备	(1)起重工在操作前要认真检查钢丝绳、制动器、限位器、电铃、吊钩连接、防护保险装置等，确保其动作灵活、完好、可靠 (2)送电后，按起重操作规程要进行试车，确认完好后方可运行 (3)起重工在作业前，要对起重设备进行检查，确认牢固可靠，方可使用 (4)要认真维护设备，设备管理员工不定期检查包机人的点检、维护、保养执行情况，若未按机电管理制度执行的要进行相应的处罚 (5)部门设备管理小组成员应按规定周期检查部门所有设备，并依照中心的设备管理考核标准监督重要设备的正常运行，发现问题时及时整改 (6)部门要不定期对设备包机人进行技能培训
		导致触电伤害	(1)经常检查配电箱、按扭等电器设备，防止有漏电现象 (2)设备维护员、包机人定期对天车进行检查，发现问题及时整改，禁止天车带病作业
		损坏起重设备	(1)要求天车各保护装置完好 (2)确保天车各润滑系统、油位无异常 (3)各电气线路无松动 (4)对操作人员每半年进行一次安全操作规程培训 (5)作业前班长要对操作人员做好危害因素辨识教育
		导致在启动运行或吊装作业过程中碰伤其他作业人员	(1)作业前必须检查周围作业环境，确保吊装区域及通道上无人员站立及障碍物存放 (2)检查设备运行轨道畅通，确保无障碍物及人员通行、车上无人检修或清扫时方可开动各机构 (3)群安员加强作业现场的安全监督管理，发现安全隐患要及时排除 (4)安全员在现场安全巡视时若发现作业人员违章作业，立即制止，并根据中心下发的“三违”管理办法进行严厉处罚

续表

分类	危险作业	风险分析	控制措施
7. 吊装作业	起吊前的检查	吊具超载或变形损坏，在作业过程中导致吊具断裂碰伤人员和设备	(1)作业人员使用吊具前根据被吊物的实际重量合理选用吊具，并检查吊具的吨位标识牌是否齐全 (2)使用吊具前检查其外观状态，无锈蚀、油浸和吊带的外包装开裂等现象，如有问题及时停止使用，重新更换 (3)班组长在使用吊具前要认真检查，标识是否齐全，有开焊、裂缝、断丝及打结等现象禁止使用 (4)部门应指定专人管理吊具，并做好吊索具台账、使用及报废记录 (5)部门体系负责人要依照吊具完好标准定期进行检查，发现问题要依据考核办法对责任人进行处罚
		造成设备损坏	(1)天车工在启动天车前必须认真检查天车的机械、电气部分和防护保险装置是否完好，灵敏可靠，如果控制器、制动器、限位器、电铃、紧急开关等主要附件失灵，严禁吊运 (2)必须由操作人员试车，吊钩下严禁站人 (3)每台天车应有完好、可靠的主断路器，出现制动或限位失灵时断路器切断 (4)车间每半年对天车工进行起重作业安全操作规程培训，取得特殊资格证后方可上岗 (5)天车工必需持证上岗，禁止无证操作；必须遵守天车工“十不吊”；工作完毕后，应升起吊钩，小车开到轨道两端，并将控制手柄放置于零位，同时切断电源，锁好驾驶室 (6)天车工在启动天车时应先鸣铃、注意观察制动和限位的可靠性，防撞块必须完整可靠 (7)班组长对当班人员进行危害因素辨识教育 (8)班长随时现场巡查，发现问题及时处理
		开机后控制失灵造成人员伤害及机械损坏	(1)每半年对起重工进行一次《起重安全操作规程》培训 (2)作业前进行危害辨识，指出起吊作业时对检修人员可能造成的伤害 (3)班组长认真监督工作程序，必须对起吊现场进行监督，发现问题立即制止，并进行批评教育；对违章操作者给予处罚

续表

分类	危险作业	风险分析	控制措施
7. 吊装作业	起吊作业	头部碰在吊钩上，造成头部伤害	戴好安全帽，工作中要集中注意力，吊装人员必须站到吊钩侧面
		挂钩、吊具甩开、弹起伤人	(1)起吊物件，应先检查捆缚是否牢固，绳索经过有棱角、快口处应设衬垫 (2)吊位重心要准确，不许物件在受力后产生扭、曲、沉、斜等现象 (3)检修人员必须佩戴安全帽、防砸鞋、防护手套 (4)每半年对起重工进行一次《起重安全操作规程》培训 (5)班组长必须现场监督，发现问题，立即制止，对使用不完好吊具的操作者进行处罚
		物件坠落砸伤人或物件损坏	(1)严格执行“十不吊”规定及中心吊索具完好标准 (2)选择合适吨位的吊具 (3)吊装人员在吊装前必须检查吊具，确保其完好 (4)物件捆绑要稳固，对违者进行处罚 (5)禁止使用无吨位标识的吊具，对违者进行处罚
		起重工因注意力不集中、误操作造成相邻设备碰撞，导致损坏设备或碰伤人	(1)在相邻两台设备同时作业或有冲突作业时，必须要有专人指挥，或鸣铃示意，确认安全后方可继续作业 (2)在同垮作业的两台设备正常运行时应保持一垮的行车距离 (3)工作中不许打瞌睡、看书报、打手机、听音乐等，酒后不准操作天车 (4)起重工必须身体健康，无心脏病、高血压等疾病 (5)班长在作业前要针对当天作业任务组织全体人员进行危害因素辨识教育，排除作业环境、过程中的各种不安全隐患 (6)在同一垮有两台天车冲突作业时，必须派专人指挥，并严格按照《起重操作规程》进行作业 (7)运行时，行车与行车之间要保持一定的距离。严禁撞车

续表

分类	危险作业	风险分析	控制措施
7. 吊装作业	起吊作业	起重工在操作运行起重设备时因配合不当,导致碰伤作业人员	(1)起重工与作业人员在作业时必须密切配合 (2)起重作业时,必须设专职指挥人员,指挥人员发出的指挥信号必须清晰、准确 (3)起重工明确指挥信号后,发出一短声鸣铃,表示"明白"服从指挥后,方能进行操作 (4)起吊作业时,要设专人指挥,佩戴天车指挥袖标或带有标志的安全帽,并且要使用标准指挥手势,不得边指挥边喊 (5)部门要进行每年两次的起重工操作规程、岗位及安全知识培训,并进行理论及实践考核,不合格的继续培训,直到合格后方可继续上岗
		吊物捆绑不牢固,导致运行过程中吊物坠落砸伤人员	(1)起重工在起吊作业时,先缓慢吊离障碍物 200~300 mm进行试吊,确认吊物捆绑牢固后方可继续起吊运行 (2)工作停闲时,不得将起重物悬在空中停留 (3)其他作业人员必须站在安全位置(2 m 以外) (4)班长在作业前针对吊装作业要进行危害因素辨识教育,并提出控制措施严格执行 (5)起重工在起吊作业时应进行试吊,严格按照《起重作业规程》操作 (6)部门安全员、群安员加强现场的安全巡视,发现不良行为要及时制止
		钩头脱落造成人员伤害	(1)应戴安全帽,防砸鞋,穿戴好劳动保护用品 (2)起吊前必须进行试吊,不可直接进行起吊作业 (3)检查吊具完好,选择合适吨位的吊具 (4)试吊时不能猛起、猛落,试吊到 300 mm 然后再落到 200 mm (5)天车工在接到指挥人员指令后方可动作天车,有权不听从除指挥人员外的人指挥天车 (6)试吊时不能猛起、猛落,试吊到 300 mm 然后再落到 200 mm (7)车间每半年对天车工进行起重作业安全操作规程培训 (8)班组长应对当班人员进行危害因素辨识学习 (9)班长随时现场巡查,发现问题及时处理

续表

分类	危险作业	风险分析	控制措施
7. 吊装作业	起吊作业	被吊物件起升高度不够，导致在运行的过程中碰坏运输车辆或其他设施	(1)起重工在起吊运行时，要注意观察，起吊物高度应高出车挡板200 mm以上 (2)天车运行时，严禁有人上下车，也不准在运行时进行检修和调整天车部件 (3)起吊作业时，要有专职指挥人员，并且要使用标准指挥手势 (4)部门要进行每年两次的起重机操作规程、起重工岗位及安全知识培训，并进行理论及实践考核，不合格的继续培训，直到合格后方可继续上岗
		吊具断裂，吊物坠落碰伤其他人员	(1)天车工必需持证上岗；禁止无证操作；必须遵守天车工"十不吊"；工作完毕后，应升起吊钩，小车开到轨道两端，并将控制手柄放置于零位，同时切断电源，锁好驾驶室 (2)天车工在接到指挥人员指令后方可动作天车，有权不听从除指挥人员外的人指挥天车 (3)被吊物件要挂到重心点 (4)保证吊装物件区域有足够的空间 (5)通道内如有行人，需提前鸣铃警示 (6)工作停歇时不准将重物悬在空中停留；运行中，地面有人或落放吊件时应鸣铃警告，严禁吊物在人头上越过 (7)操作控制器手柄时，应先从零位转到第一挡，然后逐渐增减速度；换向时，必需先转回零位 (8)当接近卷扬限位时，大小车临近终端或临近行车相遇时，速度要缓慢，禁止用倒车代替制动、限位代替行车、紧急开关代替普通开关 (9)使用吊带的承重量必须要大于被吊物件重量的150%
	卸钩	站位不正确造成人员伤害	(1)大型部件下放时必须用推拉杆操作 (2)下放时必须听从操作指令并鸣笛警示 (3)无关人员远离吊装区域 (4)吊运时必须由专人指挥，指挥手势要清晰，信号要明确 (5)吊运时班组长必须进行现场安全监督，严禁无关人员进入吊装区域

续表

分类	危险作业	风险分析	控制措施
7. 吊装作业	卸钩	滚动、歪倒造成人员伤害	(1)易滚动工件必须要有防滚动措施 (2)检修人员佩戴安全帽、防护手套,穿好防砸鞋 (3)放置设备时班组长选择合适的位置 (4)班组长进行监督、检查,发现问题,立即制止
		起重设备运行时吊索具甩伤作业区域内其他人员	(1)吊运作业结束后,要将吊索具及时卸下,禁止挂着吊具往复运行天车 (2)工作完毕天车应停在规定的位置,升起吊钩,小车开到轨道的一端,并将手柄放置"零"位,切断电源 (3)班组成员加强作业现场安全监督管理,发现问题要及时制止,若有"三违"现象,应严格按照"三违"管理办法进行处理 (4)安全员要每天进行至少一次的安全巡视,并做好巡查记录,每月要进行一次不良行为统计分析,并在班前会上给予反馈和通报
	使用手动葫芦	造成个别吊具受力不均匀,导致断裂造成人员伤亡	(1)多人进行作业时要缓慢起吊,专人指挥 (2)检修人员不得站在被起吊的设备上或吊物的下方作业 (3)起吊作业人员在操作前要选择好自身的撤离路线,禁止使用有链环变形、吊钩变形或有断裂痕迹的手动葫芦 (4)带班班组长一定要负责现场安全操作的监督工作,发现问题及时制止并教育,加强员工的安全防护意识 (5)每半年对检修人员进行《手动葫芦安全操作规程》培训 (6)做好危害因素辨识教育,指出如何避免使用手动葫芦过程中的危害
8. 断路作业	标识不明,信息沟通不畅	影响交通,引发事故	(1)作业前,施工单位在断路路口设置交通挡杆、断路标识,为来往的车辆提示绕行线路 (2)交管部门审批断路作业证后,立即通知调度等有关部门
	作业期间,无适当安全措施或不到位	引发交通事故或人员伤害事故	(1)断路作业过程中,施工单位应负责在施工现场设置围栏、交通警告牌,夜间应悬挂警示红灯 (2)在断路施工作业时,施工单位应设置安全巡检员,保证在应急情况下公路的随时畅通 (3)在断路施工作业期间,施工单位不得随意乱堆施工材料

续表

分类	危险作业	风险分析	控制措施
8. 断路作业	作业结束后，现场清理不彻底，阻碍交通	能引发事故	(1)断路作业结束后，施工单位应负责清理现场，撤除现场和路口设置的挡杆、断路标志、围栏、警告牌、警示红灯，报交管部门 (2)交管部门到现场检查核实后，通知各有关单位断路工作结束，恢复交通
	变更未经审批	引发事故	(1)断路作业应按断路作业证的内容进行，严禁涂改、转借断路作业证，严禁擅自变更作业内容、扩大作业范围或转移作业部位 (2)在断路作业证规定的时间内未完成断路作业时，由断路申请单位重新办理
	涉及危险作业组合，未落实相应安全措施	人员伤害	若涉及高处、动土等危险作业时，应同时办理相关作业许可证
	施工条件发生重大变化	人员伤害	若施工条件发生重大变化，应重新办理断路作业证

11.2.2　安全生产检查

施工现场应建立各级安全检查制度，环境监理在受业主委托后，环境监理项目部在施工过程中应协助业主和工程监理组织定期和不定期的安全检查，以防安全事故的发生，安全检查主要包括查思想、查制度、查教育培训、查机械设备、查安全设施、查操作行为、查劳动保护用品的作用、查伤亡事故处理等。

1. 安全检查的要求

(1) 根据检查要求配备力量。

(2) 有明确的检查目的和检查项目、内容及标准。

(3) 认真做好安全检查记录。

(4) 安全检查结果需要认真地、全面地进行系统分析，用定性定量进行安全评价，并做出结论。

(5) 整改隐患。整改是安全检查工作重要的组成部分，是检查结果的归宿。

2. 对检查出来的隐患的处理

(1) 检查中发现的隐患应进行登记，做好隐患检查台账，作为整改的备查依据，同时是提供安全动态分析的重要信息渠道。根据隐患记录的信息流，可以制定出指导安全管理的决策。

(2) 发出隐患整改通知单。安全检查中查出的隐患应引起整改单位重视，凡是有即发性事故危险的隐患，检查人员应责令立即停工，被查单位必须立即整改。

(3) 对于违章指挥、违章作业行为，检查人员可以当场指出，现场进行纠正。

（4）对查出的隐患，应立即研究整改方案，按照“五定”（即定时间、定责任人、定整改表准、定资金、定措施）原则，立即进行整改。

（5）整改完成后要及时通知有关部门进行复查，经复查整改合格后，进行销案处理。

11.2.3 环境监理人员现场安全培训

1. 基本（入厂）安全教育培训

三级安全教育是每个刚进监理公司的新环境监理人员必须接受的首次安全生产方面的基本教育，三级一般指监理公司（即企业）、项目部（或工程处、施工处、工区）、标段这三级。

（1）三级教育的内容：

1）安全法制教育。对职工进行安全生产、劳动保护方面的法律、法规的宣传教育，从法制角度认识安全生产的重要性，要通过学法、知法来守法。

2）安全思想教育。对职工进行深入细致的思想政治工作，使职工认识到，安全生产是一项关系到国家发展、社会稳定、企业兴旺、家庭幸福的大事。

3）安全知识教育。安全知识包括生产知识和安全知识，安全知识也是生产知识的重要组成部分，可以结合起来交叉进行教育。教育内容包括重金属污染项目的基本情况、施工流程、施工方法、设备性能、各种不安全因素、预防措施等多方面内容。

4）安全技能教育。教育的侧重点是安全操作技术，结合本工种特点、要求，以培养齐全操作能力而进行的一种专业安全技术教育。

5）事故案例教育。通过对一些典型事故进行原因分析、事故教训及预防事故发生所采取的措施来教育职工。

（2）三级教育的要求：三级教育一般由环境监理企业的安全、教育、劳动、技术等部门配合进行；受教育者必须经过考试合格后才准予进入生产岗位；给每一名职工建立职工劳动保护教育卡，记录三级教育、变换工种教育等教育考核情况，并由教育者与受教育者双方签字后入册。

2. 专业安全知识教育培训

专业安全生产技术知识教育包括：

（1）按生产工作行业性质分类，包括：矿山、煤矿安全技术；冶金安全技术；建筑安全技术、厂矿、化工安全技术；机械安全技术。

（2）按机器设备性质和用途分类，包括：水处理设备安全技术；废气处理设备安全技术；在线监测设备安全技术；固体废物环保设施安全技术；生态保护设施安全技术。

（3）职业健康卫生技术知识包括：工业防毒、防尘技术；振动噪声控制技术；射频辐射、激光防护技术；高温作业技术。

进行安全生产技术知识教育，不仅对缺乏安全生产技术知识的人需要，就是对具有一定安全生产技术知识和经验的人也是完全必要的。事实上有许多伤亡事故就是只凭“经验”或麻痹大意违章作业造成的。所以，对具有实际知识和一定经验的人、具备一定安全生产技术知识的人，也需要学习，提高他们的安全生产知识，把局部知识、经验上升到理论，使他们的知识更全面。另一方面，随着社会生产事业的不断发展，新的机器设备、新的原材料、新的技术也不断出现，也需要有与之相适应的安全生产技术，否则就不能满足生产发展的要求。

11.3　环境监理过程安全保证

11.3.1　建筑施工安全管理

1. 建筑施工安全“三宝”的正确使用

（1）安全帽：安全帽是建筑工人保护头部，防止和减轻各种事故伤害，保证生命安全的重要个人防护用品，被广大建筑工人称为“安全三宝”之一。进入施工现场必须正确戴好安全帽。施工现场发生的伤亡事故，特别是物体打击和高处坠落事故表明：凡是正确戴好安全帽，就会减轻和避免事故的后果；如果未正确戴好安全帽，就会失去它保护头部的作用，容易使人受到严重伤害。

正确使用安全帽，必须做到以下几点：

1）安全帽必须戴正、戴稳，如果帽子歪戴了，一旦头部受到打击，就不能减轻对头部的伤害。

2）必须系好下颏带，戴安全帽如果不系下颏带，一旦发生高处坠落，安全帽将被甩掉，离开头部而造成严重后果。

3）帽衬顶端与帽壳内顶，必须保持25~50 cm的空间，有了这个空间，才能够成为一个能量吸收系统，才能使冲击分部在头盖骨的整个面积上，减轻对头部的伤害。

4）安全帽在使用过程中会逐渐损坏，要定期不定期进行检查，如果发现开裂、下凹、老化、裂痕和磨损等情况，就要及时更换，确保使用安全。

（2）安全带：安全带是高处作业工人预防坠落伤亡事故的个人防护用品，安全带是由带子、绳子和金属配件组成，总称安全带，工人称其为救命带。

安全带的正确使用方法：安全带应该高挂低用，注意防止摆动碰撞。若安全带低挂高用，一旦发生坠落，将增加冲击力，带来危险。在没有防护设施的高处悬崖、陡坡施工时，必须系好安全带。安全绳的长度限制在1.5~2.0 m，使用3 m以上长绳应加缓冲器。不准将绳打结使用，也不准将钩直接挂在安全绳上使用，应挂在连接环上使用。悬挂安全带应做冲击试验，以100 kg质量做自由坠落试验，若无损坏，该批安全带可继续使用。安全带上的各种部件不得任意拆掉，使用2年以上应抽检一次。频繁使用的绳，要经常做外观检查，发现异常时，应提前报废。新使用的安全带必须有产品检验合格证，无证明不准使用。

（3）安全网：安全网一般由网体、边绳、系绳、筋绳、试验绳等组成。安全网是用来防止人、物坠落，或用来避免、减轻坠落及物体打击伤害的网具。网体是由纤维绳或线编结而成，是具有菱形或方形网目的网状体。边绳是围绕网体的边缘，决定安全网公称尺寸的绳。系绳是把安全网固定在支撑物上的绳。筋绳是增加安全网强度的绳。试验绳是供判断安全网材料老化变质情况试验用的绳。

2. 土方工程安全要求

（1）土方开挖前，应根据施工方案的要求，将施工区域内的地下、地上障碍物清除和处理完毕。

（2）建筑物或构筑物的位置或场地的定位控制线（桩）、标准水平桩及开槽的灰线尺寸，必须经过检验合格；并办完预检手续。

（3）夜间施工时，应有足够的照明设施；在危险地段应设置明显标志，并要合理安排开挖顺序，防止错挖或超挖。

（4）开挖有地下水位的基坑槽、管沟时，应根据当地工程地质资料，采取措施降低地下水位。一般要降至开挖面以下 0.5 m，然后才能开挖。

（5）施工机械进入现场所经过的道路、桥梁和卸车设施等，应事先经过检查，必要时要进行加固或加宽等准备工作。

（6）选择土方机械，应根据施工区域的地形与作业条件、土的类别与厚度、总工程量和工期综合考虑，以能发挥施工机械的效率来确定，编好施工方案。

（7）施工区域运行路线的布置，应根据作业区域工程的大小、机械性能、运距和地形起伏等情况加以确定。

（8）在机械施工无法作业的部位和修整边坡坡度、清理槽底等，均应配备人工进行。

（9）机具：挖土机械有：挖土机、推土机、铁锹（尖、平头两种）、手推车、小白线或 20 号铅丝和钢卷尺以及坡度尺等。

（10）熟悉图纸，做好技术交底。

3. 土方工程安全措施

土方工程流程：确定开挖的顺序和坡度→分段分层平均下挖→修边和清底。

（1）雨期施工在开挖土方时，应注意边坡稳定。必要时可适当放缓边坡坡度，或设置支撑。同时应在坑外侧围以土堤或开挖水沟，防止地面水流入。经常对边坡、支撑、土堤进行检查，发现问题要及时处理。

（2）土方开挖不宜在冬期施工。如必须在冬期施工时，其施工方法应按冬施方案进行。

（3）按图纸要求仔细放样，土方开挖后的坡度要符合设计要求规定，避免因边坡过陡而造成塌陷。为保证边坡质量，反铲要紧靠坡线开挖，以确保边坡平整度，并尽量避免欠挖及超挖的出现。

开挖并完成清理后，应及时恢复桩号、坐标、高程等，并做出醒目的标志。

雨天应在开挖边坡顶设置截水沟，开挖区内设置排水沟和集水井，及时做好排水工作，以防基坑积水。

开挖过程中，应始终保持设计边坡线逐层开挖，避免开挖工程中因临时边坡过陡造成塌方，同时加强边坡稳定性观察。

开挖边坡顶严禁堆置重物，避免塌方。

4. 物体打击

物体打击指施工过程中的砖石块、工具、材料、零部件等在高空下落时对人体造成的伤害，以及崩块、锤击、滚石等对人体造成的伤害，不包括因爆炸而引起的物体打击。建筑施工中物体打击伤害的主要物体是建筑材料、构件和工具。物体打击不但直接致人死亡，而且对硅筑物、构筑物、管线设备、设施等均可造成损害。

5. 机械伤害

机械工具对操作人员的伤害（包括绞、碾、碰、割、戳等）称为机械伤害。建筑施工中较常见的易导致伤害的机具是：木工机械、钢筋加工机械、装饰工程机具、搅拌机、打桩机以及各种超重运输机械等。而造成死亡事故的常见设备有龙门架及井架物料提升机、各类塔式超重机、施工的外用电梯、土石方工程机械以及铲土适输机械等。

11.3.2　冶金行业安全管理

有色金属的冶炼根据矿物原料的不同和各金属本身的特性，可以采用多种方法进行冶炼，包括火法冶金、湿法冶金以及电化冶金。从目前的产量及金属种类来说，以火法冶金为主。有色金属的冶炼方法基本上可分为三大类，第一类是硫化矿物原料的选硫熔炼，属于这一类的金属有铜、镍；第二类是硫化矿物原料先经焙烧或烧结后，进行炭热还原生产金属，属于这一类的金属有锌、铅、锑；第三类是焙烧后的硫化矿或氧化矿用硫酸等溶剂浸出，然后用电积法从溶液中提取金属，属于这类冶炼方法的金属主要有锌、镉、镍、钴、铝。铜、铅冶炼厂生产金、银处理阳极泥仍使用火法流程，一般阳极泥处理包括脱铜硒、贵铅的还原溶炼和精炼、银电解和金电解等工序。铅阳极泥则用直接熔炼、电解的方法或与脱铜脱硒后的铜阳极泥混合处理。

有色金属冶炼常见的事故类型有高温作业伤害、火灾和爆炸、机械伤害、触电、职业病、环境污染，冶金设备腐蚀等。

有色金属冶炼事故的预防与控制的主要技术措施如下：

1. 高温作业伤害预防与控制的主要技术措施

（1）通过体格检查，排除高血压、心脏病、肥胖和肠胃消化系统不健康的工人从事高温作业。

（2）供给作业人员 0.2%的食盐水，并给他们补充维生素 B_1 和维生素 C。

2. 火灾和爆炸预防与控制的主要技术措施

在有色金属冶炼生产过程中常伴随着火灾和爆炸，采取的治理措施主要有：

（1）开展危险预知活动，凡直接接触、操作、检修煤气设备的职工，要掌握煤气设备的安全标准化操作要领，并经考试合格，取得合格证，方可上岗操作。

（2）在煤气设备上动火或炉窑点火送煤气之前，必须先做气体分析。

（3）架设隔拦防止灼热的金属飞溅引起火灾或爆炸。

（4）在煤气设备上动火，应备有防火消火措施。对停止使用的煤气动火设备，必须清扫干净。

3. 环境污染预防与控制的主要技术措施

（1）设置回转窑尾气吸收塔，将废气导入塔内，并在汞的作用下生成粗硒产品，从而达到环保和回收有价元素的目的。

（2）设置氯气吸收塔，通过抽风装置，将阳极泥分金生产中生成的氯气抽入塔内，用碱液中和处理，或液化返回用于过氯化分金作业。

（3）设置水沫收尘装置，净化小转炉吹炼炉气。

（4）设置抽风装置，对金、银电解精炼过程中产生的有害气体进行抽排处理，以改善作业环境。在金电解槽上方安装排风罩，将金电解过程中产生的氯气、氯化氢抽排，并用碱液吸收。

4. 黄金冶炼事故预防与控制的主要技术措施

黄金冶炼事故除包括高温作业伤害、火灾和爆炸、机械伤害、触电、职业病、环境污染、冶金设备腐蚀等外，最主要的危险源还有氰化物和汞中毒。氰化物和汞中毒的预防与控制的主要技术措施如下：

（1）选用优质、耐高温、耐腐蚀的劳动防护用品。

（2）加强职工安全素质教育和技术技能的培训。

（3）加强通风，保证工作场所的良好环境。

（4）安装安全预警装置。

11.3.3　金属矿山安全管理

金属矿山存在以下事故与危害：冒顶片帮重大伤亡事故、矿山爆破安全事故、矿山机车运输事故、矿山火灾与中毒事故、粉尘危害、辐射危害、重金属毒性危害。

1. 金属矿山顶板安全管理

加强顶板管理安全的重要途径是：根据不同的地质条件，选用合理的采矿方法，尽量减少采矿作业人员暴露在大面积的顶板条件下作业，坚持合理的开采顺序，提高回采强度。采取快掘、快采、快出的办法，提高采场单位面积矿石产量，缩短生产周期，在地压相对稳定的状态下进行采掘作业，达到安全生产。

对于暴露面积较大的采场（如空场法、留矿法、充填法等），必须实行顶板分级管理法，按照不同的级别，分别提出不同的顶板管理要求。为了避免浮石冒落引起的伤亡事故，矿山实行顶板三次检查制（班前、班中、班后）。我国研制成功的无线电地音仪，可做出危险顶板冒落的预报。

对巷道型掘进工作面和采场的顶板管理措施主要是合理选择井巷（硐室）位置、断面形状和大小，尽量在坚硬均质的岩体内通过，避免在应力集中区布置巷道. 尽量使巷道、硐室的轴向与岩石弱面的走向直交或斜交（45°~65°）；正确采用支护形式，减少爆破对巷道稳定性的影响。

2. 矿山爆破安全

爆破伤亡事故是常见的矿山伤亡事故之一。

造成爆破事故的主要原因有以下几方面：①由于管理不严造成火药库爆炸事故。②火药燃烧中毒事故。③由于起爆材料质量不良或点炮拖延时间造成的迟爆或早爆事故。④残眼及盲炮处理不当的爆炸事故。⑤爆破后过早地进入爆破工作面或爆破过程返回爆破工作面看回火，引起爆破伤亡事故。⑤其他如露天矿的爆破飞石、雷电、静电、杂电等电气爆破事故以及硫化矿药包自爆等。

严格执行爆破安全规程，加强爆破安全方面的科学研究，寻求安全、高效的爆破新材料、新方法，改进爆破材料的生产工艺等，是防止爆破伤亡事故的重要途径。

3. 矿井运输和提升安全

矿山机车运输产生的伤亡事故主要是由于道路铺设不合规程要求，如有的巷道过窄、坡度过陡等。另外，就是照明和信号不合要求以及驾驶人员缺乏训练等。因此，改进道路设施，加强管理，特别是改进照明和信号设施以及对驾驶人员进行严格的培训等，是保证车辆运输安全的重要措施。

4. 金属矿山火灾及中毒

金属矿山重大恶性火灾事故较多。中国金属矿山火灾造成的伤亡事故，绝大部分是由于缺乏防火计划、指挥失当，导致多人中毒伤亡。预防矿山火灾事故的措施有：

（1）严格按照《金属非金属矿山安全规程》的要求，配置必要的防火设施，定期检查和维护，并对有可能导致发生火灾的火源，严加管理，堵塞漏洞，防患于未然。

（2）建立完善的、能够适应火灾时期通风变化的通风系统和随时能够逆转的主力通风装置。

（3）建立灵敏、可靠并针对各主要火源点的探测警报系统和有效的灭火装置。

（4）应编制全矿性的灾害预防和处理计划，每年应根据矿井的变化情况，对计划做必要的补充和修订。

5. 金属矿山通风技术

无论是除尘通风排除炮烟或是柴油机废气的通风、防氡通风，通风技术都占据着重要位置。通风技术有以下两种：

（1）分区通风：即指根据矿山的特点，将一个矿井划分成若干个独立的通风区域进行通风。

（2）通风网路：就是指各风道相互衔接所形成的结构。通风网路的基本形式是并联、串联和角联。但实际的矿井通风网路异常复杂，有矿井通风网路和采区通风网路两种。典型的矿井通风网路如棋盘式通风网路、间隔式通风网路、阶梯式通风网路、梳式通风网路等。

6. 矿山尘害及预防措施

防止硅尘危害八字综合措施为风（通风）、水（湿式作业）、密（密闭、隔离尘源）、护（个体防护用品）、管（组织管理措施）、教（教育及培训）、革（技术革新）、查（检查），其中以“风”“水”最为重要。

根据国内外经验，要从根本上防止矿山的矽尘危害，着重从采取措施是：抑制呼吸性粉尘的最基本措施是防止粉尘外逸。

湿式作业是简单而经济的除尘措施，也可以利用粉尘理化性质抑制尘源，呼吸性粉尘（3 μm 以下）一般带负电，大颗粒粉尘带正电或呈中性。解决办法是利用极性与粉尘相反的水滴进行喷雾除尘。在爆破时利用冲击波启动水幕喷雾，在装矿铲斗铲矿的同时湿润矿石，在矿石卸载、转运过程利用喷雾洒水抑制粉尘飞扬等，都是抑制尘源的重要手段。

7. 井下柴油机污染控制

柴油设备具有生产能力大、效率高、机动灵活等特点，并可省去输风、输电设备。但柴油设备污染作业环境，其中一氧化碳和氮氧化合物等可引起急性和慢性中毒，甚至死亡，二氧化氮与 3，4-苯并芘混合，还有强烈的致癌作用。露天的光化学雾，已成为世界普遍关注的问题。解决柴油机废气污染，已成为矿山生产的当务之急。

控制柴油设备的污染源以及减少污染危害的措施主要有：一是采用低污染的柴油发动机。二是净化措施，即对柴油机废气的净化；多采用催化净化器，必要时利用通风予以稀释和排除。

8. 非铀金属矿山的辐射防护

不仅是含铀金属矿山存在着氡及氡子体的辐射危害，一些多金属共生的非铀金属矿山也存在着辐射危害问题，因此，某些矿山井下矿工的肺癌发病率相当于正常人群的 4~6 倍。存在着氡及氡子体危害的非铀金属矿中，约有 1/3 的作业地点氡子体潜能值超过国家标准。金属矿山氡及其子体的分布很不均匀，往往积聚在通风不良的采场和独头工作面，分析一些矿山的实测结果，独头区比系统风流区氡浓度平均高 26 倍，氡子体平均高 32 倍。在铀局部富集处，氡及其子体的浓度可超过标准几十倍甚至上百倍。这些地点多数都是工人密集的地点。

金属矿山的辐射防护措施：①抑制氡源；②氡子体的净化。

11.3.4 化学品制造业、含铅蓄电池及皮革制品业安全管理

1. 化学反应安全控制

加氢、磺化、中和、氧化、卤化、煅烧、热分解、裂解蒸馏等反应，反应的场所、装置或系统具有一定的火灾、爆炸和泄漏中毒的危险，因此，必须对其进行严格的安全控制。控制主要从以下方面进行：

（1）反应装置及系统必须配置与其反应特点相匹配的防灾安全技术措施，确保安全运行。

（2）投料、卸料必须有投料、卸料方式，顺序，料量和速度等方面的安全规定，并有保证其安全实施的技术措施。

（3）因催化剂因素可能有导致异常反应的工艺，必须具备消除催化剂不安全因素的有效措施。一般的化学反应都选择与其工艺相适应的催化剂，如果催化剂选型不当，可能出现异常反应，使反应过程难以控制；当催化作用于多项反应中，温度、压力也较难以控制，也会造成异常事故。这些不安全因素均应采取相应的安全防范措施。

2. 温度安全控制

温度安全控制主要有以下几个方面：

（1）温度计量装置、器具须定期校验，并加贴检验标签。

（2）温度控制系统能满足工艺需要，升、降温控制灵敏可靠。

（3）温度的主要温度控制点应设超限报警或连锁装置。主要温度控制点是指那些超越温度界限可能产生危险后果的须设超限报警。

（4）温度计量器具、装置及其配件的选型，要符合使用介质的安全技术要求。

（5）温度计量、控制系统，要定期维护、检修，保证完好可靠。

3. 负压运行安全控制

（1）负压操作，要严格开车、停车、排渣安全操作程序，确保不发生爆沸、氧化燃烧、爆炸事故，且有可靠的安全措施。

（2）负压系统抽出物，须有必要的安全处理装置或设施，确保不发生燃烧、爆炸、污染。

（3）负压装置系统须有防突然停水、停气、停电等紧急停车的安全保证措施。有些负压处理物料的装置，突然停车会窜入空气或其他介质，进而引起燃烧、爆炸，因此，必须有应急处理措施。

（4）负压装置系统与负压动力设备之间，应设安全缓冲分离装置或其他安全装置。负压系统和负压泵之间，常因故障使不同介质互窜，进而引发事故，故需在其间设置缓冲分离器，或视情况设置单向阀等其他安全装置。

（5）负压工艺系统的设备、装置、管道等应随时检查维护，定期检测、修理、更换，确保其完好可靠。

（6）负压系统操作要有破真空的安全技术措施。负压操作需要破真空时，要严格执行操作规程，并落实可靠的破真空安全技术措施。如有易燃、易爆物存在的负压操作，为防止破真空时混进空气，形成爆炸性混合气体，可采用氮气等惰性气体破真空。

4. 防止爆炸安全控制

防止爆炸安全控制主要从爆炸源及作业环境条件两方面进行。

（1）使用或产生易燃易爆物的逸散点，要有必要的安全措施。

（2）易形成爆炸性混合物的场所，须有良好的通风换气条件或设施，保证作业场所的空间可爆物浓度始终处于爆炸下限以下。

（3）可能产生爆炸性混合物的场所，不得有可以引爆的能源。这里的能源是指该场所的机电设备、装置、邻近的热辐射、明火以及静电火花等。

（4）易形成爆炸性混合物的作业场所，要设易燃易爆气体动态监测报警装置。

（5）有爆炸危险的设备、装置或部位，须具备可靠的隔爆装置或安全措施。隔爆装置主要包括防爆板、墙、堤、罩等，其装设的目的在于隔爆，改变泄爆方向，减少或避免伤亡损失。

（6）易燃易爆物的排放口须设阻火、防爆装置。

（7）易燃易爆作业间须有足够的泄压面积。

（8）在爆炸极限内及其附近的作业，必须落实降温、阻燃等安全技术措施。如环氧乙烷储存需有冷冻降温措施并用氮气加压封储。

5. 粉尘爆炸安全控制

粉尘爆炸安全控制着重从生产装置本身、生产环境、消除静电、防二次污染等四个方面进行。

（1）凡使用产生可燃、可爆粉尘的生产装置、设备，须有防其燃烧、爆炸的安全措施。

（2）在爆炸浓度范围内的粉尘作业装置、岗位及其环境，须有必要的安全技术措施。

（3）能产生可爆粉尘的粉碎、研磨、干燥、输送、捕滤尘等设备、装置及其有关系统，必须有消除静电的设施，能有效地消除静电。

（4）有粉尘飞扬的作业间，须有防止二次扬尘的安全措施。

6. 正压安全控制

（1）加压反应系统须设置可靠的压力控制装置、超限报警装置或连锁保险装置。

（2）压力计量和控制装置、设备的选型，须满足工艺需要，具备必要的安全技术条件。

（3）承压的主要反应装置、计量容器等压力容器和设备，应设有必要的防爆安全装置，能有效地泄放压力，并控制泄爆方向。

（4）承压系统易产生压差或压力不稳的环节，应装设必要的单向阀或极限流或稳压器等安全附件。

（5）正压系统的设备、装置、附件，应及时检查、维修、定期检测，确保完好。

7. 低温安全控制

低温安全控制从低温装置的材质，保持低温的措施，防低温灼伤和故障，防制冷剂的燃、爆、毒害及系统的维护检修等方面进行。

（1）低温工艺系统的装置、设备、管道、填料等的材料，须具有耐低温脆变的物性，保证无脆变的物性，从而保证无脆性破坏和泄漏。

（2）低温工艺系统有稳定低温控制范围的保证措施。

（3）低温生产系统有必要的防冷凝和防冻伤的可靠措施。

（4）低温作业岗位有防制冷剂毒害，防燃、防爆的可靠措施。

（5）低温生产系统的装置、设备、管道要定期检查、探伤、检修、更新，确保其完好。

8. 容量安全控制

容量安全控制从控制手段、暂存物料安全、控制部位和控制设备四个方面进行，重点防火、防爆和防中毒。

（1）工艺系统须具备必要的容量控制安全设施或措施，如投料计量、出料计量、器内料量或液位量度、器内物料超限报警或连锁等安全保障装置。

（2）化工生产场所不得作为堆料场，必须暂存物料时，须有确保安全的条件。

（3）可燃、易燃、易爆物料和有毒有害物料流动系统、储存装置，须有防止燃烧、爆炸、中毒等安全技术措施。

（4）计量仪器、仪表、装置及容量安全控制、报警、连锁等装置，须随时检查维护，定期检修、更新。

9. 腐蚀、泄漏安全控制

腐蚀安全控制主要从工艺装置、设备的耐腐蚀性，预防腐蚀介质泄漏及污染和人的安全、卫生方面进行，并对预防腐蚀眭物质的危险反应和工艺系统的维护修理及更新进行考虑。

泄漏安全控制应从工艺压力、温度、投料控制及操作和密封等方面进行。

10. 作业现场前安全管理

检修中应经常清理现场，正确堆放材利和工具，保持道路的畅通。对于危险地形或设备应设置安全标记或防护栅栏，夜间要设红灯信号。

检修结束时，必须清理现场、进行全面的检查验收，以达到保质、保量，按期完成检修任务，一次开车成功的要求。

试车是对检修后的设备或系统进行验证，必须经检查核实无误后方可进行。

试车分为单机试车、分段试车和联动试车，内容包括试温、试压、试漏、试安全装置及仪表的灵敏度等。由检修施工单位和使用单位负责人共同在检修任务书或竣工验收单上签字，正式移交生产并存档备查，同时还应移交修理记录等技术资料。

11.4　建设项目职业安全卫生管理

《中华人民共和国环境保护法》规定：散发有害气体、粉尘的单位，要积极采用密闭的生产设备和生产工艺，并安装通风除尘和净化、回收设备。生产及工作环境中的有害气体和粉尘含量，必须符合国家工业企业卫生标准的规定。《中华人民共和国职业病防治法》第十六条规定：建设项目的职业病防护设施所需费用应当纳入建设项目工程预算。第二十三条规定：对可能发生急性职业损伤的有毒、有害工作场所，用人单位应当设置报警装置，配置现场急救用品、冲洗设备、应急撤离通道和必要的泄险区。第三十五条规定：用人单位不得安排未成年工从事接触职业病危害的作业；不得安排孕期、哺乳期的女职工从事对本人和胎儿、婴儿有危害的作业。《中华人民共和国妇女权益保障法》等法律、法规和规章，对女职工的劳动卫生特殊保护做出了明确规定。《中华人民共和国劳动法》对未成年工的劳动保护做出了明确的规定，第六十四条规定：不得安排未成年工从事矿山井下，有毒有害、国家规定的第四级体力劳动强度的劳动和其他禁忌从事的劳动。

《工业企业设计卫生标准》规定了我国各类工业企业设计的工业卫生基本标准，它从工业企业的设计、施工到生产过程，以及“三废”治理等多个环节，提出了劳动卫生学的基本要求，并对 111 种化学毒物规定了车间空气中允许浓度限值。《工厂安全卫生规程》中对照明、温度、噪声等物理因素的治理做了明确规定；对不同工种应发放的劳动防护用品做了具体规定。

环境监理单位应不断学习安全生产相关法规，提高安全管理的认识，在承担环境工程项目环境监理中落实必要的安全保证措施，遵纪守法避免人身伤亡和环境突发事件发生。

思考题

1. 新《中华人民共和国安全生产法》三大目标及适用范围是什么？从何时开始施行？
2. 安全生产责任制包括哪三个方面？
3. 施工现场八大危险作业都包括哪些？
4. 环境监理要不要进行安全生产检查？如何进行安全检查？
5. 环境监理人员安全培训“三级”教育分哪三级？培训内容各是什么？
6. 环境监理安全保证在土方工程中安全要求是什么？安全措施有哪些？
7. 你认为在化工项目环境监理试生产中应注意哪些安全控制？
8. 如何做好职业安全卫生管理？

第 3 篇

重金属污染项目环境监理实施

第12章　项目施工准备期环境监理

12.1　施工准备期的划分

根据我国投资管理体制和项目建设程序，工程项目通常划分为五个阶段，即项目决策阶段、实施准备阶段、实施阶段、考核验收阶段、项目后评价阶段。项目决策阶段从项目策划起，到可行性研究报告批准或项目申请报告核准止。项目实施准备阶段从项目申请报告核准起，到项目正式开工建设止，主要工作有工程勘察设计、筹资融资、招标投标、长周期设备采购、签订合同、征地拆迁、施工准备等。项目实施阶段从主体工程破土动工起，到投料试车产出合格产品止，主要工作有建筑工程施工、设备采购安装、工程监理、合同管理、生产准备等。项目考验验收阶段从投料试车产出合格产品，到装置考核合格后组织验收并正式移交生产运营止。项目后评价阶段是项目决策层在装置投用3~5年后提出并组织的,对项目决策、项目实施、建成后的生产运营及效益等进行评价。

工期就是建设一个项目从工程正式开工到全部建成投产所经历的时间,比如建一幢房子,其工期的起算点是以建设单位取得房建工程施工许可证,施工单位正式进点施工开始起算,到整幢房子按合同项目全部建成所有的时间。建设工期是建设项目在实施阶段内的工作考核指标之一。对于化工、矿山、冶炼等行业工程,由于其建设条件的复杂性,其施工工期的起算点就要相对复杂一些。一般而言,从施工单位、监理单位取得中标通知书后到项目开工典礼(工程开工令下达)之前属于施工准备期。

施工准备期建设单位要重点做好场地交接,各参建单位要调集人、材、物等施工力量进行“安营扎寨”,进行施工平面布置,图纸会审,办理开工有关手续,做好技术、质量交底工作,组织、协调,使施工尽快进行正常,并做好开工前的各项工作,争取早日开工。

从建设项目环境管理的程序上来说，建设项目的环评是施工之前必须完成的，环境监理是在项目施工阶段的工作。环保人员习惯上把建设周期分为可研阶段、施工阶段、试运行阶段和竣工验收阶段，并不把施工准备期看成一个独立的建设阶段。这里之所以单独列出，是因环境监理在实践中为加强全过程监管，有从施工准备期进行介入的，有施工中期或施工后期介入的，甚至还有试运行期介入的。而施工准备期的监理与环境监理准备不是一回事，不能混为一团。

12.2　环境监理依据、条件要求

12.2.1　环境监理依据

环境监理的主要依据如下：

1. 法律

《中华人民共和国宪法》第九条第二款；《中华人民共和国环境保护法》第十三条、第二十四条、第二十六条；此外，针对污染防治和资源保护，颁布实施了大量专项法，如《中华人民共和国海洋环境保护法》《中华人民共和国水土保持法》《中华人民共和国水污染防治法》《中华人民共和国大气污染防治法》《中华人民共和国环境噪声污染防治法》《中华人民共和国固体废物污染环境防治法》《中华人民共和国放射性污染防治法》《中华人民共和国野生动物保护法》《中华人民共和国环境影响评价法》《中华人民共和国清洁生产促进法》《中华人民共和国水法》《中华人民共和国土地管理法》《中华人民共和国海洋水域管理法》《中华人民共和国渔业法》《中华人民共和国森林法》《中华人民共和国草原法》等。

2. 行政法规

行政法规是由国务院制定并公布的环境保护规范性文件。它分为两类，一类是为执行某些单行法而制定的实施细则或条例，另一类是针对某些尚无相应单行法律的重要领域而制定的条例、规定或办法。与环境监理相关的行政法规主要有《建设项目环境保护管理条例》《自然保护区条例》《野生植物保护条例》《风景名胜区管理条例》《基本农田保护条例》《防治海岸工程建设项目污染损害海洋环境管理条例》《防治船舶污染海域管理条例》等。

3. 部门规章

在国家有关法律法规的基础上，国务院各部委单独或与国务院有关部门联合发布的环境保护规范性文件。它以有关的环境保护法律法规为依据制定，或针对某些尚无法律法规调整的领域做出相应规定。如原国家环保总局《建设项目竣工环境保护验收管理办法》《关于加强自然资源开发建设项目的生态环境管理的通知》《关于涉及自然保护区的开发建设项目环境管理工作有关问题的通知》，交通运输部制定下发的《交通行业环境保护管理规定》，环境保护部制定的《关于进一步推进建设项目环境监理试点工作的通知》等。

4. 地方性法规和地方政府规章

环境保护地方性法规和地方政府规章是依照宪法和法律享有立法权的地方权力机关和地方行政机关（包括省、自治区、直辖市、省会城市、国务院批准的较大的市及计划单列市的人民代表大会及其常务委员会、人民政府）制定的环境保护规范性文件。如《上海市环境保护条例》《广东省环境保护条例》《山西省重点工业污染监督条例》《辽宁省建设项目环境监理管理办法》《陕西省建设项目环境监理暂行规定》《青海省建设项目环境监理管理办法（试行）》等。这些法规是对国家环境保护法律法规的补充和完善，具有较强的针对性和可操作性，同样是在各地方区域内施工环境监理的依据。

5. 环境保护标准

环境标准中的环境质量标准和污染物排放标准，均为强制性标准，是环境保护法律法规体系的重要组成部分。如《地表水环境质量标准》（GB 3838—2002）、《生活饮用水水质标准》（GB 5749—2006）、《污水综合排放标准》（GB 8978—88）等。

6. 环境影响评价报告及批复

建设项目的环境影响评价报告及其批复，是建设项目环境监理工作最重要的依据，其中针对设计、施工期、运营期提出的污染防治措施、生态恢复以及环境管理和环境监测，这是环境监理工作关注的重点。

7. 工程标准规范

工程标准规范一般都编制专门条款规定了环境保护工作的内容。如《生活垃圾填埋场渗滤液处理工程技术规范》《建设工程监理规范》（GB/T 50319—2013）、《建设工程施工现场管理规定》《公路环境保护设计规范》等。

8. 工程设计文件

设计文件包括工程初步设计、施工图设计、环保专项设计等。建设项目的设计阶段，往往已经考虑到了一些重大的环境保护问题，并在设计文件中有所反映。例如生态恢复措施、污染防治设施等，可以作为环境监理工作的依据。

9. 监理合同、施工合同以及有关补充协议

建设单位委托开展施工过程环境保护监理的合同，以及有关的补充协议，都明确规定了环境保护监理单位的权利、责任和义务，是监理单位开展工作的直接依据。

作为工程环保措施具体执行者的施工单位，其责任和义务在《标准施工招标文件》（2007年版）中都有明确的规定。

10. 其他

（1）环境行动计划：利用世界银行或亚洲开发银行贷款的建设项目，还应编制环境行动计划，是此类工程施工过程环境监理工作的重要依据。

（2）施工过程的会议纪要、文件：在施工过程中根据实际情况形成的有关环保问题的会议纪要、有关文件，可以作为环境保护监理的依据。

12.2.2　环境监理的条件要求

根据国家环保部2012年发布《关于进一步推进建设项目环境监理试点工作的通知》（环办〔2012〕5号）中的内容，以及各省、市环保部门各自规定的关于开展环境监理的实际情况。环境监理应有一个环境咨询服务的从业资质，首先要注册公司，符合国家相关政策。然后申请环境监理资质。现在国家没有统一的环境监理资质规定，根据国家严格行政审批的要求，现在都是地方环境行政主管部门在做相关备案工作，具体备案条件要求当前各省环境保护主管部门尚不统一。相同之处是必须是依法成立的具有独立法人的企业或事业单位，单位应有建设项目环境评价资质、有固定的办公场所、有一定数量的专业技术人员（经过环境监理培训合格人员）和注册资金、有从事环境监理的必要设备仪器、有环境监理质量保证措施等；不同的地方是各部委、各省备案管理要求的注册资金数、有无环评资质、高中级技术人员等级数量、技术专业种类并不相同。

环境监理条件最关键的有三条：一是业主单位履行企业环保法律责任意识强，有针对建设项目环境监理的需要；二是地方环境主管部门注重建设项目全过程监管，对环境监理积极试点、大胆实践、比较支持；三是环境监理单位能够行业自律，不断提高环境监理服务质量取得建设市场的认可与信任。环境监理的权利：知情权、参与权、环保资金的支付权（业主授权）。

12.3 环境监理前期工作

12.3.1 环境监理项目的承揽

《中华人民共和国招标投标法实施条例》（以下简称《实施条例》）经 2011 年 11 月 30 日国务院第 183 次常务会议通过，于 2012 年 2 月 1 日起正式施行。《实施条例》共分 7 章 85 条，相对于《中华人民共和国招标投标法》，增加了“投诉与处理”一章。《实施条例》第 2 条对建设工程进行了细化，称工程建设项目是指“工程以及与工程建设有关的货物、服务”，这里的工程是指“建设工程，包括建筑物和构筑物的新建、改建、扩建及其相关的装修、拆除、修缮等”；与工程建设有关的货物是指“构成工程不可分割的组成部分，且为实现工程基本功能所必需的设备、材料等”；与工程建设有关的服务是指“为完成工程所需的勘察、设计、监理等服务”。有关《中华人民共和国招标投标法》与《中华人民共和国政府采购法》衔接问题的处理受业内关注。财政部门依法对实行招标投标的政府采购工程建设项目的预算执行情况和政府采购政策执行情况实施监督。国务院发展改革部门指导和协调全国招标投标工作，对国家重大建设项目的工程招标投标活动实施监督检查。在重金属污染项目环境监理中，因多有政府专项资金的拨付，所以环境监理任务的承揽常涉及《中华人民共和国招标投标法》和《中华人民共和国政府采购法》。

《中华人民共和国政府采购法》第二十六条：政府采购采用以下方式：（一）公开招标；（二）邀请招标；（三）竞争性谈判；（四）单一来源采购；（五）询价。

公开招标：是指招标人以招标公告的方式邀请不特定的法人或者其他组织投标。

邀请招标：是指招标人以投标邀请书的方式邀请特定的法人或者其他组织投标。

竞争性谈判：是指采购人邀请特定的对象谈判，并允许谈判对象二次报价确定签约人的采购方式。

单一来源采购：是指采购人与供应商直接谈判确定合同的实质性内容的采购方式。

询价：是指采购人邀请特定的对象一次性询价确定签约人的采购方式。

不论采取何种方承揽环境监理任务，环境监理单位必须适应市场经济的要求按市场经济游戏规则办事。

12.3.2 环境监理机构的组建

环境监理单位接受委托签订合同后，实施环境监理时首先应组建项目环境监理机构。项目环境监理机构的监理人员应由总环境监理工程师、专业环境监理工程师和环境监理员组成，且专业配套、数量应满足建设工程环境监理工作需要，必要时可设总监理工程师代表。

在确定总监和总监代表人选时，应充分考虑其资质、业绩及协调管理能力等方面因素。环境监理项目机构及人员设置，应根据其过程规模、工艺复杂程度、环境监理投标承诺、委托环境监理合同等相关约定合理确定。在建设项目环境监理合同签订后，应及时将项目环境监理机构的组织形式、人员构成及对总监理工程师的任命书面通知建设单位。环境监理单位调换总环境监理工程师时，应征得建设单位书面同意；调换专业环境监理工程师时，总环境监理工程师应书面通知建设单位。

环境监理机构的合理组建和人员及设备配置，是环境监理咨询服务顺利实施的重要基础和保证，组建环境监理项目部前应进行充分的策划，明确环境监理时段，制订施工现场派驻人员计划。

施工现场环境监理工作全部完成或建设工程环境监理合同终止时，项目环境监理机构可撤离施工现场。

12.3.3　项目合同收集与研读

合同收集与研读包括：工程承建合同，工程监理合同，环保设施材料、设备及环保仪器采购、安装、供应合同。

查看合同约定的各参建单位的相关责任和义务。认真研读确定各承建单位承揽的工程标段，合同规定的工期以及承建单位在施工过程中需承担的环保责任和义务，重点关注合同中关于环保设施施工的规定，确保环保“三同时”原则的落实。对于分期及项目施工过程中的分项工程，在项目施工过程中存在陆续有施工单位进驻施工现场，在这种情况下要了解施工单位的承建合同，明确业主方以及承建单位的权利及义务，建设内容、周期、计费方式等细节，以此作为环境监理对此类工程进行环境监理的工作依据，防止工作中责任主体不明、问题对象不分的情况发生。

认真研读项目工程监理委托合同，确定工程监理工作的授权范围，重点关注合同中现场环境管理以及环保设施建设的监管及验收的相关条款。以划分监理责任，避免出现交叉监理、空白监理的情况发生。

研读环保设施设备及环保相关工程材料的采购合同，确定环保设施设备的规格型号与环评相一致，环保相关的工程材料达到要求。

12.4　项目工程文件的收集与研读

12.4.1　工程环评文件的研读

实施阶段施工准备期首先要收集环境保护相关文件，如环评、环评批复等文件。收集后，着重对以下内容予以认真研读。

（1）建设项目的名称、内容、性质、规模、基本情况及与产业政策、环境政策符合性；

（2）环境概况、敏感目标及区域重大环境问题；

（3）选址及总图布置合理性初步分析（包括取、弃土场选址）；

（4）工程分析（主要环境问题及污染源源强，改扩建工程的原有环境问题、环保措施及达标或满足环保要求状况）；

（5）清洁生产（标准或国内外同类企业水平）；

（6）环保措施（包括“以新带老”措施的技术、经济论证，达标或满足环保要求情况）；

（7）环境现状评价有无环境容量及区域重大环境问题；

(8) 环境影响预测评价满足功能区划和环境质量要求情况;

(9) 总量控制 (指标要求、功能区要求、区域消减);

(10) 公众参与 (形式、内容、公众意见);

(11) 环境经济损益 (项目投入和损益、环保措施投入和效益);

(12) 环境管理与环境监测计划 (针对性、可操作性);

(13) 结论;

(14) 附件及附图。

对环评文件的研读最主要的是环评批复要求与专家评审意见，这是环境管理对项目管理最直接最具体的要求，也是判别环境监理工作质量的重要条件，项目环境监理机构人员必须熟练掌握批复内容。

12.4.2 工程设计文件的研读

工程设计文件的研读主要是在环评与环评批复的基础上，对初步设计主体工程、配套环保工程或设施文件以及涉及敏感区设计内容的复核。

主要关注内容:

(1) 建设项目设计文件中主体工程变化尤其是涉及环境敏感区的工程内容是否发生变化;

(2) 设计文件中根据产排污节点或生态影响过程，复核设计中的治理技术、工艺流程、处理效率、稳定达标情况;

(3) 设计文件中环保配套治理措施是否完善 (应包含废水、废气、噪声、固废防治措施，以及项目雨污排水管网设置、雨水污水排放口设置及事故应急系统等);

(4) 设计文件是否包含绿化和水土保持等生态恢复措施;

(5) 设计文件中清洁生产、风险防范措施;

(6) 项目的施工组织设计内容。

工程设计文件的研读最主要的是施工图研读，这是环境监理人员对项目批建符合性核查监理的基础。

12.4.3 提交工程设计核查环境监理意见

环境监理人员应注意收集与项目建设相关的其他文件，如项目可行性研究报告、安全预评价报告及批复、水土保持方案及批复、文物调查报告等；参加设计交底会议，熟悉设计文件，根据环评报告所了解工程建设项目的具体环保目标；审查施工单位的施工组织设计和开工报告，对环保实施方案提出审查意见，包括施工中须保护的环境敏感点、具体的环保措施、环保管理制度和环保专业人员等；审查施工单位的临时用地方案是否符合环保要求，临时用地的恢复计划是否可行；审查施工单位的环保管理体系责任是否明确切实有效；筹备参加第一次工地会议，对工程建设项目的环保目标和环保措施提出要求。

12.5 施工单位营地、站场选址环境监理

12.5.1 工程施工单位标段划分

工程施工单位标段划分是根据实际工作的需要，本着提高招标质量和效果的宗旨，

将原来属于一个整体的招标项目或“标的”，按照一定的标准，科学地划分成若干个较小的“标段”。再分别对外招标采购的行为和方法。科学、规范地运用好“划分标段”的招标采购方式，不仅有助于招标采购人得到价廉、质高、物美的采购项目或产品，还有助于供应商充分发挥其专业和技术特长，更有助于采购代理机构提高其采购工作效率等。环境监理管理的对象最主要的是建设项目的各个承包商，各标段的划分可以从业主与承包商的施工合同中了解，也可以由业主直接提供。掌握项目标段划分是环境监理的基础工作。

12.5.2　施工单位营地、站场选址要求

施工营地的布置应根据建设工程施工环境及工程特点，结合现场情况进行布置。施工设施的布置在满足施工要求的前提下，尽量做到简单、实用。布置力求紧凑、合理、管理集中、调度灵活、运行方便、节约用地和安全可靠。

施工营地应布置办公、生产及生活设施。

施工营地建设应“三通一平”：通水、通电、通讯，道路平整。

在环境监理中应注意施工营地、站场的选址是否符合环境保护及批复要求，周围是否有环境敏感点，生活及生产排水是否影响地表水水质等。施工单位营地、站场一般要求距附近居民区、河流200 m远。

12.5.3　环境监理现场巡视、进驻资源准备

(1) 建设单位提供环境监理工作需要的办公、通讯、生活等设施。

项目环境监理机构宜妥善使用和保管建设单位提供的设施，并按建设项目环境监理合同约定的时间移交建设单位。

(2) 环境监理单位应配备满足环境监理工作需要的监（检）测仪器、办公电脑、打印机、录音、摄像、照相机及交通、通信工具等。

(3) 环境监理的安全保证教育与措施。建筑施工是高危行业，环境监理人员必须有“我要安全”的观念。监理单位应对现场人员进行安全生产培训，熟悉监理项目的行业危害及特点，配备必要的安全装备如安全帽、工作服、手灯、口罩、胶靴等；环境监理人员要加强安全责任意识，掌握一定的安全生产法律、法规知识，杜绝“三违”(违章指挥、违规作业、违反劳动纪律) 现象发生。

12.6　施工准备期环境监理技术文件

12.5.1　环境监理规划（方案）编制

环境监理规划（方案）是项目环境监理纲领性文件，是履行环境监理合同和对环境监理单位管理考核的主要文件。环境监理规划（方案）编制应结合建设工程实际情况，明确项目环境监理机构的工作目标，确定具体的环境监理制度、内容、程序、方法和措施。

环境监理规划（方案）可在签订建设项目环境监理合同及收到工程设计文件后由总环境监理工程师组织编制，并在召开第一次工地例会呈交送建设单位。

1. 环境监理规划（方案）编制程序

(1) 总环境监理工程师组织专业环境监理工程师编制；

(2) 总环境监理工程师签字后由环境监理单位负责人审批。

2. 环境监理规划（方案）主要内容

(1) 建设工程概况；

(2) 环境监理工作范围和目标；

(3) 环境监理工作内容、依据；

(4) 项目环境监理机构的组织形式与人员配备计划、人员岗位职责；

(5) 项目环境监理工序程序；

(6) 环境监理工作方法及措施；

(7) 环境监理工作制度；

(8) 环境监理设施。

12.6.2 项目参建单位通讯联系建立

建设项目环境监理合同签订后，环境监理单位应让建设单位提供项目参建单位通讯录，包括单位名称、主要负责人、联系人电话、邮箱、办公地点及本项目环境监理机构的相关联系人员、联系方式等，为业主服务和现场巡视开展环境监理提供必要条件。

思考题

1. 施工准备期建设单位重点要做好哪些工作？施工准备期环境监理与环境监理前期准备工作有何不同？

2. 开展项目环境监理的条件有哪些？环境监理有何权利？

3. 环境监理前期工作主要有哪些？为什么要对建设项目的承建合同、监理合同、设备供货安装合同进行收集和研读？

4. 要不要提交工程设计核查环境监理意见？为什么？

5. 如何对施工单位营地、场站造址进行环境监理？

6. 施工准备期环境监理的主要工作是什么？

第 13 章　项目施工期环境监理

13.1　环境监理第一次工地会议召开

环境监理人员进驻现场之后，应尽快召开环境监理第一次工地会议。环境监理单位应非常重视第一次环境监理工地会议的召开，对会议做好充分的准备。比如会标、会议人员签到表、会议要提供的环境监理规划（方案）文件资料、环境总监会议发言内容、会议录音和拍照片、会议纪要整理等进行细致的安排和布置。环境监理第一次工地会议可以单独召开也可以与工程监理例会合并召开，会议由建设单位主持；参会人员由建设单位召集，主要有：建设单位相关领导及职能部门负责人、各承建单位项目经理和总工、工程监理单位、设计单位代表及环境监理机构全体人员等。会议上，建设单位依据环境监理合同规定对环境监理单位进行授权，委托环境监理单位对项目建设过程进行环境监理；环境监理单位对项目环境监理工作进行交底；建立环境监理例会制度，确定例会参与人员及例会召开时间；建立环保问题沟通协调处理机制。第一次环境监理会议是宣传环保知识、推行环境监理制度的一个重要会议，是环境监理单位和机构展作风、亮形象的重要场所。通过第一次环境监理工地会议的召开，可以使各参建单位了解环境监理是做什么、谁来做、怎么做等系列问题，消除疑问便于今后开展工作。

依据项目环境监理合同的规定并与项目建设单位和工程监理单位沟通之后，工程达到开工条件，项目如要举行开工典礼仪式，环境监理项目部人员要参加由建设单位组织的参建各方及相关人员参加的工程开工典礼。

13.2　施工组织设计的审查要点

根据环境监理工作的要求，各承建单位应将施工组织设计要同时抄报环境监理单位审查。环境监理单位相关人员依照环评报告和环评批复文件及相关环保法规、标准等对施工组织设计进行环保审查，重点审查施工中环保措施落实情况及施工过程中的文明施工情况。对涉及环保工程的施工组织设计，还应该审查其是否落实环保工程设计的要求。

环境监理机构要对各建设、安装施工单位的施工组织设计进行认真研读，熟悉施工工艺、施工网络计划图、关键工序和节点目标、方便对施工进度的控制，并对施工过程中属于环境监理工作范畴的隐蔽工程、防渗工程、防腐工程的关键部位、关键工序进行掌握和记录，需要编制实施细则的要查阅资料编制环境监理实施细则，以方便在施工过程中对施工质量的控制；对各建设、安装施工单位申报的环保工程量进行审查，建立月、季计量报表，以控制工程环保投资。

环境监理机构应该在各承包商抄报的施工组织设计审查后，提出文字审查意见由环境总监在审查批复意见上签名并加盖项目环境监理部公章。

13.3　现场安全文明施工环境监理

13.3.1　施工现场安全文明施工要求

依照环评报告及环评批复文件要求、环保法律法规、环保标准及相关工程标准要求：

1. 文明施工与环境保护

（1）安全警示标志牌：在易发伤亡事故（或危险）处设置明显的、符合国家标准要求的安全警示标志牌。

（2）现场围挡：现场采用封闭围挡，高度不小于1.8 m，围挡材料可采用彩色、定型钢板，砖、砼砌块等墙体。

（3）牌图：在进门处悬挂工程概况、管理人员名单及监督电话、安全生产、文明施工、消防保卫五板；施工现场总平面图。

（4）企业标志：现场出入的大门应设有本企业标识。

（5）场容场貌：道路畅通，排水沟、排水设施通畅，工地地面硬化处理，绿化。

（6）材料堆放：材料、构件、料具等堆放时，悬挂有名称、品种、规格等标牌，水泥和其他易飞扬细颗粒建筑材料应密闭存放或采取覆盖等措施，易燃、易爆和有毒有害物品分类存放。

（7）现场防火：消防器材配置合理，符合消防要求。

（8）垃圾清运：施工现场应设置密闭式垃圾站，施工垃圾、生活垃圾应分类存放。

2. 临时设施

（1）现场办公生活设施：施工现场办公、生活区与作业区分开设置，保持安全距离，工地办公室和现场的宿舍、食堂、厕所、饮水、休息场所符合卫生和安全要求。

（2）施工现场临时用电：按照TN-S系统要求配备五芯电缆、四芯电缆和三芯电缆；按要求架设临时用电线路的电杆、横担、瓷夹、瓷瓶等，或电缆埋地的地沟；对靠近施工现场的外电线路，设置木质、塑料等绝缘体的防护设施；按三级配电要求，配备总配电箱、分配电箱、开关箱三类标准电箱。开关箱应符合一机、一箱、一闸、一漏。三类电箱中的各类电器应是合格品；按两级保护的要求，选取符合容量要求和质量合格的总配电箱和开关箱中的漏电保护器；施工现场保护零钱的重复接地应不少于三处。

3. 安全施工

（1）楼板、屋面、阳台等临边防护：用密目式安全立网全封闭，作业层另加两边防护栏杆和18 cm高的踢脚板。

（2）通道口防护：设防护棚，防护棚应为不小于5 cm厚的木板或两道相距50 cm的竹笆。两侧应沿栏杆架用密目式安全网封闭。

（3）预留洞口防护：用木板全封闭；短边超过1.5 m长的洞口，除封闭外四周还应设有防护栏杆。

（4）电梯井口防护：设置定型化、工具化、标准化的防护门；在电梯井内每隔两层（不大于10 m）设置一道安全平网。

（5）楼梯边防护：设1.2 m高的定型化、工具化、标准化的防护栏杆，18 cm高的踢脚板。

（6）垂直方向交叉作业防护：设置防护隔离棚或其他设施。

（7）高空作业防护：有悬挂安全带的悬索或其他设施；有操作平台；有上下的梯子或其他形式的通道。

13.3.2　施工单位环境管理责任制的落实

协助建设单位建立完善的环境管理体系，构建环境管理考评和奖惩制度，对环境管理考评优秀的单位进行奖励，落后的单位进行处罚。

监督施工单位建立完备的环境管理制度,环境管理由专人负责,项目经理为环保第一责任人,确保各承建单位应有专职或兼职环保人员切实落实施工企业各项环保措施。

环境监理人员根据工程施工合同中的环保承诺或环保条款,协助建设单位加强环境保护和文明施工费的监管,使有限的资金用到关键的地方、充分发挥其资金作用和效益。

13.3.3　特殊时期现场安全文明施工环境监理

不同的项目所处的施工时期不尽相同。这里所指特殊时期，比如2003年的“非典”时期，2008年的“奥运”时期，发生地震、洪水等特大自然灾害时期等，这在从事的环境监理实践中都曾经遇到过。2003年的“非典”时期主要是控制人员的流动，防止疫病传播；2008年的“奥运”时期主要是控制炸药的运输使用；地震、洪水等特大自然灾害时期主要是防治饮用水源污染。建设项目施工不可能事先设想到特殊时期，特殊时期也不可能不进行项目建设。环境监理人员在特殊时期应当讲究职业道德，坚守工作岗位。重金属污染项目的环境监理涉及有毒、有害和危险废物和处置处理及泄漏、火灾，甚至爆炸等突发事件等问题，现场环境监理人员应有一定的心理素质，加强现场安全文明施工环境管理，防范意外事件或二次污染危害发生。

13.4　施工期环境监测计划的落实

13.4.1　施工期环境监测单位资质审核

依照环评报告及其批复的要求，在工程施工期开展环境监测，建设单位应委托有资质的单位进行环境监测，环境监理要做好环保咨询服务工作。

13.4.2　环境监测过程的管控

环境监理人员应对环境监测过程进行管控，主要从环境监测方案和现场监测两方面进行管控。

监测方案依据环境影响评价文件中的监测计划，结合项目实际情况进行调整；或由监测单位编制监测方案并报环境监理单位审核。

现场监测，是指关注现场监测期间的监测点位、监测频次、监测时间、监测因子与监测方案是否一致。环境监理要对环境监测过程进行拍照或录像，并且记录气象条件。

13.4.3 环境监测结果的使用管理

环境监测结果出来之后，对照本项目执行的相关环保标准，对监测结果进行解读，对结果未达标的监测因子进行分析，找出超标原因，提出解决方案，督促相关单位进行整改。同时将监测结果出来时间同步记录在监理日志中，对监测报告扫描存档备查，在月环境监理月报中体现相关内容，并对引起超标的建设单位下发整改通知单，跟踪整改效果。

13.5 项目组织环保法规标准培训

13.5.1 培训目的和培训对象

（1）培训目的：增强参建人员的环保意识。

（2）培训对象：各参加单位的负责人、环保主管人员、主要管理人员。

环境监理项目部要在项目施工过程中加强对业主单位、施工单位和工程监理单位进行环保法规及标准方面的培训。对于业主单位来说，培训是加强了作为项目建设方对项目本身对环评文件的理解，并且贯彻环境监理工作理念，强调通过环境监理的过程性工作对业主负责，业主要履行环评文件对施工期规定的义务（如施工期环境监测）；对于施工单位来说，作为施工期各种环境影响的制造者，要把环保法规标准的培训成果贯彻到工作中去，通过采取措施、更换环保设备、选择合理施工地点及控制施工周期来减少或减轻对外环境的影响；对于监理单位来说，环境监理的工作中贯彻文明施工的要求会对整个工程形象有很大的提升。

13.5.2 环保法规标准培训的内容及选择方式

环保法规标准培训内容可以根据项目实际情况有针对性开展。比如涉重金属污染项目环境监理，可以针对所监理项目的行业类型，宣贯行业准入政策、技术政策、相关法规标准，污染物排放标准、项目所在地的环境质量标准、监测（检测）方法标准、技术规范、环评报告及批复要求等。

另外，涉及环保规定的政府文件、部门规章和地方条例、环保法规制度（如限期治理制度、三同时制度、总量控制制度、环保黑名单制度、环保督办制度等）都可以作为环保培训内容。还有地方不断新出台的要求大气扬尘防治方面的规章制度也可以面向业主单位、施工单位和工程监理单位进行培训，以提高施工过程中各参建单位的环保意识，规范各参建单位环保行为。

培训方式可以通过监理会议、环境监理月报、协调会、环保宣传专题会、设置环保宣传栏等多种形式进行。宣传各种环保资讯、环保政策、环保法规及环保标准，强化环保意识的灌输，减少项目建设对环境的影响。

13.6 施工期环境监理过程文件

13.6.1 环境监理过程文件的类型

环境监理过程文件主要包括环境监理规划、环境监理报告（定期报告和专题报告）、环境监理总结、会议纪要、与各单位之间来往的函件、环境监理日志、旁站记录、巡视记录等文字及声像资料，下发的环境监理工程师通知单及其回复单、环境监理工作联系单，以及环保工程量核算、工程进度款支付需要审批的各类报审表、见证取样记录、报验单等原始单据材料。

13.6.2　环境监理过程文件的质量

环境监理过程文件编制应严格依照相关格式要求进行编制，文件内容应翔实准确，避免引起歧义，监理资料应与施工进展同步。

环境监理过程文件要根据环境监理项目部组成中环境监理总监、环境监理工程师、环境监理员各自的职责权限进行签发确认，不得存在代签行为，确保环境监理文件签发的有效性及权威性。过程文件的形成必须真实可信，能够经得起历史的检验。

思考题

1. 环境监理第一次工地会议如何召开？由谁主持？主要内容是什么？有何作用？
2. 如何进行现场安全文明施工环境监理？避免与工程监理的重复监理？
3. 施工期环境监理与环境监测有无关系？如何落实项目环境监测计划？
4. 施工期如何开展环保法规标准培训？培训对象有哪些？
5. 环境监理过程文件包括哪些？环境监理过程文件的质量要求有哪些？

第 14 章　试运行与竣工环境监理

14.1　建设项目环境保护竣工验收制度

建设项目环境保护竣工验收制度是指项目环境保护设施与措施必须与其项目主体工程“同时投产使用”的监督落实制度。它也是我国建设项目环境管理的重要一环。

环境保护竣工验收是指项目竣工后，环境管理部门根据法规和环境保护验收监测或调查结果，并通过现场检查等手段，核查项目是否达到环境保护要求的行为。项目环境保护竣工验收制度是国家赋予环保部门行使“一票否决权”的制度。

根据《建设项目环境保护管理条例》《建设项目竣工环境保护验收管理办法》《建设项目“三同时”监督检查和竣工环保验收管理规程》，项目环境保护竣工验收目的是在进行工业建设、资源开发和区域开发等活动中，通过执行项目环境保护竣工验收，贯彻“预防为主”方针，严格控制新的污染，回收治理原有污染，实现可持续发展战略。

项目试生产与环保竣工验收的法规依据如下。

1.《建设项目环境保护管理条例》(中华人民共和国国务院令第 253 号)

第十八条　建设项目的主体工程完工后，需要进行试生产的，其配套建设的环境保护设施必须与主体工程同时投入试运行。

第十九条　建设项目试生产期间，建设单位应当对环境保护设施运行情况和建设项目对环境的影响进行监测。

第二十条　建设项目竣工后，建设单位应当向审批该建设项目环境影响报告书、环境影响报告表或者环境影响登记表的环境保护行政主管部门，申请该建设项目需要配套建设的环境保护设施竣工验收。

环境保护设施竣工验收，应当与主体工程竣工验收同时进行。需要进行试生产的建设项目，建设单位应当自建设项目投入试生产之日起 3 个月内，向审批该建设项目需要配套建设的环境保护设施竣工验收。

第二十一条　分期建设、分期投入生产或者使用的建设项目，其相应的环境保护设施应当分期验收。

第二十二条　环境保护行政主管部门应当自收到环境保护设施竣工验收申请之日起 30 日内，完成验收。

第二十七条　违反本条例规定，建设项目投入试生产超过 3 个月，建设单位未申请环境保护设施竣工验收的，由审批该建设项目环境影响报告书、环境影响报告表或者环境影响登记表的环境保护行政主管部门责令限期办理环境保护设施竣工验收手续；

逾期未办理的，责令停止试生产，可以处 5 万元以下的罚款。

2.《建设项目竣工环境保护验收管理办法》(国家环境保护总局令第 13 号)

第七条　建设项目试生产前，建设单位应向有审批权的环境保护行政主管部门提出试生产申请。

对国务院环境保护行政主管部门审批环境影响报告书（表）或环境影响登记表的非核设施建设项目，由建设项目所在地省、自治区、直辖市人民政府环境保护行政主管部门负责受理其试生产申请，并将其审查决定报送国务院环境保护行政主管部门备案。

核设施建设项目试运行前，建设单位应向国务院环境保护行政主管部门报批首次装料阶段的环境影响报告书，经批准后，方可进行试运行。

第八条　环境保护行政主管部门应自接到试生产申请之日起 30 日内，组织或委托下一级环境保护行政主管部门对申请试生产的建设项目环境保护设施及其他环境保护措施的落实情况进行现场检查，并做出审查决定。

对环境保护设施已建成及其他环境保护措施已按规定要求落实的，同意试生产申请；对环境保护设施或其他环境保护措施未按规定建成或落实的，不予同意，并说明理由。逾期未做出决定的，视为同意。试生产申请经环境保护行政主管部门同意后，建设单位方可进行试生产。

第九条　建设项目竣工后，建设单位应当向有审批权的环境保护行政主管部门，申请该建设项目竣工环境保护验收。

第十条　进行试生产的建设项目，建设单位应当自试生产之日起 3 个月内，向有审批权的环境保护行政主管部门申请该建设项目竣工环境保护验收。

对试生产 3 个月确不具备环境保护验收条件的建设项目，建设单位应当在试生产的 3 个月内，向有审批权的环境保护行政主管部门提出该建设项目环境保护延期验收申请，说明延期验收的理由及拟进行验收的时间。经批准后建设单位方可继续进行试生产。试生产的期限最长不超过一年。核设施建设项目试生产的期限最长不超过二年。

第二十二条　违反本办法第十条规定，建设项目投入试生产超过 3 个月，建设单位未申请建设项目竣工环境保护验收或者延期验收的，由有审批权的环境保护行政主管部门依照《建设项目环境保护管理条例》第二十七条的规定责令限期办理环境保护验收手续；逾期未办理的，责令停止试生产，可以处 5 万元以下罚款。

项目试生产 3 个月内要完成项目环境保护竣工验收（逾期不能验收要申请延期验收，但不能超过一年）。超过环境保护部门审批的试运行时不能完成验收的，责令其停止试生产并处罚款等行政处罚。

14.2　项目试生产与环保竣工验收的环境监理要求

为加强建设项目的环境监理工作，适应新时期建设项目环境管理要求，使环境监理更好为建设项目环保“三同时”监督管理服务，为建设项目试生产审查和竣工环保验收提供技术支持，环保部及省、市环保部门近几年来对建设项目环境监理工作提出了具体的规定和要求。

(1) 环保部办公厅环办〔2012〕5 号《关于进一步推进建设项目环境监理试点工

作的通知》中明确规定："建设单位应定期向负责'三同时'监督管理的环境保护行政主管部门报送建设项目环境监理报告，建设项目环境监理报告作为环境保护行政主管部门进行试生产审查和竣工环保验收的重要依据之一"。

（2）环境保护部公告环发〔2009〕150号《环境保护部建设项目"三同时"监督检查和竣工环保验收管理规程（试行）》中第十一条：环境影响评价审批文件要求开展施工期环境监理的建设项目，建设项目建成后，环境监理单位应当编制施工期环境监理报告，作为该建设项目竣工环保验收的依据之一。第十八条：验收监测或调查报告编制完成后，由建设单位向环境保护部提交验收申请。对于验收申请材料完整的建设项目，环境保护部予以受理，并出具受理回执；对于验收申请材料不完整的建设项目，不予受理，并当场一次性告知需要补充的材料。验收申请材料包括：

（一）建设项目竣工环保验收申请报告，纸件2份；

（二）验收监测或调查报告，纸件2份，电子件1份；

（三）由验收监测或调查单位编制的建设项目竣工环保验收公示材料，纸件1份，电子件1份；

（四）环境影响评价审批文件要求开展环境监理的建设项目，提交施工期环境监理报告，纸件1份"。

（3）河南省环境保护厅豫环文〔2011〕121号《关于进一步加强排放重金属污染物建设项目环评管理的通知》明确环境监理：已获得环评批复的排放重金属污染物的建设项目，在建设施工期，必须同步开展环境监理工作，并将环境监理报告作为该项目试生产和竣工环保验收的重要依据之一，否则不予批准试生产。

（4）河南省环境保护厅办公室豫环办〔2012〕18号《转发环境保护部办公厅〈关于进一步推进建设项目环境监理试点工作的通知〉的通知》中，将环境监理与项目试生产和验收管理紧密结合。凡是没有开展环境监理或者没有很好落实环境监理整改要求的项目，将不予批准该建设项目环境保护设施试运行，审批部门不批准"项目竣工环境保护验收"。

（5）河南省环境保护厅豫环文〔2012〕150号《关于进一步规范环境监理工作的通知》明确提出环境监理的起止时间划分：工业类项目环境监理自开工之日起至验收申请批准之日止。环境监理项目的试生产和验收管理：项目建设完成后，建设单位在向审批部门报送试生产（或验收）申请时，必须同时报送环境监理单位编制的"环境监理报告"和项目所在省辖市、省直管试点县（市）环保局对"环境监理报告"的审查意见，对监理工作质量进行评价，明确说明是否具备试生产条件。文件明确将项目试运行期纳入建设项目环境监理实施时间范围之内。

14.3 项目环保验收的程序

项目环保验收程序：项目建成后由建设单位提交试运行申请（并附项目施工期环境监理报告）→环保部门收到试运行申请30日内组织或要委托下级环保部门现场核查，并批复试运行申请→试运行3个月期间内委托有环保部门认可的有相应资质的环境监测或环评单位编制验收监测报告或环保验收调查报告→提交验收申请报告→环保部门30日内组织有关单位完成环保验收。

14.4　项目环保验收应满足条件及提交验收材料

14.4.1　建设项目环保验收材料

（1）建设项目竣工验收的条件应满足《建设项目竣工环境保护验收管理办法》（国家环境保护总局令第13号）第十六条规定的九项内容：

（一）建设前期环境保护审查、审批手续完备，技术资料与环境保护档案资料齐全；

（二）环境保护设施及其他措施等已按批准的环境影响报告书（表）或者环境影响登记表和设计文件的要求建成或者落实，环境保护设施经负荷试车检测合格，其防治污染能力适应主体工程的需要；

（三）环境保护设施安装质量符合国家和有关部门颁发的专业工程验收规范、规程和检验评定标准；

（四）具备环境保护设施正常运转的条件，包括：经培训合格的操作人员、健全的岗位操作规程及相应的规章制度，原料、动力供应落实，符合交付使用的其他要求；

（五）污染物排放符合环境影响报告书（表）或者环境影响登记表和设计文件中提出的标准及核定的污染物排放总量控制指标的要求；

（六）各项生态保护措施按环境影响报告书（表）规定的要求落实，建设项目建设过程中受到破坏并可恢复的环境已按规定采取了恢复措施；

（七）环境监测项目、点位、机构设置及人员配备，符合环境影响报告书（表）和有关规定的要求；

（八）环境影响报告书（表）提出需对环境保护敏感点进行环境影响验证，对清洁生产进行指标考核，对施工期环境保护措施落实情况进行工程环境监理的，已按规定要求完成；

（九）环境影响报告书（表）要求建设单位采取措施削减其他设施污染物排放，或要求建设项目所在地地方政府或者有关部门采取“区域削减”措施满足污染物排放总量控制要求的，其相应措施得到落实。

（2）项目验收须提交的资料根据《建设项目竣工环境保护验收管理办法》（国家环境保护总局令第13号）的第十一条：“根据国家建设项目环境保护分类管理的规定，对建设项目竣工环境保护验收实施分类管理。

建设单位申请建设项目竣工环境保护验收，应当向有审批权的环境保护行政主管部门提交以下验收材料：

（一）对编制环境影响报告书的建设项目，为建设项目竣工环境保护验收申请报告，并附环境保护验收监测报告或调查报告；

（二）对编制环境影响报告表的建设项目，为建设项目竣工环境保护验收申请表，并附环境保护验收监测表或调查表；

（三）对填报环境影响登记表的建设项目，为建设项目竣工环境保护验收登记卡。”

（3）环境保护部公告：环发〔2009〕150号《关于印发〈环境保护部建设项目“三同时”监督检查和竣工环保验收管理规程（试行）〉的通知》的第十八条：“验收

监测或调查报告编制完成后，由建设单位向环境保护部提交验收申请。对于验收申请材料完整的建设项目，环境保护部予以受理，并出具受理回执；对于验收申请材料不完整的建设项目，不予受理，并当场一次性告知需要补充的材料。

验收申请材料包括：

（一）建设项目竣工环保验收申请报告，纸件 2 份；

（二）验收监测或调查报告，纸件 2 份，电子件 1 份；

（三）由验收监测或调查单位编制的建设项目竣工环保验收公示材料，纸件 1 份，电子件 1 份；

（四）环境影响评价审批文件要求开展环境监理的建设项目，提交施工期环境监理报告，纸件 1 份。”

14.4.2　中间交工验收与竣工验收区别

工程验收分为交工验收和竣工验收两个阶段。

交工验收阶段主要工作是：检查施工合同的执行情况，评价工程质量，对各参建单位工作进行初步评价。

竣工验收阶段主要工作是：对工程质量、参建单位和建设项目进行综合评价，并对工程建设项目做出整体性综合评价。

二者明显区别是：时间上交工验收在前，竣工验收在后；从验收主体来说，交工验收由项目法人组织进行，而竣工验收应由政府相关建设主管部门、环境管理部门、质量监督机构、造价管理机构等单位代表组成的竣工验收委员会组织进行；性质上来说交工验收是项目管理机构行为，而竣工验收是一种政府管理机构行为。交工验收是由建设单位对所建设完的工程的使用验收，这个标志着该分部工程、单位工程交付使用的时间；竣工验收是指由国家相关职能部门（环保、质量监督站、消防等）对所完工程的质量认定。这两者是不同部门的验收，前一个是使用单位的行为（这个行为只代表使用单位的意愿而不代表法律效应），后一个是政府职能部门行为，后者具有法律效应。

竣工验收是一项法律制度，《中华人民共和国合同法》《中华人民共和国建筑法》《中华人民共和国环境保护法》《建设工程质量管理条例》对竣工验收已做了明确的规定。为了保证建设工程竣工验收顺利进行，必须遵循项目一次性基本特征，按施工的客观规律和竣工的先后顺序进行竣工验收。在建设工程项目管理实践中，因承包的范围不同，交工的形式也会有所不同。从承包人的角度看，交付竣工验收，意味着项目经理部任务的完成，可以承担新项目。

工程项目的竣工验收是施工全过程的最后一道程序，是建设投资成果转入生产或使用的标志，也是全面考核投资效益、检验设计和施工质量的重要环节。建设工程完工后，承包单位应当按照国家竣工验收有关规定，向建设单位提供完整的竣工资料和竣工验收报告，提请建设单位组织竣工验收。

工程交付竣工验收一般按三种情况分别进行：

1. 单位工程

单位工程（或专业：工程）竣工验收以单位工程或某专业工程内容为对象，独立签订建设工程施工合同的，达到竣工条件后，承包人可单独进行交工，发包人根据竣工验收的依据和标准，按施工合同约定的工程内容组织竣工验收，比较灵活地适应了目前工程承包的普遍性。按照现行建设工程项目划分标准，单位工程是单项工程的组成部分，有独立的施工图纸，承包人施工完毕，征得发包人同意，或原施工合同已有约定的，可进行分阶段验收。这种验收方式，在一些较大型的、群体式的、技术较复杂的建设工程中比较普遍地存在。我国加入世贸组织后，建设工程领域利用外资或合作搞建设的会越来越多，采用国际惯例的做法也会日益增多。分段验收或中间验收的做法也符合国际惯例，它可以有效控制分项、分部和单位工程的质量，保证建设工程项目系统目标的实现。我国近几年来也借鉴了国际上的一些经验和做法，修订了施工合同示范文本，增加了中间交工的条款。新的《建设工程施工合同（示范文本）》（GF—1999—0201）“通用条款”32.6款规定：“中间交工工程的范围和竣工时间，双方在专用条款内约定，其验收程序按本通用条款32.4款办理”。在施工合同“专用条款”中，双方一旦约定了中间交工工程的范围和竣工时间，如群体工程中，哪个（些）单位工程先行交工，再如公路工程的哪个合同段先行交工等，则应按合同约定的程序进行分阶段的竣工验收。

2. 单项工程竣工验收

单项工程竣工验收是指在一个总体建设项目中，一个单项工程或一个车间，已按设计图纸规定的工程内容完成，能满足生产要求或具备使用条件，承包人向监理人提交“工程竣工报告”和“工程竣工报验单”经签认后，应向发包人发出“交付竣工验收通知书”，说明工程完工情况、竣工验收准备情况、设备无负荷单机试车情况，具体约定交付竣工验收的有关事宜。对于投标竞争承包的单项工程施工项目，则根据施工合同的约定，仍由承包人向发包人发出交工通知书请予组织验收。竣工验收前，承包人要按照国家规定，整理好全部竣工资料并完成现场竣工验收的准备工作，明确提出交工要求，发包人应按约定的程序及时组织正式验收。对于工业设备安装工程的竣工验收，则要根据设备技术规范说明书和单机试车方案，逐级进行设备的试运行。验收合格后应签署设备安装工程的竣工验收报告。

3. 全部工程竣工验收

全部工程竣工验收是指整个建设项目已按设计要求全部建设完成，并已符合竣工验收标准，应由发包人组织设计、施工、监理等单位和档案部门进行全部工程的竣工验收。全部工程的竣工验收，一般是在单位工程、单项工程竣工验收的基础上进行。对已经交付竣工验收的单位工程（中间交工）或单项工程并已办理了移交手续的，原则上不再重复办理验收手续，但应将单位工程或单项工程竣工验收报告作为全部工程竣工验收的附件加以说明。对一个建设项目的全部工程竣工验收而言，大量的竣工验收基础工作已在单位工程和单项工程竣工验收中进行。实际上，全部工程竣工验收的组织工作，大多由发包人负责，承包人主要是为竣工验收创造必要的条件。

全部工程竣工验收的主要任务是：负责审查建设工程的各个环节验收情况；听取各有关单位（设计、施工、监理等）的工作报告；审阅工程竣工档案资料的情况；实地察验工程并对设计、施工、监理等方面工作和工程质量、试车情况等做综合全面评价。承包人作为建设工程的承包（施工）主体，应全过程参加有关的工程竣工验收。

14.5 项目试运行与环保竣工验收期的环境监理内容

14.5.1 协助督促业主落实各项环保整改任务

建设项目进入试运行期，已经过环保部门的试运行环保核查，也经过当地环保部门、负责验收环保部门、环保监察单位的现场监督检查，环保部门在试运行核查和监督检查中提出的各项环保整改要求（不管是口头提出的，还是书面提出的，比如排污口进行规范化整治、在线监测的调试完善等），环境监理应逐项列出环保部门提出的整改任务，协助业主或督促施工单位，逐条整改落实到位，确保达到环保竣工验收的要求。

14.5.2 做好试运行期间环保设施运行状况及处理效果监理

建设项目经环保部门核查批准同意试生产后，项目将在不同生产负荷下进行调试生产，直到达到满负荷生产能力。环境监理应做好环保设施在不同生产负荷下的运行情况，尽可能记录治理设施达标效果，特别应关注生产负荷达 75%以上时环保设施运行状况和效果。对不同负荷下环保设施运行出现的问题及时提出解决办法和解决对策。

14.5.3 协助业主完善项目环保工作各项规章制度

充分发挥环境监理人员环保专业技术性强的优势，协助业主建立企业环境管理机构，制定环保工作岗位责任制度，健全企业环保各项规章制度和环保设施操作管理、维修养护管理制度；协助环保设施调试运行，要求环保设备供应厂家培训环保设备的管理人员和操作人员，提交详细可操作的环保设备操作流程和规范，制定完善的操作记录和台账等；协助处理试运行过程中环保设施发生和出现的具体技术问题，确保环保设施正常运行。

14.5.4 积极配合验收监测工作

环境监理人员直接参与了各类环保设施的建设、安装全过程，比较熟悉项目的环保设备情况，应积极主动参与项目环保验收监测方案的编制，制订合理科学的验收监测布点方案等，配合监测人员按规范布点、采样和监测、核实监测工况，对出现异常监测数据进行分析提出整改意见和建议，为项目环保验收提供科学有效的监测数据。

14.5.5 协助业主整理、组织各项环保验收材料

对照建设项目环保验收应具备的九项条件，协助业主逐项核实各项情况落实情况，确保达到规定的要求；帮助企业整理各项环保验收的汇报文字及音像资料。

14.5.6 准备全面的高质量的环境监理汇报材料

试运行期间，要准备所有的环境监理材料，主要包括“施工期建设项目环境监理报告”“试运行期环境监理报告”“建设项目环境监理执行报告”及监理表格、日记、通知单、建议函、阶段性报告、旁站记录等文字和音像资料，准备参加项目竣工环保验收。

14.6 环境监理验收资料与档案资料

14.6.1 环境监理验收材料

建设项目竣工环保验收环境监理应提交业主用于建设项目环保验收的主要材料有：

“施工期环境监理报告”“试运行期环境监理总结报告”和“建设项目环境监理执行报告（PPT 形式汇报材料）”。

14.6.2　环境监理档案资料

建设项目竣工环保验收之后，环境监理材料应整理归档一式两份，并移交建设单位。主要材料包括：环境监理合同书、环境监理实施方案、业务往来函、环境监理工程师通知单、巡查记录、环境监理阶段性报告、建议函、旁站监理记录、工地例会记录、专题报告、施工期环境监理报告、试运行期环境监理总结、建设项目环境监理执行报告及所有音像资料、图表等。

思考题

1. 什么是建设项目环境保护竣工验收制度？其主要法规依据是什么？
2. 项目环境保护竣工验收的程序是什么？应提交哪些材料？
3. 中间交工验收和竣工验收有何区别？单位工程验收、单项工程验收和全部工程验收有何不同？
4. 项目试运行与环保竣工验收期环境监理工作内容有哪些？

第 15 章　运营期环境监理

15.1　重金属污染治理工程项目特点

15.1.1　项目为非营利的公益性

重金属污染治理工程项目是指为了实现社会目标和为社会公众提供产品或服务的非营利投资项目。污染治理工程项目公益性的显著特点是为社会提供的服务和使用功能不收取费用或只收取少量的费用，不以营利为目的。污染治理工程项目是服务于社会的，以谋求社会效应为目的的，一般具有规模大、投资多、受益面宽、服务年限长、影响深远等特点的环保项目。因此，重金属污染治理工程项目最大的特性是非营利的公益性。

15.1.2　管理模式为特许经营

一般污染治理工程项目都采取特许经营，而 BOT 是最常见的特许经营方式，BOT 是“build-operate-transfer”的缩写，意为“建设-经营-转让”，是私营企业参与基础设施建设，向社会提供公共服务的一种方式。我国一般称其为“特许权”，是指政府部门就某个基础设施项目与私人企业（项目公司）签订特许权协议，授予签约方的私人企业来承担该基础设施项目的投资、融资、建设、经营与维护，在协议规定的特许期限内，这个私人企业向设施使用者收取适当的费用，由此来回收项目的投融资，建造、经营和维护成本并获取合理回报；政府部门则拥有对这一基础设施的监督权、调控权；特许期届满，签约方的私人企业将该基础设施无偿或有偿移交给政府部门。例如城市生活污水处理厂、城市生活垃圾填埋场、重金属污染场地修复项目等多采用特许经营。

BOT 模式具有以下特点：

（1）项目发起人对项目没有直接控制权，在融资期间也无法获得任何经营利润，只能通过项目的建设和运行获得间接的经济效益和社会效益。

（2）由于采用 BOT 模式融资的项目涉及巨额资金，又有政府的特许权协议作为支持，投资者愿意将融资安排成为有限追索的形式，在项目中注入一定的股本资金，承担直接的经济责任和风险。

（3）通过采取让本公司或外公司筹资、建设、经营的方式来参与基础设施项目，项目融资的所有责任和风险都转移到项目公司，这样可以减轻政府财政负担，同时又有利于提高项目公司的运作效率。

15.1.3　投资大、风险大、影响大

在特许经营的管理模式下的项目，一般具有投资大、风险大、影响大的特点。

1. 政府面临的主要风险

（1）当政府对环境基础设施的市场潜力和价格趋势把握不清时，可能对投资者盲目承诺较高的投资回报率，加大居民和政府负担。

（2）如果政府管制不佳，容易造成民营企业的不规范参与和竞争，甚至造成私人的垄断经营，将损害社会公平，并使得政府丧失控制权。

（3）少数不具备资金和技术实力的环保企业，为在建设期获得巨额收入，不顾建设质量和建成后的运行状况，采用不成熟的工艺技术和设备，把设施的运营风险全部留给项目本身，实际上是留给了政府。

2. 项目公司面临的主要风险

（1）政府不讲信誉和政策不稳定，它是民营企业介入环境基础设施领域的最大障碍和风险。

（2）项目设计和建设中的风险，包括项目设计缺陷、建设延误、超支和贷款利率的变动。

（3）项目投产后的经营风险，包括项目特有技术风险和价格风险等。

15.1.4　比一般项目更严格的管理程序

由于污染治理项目的特殊性，它比一般工程在目标实现方面更加严格要求实现工程质量目标、工程进度目标、成本控制目标、安全管理目标、文明施工目标，为了完成这些目标，就需要有严格的管理程序做保障。包括：工程项目管理总流程、招标工作程序、监理工作程序、质量控制程序、进度控制程序、成本控制程序、重要材料控制程序、设计变更程序、隐蔽工程验收程序、竣工验收程序、合同管理程序、信息资料管理程序。

15.2　重金属及危险废物处置场所的环境监理

15.2.1　危险废物处理处置工程规划与设计原则

根据重金属危险废物具有毒性、反应性、污染性等危险特性，在处置场所选址应考虑如下原则：

（1）对危险废物的收集运输、计量、鉴别、暂存、处理、处置全过程实行监控，危险废物的收集、运输原则上应由处理处置单位统一负责，对其危险特性实施严格控制。

（2）功能齐全、综合配套，按照工程建设内容兼顾当前和今后发展，一次性规划，分期分步实施。功能齐全、综合配套有利于处理处置设施集中、提高处理处置和管理水平，减少不同处理设施之间物料转运量，利于废物流的顺畅，降低成本。危险废物产生量及其种类、成分随着政府部门的立法和执法程度、产生危险废物企业的减废计划、工艺转型、自行处理实施、区域经济和产业结构调整、危险废物处理处置单位之间的市场竞争等因素的变化而变化，因此处理处置工程应采取一次规划，以保证工程总平面布置的紧凑、合理，物流顺畅，操作安全；初期建设规模不宜过大，可根据生产过程中废物的变化情况分期分步调整处理处置规模，尽量减小建设和营运风险。

（3）技术先进性、可靠性与经济合理性相统一。在“用者自付”的市场机制下，必须就每一废物种类选择投资和运行成本较低的处理方法，一般来说，不同的危险废物处理设施的成本由低至高依次为安全填埋、生物处理、稳定化/固化处理、物理/化学处理、高温焚烧。

（4）充分考虑危险废物处理处置的特殊性，加强劳动保护、安全卫生、消防和环境保护措施，提高机械化、自动化水平。

（5）危险废物处理处置工程设施配置规划。

一个功能相对齐全的现代化危险废物综合处理处置工程一般具有管理、收集运输、计量鉴别、暂存交换、综合利用和处理处置等功能。根据国内外危险废物处理处置工程的运行实践，危险废物综合处理处置工程一般由以下设施组成：①管理中心、研究开发中心；②废物收集运输设施；③计量、鉴别、暂存交换设施；④综合回收利用设施；⑤物理/化学处理设施；⑥焚烧设施；⑦稳定化/固化处理设施；⑧废水处理设施；⑨安全填埋场；⑩与上述设施配套的其他公用、辅助设施。

15.2.2 重金属危险废物处置场所环境监理内容

在建设重金属危险废物处置场所建设过程中地面需要做防腐防渗防雨处理，所有场所的建设应满足设计要求，在运营期间监理机构对这些场地的使用情况、重金属危险废物堆放场的渗滤液回收情况、底部防腐防渗和顶部防雨情况，不间断地进行检查，发现问题及时处理。

环境监理内容主要包括：重金属危险废物是否满足规范要求；渗滤液排水、粉尘及收集系统是否安全正常运行；绿化隔离带的保护；每日覆盖是否及时进出口道路通畅情况；是否有醒目的标志牌和交通路线引导牌；对管理人员专业培训状况。

重金属危险废物处置场所环境监理内容见表 3-15-1。

表 3-15-1　环境监理对处置场所的控制情况一览表

编号	目标要求	监理控制目标工作内容
1	“三防”措施	硬化，喷淋，彩条布覆盖
2	标示标牌	安全生产标语、环保标语、规章制度
3	场地管理人员培训	安全生产与文明施工法规培训、环保法规培训
4	场地日常清洁	产地清洁，无重金属污染物乱放

15.3 危险废物运输及安全填埋环境监理

15.3.1 危险废物运输环境监理内容

危险废物的运输根据国家相关要求危险废物运输、严格执行《危险废物转移联单管理办法》，环境监理单位现场对五联单制度进行监督，签验，做到每次运输均有据可查，数据清晰。

环境监理对危险废物运输管理具体要求如下：

（1）危险废物运输需持有管理部门颁发的许可证，运输人员必须通过培训才能上岗。

（2）采用危险废物专用车辆运输，运输车辆应有明显的标志或适当的危险符号，以引起关注；运输车辆覆盖抑尘布、出场冲洗车轮等，以防二次污染。

（3）危险废物运输事先需做出周密的运输计划和行驶路线，并制订有效的废物泄漏情况下的应急计划。

（4）运输车上应附带所运输废物的来源、废物成分、危险特性、应急方法、联络人员单位和联系电话等资料，并配备急救药品、工器具等，有条件的可配备 GPS（全球卫星定位系统），以备发生事故时及时抢救和处理。

（5）装载危险废物的车辆不得在居民聚居点、行人稠密地段、政府机关、名胜古迹、风景游览区停车，如必须在上述地区进行装卸作业或临时停车，应采取安全措施并征得当地有关部门同意。

（6）对处置后的危险废物监理单位也提出了量化运输的要求，对每天运输车次和运输去向做到了有据可查。

15.3.2 安全填埋场建设环境监理

安全填埋场施工顺序一般为：场地清理、场底排水涵洞修建、场底及边坡粗平、地下水排水系统铺设、防渗层铺设及渗滤液收集系统设置、分区坝堆筑及临时入场道路修建、危废入场填埋、封场覆盖。安全填埋场建设环境监理的重点在于底排水涵洞修建、场底及边坡粗平、地下水排水系统铺设、防渗层铺设及渗滤液收集系统等配套设施按设计要求施工。

监理单位采用隐蔽、分部分项及单位工程预验审批制动。在施工过程中，每一道工序完成后，施工单位必须在自检合格的基础上，填写《工程报验单》，报监理工程师检验，合格后方能进行下道工序施工。工程完工，施工单位自检合格后报监理单位《工程竣工预验报验单》。

安全填埋场建设环境监理重点对于隐秘工程的监理，采取旁站的监理方式进行监理，及时做好隐蔽工程验收。

安全填埋场的防渗等级的要求高，一般情况都需采用双重防渗层系统才能满足要求。且 HDPE（高密度聚乙烯）防渗膜的厚度要求都在 2.0 mm 以上。

15.3.3 处理后安全填埋环境监理

监理单位结合业主要求对填埋区的防渗处理、不同处置单位分区填埋、填埋场进出口道路通畅情况、是否有醒目的标志牌和交通路线引导牌、对填埋场管理人员专业培训及填埋场洒水抑尘工作进行监督管理，同时对项目处置后危险废物在填埋场填埋质量进行抽样检查。

项目防渗要求满足国家对一般工业固废处置场的要求，承建单位必须做到分区填埋和压实等污防措施落实到位。

处理后，安全填埋环境监理对填埋场安全填埋的具体控制措施见表 3-15-2。

表 3-15-2　环境监理对填埋场安全填埋的控制情况一览表

编号	目标要求	监理目标控制工作内容
1	填埋区防渗	HEPD 膜
2	物防措施	进填埋场车辆覆盖，降雨天降水处置
3	填埋场质量抽查	不定时对填埋场产区抽查

15.4　运营期投资、质量、进度的控制

15.4.1　重金属危险废物解毒质量控制

（1）审批承包人提供的施工组织设计和施工方案：依据技术规范说明本项工程的质量控制指标及检验频率和方法；说明材料、设备、劳力及现场管理人员等项的准备情况，提供标准试验、自检等必要的基础资料。

（2）审批承包人提供的质量保证体系：是否按合同要求承包人建立一个完整的以自检为主的质量保证组织体系。

（3）检查承包人的进场材料：在材料或商品构件订货之前，要求承包人提供生产厂家的产品合格证书及试验报告，必要时监理人员还应对生产厂家的设备、工艺及产品的合格率进行现场调查了解，或由承包人提供样品进行试验，以决定与否同意采购。材料或商品构件运入现场后，应按规定的批量和频率进行抽样试验，不合格的材料或商品构件不准用于工程，并由承包人运出场外。

（4）检查承包人的试验室。

（5）采取质量监理的手段（跟踪监理措施）：

1）旁站及巡视：施工过程中对重要的工序实施旁站监理，检查承包人是否按批准的方案、技术规范施工；对一般施工工序采取不间断的巡视检查。

2）试验：当对某些工序有怀疑时，监理工程师可要求抽样试验检查，承包人应与配合。

3）指令及通知：承包人和监理单位的往来，应以书面文字为准，监理工程师通过书面指令及通知指出施工中发生或可能发生的问题，提请承包人改正或重视。

4）工地会议：不定期召开工地会议，协调各方工作。

在施工中，监理人员要抓住“检查”这个环节，尽可能增加检查时间，加密检查点，使检查工作达到一定的广度和深度，做到“防患于未然”。监理人员应对施工全过程进行检查、监督和管理，制止影响工程质量的各种不利因素（对已出现的质量问题，要及时责令承包人处理改正），使承包人提交的工程项目符合合同要求、设计图纸、技术规范、使用要求和验收标准。

15.4.2　重金属污染综合治理进度控制

认真审核承包商的进度计划及各专业工程的进度计划，提出审核意见，确保各专业进度的安排、衔接科学合理，阶段进度计划符合甲方要求。针对各专业特点，认真分析影响工期目标的因素及关键环节，重点布控，及时和施工单位协调，确保重金属

污染综合治理的进度目标的实现。

根据进度控制的阶段可划分为：事前控制、事中控制和事后控制。

1. 事前控制

（1）专业监理工程师编制进度控制实施细则，报总监批准。

（2）总监负责审核施工单位提交的施工总进度计划，并作为今后工程进度控制的依据。

（3）专业监理工程师负责审核施工单位提交的单位工程施工进度计划。

2. 事中控制

（1）专业监理工程师负责检查和审核施工单位提交的进度统计分析资料和进度控制报表。

（2）专业监理工程师负责做好工程进度记录，填写《监理日志》。

（3）专业监理工程师负责将进度计划与实际进度比较。并分析进度偏差产生的原因，提出就骗措施。

（4）总监通过工程例会、监理月报和监理专题报告向业主汇报工程进度实际进度情况。

（5）总监负责组织现场会议，通报分析工程进度状况，并协调有关方面的生产活动，确保工程按照原定计划完成进度目标。

3. 事后控制

（1）总监负责组织验收工作。

（2）专业监理工程师负责整理工程进度资料，按照相关要求归档整理。

（3）根据实际施工进度，总监负责修改和调整验收阶段进度计划及监理工作计划，以确保下一阶段工作的顺利开展。

15.4.3　重金属治理专项资金的使用控制

（1）阶段资金使用计划：严格审查运营商提交的工程款支付申请书，坚持按合同支付工程款，做到不多付，不少付，不重复付。坚持实事求是，对于工程未完成部分及不合格部分不予签付工程款。

（2）对报验资料不全、与合同文件的约定不符，未经监理工程师质量验收合格或有违约的工程量不予计量和审核，拒绝该部分工程款的支付。

（3）合理、公正的处理由于工程变更和违规索赔引起的费用增减。

（4）对于有争议的工程量计量和工程款支付，应采取写上的办法确定，在协商无效时，可执行合同争议调解的基本程序。

（5）对工程量及工程款的审核应在施工合同所约定的时限内。

（6）工程量的确认要经过实测实量，保证所有的签证经得起推敲。

15.5　填埋场封场环境监理

15.5.1　填埋场封场程序

（1）施工单位在填埋场封场前，自行组织有关人员进行检查验收，并向业主单位和监理单位申请封场报告。

（2）监理单位及时组织专业监理工程师进行封场预验收，达到设计和合同约定的质量标准，监理单位应及时向业主单位提交封场报告。

（3）业主单位收到封场报告后，应组织勘察、设计、施工、监理等单位和其他相关方面的专家组成验收组，制定封场方案。

（4）封场方案完成后，施工单位按照该方案完成封场工程。

15.5.2 填埋场封场环境监理

填埋场封场环境监理应按照以下要求进行监理：

（1）封场工程前应根据设计文件或招标文件编制施工方案，准备施工设备和设施，合理安排施工营地和施工时间。

（2）施工单位应制定封场工程施工组织设计，并应制定封场过程中发生滑坡、火灾等意外事件的应急预案和措施。

（3）施工人员应熟悉封场工程的技术要求、作业工艺等。

（4）场区内运输，理应符合现行国家标准《工业企业厂内运输安全规程》GB—4387的有关规定，应有专人负责指挥调度车辆。

（5）封场作业时，采取防止施工机械损坏防渗层、渗滤液导流管等设施的措施。

（6）封场工程中采用的各种材料应进行进场检验和验收，必要时进行现场试验。

（7）封场工程完成后，编制完整的竣工图纸、资料，并按国家现行相关标准与设计做好工程验收和存档工作。

（8）环保监测安全填埋场在运行过程中应设置监测点，主要监测地下水，监测因子主要为pH、高锰酸盐指数、总硬度、溶解性总固体等。监测点的布设及监测计划：在填埋场的周边应设置地下水监控井，在地下水流向上游设置对照井，下游设置污染监控井，在最可能出现扩散污染的渣场周边设置污染扩散监控井。每季1次，每次两天，定期监测地下水质。如发现防渗功能下降，应及时采取必要措施。

（9）进行安全填埋前，应制订详尽的填埋计划，做到在操作上必须严格限定入场处置的废物，进行分区、分单元填埋及每天压实覆盖。

思考题

1. 重金属污染治理工程项目有何特点？在特许经营模式下，政府与项目单位各有什么风险？

2. 重金属危险废物无害化处置场所环境监理内容有哪些？危险废物道路运输环境监理内容有哪些？

3. 安全填埋场建设和安全填埋过程要不要环境监理？应该如何监理？

4. 重金属污染物处置运营期如何进行质量、进度、费用控制？

5. 环境监理在安全填埋封场时应注意哪些问题？

第 16 章　涉重金属污染项目环境监理

16.1　有色金属矿采选业项目环境监理

16.1.1　金属矿采选对环境的污染和生态破坏

（1）影响地表水。金属矿尤其是有色金属矿，多数埋藏较深，多采用地下开采方式开拓。在进行金属矿产开采过程中，或多或少会出现矿井（坑）涌水，为保证正常开采和通风，必须将涌水不断排入地表。矿井涌水中含有可溶性金属无机盐和金属悬浮物，虽可达标排放，但在排入地表水体后，由于自然蒸发、干旱等情况可能导致地表水体金属污染物超标。由于大量抽排地下水，导致地表水体下渗速度加快，甚至是地表水体消失，地表饮用水源枯竭，造成当地人畜饮水困难。

被污染的地表水体被人和牲畜长期饮用后可能导致金属中毒。经地表水体内生物作用逐渐富集，人食用鱼虾和用矿井水灌溉的农作物等也可能导致体内金属离子超标，长期食用可能导致重金属疾病、癌症甚至死亡。

（2）影响地下水。随着矿井向地下的深入，矿井涌水量会逐渐加大，造成区域地下水漏斗加剧。大量抽取地下水将造成矿区周围浅层地下水真空地带，地下水水源枯竭，严重影响周边农业和居民用水，造成粮食减产或绝收，以至于村庄搬迁及人口迁出等。

（3）粉尘影响。在采矿过程中尤其是露天开采，爆破形成大量含金属的矿物粉尘，直接排放到大气中。车辆运输道路扬尘、运输抛洒粉尘、废石（尾矿）堆场扬尘和破碎筛分粉尘等排放到大气中，不仅对工人和附近村民身体造成危害，而且造成区域大气指标超标，空气质量变差。

（4）矿区地表沉陷。地表沉陷是矿产开采造成的环境问题之一。地下开采，破坏了岩体内部原有的力学平衡，使岩体发生位移、变形，岩体的完整性受到破坏而引起地表沉陷。地表沉陷导致相应范围内地表铁路、公路、民居等建(构)筑物发生变形，甚至遭受严重破坏；使农田高低不平，灌溉设施失效，影响农业生产；改变水体形态，污染水源，严重时威胁井下生产和工人的安全。开采范围越大，开采层数越多，其影响后果也越严重。

（5）露天开采占地。矿藏露天开采的环境影响，主要是大量占用草场、农田、林地等，使地貌形态改变，造成植被破坏，影响生态平衡；同时露天开采加剧矿区土质的风化侵蚀。

（6）选矿厂排水。原矿石经过破碎筛分、分级、富集和脱水等加工后会形成选矿废水，废水的主要污染物是金属矿尾矿、杂质悬浮物，其他有害物质主要受选矿加工过程中添加物的影响，如氰化物、黑药、黄药、金属和类金属离子等。若不进行治理，大量悬浮物流入水域，可能淤塞河道，遮蔽水底，妨害水中栖息的生物，排放水也大大影响景观。

选矿过程中如果尾矿库或污水处理系统故障，导致废水泄漏，废水中的金属离子和选矿过程中使用的药剂将会对地下水和地表水造成污染，如污水出境将可能造成国际争端。

（7）废石。在金属矿开发和选矿过程中要产生大量废石和尾矿，给环境带来的影响主要表现为侵占土地，影响生态平衡；废石崩落或尾矿库溃坝造成环境风险事故；重金属和类金属废石造成的重金属和类金属离子水污染等。

（8）区域环境和气候影响。大量抽排地下水，造成地下水和地表水枯竭，导致草场退化，植被死亡，影响蒸发和降水平衡。加剧区域干旱程度，严重的会导致局部荒漠化。在云贵地区，由于地质原因，爆破操作极易引起采空区发生山体滑坡、泥石流、崩塌等地质灾害，甚至是地震灾害。

16.1.2 采选方式、尾矿库、运输道路及其他环境监理

一、采选方式环境监理要点

1. 施工期环境监理要点

（1）施工现场现状调查：

1）项目进度情况及工程进度总体安排。

2）环保措施的落实情况及其与环评报告书和批复文件的符合性。

3）环保工程项目进度调查统计。

4）存在或已出现的环境问题。

（2）生态环境保护与修复：

1）严格控制临时用地选址和数量，严格限制用地范围，尽量减少临时占地，施工结束后对临时用地实施绿化或土地复垦措施；对输水管线、输电线路临时用地实施绿化或复垦措施。

2）露天矿外排土场剥离的表土、井工矿废石堆场清基的表土储存点的防护措施。表层熟土应剥离保存供后续绿化、复垦利用。

3）井工矿井巷掘进废石的处置措施，并做好建设期土石方平衡调配。

4）废石堆放场的边坡防护、拦挡措施及后期绿化。

5）主要工业场地、井场、站场、进场道路等绿化措施。

6）道路、工业场地、废石堆场施工的边坡处置和防护措施。

7）生态环境保护意识的教育。

（3）水污染控制：

1）设沉淀池对施工生产的废水进行收集，沉淀处理后回用于施工环节中。

2）施工人员集中居住地设防渗厕所，并定期清理污物外运用作农肥，食堂污水和洗漱水收集处理后回用于施工及降尘。

3）采取科学合理的施工技术减小井筒施工范围，地下涌水引入地面生产系统沉淀池处理后回用于施工。

4）露天矿剥离时的疏通排水经沉淀处理后回用。

5）地下水的保护措施。

A. 井工矿：采取科学合理的施工技术减小井筒施工地下涌水渗出量（如在不良地

质及含水层段，采取冻结法等施工工艺，以减少岩体力学性质发生突变的可能性和非矿系地层含水层的疏干水量）；井巷施工中所揭穿的含水层需采用隔水性能良好且毒性小的材料及时封堵；施工过程中所产生的淋水必须排入地面场地集水池中与施工废水一并处理后回用，防止入渗污染地下水；考虑施工区井下作业产生的生活污水，应配置满足要求的环保厕所。

B. 露天矿：矿坑涌水经处理后回用，多余矿坑水达标排放，防止污染地下水；对矿田内村庄居民水井进行长期跟踪监测，根据村庄实际用水情况制订供水方案，一旦采矿影响到矿田内村庄居民的用水，需及时采取措施。

（4）大气污染控制：

1）合理安排施工工期，避免在大风天气施工。

2）对施工现场及运输道路要及时清理，定时洒水，保持清洁和相对湿度。

3）土石方挖掘完后，要及时回填，防止扬尘及水土流失。

4）对堆放的建筑材料设置临时工棚并苫盖。

5）施工队伍临时锅炉设置除尘器，保证锅炉烟气达标排放。

6）运输车辆限速并不得超载，运输沙石、水泥等散装物料的车辆必须加盖篷布，防止物料在运输过程中抛撒，并控制运输车辆的车速，减少交通扬尘。

7）散装物料装卸应尽可能降低落差、轻装慢卸，车辆上应覆盖篷布；车辆出工地前应尽可能清除表面黏附的泥土等。散装易起尘物料应尽可能避免露天堆放，若露天堆放应加以覆盖。

8）施工场地、施工道路适时洒水，及时清扫道路，碾压或覆盖裸露地表。临时用地使用完毕后应恢复植被。弃土尽可能堆放在背风坡，采取临时覆盖或洒水措施，以减少风蚀。

9）水泥搅拌场地，在场地选址时，尽量远离居民区，并使其位于居民区下风向。

10）施工过程中采用的炉灶应符合环保要求。

（5）噪声污染控制：

1）选择性能良好且低噪声的施工机械。

2）加强管理，文明施工；合理安排施工时间，禁止夜间施工和打桩作业。

3）涉及距离较近的敏感点，采取设置隔音屏障等防护措施。

4）露天矿禁止夜间爆破。

5）监测周围敏感对象的声环境质量；对高噪声环境作业人员配备防噪劳保用品。

（6）固体废物环境污染控制：

1）施工期土石方平衡。

2）地基开挖弃渣、建筑垃圾与井巷工程产生的废石以及露天矿施工期的剥离土石等，应按规定集中收集后排入废石堆场覆土绿化，或在外排土场合理堆弃，并采取相应的生态恢复措施。

3）废石达到相应条件时可以用于建材或铺路，实现资源综合利用。

4）井巷掘进废石可用于工业场地填方，不能及时利用的，堆存于临时废石场。

5）临时废石场堆放废石时应分层碾压、覆盖黄土，防止下沉和滑坡。

6）生活垃圾应在易于收集的专门场所设置专用的收集设施，收集后交由当地环卫部门处置。

（7）注意对以下重要环境保护目标的保护措施：

1）自然保护区、风景名胜区、集中饮用水水源保护区、文物保护区的避让措施。

2）施工营地、施工道路等对环境敏感点的避让措施。

3）工程占地范围内名木古树的保护或移栽。

2. 环境污染防治设施建设环境监理要点

（1）大气污染防治设施：

1）关注工程设计确定的能源利用方式。

2）锅炉烟气、加热炉烟气净化设施的设计规模、处理工艺、处理效率等与环境影响评价文件及审批文件要求的符合性。锅炉房、热风炉房烟囱高度、在线监控系统的设计和建设情况。

3）露天矿采掘场开挖、爆破及运输道路抑尘措施。

4）项目原矿的储存方式，粉尘污染防治措施。

5）主要地面选矿设施和矿石输送系统粉尘无组织排放控制措施的设计和建设情况。

（2）水污染防治设施：

1）工业场地、风井场地、废石堆场、尾矿库排水系统的设计和建设情况，查阅、标识主要工业场地排水管网图。

2）各种用水、排水处理设施的数量、种类。

3）项目建设的各种废水处理设施的设计处理能力、处理工艺、处理效率等与环境影响评价文件及审批文件要求的符合性（污水处理系统图）。

4）污、废水处理设施的落实情况。

5）项目水综合利用和节水措施、在线监测装置、排污口的规范化设置的设计和建设情况

6）选矿厂尾矿库渗水收集及综合利用措施。

（3）噪声控制措施：

1）主要噪声控制措施、防治效果的设计情况，与环境影响评价及批复文件的符合性。

2）主要噪声源的污染控制设施的建设情况。

（4）固体废物处理与处置设施：

1）主要固体废物来源、种类（危险废物、一般固体废物、生活垃圾）、数量。

2）固体废物污染控制设施建设数量、处理与处置方案（包括危险废物、固体废物和生活垃圾收集和临时储存设施、永久性储存措施等）的设计情况，与环境影响评价文件及批复文件的符合性。

3）废石场、尾矿库建设地点、建设规模、拦渣坝、导排水设施等的设计和建设情况。

4）废石、尾矿、锅炉炉渣、矿井水和矿坑水处理站污泥、生活污水处理站污泥等固体废物的综合利用情况。

（5）环境风险防范设施：

1）废石堆场、尾矿库溃坝等主要环境风险事故的确定。

2）事故风险防范措施、环境应急设施的设计与环境影响评价文件及批复文件的符合性。

3）事故风险防范措施，包括矿井水处理站的事故池、选矿水闭路循环系统事故、废石堆场和尾矿库溃坝环境风险防范措施。

4）环境风险应急措施，包括应急物资、设备的储备设计和建设情况。

5）环境风险应急预案的编制及在当地环保部门的备案情况。

（6）生态保护与修复设施及其他：

1）工业场地、井场、站场以及进场道路等的绿化方案设计和建设落实情况。

2）废石堆场、尾矿库的土地复垦绿化设计情况。

3）受地表沉陷影响土地的复垦措施;项目占用耕地、林地的异地补偿措施落实情况。

4）井田内受保护的村庄、河流及地表建、构筑物的矿柱留设情况，关注井田矿柱留设图。

5）废石堆场、尾矿库等防护距离范围内居民搬迁安置、金属矿首采区居民搬迁安置落实情况。

二、尾矿库环境监理要点

（1）取、弃土（渣）场的选址，总体上应以“工程合理、安全可控、因地制宜、保护环境”为原则。

（2）尾矿库设计方案是否通过相关部门审核批准。

（3）尾矿库施工前后文字、影像资料记录保存，对可恢复的临时用地可作为后期恢复依据。

（4）检查剥离表土是否按要求单独堆存。

（5）核查尾矿库的位置、面积及防渗情况；运输便道位置、长度和宽度是否符合设计和批复要求。

（6）检查尾矿库挡护工程措施落实情况，是否先挡后弃。

（7）对采用浮选工艺的选矿厂尾矿库，要检查集水井、排水管道、雨污水收集池等是否按要求建设，建设位置、尺寸、容量等是否符合设计及批复要求。

（8）检查尾矿库防雨、防洪和排水设施建设情况。

（9）禁止尾矿、废石等向洞口、水体、山涧等处随意堆弃和无序倾倒。尾矿、废石不得弃入或侵占耕地、渠道、河道、道路等场所，必须运至指定的弃渣场。

（10）检查尾矿、废石等在尾矿库内是否按环评和设计要求分层堆放，逐层压实。

（11）监督核查尾矿库位移在线监测装置安装情况。

（12）督促检查建设方尾矿库是否设置专人负责及人员巡视情况。

（13）施工期结束后，检查尾矿库修正、清理和生态恢复情况。

三、运输道路环境监理要点

（1）运输道路的开辟和修筑以及运输车辆的行驶会破坏地表植被，包括耕地、园地、林地以及牧草地等。为此，应规划好运输道路的路线走向，以减少植被破坏为首要原则，尽量利用现有乡村道路、机耕道；新建道路必须绕开各种生态敏感点（区），在满足工程需求的情况下尽量控制道路宽度，减少扰动范围。

（2）对于运输道路边界上可能出现的土质裸露边坡，应进行边坡植草防护，增设排水沟；在气候条件恶劣地区，应有防止土壤侵蚀的工程防护措施，以防止土壤的自然侵蚀。

（3）运输道路上载重汽车来往频繁，容易损坏，应及时修补保持平整，设立运输道路养护、维修专职人员，随时保持运行状态良好，减少扬尘污染。

（4）运输车辆行驶产生的扬尘影响植物（作物）正常的繁殖和发育过程，应通过路面硬化处理以及定期清扫、洒水抑制扬尘的发生，路面应始终保持湿润。对运输车辆要求限速行驶，在主要环境敏感点附近，行驶时速宜控制在 15 km/h 内。施工废气、粉尘排放应当符合国家规定的《环境空气质量标准》（GB 3095—2012）。

（5）施工噪声应当符合国家规定的施工场界排放标准［该阶段施工场界噪声的限值为昼间 75dB（A），夜间 55dB（A）］。居民区附近禁止在夜间进行运输道路的施工作业，必要时应报当地环保部门批准，并公告居民，才能作业。

（6）对前期基建完工后要继续使用的运输道路要按永久工程设计施工，并做好边坡防护、排水工程。

（7）施工结束后，必须恢复临时运输道路用地的原土地利用功能。对现场初始的地形地貌、地表植被等自然特征应有客观的文字描述和完整的影像记录，以作为将来进行恢复的依据。

四、其他环境监理

1. 宣传

参与项目建设活动相关人员的生态环境保护意识的高低直接影响施工过程环境保护工作成效，因此提高项目参建单位相关人员的环境保护意识十分重要。环境监理机构作为一个重要的服务平台，应通过宣传培训提高参建人员的生态环境认知水平，促使各参建单位积极主动地做好工程建设中环境保护工作。

环境监理单位在开展宣传工作时应着重三个宣传对象：一是业主，通过宣传征得业主认同项目环境监理念和要求，使其支持环境监理工作；二是其他监理，通过宣传取得其他监理部门的协作与配合，在实现工程环境保护目标过程中发挥其应有的作用；三是施工单位，通过宣传使施工单位树立工程建设的综合效益观，认识到生态环境保护是矿山工程建设的重要内容，从而规范施工行为，克服困难，认真完成环境监理所要求的工作和任务。

宣传的内容还要包括施工期环保知识和环境保护法律法规、政策以及典型案例等。

宣传的途径可以通过召开工地会议时发放书面宣传材料、制作宣传标语以及施工现场环境保护警示牌、组织开展环境保护知识讲座、考试问答和竞赛等多种形式。

2. 环境监测

环境监理机构在监理过程中应配备熟练掌握常规监测知识的环境监理人员，以便在环境监理过程中根据天气、施工条件变化及时进行监测，获取污染物实施排放的浓度数据，通过现场观察和数据分析，及时、准确地发现项目施工过程中所产生的污染物对环境的影响。环境监测作为环境保护必不可少的基础性工作，在实践中常被形象地称作“环境保护的眼睛”。

施工期环境监测的目的就是及时、准确地掌握工程建设活动对环境影响的程度及趋势，是环境达标监理的主要依据。用数据说话使环境监理所提整改措施有据可依，有效地控制施工对周围环境的不利影响，使周围环境各种污染因子达到环保标准要求。

通过开展施工期环境监测，一方面，环境监理人员在工作过程中更易于客观地、定量化地监督施工单位减少施工建设对环境的影响，也有利于环境监理人员提早发现一些潜在的环境问题，避免施工过程中环境污染事件的发生；另一方面，环境监理人员通过先进的监测仪器对水环境、空气环境和声环境进行现场监测，经监测结果分析调查提出相应的环保处理措施和解决办法，使施工人员更能直观地认识到环境问题的客观存在和环境保护工作的重要性，诚心诚意地接纳环境监理工程师提出的意见和建议。

16.2　有色金属冶炼及压延加工业项目环境监理

16.2.1　有色金属冶炼及压延加工业项目工艺流程

重有色金属冶炼工艺较多，对有色金属冶炼项目环境监理首先应了解相应的冶炼工艺流程，常见的工艺流程如下：铜火法冶炼工艺流程、海绵镉真空精炼工艺流程、威尔兹法生产氧化锌工艺流程、湿法炼锌工艺流程、全湿法处理铅阳极泥回收金银工艺流程等，如图 3-16-1～图 3-16-5 所示。

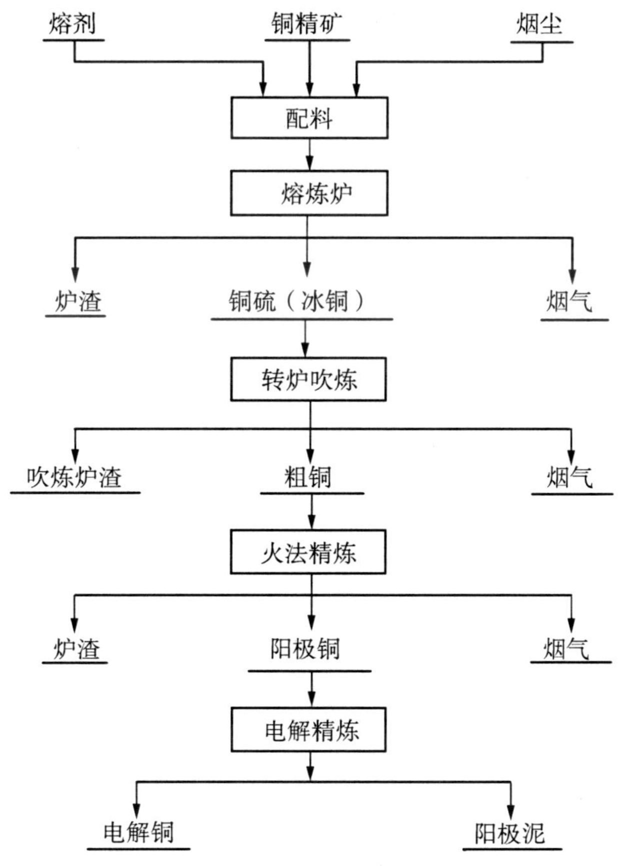

图 3-16-1　铜火法冶炼工艺流程

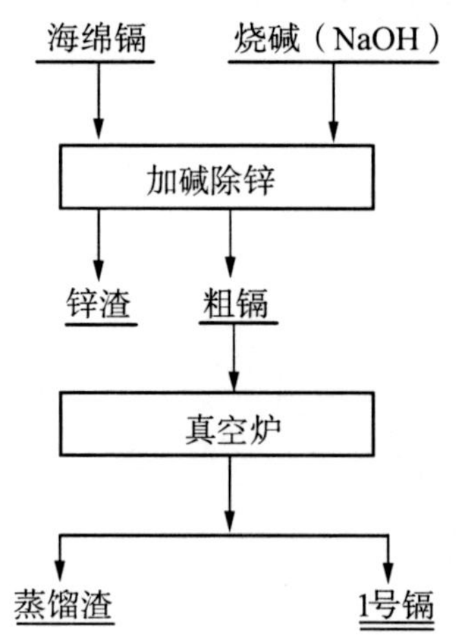

图 3-16-2　海绵镉真空精炼工艺流程

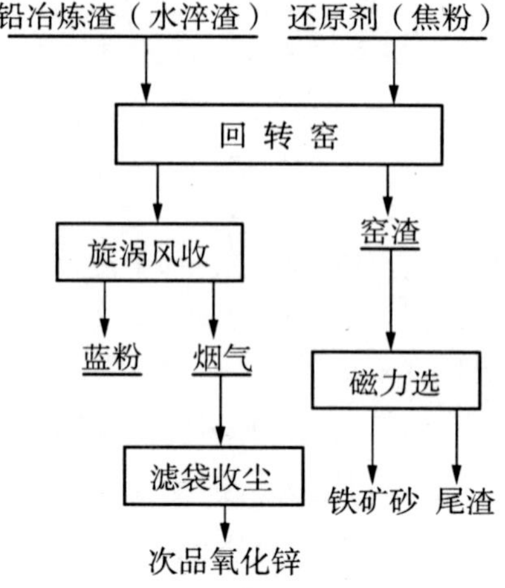

图 3-16-3　威尔兹法生产氧化锌工艺流程

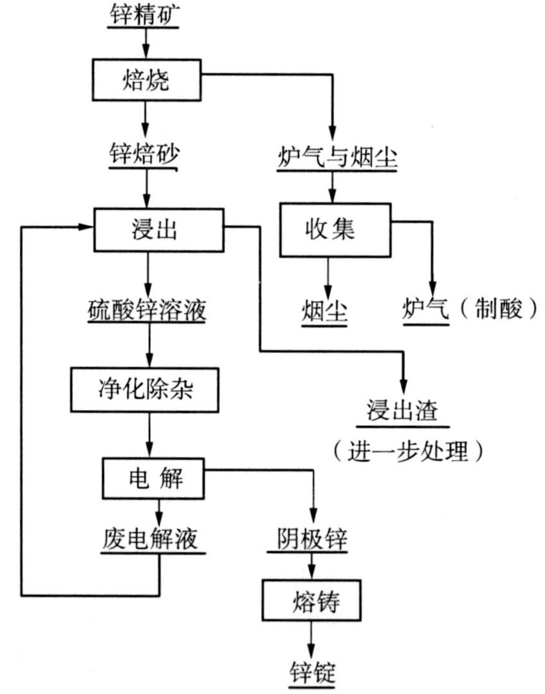

图 3-16-4　湿法炼锌工艺流程

16.2.2　有色金属冶炼及压延加工业项目环境监理要点

一、批建符合性核查环境监理要点

1. 主体工程设计核查

在初次进场时，实地调查厂址周边主要环境敏感点及其数量、方位、距离等内容，核实是否与报批的建设项目环境影响报告书相符，若报告书确定的卫生防护距离内存在居民，应明确其数量、方位及距离，在例行巡检过程中，跟踪其拆迁进展。

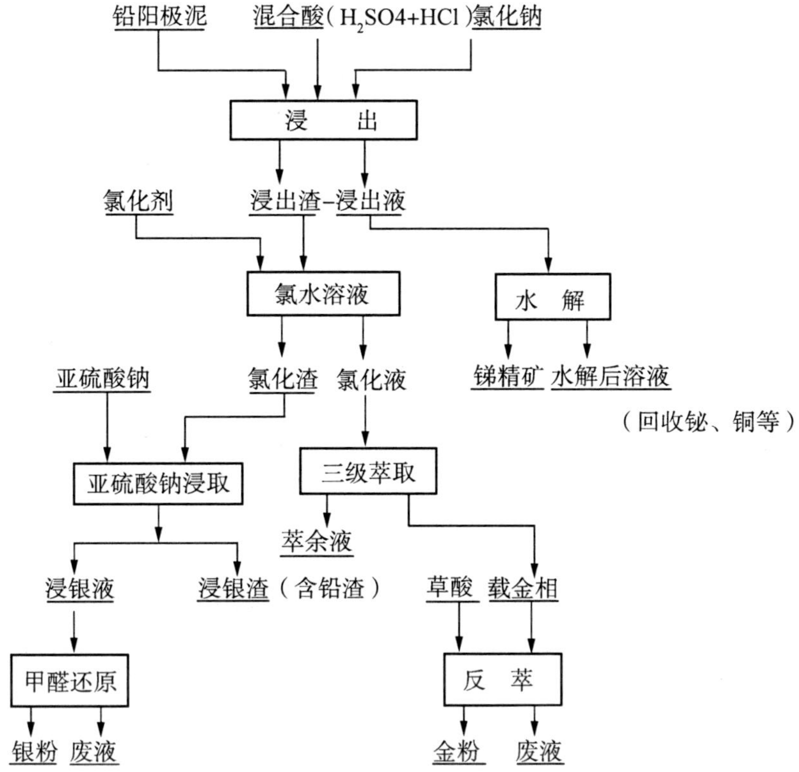

图 3-16-5　全湿法处理铅阳极泥回收金银工艺流程

对于主体工程设计文件的审查，应重点关注厂区给排水管线布置图，在雨污分流、清污分流、污污分流上进行把关，查看是否配备了初期雨水收集池，容积是否符合报批的环境影响报告书规定，是否布设管道送入污水处理系统，是否配备了输送水泵；雨水排放口是否设置了阀门井；是否设置冷却水收集池，是否设置管道进行回用。

2. 环保设施设计核查

对于环保设施专项设计的审查，应查看废水处理设施、废气治理设施的设计方案编制情况及设计单位资质证书，调查设计处理能力、进水水质、出水水质等是否与报批的环境影响报告书相符，对施工蓝图中的构筑物尺寸进行认真核对，确认其是否与设计方案相符。

二、施工期环境监理要点

1. 排水管网

依照设计文件加强排水管道的监理。现场核对雨水、污水管道走向与环评及设计是否一致，是否设置有雨水排放口阀门井和初期雨水收集池，是否做到雨污分流。

针对行业特点，该类行业污水中含有重金属，环境监理要着重对所采用的污水处理设施是否能满足处理要求。是否采用先进的处理技术进行监理。

2. 总平面布置

在现场巡检过程中，环境监理人员应核实项目总平面布局与环评要求是否一致，特别是污水处理站和锅炉及堆煤场的布局是否发生变化。若发现不一致的地方，应了解为什么变化并及时处理。

3. 生产装备

监理过程中重点关注项目设计变更情况，调查建设项目实际产能与报批产能的匹配性，避免废水、废气和固体废物排放量的增加。应告知建设单位，若设备实际产能超出批复产能，将导致该项目无法通过竣工环境保护验收，导致投资浪费。

对于设备方面重点调查设备的型号，生产厂家对生产设备，尤其是环保设备如废水处理设施和废气处理设施进行梳理，调查是否经过环保产品认证、是否符合行业标准要求。对列入限制类及淘汰类的装备应督促企业淘汰。

4. 环境监测

提醒施工单位落实环境监测计划，重点对环境监测的布点、频次、方法、采样进行监理，确定环境监测数据的准确行和有效性。对环境监测数据进行分析，了解施工期环境因子是否超标，若超标，需提醒施工单位注意施工期各项环境保护措施的落实情况。

5. 环保法规宣传和培训

在施工期，加强对施工人员相关环保法规和政策的宣传培训，通过岗位培训和宣传教育能够提高和统一工程参建单位和人员的生态环境认识，在工程建设中主动落实环境保护要求。宣传的内容主要有施工期环保知识和环境保护法规、政策等，并可通过总环境监理工程师授课、讲座等形式，对施工人员进行环保知识的培训。

6. 环保“三同时”监理

在施工阶段，应重点关注环保设施的建设情况，审查施工单位的施工计划，确保建设项目在建设过程中各项环保设施与主体工程同时设计同时施工同时投入运行。对于污染防治措施的技术可行性和先进性进行了解，并向建设单位建议采用更为先进的污染防治技术与措施。

7. 环境风险防范监理

建设单位应编制突发环境污染事故应急预案。环境监理人员应对预案编制情况给出指导性意见，重点对事故应急救援领导小组的成立、预案的分级响应机制的建立、应急救援及抢险器材的配备、事故应急演习等内容进行监理。

在工程完工的同时，及时编制完成环境监理阶段性总结报告，配合建设单位办理试生产申报手续。

三、试生产期环境监理要点

1. 原辅材料消耗

试生产期间，环境监理人员应调查原辅材料的消耗量和单耗情况。对建设单位提交的原辅材料情况进行审核，确认清洁生产水平及其是否存在不可预见的问题等。

2. 产品产量

在编制环境监理总结报告时，对试生产期间的产品产量进行统计，并与报批的生产规模进行对比，确认其生产规模是否与环境影响报告相符。

3. 环保设施运行情况

试生产期间，应针对全场进行环境监测，分析环保设施的运行情况是否理想。

处理后的污水、大气是否满足国家标准规定。建议建设单位成立环保部门，有专人负责环保设施运行情况。对于污水处理站，了解进出水水质、污水排放量、药品使用记录。

4. 环境管理制度

告知建设单位设置专门的内部环境保护管理机构，建立建设单位领导、环境管理部门、车间负责人和车间环保员组成的企业环境管理体系。同时制定环境保护制度、岗位操作规程、岗位责任制和台账制度，并将制度上墙。建议其开展ISO14001环境管理体系审核。

16.3　金属制品业与表面处理业项目环境监理

16.3.1　金属制品常用表面处理工艺流程

金属制品与表面处理业也是重金属污染的行业之一。常见的金属制品与表面处理工艺也较多，例如：

（1）钢铁件电镀锌工艺流程：见图3-16-6。

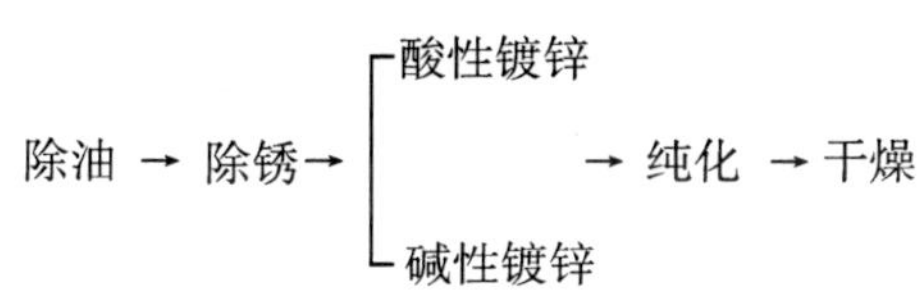

图3-16-6　钢铁件电镀锌工艺流程

（2）钢铁件常温发黑工艺流程 ：见图3-16-7。

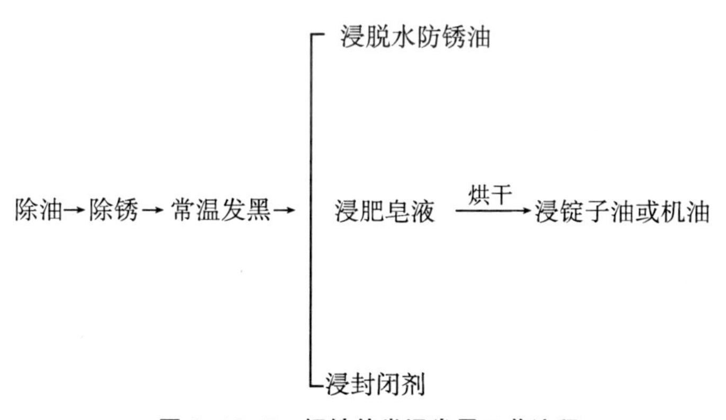

图3-16-7　钢铁件常温发黑工艺流程

（3）钢铁件磷化工艺流程：除油→除锈→表调→磷化→涂装。

（4）ABS/PC塑料电镀工艺流程：除油→亲水→预粗化（PC≥50%）→粗化→中和→整面→活化→解胶→化学沉镍→镀焦铜→镀酸铜→镀半亮镍→镀高硫镍→镀亮镍→镀封→镀铬。

（5）PCB电镀工艺流程：除油→粗化→预浸→活化→解胶→化学沉铜→镀铜→酸性除油→微蚀→镀低应力镍→镀亮镍→镀金→干燥。

（6）钢铁件多层电镀工艺流程：除油→除锈→镀氰化铜→镀酸铜→镀半亮镍→镀

高硫镍→镀亮镍→镍封→镀铬。

（7）钢铁件前处理（打磨件、非打磨件）工艺流程：

1）打磨件→除蜡→热浸除油→电解除油→酸蚀→其他电镀。

2）非打磨件→热浸除油→电解除油→酸蚀→其他电镀。

（8）锌合金件镀前处理工艺流程：除蜡→热浸除油→电解除油→酸蚀→镀碱铜→镀酸铜或焦磷酸铜→其他电镀。

（9）铝及其合金镀前处理工艺流程：

1）除蜡→热浸除油→电解除油→酸蚀除垢→化学沉锌→浸酸→二次沉新→镀碱铜或镍→其他电镀。

2）除蜡→热浸除油→电解除油→酸蚀除垢→铝铬化→干燥→喷沫或喷粉→烘干或粗化→成品。

3）除蜡→热浸除油→电解除油→酸蚀除垢→阳极氧化→染色→封闭→干燥→成品。

（10）铁件镀铬工艺流程：

1）除蜡→热浸除油→阴极→阳极→电解除油→弱酸浸蚀→预镀碱铜→酸性光亮铜（选择）→光亮镍→镀铬或其他。

2）除蜡→热浸除油→阴极→阳极→电解除油→弱酸浸蚀→半光亮镍→高硫镍→光亮镍→镍封（选择）→镀铬。

（11）锌合金镀铬工艺流程：除蜡→热浸除油→阴极电解除油→浸酸→碱性光亮铜→焦磷酸铜（选择性）→酸性光亮铜（选择性）→光亮镍→镀铬。

（12）电叻架及染色工艺流程：前处理或电镀→纯水洗（2~3 次）→预浸→电叻架→回收→纯水洗（2~3 次）→烘干→成品。

（13）达克罗（锌铬膜）涂覆工艺：除油→喷砂、除尘→降温→固化→冷却后处理。

（14）铝合铝合金电镀工艺流程：除蜡→除油→弱腐蚀→除垢→沉锌→脱锌→沉锌→镀镍→其他电镀。

（15）烤漆桶生产工艺流程：回收桶→清洗→整形→除油→除锈→清洗→表调→磷化→喷漆→流平→烘烤→冷却→入库。

（16）烤漆桶生产工艺流程：回收桶→清洗→整形→除油→除锈→清洗→镀锌→清洗→光化→清洗→钝化→清洗→冷却→入库。

16.3.2 常见金属表面处理项目环境污染特征

以电镀项目为例进行分析。

电镀基地区域（规划）环境影响评价文件由省环保部门审批，进入电镀基地的电镀项目环境影响评价文件由地级以上市环保部门审批，并报省环保部门备案。凡新、扩、改、迁建的专业电镀项目，全部进入统一定点的电镀工业基地建设、生产和经营。现有专业电镀企业和必须配套建设电镀工艺生产线的新建企业，必须符合国家和省的产业政策以及城市总体规划要求，具有一定规模，选址合理，并符合清洁生产要求，实现污染物排放全面达标。不符合上述要求的现有专业电镀企业，逐步清理、调整进入定点电镀工业基地。

1. 电镀废水危害

电镀废水含有污染物质种类多，危害性大。未经处理的电镀废水排入河道、池塘、渗入地下，不但破坏生态环境，而且污染应用水和工业用水。电镀废水中的污染物、污染源及危害见表3-16-1。

表3-16-1　电镀废水中的污染物、污染源及危害

有害成分	危害性	废物形式
酸	腐蚀性	废水、废液
碱	腐蚀性	废水、废液
表面活性剂	微毒性	废水
油脂	微毒性	废水、废溶剂
铬	毒性、致癌性	废镀液、清洗水、钝化水、粗化液
氰化物	毒性大	废镀液、带出液、清洗液
其他重金属离子	毒性	废镀液、带出液、清洗液
三氯乙烷、氯乙烷等溶剂	对呼吸系统、皮肤有害	废溶剂
含化学品废弃物	毒性	盛料空桶、失效化学品

2. 电镀废气的危害性

电镀废气含有酸碱、氰化物、重金属等污染物，如不经有效处理直接排入大气，不但会破坏大气环境，而且直接损坏工人的身体健康。电镀废气中的污染物、污染源及危害见表3-16-2。

表3-16-2　电镀废气中的污染物、污染源及危害

废气种类	有害成分	危害性
含尘废气	沙粒、金属氧化物及纤维性粉尘	对从业者咽喉、肺部造成伤害
酸碱废气	氯化氢、二氧化硫、氟化氢、硫化氢及磷酸等气体和酸雾；氢氧化钠、碳酸钠及磷酸钠等	腐蚀厂房及设备，污染大气或形成酸雨；对操作者咽喉、气管、肺部刺激很大
含铬酸雾	铬	致畸、致癌、致突变
含氰化合物	氰化氢气体	毒性大，吸入微量就可以致命

3. 电镀废水处理污泥的危害性

电镀废水处理过程中，产生的污泥含有重金属，它具有积累、不稳定、易流失等特点，如不加以妥善处理，任意堆放，其直接后果是：污泥中的铜、镍、锌、铬等重金属在雨水淋溶作用下，将沿着污泥—土壤—农作物—人体的途径迁移，并可能引起地表水、土壤、地下水的污染，危及生物链。

4. 电镀噪声的危害性

电镀的噪声污染不严重，但是某些过程（工序）会产生较大噪声，尤其是以滑板输送器架上卸载金属部件、磨光和抛光、外置式的电机和风扇灯产生的噪声最大。压缩空气吹干带有盲孔的工件，也会产生噪声。

16.3.3 金属制品与表面处理项目环境监理要点

1. 生产工艺

含氰电镀工艺须被淘汰（除电镀金、银、铜基合金及预镀铜打底工艺）。若水体已无氨氮环境容量，应控制产生氨氮废水的工艺。根据清洁生产的要求，高六价铬钝化等严重污染工艺也应逐步淘汰。

应按产业政策、清洁生产要求明确项目生产工艺淘汰目标，鼓励研究、引进、推广无毒、低排放新电镀技术，积极推进企业进行电镀生产工艺和废水处理工艺改革，采用清洁生产工艺，实现全行业节能、降耗、减污。积极推广无氰电镀工艺，鼓励研究、开发和使用电镀废水处理新工艺，工业用水重复利用率须达60%以上。对于基地，应实施集中供热、集中治污、集中控制。基地内必须建设集中式废水处理厂，第一类污染物须在车间内达标排放后送到基地废水处理厂统一进行深度处理。

2. 装备水平

建议建设单位使用半自动或全自动电镀生产线等先进生产装备，指导建设单位淘汰落后生产设备，选择先进生产装备，可以更好控制污染，节能节水。

3. 清洁生产及节能节水措施

开展调查工作，确定项目清洁生产情况，向建设单位提出及早开展清洁生产，采取节能节水措施，并督促其落实。

4. 废水收集防治措施

采用减少回收槽间运转工件时的带出液控制措施，做好车间内防腐防渗措施，做好车间废水收集池种类及建设，做好车间及厂区污水输送管选型等。另外，各股废水应进行特性分析和收集处理。

生产废水产生后的收集工作属于系统工程，应从污染物产生，跑冒滴漏点、车间收集、厂区输送等各个阶段充分考虑，如减少回收槽间运转工件时带出液措施，做好车间内防腐防渗工程建设，做好车间废水收集池种类及其建设，做好车间及厂区污水输送管选型等。另外，根据各种废水特性应进行分质收集处理。这些内容均直接关系到项目污水是否能够有效收集，是环境监理需关注的重点内容。

5. 废气收集防治措施

金属表面处理生产中因使用大量的酸碱进行预处理和后处理，易产生酸碱雾，如无有效收集措施，易造成无组织排放，对车间工件环境及外环境造成显著影响。因此，工作槽的吸风方式、酸雾抑制剂的使用、铬酸雾回收利用措施等是环境监理时的重点关注对象。

6. 固废防治措施

电镀废水经常规化学沉淀法会产生大量电镀污泥，还会产生槽渣、电镀废液、退镀液等，属于危险废物；各类危险废物应该妥善处置，申请危险废物转移计划、危险废物的识别、危险废物暂存间的规范化建设及管理制度并执行危险废物转移联单制度，是进行环境监理时固废防治方面的关注重点。

加强电镀产生的危险废物管理，电镀废水处理污泥和所有电镀中使用的危险化学品包装物等必须送有资质的定点单位进行处理，危险废物临时堆放场地须满足《危险废物贮存污染控制标准》（GB 18597—2001）并严格执行危险废物转移联单制度，防止造成二次污染。

16.4　铅蓄电池项目环境监理

16.4.1　铅蓄电池环境污染特征

铅蓄电池项目是通过各工序产生的废水，废气和固体废物对环境造成污染的，其中包括铅粉制造、纯水制备、和膏、极板固化和干燥、充电化成、清洗、配酸等工序产生的含铅酸性废水，铸板和组装工序产生的铅烟，制粉、涂板、固化、干燥工序产生大量的铅尘，生产过程中产生的铅渣、废极板、废电池、废塑料、废封口材料、污泥、废旧劳保用品等含铅固体污染物。铅是重金属，属于第一类污染物，对人体和环境的危害极大。

16.4.2　铅蓄电池项目环境监理要点

1. 施工期环境监理要点

铅蓄电池项目施工期环境监理工作主要包括以下方面：关注项目厂区平面布置情况，主体工程、公用工程的建设内容和工程进度，对项目配套的环保工程实施过程进行控制和管理，落实环保“三同时”制度。

（1）总平面图布置情况：根据施工图和现场实际施工进展，关注项目的功能分区和总平面布置是否发生调整，分析与总图有关的排污管道分布、无组织排放废气污染控制措施、噪声控制、地下水污染防治设施等环保设施是否满足调整后项目污染防治的技术要求，对于不满足技术要求的，应提出整改意见，并提交建设单位加以落实。对于总图变化较大的项目，应提醒建设单位与环保主管部门沟通，履行相关环保手续。

（2）工程建设内容的核查：对项目主体工程、公用工程与环评和设计文件进行的一致性进行核查，并关注工程进展情况。核查主体工程的生产工艺、主要设备和生产线配备，公用工程各水电气设施的建设规模、主要配套设备等。特别关注与污染源相关的设备和设施的变化情况，对于发生变化的，分析是否导致相应的污染源强也发生变化，对应的环保设施是否需要调整，并就相关情况向建设单位汇报，提出建议。同时关注各生产装置配套的环保设施的建设进展情况，确保与主体工程“三同时”。

（3）环保工程实施过程的控制与管理：为了使项目环境保护工程和措施满足“三同时”要求，在施工期应对其开展进度控制、质量监督等工作，使其设计指标、施工执行标准满足环评及其批复的要求。

1）废气治理设施监理。铅蓄电池生产中产生的废气主要有由铸板和组装工序产生的铅烟，制粉、涂板、固化、干燥工序产生大量的铅尘，和膏、化成、配酸工序产生的酸性废气。再生铅生产中的废气主要有由废旧电池破碎工序产生硫酸雾，熔炼工序产生铅烟、二噁英、二氧化硫、烟尘、氮氧化物，精炼工序产生的铅烟、二氧化硫、烟尘、氮氧化物。

检查项目为主体工程各工序的工艺废气治理措施和设施的建设情况，废气的治理设施的施工进度、工艺路线、主要设备、建设规模、排气筒参数是否符合要求。

2）废水治理设施监理。铅蓄电池生产中产生的废水主要有由铅粉制造、纯水制备、和膏、极板固化和干燥、充电化成、清洗、配酸等工序产生的含铅酸性废水。再生铅生产中产生的废水主要有废旧电池破碎、硫酸钠结晶等工序产生含铅酸性废水。

环境监理应当监督检查项目是否遵循“清污分流、污污分流、雨污分流”原则建设排水管网。重点检查生产废水、生活污水、雨水管线是否分开建设；不同类型的生产废水排水管线是否分开；污染雨水和洁净雨水分流和切换设施、正常污水和事故污水的切换设施的建设情况，以及各类污水收集池、反应池、提升泵、污水管道的防腐防渗措施，排污口的规范化建设，污水排放口的在线监测设施的建设情况；污水深度处理或中水回用设施建设情况。

检查项目为配套的污水预处理设施的建设情况，如铅酸废水中和池、含油污水隔油池等；检查其建设规模、工艺路线、主要设备和构筑物、进出口管线是否符合环评和相关设计规范要求；检查综合污水处理装置、污水深度处理或中水回用装置的建设情况，包括设计规模、污水处理工艺流程、主要处理设备和构筑物、进出口管线、污泥脱水设施等，核查其是否满足环评相关设计规范要求。同时，关注各类污水处理设施的构筑物建成后的蓄水试验及结果。

（4）地下水污染防控措施监理：

1）检查铅蓄电池生产中和膏区、化成区等涉酸区域和含铅废物储存区域地面以及废水收集池、污水站铅酸废水处理单元防腐防渗情况。

2）检查再生铅生产中废旧电池破碎、硫酸钠结晶等涉酸区域和废旧电池及含铅废物储存区域地面、废水收集池、污水站铅酸废水处理单元防腐防渗情况。

（5）工业固体废物处理处置情况：铅蓄电池项目产生的固体废物主要有生产过程中产生的铅渣、废极板、废电池、废塑料、废封口材料、污泥、废旧劳保用品等含铅固体污染物，再生铅项目中产生的熔炼渣、废旧劳保等含铅固体污染物，均为危险废物。因此要检查厂区内危险废物暂存设施的建设情况，包括选址、防渗、库容和分区存放情况。

（6）环境风险防控及应急措施：检查事故污水收集排放系统的建设情况，包括事故消防水排放管网、事故雨水切换设施、事故污水排放至事故池管线等。检查厂区事故污水应急储池的建设情况，包括容积、型式、防渗、配套进水管线和污水提升及输送设施，保证事故时污水及时收集和事故后的处理。

（7）施工期环境监理总结：项目施工期结束后，根据项目环境监理工作情况和工程建设情况，编写环境监理阶段报告，提交给建设单位，作为其申请试生产的上报材料。

协助建设单位做好试生产申请的准备工作，配合环保部门对项目进行试生产核查。

2. 试运行期环境监理要点

（1）试生产运行工况的监理：在试运行期，应按照竣工环保验收的有关要求逐项核查项目运行负荷是否达到竣工环境保护验收要求的工况（生产负荷达到75%以上），主要生产设施和公用工程运行是否运行稳定，关注试运行期间的主要原辅材料消耗、公用工程消耗以及产品产出情况，对于与环评和设计指标差异较大的，应协同建设单位、设计单位查找原因。采取有针对性措施，使各项指标达到设计指标水平。

（2）环保设施的试运行监理：在项目试生产运行工况稳定后，协助建设单位组织开展项目试运行期的环境监测工作，检查污染防治措施落实情况，检查污染防治设施运行情况。主要包括以下几个方面。

1）废气治理设施试运行监理。检查工艺废气、锅炉烟气等各有组织废气治理措施的运行状况，待其运行稳定后，监测各有组织废气治理设施的进出口废气量、主要污染物浓度、排放温度等指标，核算废气的进出口排放速率，废气治理设施的去除效率，分析工艺废气各排放指标达标性（铅蓄电池项目主要是Pb、硫酸雾浓度，再生铅项目主要是Pb、烟尘、SO_2浓度），以及其与环评和设计文件的差异性。对于不达标、时间指标与环评指标差异较大的，要分析原因，提出整改方案。

2）废水处理设施试运行监理：审核污水处理设施调试方案，并对调试情况进行监督；检查污水处理设施试运行状况，监测实际处理水量、进出口污水水质，核算各单元去除效率等，分析上述指标是否满足环评和设计的预期指标；出水水质是否满足排放要求（主要包括pH值、Pb、氨氮、化学耗氧量）。

检查污水深度处理中水回用装置的试运行状况，监测进水水量水质、回用水水量水质、排放污水水量水质，核算污水回用率，分析水是否达标排放，分析上述指标是否满足环评和设计的预期指标。

3）工业固体废物处理及处置措施监理：检查综合利用措施的落实情况，包括去向、接收协议、接收单位的合法手续及接收处理建设项目固体废物的技术可行性等。关注危险废物管理台账制度和转移联单制度执行情况。

4）环境风险防控及应急措施：检查事故工况下废气的排放、收集和处理设施的运行状况及事故污水切换设施的运行状况，是否连续稳定。检查各级环境风险应急预案等环境风险管理体系的建立情况，进行环境风险事故应急演习，了解环境风险事故管理体系的实际效果。

（3）试运行环境监理总结和验收：试生产结束后，环境监理根据试生产过程中的各项环保措施运行情况和监测报告，编制环境监理总结报告，针对环境监理工作进行总结。同时，协助建设单位准备相关环保竣工验收资料，配合建设单位进行验收前的工作汇报。

在召开建设项目竣工环保验收现场检查会议时，环境监理单位应派员参加，着重汇报工程建设内容及环保措施落实情况。汇报内容应如实反映建设项目的环境保护措施落实情况，提出改进建议。

16.5　制革及毛皮加工业项目环境监理

16.5.1　制革及毛皮加工业项目环境污染特征

皮革加工是以动物皮为原料，经化学处理和物理处理而完成。在这一过程中采用了大量的化工原料，如酸、碱、盐、硫化物、石灰、铬鞣剂、加脂剂、复鞣剂、染料等，其中相当一部分进入水中。同时，在制革加工过程中，大量的蛋白质、脂肪转移到水中。制革过程分为三部分：准备工段、鞣制工段和整饰工段。

制革和毛皮加工都会用到三价铬鞣剂。其是重金属，可在动植物体内积累，在强氧化条件下可能会变成对人体有害的六价铬，按照《制革及毛皮加工工业水污染物排放标准》（GB 30486—2013）规定，要对铬鞣废水进行单独处理或预处理，以减少六价铬的产生，降低在环境中对生物的损害。

制革各工段的污水来源和污染物等有关情况见表 3-16-3。重金属铬的来源主要集中在主鞣和复鞣工序。

表 3-16-3　制革各工段的污水来源和污染物

工段	项目	内容
准备工段	污水来源	水洗、浸水、脱脂、脱毛、浸灰、脱灰、软化等工序
	主要污染物	（1）有机物：血污、蛋白质、油脂、脱脂剂、助剂等 （2）无机物：盐、硫化物、石灰、Na_2CO_3、NH_4^+ 等 （3）含有大量的毛发、泥沙等固体悬浮物
	污染物特征指标	COD_{Cr}、BOD_5、SS、S^{2-}、pH 值、油脂、氨氮
	污染负荷比例	（1）污水排放量约占制革总水量的 60%～70% （2）污染负荷占总排放量的 70%左右，是制革污水的主要来源
鞣制工段	污水来源	浸酸和鞣制
	主要污染物	无机盐、三价铬、悬浮物等
	污染物特征指标	COD_{Cr}、BOD_5、SS、Cr、pH 值、油脂、氨氮
	污染负荷比例	污水排放量占制革总水量的 8%左右
整饰工段	污水来源	中和、复鞣、染色、加脂、喷涂、除尘等工序
	主要污染物	色度、有机化合物（如表面活性剂、染料、各类复鞣剂、树脂）、悬浮物等
	污染物特征指标	COD_{Cr}、BOD_5、SS、Cr、pH 值、油脂、氨氮
	污染负荷比例	污水排放量占制革总水量的 20%～30%

毛皮加工行业产生的污染物类型和浓度与制革污水类似，但是毛皮加工（带毛加工）过程没有脱毛工序。毛皮加工各工段的污水来源和主要污染物见表 3-16-4。重金属铬的主要来源主要集中在主鞣和复鞣工序。

表 3-16-4　毛皮加工各工段的污水来源和主要污染物

工段	项目	内容
准备工段	污水来源	水洗、浸水、脱脂、软化等工序
	主要污染物	有机物：血污、蛋白质、油脂、脱脂剂、助剂等；无机废物：盐等；此外还含有大量的毛发、泥沙等固体悬浮物
	污染物特征指标	COD_{cr}、BOD_5、SS、pH 值、油脂、氨氮
鞣制工段	污水来源	浸酸和鞣制
	主要污染物	无机盐、三价铬、合成鞣剂、悬浮物等
	污染物特征指标	COD_{cr}、BOD_5、SS、Cr、pH 值、油脂、氨氮
整饰工段	污水来源	脱脂、中和、复鞣、染色、加脂等工序
	主要污染物	色度、有机化合物（如表面活性剂、染料、各类复鞣剂）、悬浮物
	污染物特征指标	COD_{cr}、BOD_5、SS、pH 值、油脂、氨氮

16.5.2　制革及毛皮加工业环境监理

1. 设计阶段环境监理要点

查找最新制革及皮毛加工行业产业政策，对项目设计资料、环评及批复资料研读，并提出需要在项目建设及实施过程中需注意的环保问题。

2. 施工期环境监理要点

制革及毛皮加工业项目施工期环境监理要点见表 3-16-5。

表 3-16-5　施工期制革及毛皮加工业项目环境监理要点

序号	所属工序或车间	监理要点
1	铬盐储存间	防雨、防渗、防流失
2	鞣制车间	防腐、防渗
3	复鞣车间	防腐、防渗
4	铬鞣废水预处理措施	预处理工艺核查；设施设备安装；构筑物防腐防渗；含铬污泥储存、转运及处置；“三同时”监理
5	施工期	环保法律法规宣传培训
6	施工期	环境监测

3. 试运行期环境监理要点

制革及毛皮加工业项目试运行期环境监理要点见表 3-16-6。

表 3-16-6 试运行期制革及毛皮加工业项目环境监理要点

序号	监理要点
1	运行工况
2	铬鞣废水预处理措施调试情况：对于调试不达标废水需先排至事故池，调试同时进行总铬及六价铬浓度监测，标准执行《制革及皮毛加工工业水污染物排放标准》（GB 30486—2013）
3	清洁生产水平判定：依据或参照《制革行业（猪轻革）清洁生产标准》（HJ/T 127—2003）、《清洁生产标准制革工业（牛轻革）》（HJ 448—2008）、《清洁生产标准制革工业（羊革）》标准（HJ 560—2010）
4	铬重金属总量核定
5	环境风险防控及应急措施

16.6 化学原料及化学制品制造业项目环境监理

16.6.1 化学原料及化学制品制造行业分类

化学原料及化学制品制造业工业共包括基础化学原料制造，肥料制造，农药制造，涂料、油墨、颜料及类似产品制造，合成材料制造，专用化学产品制造及日用化学产品制造 7 个子行业。

1. 基础化学原料制造

根据国家统计局关于制造业行业分类标准，基础化学原料制造行业包括：无机酸、无机碱、无机盐、有机化学原料制造和其他基础化学原料制造 5 个细分子行业。主要产品包括“三酸两碱”（硫酸、硝酸、盐酸、烧碱、纯碱），电石、三烯、三苯、乙炔、萘等产品。

2. 肥料制造

肥料制造行业包括氮肥、磷肥、钾肥、复合肥料、有机肥料、生物肥料和其他肥料制造 6 个细分子行业。由于有机肥料、生物肥料及其他肥料占比低于 2%，通常肥料制造业是指以氮肥、磷肥、钾肥及复合肥料为主的化肥工业。

3. 农药制造

农药制造业是指用于防治农业、林业作物的病、虫、草、鼠和其他有害生物，调节植物生长的各种化学农药、微生物农药、生物化学农药，以及仓储、农林产品的防蚀、河流堤坝、铁路、机场、建筑物及其他场所用药的原药和制剂的生产活动。我国农药制造行业包括化学农药制造和生物化学农药及微生物农药制造 2 个细分子行业。

4. 涂料、油墨、颜料及类似产品制造

依据国家统计局关于制造业行业分类标准，我国涂料、油墨、颜料及类似产品制造行业包括涂料制造、油墨及类似产品制造、颜料制造、染料制造和密封用填料及类似品制造 5 个细分子行业。

5. 合成材料制造

根据国家统计局制造业分类标准，我国合成材料制造行业分为初级形态塑料及合成树脂制造、合成橡胶制造、合成纤维单（聚合）体制造和其他合成材料制造 4 个细分子行业。

6. 专用化学产品制造

依据国家统计局关于制造业的划分标准，我国专用化学品制造行业包括化学试剂和助剂制造、专项化学用品制造、林产化学产品制造、信息化学品制造、环境污染处理专用药剂材料制造、动物胶制造、炸药火工及焰火产品制造和其他专用化学品制造 8 个细分领域。

7. 日用化学产品制造

根据国家统计局关于制造业的分类标准，我国日用化学品制造行业包括肥皂及合成洗涤剂制造、化妆品制造、口腔清洁用品制造、香料香精制造和其他日用化学产品制造 5 个子行业。

16.6.2　主要污染因子和污染特征

化学原料及化学制品制造业中涉及重金属污染的行业主要有硫酸工业、铬盐工业、氯碱工业、染料、颜料、涂料、油墨工业等。

1. 硫酸工业主要污染特征

硫酸工业废水水质与生产原料有密切关系。硫铁矿制酸和冶炼烟气制酸产生的废水含有氟及砷、铅等重金属离子，采用硫化法治理废水需加入硫化剂；磷石膏制酸废水中氟和悬浮物含量较高；硫化氢制酸废水中含有硫化物。因此，硫酸工业排放的水污染物有氟化物、硫化物及重金属（砷、铅、镉、铬、汞等）离子。

硫酸工业的固体废物主要是：硫铁矿制酸在沸腾炉高温焙烧后的硫铁矿烧渣，烧渣成分一般含 30%~50%的铁及少量的铜、锌等；净化工序产生的含重金属滤渣，硫酸工业酸性废水采用石灰（电石渣）中和处理产生的污泥（中和渣），主要成分为硫酸钙和少量的氟及砷、铅等重金属；采用硫化法处理产生的硫化渣，含有重金属硫化物；失效的五氧化二钒（V_2O_5）催化剂。

2. 铬盐工业主要污染特征

铬盐工业主要产品为重铬酸钠、铬酸酐和氧化铬。其中，重铬酸钠生产过程中产生的铬渣因其产生排放量大、Cr^{6+} 含量高而成为我国铬盐工业的主要污染治理对象。

铬盐生产中排放的污染物主要有：

（1）固体污染物，包括铬渣、铝泥、酸泥、芒硝、铬酸铬、含铬污泥、飞灰等。

（2）液态污染物，包括铬酸酐生产车间废水、地面及设备清洗废水、化验室废水等，铬盐生产系统中废水产生量很小，但是设备及车间冲洗水，水量特别大，铬浓度非常高。

（3）气（汽）态污染物，包括回转窑尾气、烘渣窑尾气、粉尘、蒸发器驰放气、中和尾气、预酸化尾气、酸化尾气、产品包装过程产生含铬粉尘等。

3. 氯碱工业主要重金属污染特征

氯碱工业是我国重要的化工生产领域，其生产过程中产生重金属污染的化工产品主要有烧碱、醋酸和氯乙烯。水银法烧碱含盐量低，产品浓度高，质量好；但是该法对环境污染严重，汞对人体有很大危害，联合国环境保护组织已要求逐步取代该法。我国缺油少气，氯乙烯的生产主要采用乙炔法（电石法）。采用乙炔法生产醋酸要使用硫酸汞作催化剂，采用乙炔法生产氯乙烯要使用氯化汞作催化剂，虽然原则上汞触媒全部回收，但生产中也会有少量汞随废水排入到外环境，造成汞污染。虽然水银电解生产烧碱工艺和汞法醋酸已被淘汰，但其排放的汞污染物依然存在于环境中，对当地河流、土壤、植物甚至地下水等生态环境产生不利影响。

乙炔法氯乙烯生产过程中主要污染有：

（1）固体废弃物，包括废电石渣和废汞触媒。

（2）液体废弃物，包括含汞废水、含酸废水、电石渣上清液（主要污染碱、硫、磷、COD等）。

（3）气体污染物，主要是氯乙烯合成装置和精馏装置的尾气（主要污染物为氯代烃、汞等）。

4. 染料、颜料、涂料、油墨工业主要重金属污染特征

（1）染料生产中重金属污染，主要是金属络合物染料生产时产生重金属废水（主要为Cr、Co、Ni、Cu等）。

（2）颜料生产中重金属污染，主要是无机颜料生产时产生的重金属废水（主要为Pb、Cr、Hg、Cd、Co等）。

（3）油墨生产中的重金属污染，主要是生产中产生的重金属废水（主要为Cr、Hg、Cd、Pb等）。

（4）涂料生产中的重金属污染，主要是生产中产生的重金属废水（主要为Cr、Hg、Cd、Pb等）。

（5）化工生产中需要用到含重金属催化剂（主要有Ni、Cr、Hg、Cu、Fe、Co等），在重金属催化剂生产和使用过程中产生含重金属的废水和固体废物，管理不善将对环境造成污染。

16.6.3 环境监理要点

一、施工期环境监理要点

（1）环境监理单位对设计文件、图纸进行审查，依据环评报告及批复编制环境监理实施细则，据此展开工作。

（2）环境监理会议制度：环境监理单位应在建设单位支持和配合下建立环境监理会议制度，以协调解决项目建设过程中产生的环保问题。

（3）通过现场巡检工作监督各类环保设施与主体工程建设进度的一致性，以符合环评和设计要求、切实执行“三同时”制度。

（4）检查项目主体工程及公用工程、环保工程配套设施、生产设备及工艺、施工行为环保达标措施、生态保护措施、事故应急措施、防渗漏措施、“以新带老”整改措施。

（5）对建设项目的厂址、总平面布置进行核查，核查建设地点是否发生变化，构筑物建设位置是否出现调整。

（6）对建设项目公用工程进行核查，核查新鲜水取水能力和获取源，循环水循环量及循环排污水去向，纯水制备能力及反冲洗水、纯水制备装置及废渣去向；供热装置能力及热媒介质、供热装置废水、废气及废渣处理措施；制冷能力及制冷剂等。

（7）对建设项目原辅料、原材料储运措施进行核查，重点核查储运装置是否设置事故应急装置、雨污分流装置、废气收集和处理装置、储运装置、清洗废水和清洗废渣收集处置措施。

（8）对建设项目雨污分流、清污分流措施进行检查，重点核查雨水、清下水、污水管网布设是否采用独立系统，污水输送管道是否采取地上明管或架空敷设，污染区地面是否进行防渗处理，污水管道是否有防腐措施及污水回用管道布设情况、污水排放口规范化建设措施、污水排放口在线监控措施、雨水排放口应急控制措施及初期雨水收集措施、清净下水收集、排放及循环回用措施设置情况。

（9）对建设项目产品方案、生产工艺进行核查。重点关注产能规模、产品批次、生产时段、生产线数量是否调整；重点关注生产工艺是否调整。

（10）对建设项目生产设备进行核实，重点关注关键设备的数量、规格、材质、型号等。

（11）对建设项目环保配套设施进行核查，重点关注各类污染物收集及治理措施、工艺、规模是否出现调整。

（12）关注各类废水是否得到有效收集的基础上，核实废水处理设施的工艺、规模是否符合环评文件要求，污水处理工艺设计是否考虑生产过程中产生的高毒害或生物抑制性强、难降解有机物、含重金属废水的处理单元，污水处理方案是否根据要求委托有相应资质的单位进行设计并通过专家评审等。

（13）检查项目主体工程各工序的工艺废气治理措施和设施的建设情况，废气的治理设施的施工进度、工艺路线、主要设备、建设规模、排气筒参数是否符合要求。

（14）化工行业的固体废物主要包括一般固废和危险固废，其中危险废物主要包括废催化剂、废活性炭、污水站污泥、废酸、废碱、废盐、含重金属固废等。在核查各类固废产生种类的基础上，应重点关注固废堆场的建设情况（固废堆场一般要求设置防雨、防渗和防流失措施，设置污水收集管道及必要的废气收集和处置措施）、固废台账的制度建设。

（15）督促建设单位及时组织编制突发环境污染事故应急预案，结合项目本身特点编制突发环境污染事故应急预案及演练计划，并报行政主管部门备案。

（16）根据建设项目环评文件要求，关注大气、噪声等防护距离内居民点的搬迁进展情况。对防护距离内出现的新增环境敏感点，应及时向建设单位和环保主管部门汇报。

（17）协助建设单位做好污水排放口和废水、废气的采样的采样平台、采样口的规范化工作。

（18）协助建设单位建立环境管理机构和制定环境管理制度。

（19）项目施工期结束后，根据项目环境监理工作情况和工程建设情况，编写环境监理阶段报告，提交给建设单位，作为其申请试生产的上报材料。协助建设单位做好试生产申请的准备工作，配合环保部门对项目进行试生产核查。

二、试生产期环境监理要点

（1）了解生产线试生产进展情况、各主要原辅材料消耗情况，对于与环评和设计指标差异较大的，应协同建设单位、设计单位查找原因。采取有针对性措施，使各项指标达到设计指标水平。待生产线运行稳定后，核实其工况是否达到环保竣工验收要求（运行负荷达到75%以上）。

（2）检查建设项目实际生产过程中各类污染物产生的位置、污染源强、主要污染因子的浓度、排放量、收集方式及依次排放去向等情况与环评文件的符合性，必要时取样分析。

（3）监督和检查建设项目各类环保设施调试运行情况。督促建设单位做好废水、废气等环保措施管理台账制度及监测计划。关注在线监测设备运行情况。

（4）核实试生产期间实际新鲜水使用量、废水排放量和废水循环量，督促建设单位切实落实水循环回用率要求。

（5）核实各类固体废物实际产生量及去向，并与环评文件进行核对，对偏差较大的，核实偏差原因；属危险废物范畴的，应关注工业危险废物管理台账制度和转移联单制度执行情况。

（6）督促建设单位严格执行各类环保管理制度、事故应急预案。协助建设单位开展环境风险事故应急预案演习工作，并总结相关经验。

（7）关注雨水排放口初期雨水收集和处理情况、调试期间超标废水处置情况。

（8）试生产结束后，环境监理根据试生产过程中的各项环保措施运行情况和监测报告，编制环境监理总结报告，针对环境监理工作进行总结。协助建设单位准备相关环保竣工验收资料，配合建设单位进行验收前的工作汇报。

思考题

1. 简述采选方式环境监理要点，以及在有色金属采选业项目环境监理中如何对固体废物污染进行控制。
2. 举例说明重有色金属冶炼工艺流程。
3. 以电镀为例，说明常见金属表面处理项目环境污染特征。
4. 铅蓄电池项目环境监理要点有哪些？
5. 制革各工段的污水来源和污染物是什么？
6. 硫酸工业、铬盐工业、氯碱工业其主要污染因子和污染特征各是什么？
7. 化学原料及化学品制品制造业项目试运行期环境监理要点有哪些？

第 17 章　重金属污染场地土壤修复环境监理

17.1　重金属污染场地土壤修复

17.1.1　重金属污染场地概述

重金属污染场地修复工程本身就是环保工程，相比工程监理，环境监理能更有效监控工程质量。在重金属污染场地及土壤修复工程中引入环境监理很有必要。

2011 年 3 月出台的《“十二五”规划纲要》将节能环保列为七大战略性新兴产业之首。其中，土壤修复被纳入环保产业的重点发展之列，国家将在财政、税收、金融等方面提供政策支持，同时地方政府土壤污染防治意识增强，根据需要分别制定了相关配套措施。在环保产业发达的国家，土壤修复产业占整个环保产业的市场份额高达 30% ~50%。在国内污染场地土壤修复产业尚属新兴行业，近年来土壤修复的产业链也逐步进入有序化和细分化阶段，形成从土壤污染项目环境调查到风险评估、再到修复工程的实施及相应修复设备商的产业链。

污染场地又称污染地块，指因从事生产、经营、处理、储存有毒有害物质、堆放或处理处置潜在危险废物、从事矿山开采等活动造成污染，经调查和风险评估后，确认污染危害超过人体健康或生态环境可接受风险水平的场地。污染场地的再次利用和污染场地管理成为我国许多城市面临的共同问题，污染场地土壤污染问题已经成为各部门关注的热点问题。

土壤是由矿物质、有机质、水、空气及生物有机体组成的地球陆地表面的疏松层。它是环境的重要组成部分，同时也是人类获取食物和其他再生资源的物质基础，但随着经济的快速发展、人口的剧增，城市工业“三废”和生活污水的排放与日俱增，污水灌溉产生的土壤环境污染问题日趋严重，其中，重金属污染问题尤为突出。重金属是土壤环境中一类具有潜在危害的污染物，在土壤中不易随水淋滤，也不能通过微生物活动所分解，而常常在土壤中积累，有的在适宜条件下可以转化为毒性更强的化合物（例如汞在甲基钴氨素和甲基化作用下可生成毒性更大的甲基汞）。有的通过食物链以有害浓度在人体内积累，严重危害人体健康。

土壤中重金属的来源主要有两部分：土壤自身携带和人类活动干扰。前者由于原生岩石自身含有微量的重金属元素，原生岩石中重金属元素的含量和组成决定了重金属元素的组成特征。随着原生岩石的成土过程的演化，微量重金属元素在土壤层中再分配，导致一部分重金属元素损失，一部分得到富集，但是重金属元素的化学性质和特征则被保存和继承下来。所以正常发育的土壤也会含有一定的重金属元素。后者主要是人类生产、生活中产生的重金属被人类有意和无意添加进入到土壤中。人为因素造成土壤重金属污染的主要原因有以下四种：随污水灌溉、污泥施用进入农田土壤的重金属；随大气沉降进入农田土壤；随农药、化肥等农用物资进入农田土壤；随固体废弃物进入土壤环境。通过这两种途径进入土壤的重金属种类很多，其中影响较大的主要有汞、镉、砷、铬、铅、铜、锌等。

土壤重金属污染在南北的地域性表现为[1]：在我国北方地区的土壤受重金属污染程度普遍高于南方，主要重金属污染元素为汞、镉、铅等。主要原因在于：南方雨水相对北方比较充足，污灌面积相对较小，加上降水稀释，所以南方地区土壤污染程度相对较低。在城市和乡村间，城市为人类生产和生活活动的主要场所，重金属的使用和排放理应比远离城市的乡村严重，所以城市周围农田受到的重金属污染相对来说就更严重。但是，诸多事实表明：远离城市的乡村重金属污染在某些方面并不亚于城市，这是由于重金属通过粉尘、风和地下水等途径在自然界中传播。

17.1.2 重金属污染场地土壤修复

由于土壤系统环境的多介质、多界面、组分多以及非均一性和复杂多变等特性，决定了土壤重金属污染具有以下特征：

（1）普遍性。由于人类生产、生活的频繁作用，工业化、城市化进程的加快，采矿业的迅猛发展，重金属污染已经成为全球性的环境污染问题。

（2）隐蔽性与滞后性。土壤重金属污染要通过对土壤样品进行分析检测、对农作物进行检测或者对摄食了这些农作物的人或动物进行健康检查才能发现。土壤污染从土壤受到污染到产生危害是一个相当漫长的过程。

（3）累积性与地域性。土壤环境的特性限制了重金属在土壤中的的扩散和迁移能力，当有稳定外源——重金属污染物质进入土壤中时，土壤重金属浓度很容易积累到高浓度，也使得土壤重金属污染具有很强的地域性。

（4）不可逆性。土壤一旦受到重金属污染后，很难通过切断污染源靠稀释作用和自净化作用来实现土壤的自我修复。

（5）传递危害性。自然界的生物很难分解进入土壤的重金属元素，重金属元素可通过食物链对人类自身的健康造成危害，还可通过其他途径进入地下水体，形成新的污染。

土壤修复是指采用物理、化学或者生物的方法固定、转移、吸收、降解或转化场地土壤中的污染物，使其含量降低到可接受水平，或将有毒有害的污染物转化为无害物质的过程。由于土壤重金属污染存在污染隐蔽性、不可逆性等特点，使得它的治理工作变得十分困难。目前国内外相关领域的技术专家都在对重金属污染土壤的修复技术进行研究及推广应用。近二十多年来，美国、日本以及欧洲国家先后投入大量人力、财力，深入开展了土壤污染研究。与国外相比，我国对土壤污染的修复研究起步较晚。

良好的土壤环境是农产品安全的首要保障，是人居环境健康的重要基础。近年来“镉大米”、血铅超标等事件不断曝光，土壤污染越来越引起了公众的关注。党中央、国务院对土壤环境保护高度重视，中央领导同志多次做出重要指示。2009 年，国务院出台了《关于加强重金属污染防治工作的指导意见》，提出了制定《重金属防治“十二五”规划》的要求。2011年4月初，我国首个有关重金属污染防治的“十二五”专项规划获得国务院正式批复，我国重金属污染治理的大幕迅速拉开。环保部2014年2月批准发布了《场地环境调查技术导则》《场地环境监测技术导则》《污染场地风险评估技术导则》《污染场地土壤修复技术导则》和《污染场地术语》（HJ 682—2014）等5项污染场地系列环保标准，旨在为各地开展场地环境状况调查、风险评估、修复治理提供技术指导和支持，为推进土壤和地下水污染防治法律法规体系建设提供基础支撑。

17.2 重金属污染场地土壤修复技术

17.2.1 重金属污染场地土壤修复技术概述

污染土壤修复技术的研究起步于20世纪70年代后期。在过去的30年期间，欧洲各国，美、日、澳等国家纷纷制订了土壤修复计划，巨额投资研究了土壤修复技术与设备，积累了丰富的现场修复技术与工程应用经验，成立了许多土壤修复公司和网络组织，使土壤修复技术得到了快速的发展。中国的污染土壤修复技术研究起步较晚，在“十五”期间才得到重视，列入了高技术研究规划发展计划[2]。近年来，国内土壤污染控制与修复科学技术的研究快速发展。

重金属污染是当今土壤污染中污染面积最广、危害最大的环境问题之一，由于重金属污染毒理机制和生物效应的复杂性及其在土壤中的稳定性，对重金属污染的研究一直是当前学术界的热点研究课题。国内外已发展起来的重金属土壤修复技术很多，按照其修复方式可以将它们分为：原位（in - situ）修复和异位（ex - situ）修复两种。原位修复是指不移动受污染的土壤，直接在场地发生污染的位置对污染土壤进行原地修复或处理。常见的原位修复技术有原位气相抽取技术、原位生物修复技术、原位土壤冲洗技术、原位电动力修复技术、原位电磁波加热技术、原位玻璃化技术等。异位修复是将受污染的土壤从场地发生污染的原来位置挖掘或抽提出来，搬运或转移到其他场所或位置进行治理修复。常见的异位修复技术有清洗、焚烧处理、热处理和生物反应器等多种方法。无论是原位修复还是异位修复，它们的基本原理是：一是改变污染物在土壤中的存在形态或同土壤的结合方式，降低其在环境中的可迁移性与生物可利用性，实现污染物在土壤中的稳定化；二是改变污染物的存在介质，将污染物从被污染土壤中转移至其他介质中，如溶液、空气、植物等，将污染物从土壤中彻底去除。

我国重金属污染土壤修复技术研究起步较晚，加之区域发展的不均衡性、土壤类型多样性、污染场地特征变异性、污染类型复杂性和技术需求多样性等因素，根据治理工艺及原理的不同，经过近几年的研究与应用，包括物理修复、化学修复、生物修复及其联合修复技术在内的污染土壤修复技术体系已经形成。生物修复主要有动物修复技术、植物修复技术、微生物修复技术和微生物 - 植物联动修复技术等。

17.2.2 重金属污染土壤物理修复技术

物理修复是指根据污染物的物理性状（如挥发性）及其在环境中的行为（如电厂中的行为），通过机械分离、挥发、电解和解吸等物理过程，消除、降低、稳定或转化土壤中的污染物。物理修复主要包括改土法、电动修复和电热修复。

1. 改土法

原理是用新鲜未受污染的土壤替换或部分替换受污染土壤，以稀释污染土壤中的污染物浓度，增加土壤环境容量，到达修复目的。主要包括客土、换土、去表土和深耕翻土等。客土是向污染土壤中加入大量的干净土壤，覆盖在表层或混匀，从而降低污染土壤中重金属的浓度。换土是将污染的土壤移走，换上未被污染的土壤；去表土是将被污染的表层土壤移去；深耕翻土是将受污染的表土翻至下层，使表层土壤的重金属浓度下降。客土、换土和去表土工程量大，适用于污染严重的地区，而深耕翻土则适用于污染较轻的地区，否则会因为深层土壤污染严重，长时间经过渗透后，对深层地下水造成二次污染，造成的危害更加严重，并很难进行修复。

改土法对轻度污染土壤的治理效果明显，具有彻底、稳定的优点，但是该法需要大量人力、物力，投资费用高，破坏土壤结构，引起土壤肥力下降，并且要对置换出的污染土壤进行处理，容易造成对环境的二次污染。

2. 电动修复法

电动修复技术也称作电修复、电动力土壤污染治理技术，是近年来发展起来的一种颇具潜力的土壤原位修复技术，其基本原理类似电池，利用插入土壤中的两个电极在污染土壤两端加上低压直流电场，在电场、电化学等电动力学作用下，水溶的或者吸附在土壤颗粒表层的污染物根据各自所带电荷的不同而向不同的电极方向运动。阳极附近的酸开始向土壤毛隙孔移动，打破污染物与土壤的结合键，此时，大量的水以电渗透方式在土壤中流动，土壤毛隙孔中的液体被带到阳极附近，这样就将溶解到土壤溶液中的污染物吸收至土壤表层而得以去除。

电动修复法适用于低渗透性的土壤、多相不均匀土壤介质、大颗粒和小颗粒土壤介质。这个方法的局限性比较强，使用时必须在酸性条件下进行，往往需要额外加入提高土壤酸性的物质，容易造成二次污染，此项技术耗时较长且用电成本较高。

3. 电热修复法

利用高频电压产生电磁波，产生热能对土壤加热，使污染物从土壤颗粒物内解析出来，该方法适用于挥发性较强的重金属元素及其化合物，如采用加热的方法可以将汞从土壤中解吸出来，收集后再进行回收或处理。另外，可以把重金属污染区土壤置于高温高压条件下，形成玻璃态物质，使重金属固定其中，从而降低其生物有效性及对环境的风险，以消除重金属污染。该方法工程量大、费用高，虽然能去除重金属，但是也会影响土壤有机质、水分含量，从而对土壤肥力造成不利的影响，同时重金属蒸气进入大气会对大气造成二次污染。但是能从根本上消除重金属污染，且见效快，因此常用于重金属污染区的修复。

17.2.3 重金属污染土壤化学修复技术

化学修复是指利用化学处理技术，通过化学物或制剂与污染物发生氧化、还原、吸附、沉淀、聚合、络合等反应，使污染物从土壤中分离、降解、转化或稳定成低毒、无毒、无害等形式（形态），或形成沉淀除去。化学修复主要包括化学淋洗修复技术、固化/稳定化修复技术、化学氧化/还原修复技术。

1. 化学淋洗修复技术

土壤淋洗是将可促进土壤污染物溶解或迁移的化学溶剂注入受污染土壤中，从而将污染物从土壤中溶解、分离出来并进行处理的技术。将挖掘出的地表土经过初期筛选去除表面残渣，分散大块土后，与某种提取剂充分混合，经过第二步筛选分离后，用水淋洗除去残留的提取剂，处理后干净的土壤可归还原位被再利用，富含重金属的废水再行进一步处理。提取剂种类很多，主要有硝酸、盐酸、磷酸、硫酸、氢氧化钠、草酸、柠檬酸、EDTA 和 DPTA 等。使用提取剂会带来严重的负面影响，如用酸来冲洗污染土壤时，破坏土壤的理化性质，使大量的土壤养分淋失，并破坏土壤微团聚体结构，因此该方法的应用也受到限制。EDTA 和 DPTA 等人工螯合剂不但价格昂贵，而且生物降解性较差，在淋洗过程中若残留在土壤中很容易造成土壤二次污染。

土壤淋洗技术实际操作较为复杂，在大面积土壤污染中应用较少，虽能有效去除土壤中的重金属，但由于投资过高，并有可能造成土壤二次污染，含有重金属的螯合剂的回收业存在许多未解决的技术问题，限制了此方法在重金属污染土壤上的修复应用。土壤淋洗技术日后研究的重点是寻找一种提取剂，既能提取各种形态的重金属，又不破坏土壤结构，还能保证投入较少。

2. 固化/稳定化修复技术

固化/稳定化修复技术是将污染土壤与能聚结成固体的材料（如水泥、沥青、化学制剂等）相混合，通过形成晶格结构或化学键，将土壤捕获或固定在固体结构中，从而降低有害组分的移动性或浸出性。其中，固化是将土壤中的有害成分用惰性材料加以束缚的过程，而稳定化是将土壤中的有害成分进行化学改性或将其导入某种稳定的晶格结构中的过程，即固化通过采用具有高度结构完整性的整块固体将污染物密封起来以降低其物理有效性，而稳定化则降低了污染物的化学有效性。该技术是一种比较成熟的废物处置技术，现已应用于土壤重金属修复的工程领域，与其他修复技术相比，具有处理成本较低、处理时间短、适用范围较广等优势；缺点就是不能减少土壤中的重金属含量，只能降低土壤中重金属的有效性。该法不是一个治本的措施，重金属仍滞留在土壤中，且对土壤破坏较重，如土壤中必需的营养元素也发生沉淀，导致微量元素缺乏，土壤破坏后一般不能恢复原始状态，不宜进一步利用。

3. 化学氧化/还原修复技术

化学氧化/还原技术是通过向土壤中注入化学氧化剂（Fenton 试剂、臭氧、过氧化氢、高锰酸钾等）或还原剂（二氧化硫、氧化亚铁、气态硫化氢等），利用氧化/还原剂与污染物之间的氧化/还原反应将污染物转化为无毒无害或毒性低、稳定性强、移动性弱的惰性化合物，从而实现净化土壤的目的。通常，化学氧化法适用于土壤和地下水同时被有机物污染的修复。运用化学还原法修复对还原作用敏感的有机污染物、重金属是当前研究的热点，不足之处是向土壤中投加的氧化剂、还原剂易造成土壤的二次污染。

17.2.4　污染土壤生物修复技术

生物修复是利用生物技术治理污染土壤的一种新方法。广义的生物修复，是指一切以利用生物为主体的土壤污染治理技术，包括利用动物、植物和微生物吸收、降解、转化土壤中的污染物，使污染物的浓度降低到可接受水平，或将有毒有害的污染物转化为无毒无害的物质，也包括将污染物固定或稳定，以减少其向周围环境的扩散。狭义的生物修复，是指通过酵母菌、真菌、细菌等微生物的作用清除土壤中的污染物，或是污染物无害化的过程。生物修复具体可分为动物修复技术、微生物修复技术、植物修复技术和微生物－植物联合修复技术。

1. 动物修复技术

土壤中的某些低等动物（如蚯蚓和鼠类）能够吸收土壤中的重金属，因而能够一定程度的降低土壤中重金属的含量。研究发现蚯蚓对镉、汞、铜、锌等都有较好的富集作用，采用电击、灌水等方法驱出蚯蚓集中处理，对重金属污染的土壤有一定的治理效果。

2. 微生物修复技术

微生物修复是利用土壤中的微生物对重金属的吸收、沉淀、降解、氧化和还原作用等将污染物分解并最终去除，从而降低土壤中重金属毒性的技术。其二次污染较小，处理形式多样，操作相对简单，可进行原位处理，对环境的扰动较小，且不破坏植物生长所需要的土壤环境，费用较低。但是，受各种环境因素的影响较大，且某些微生物只能对特定的污染物起作用，时间相对较长。微生物修复的机制：一是生物吸附和富集，细菌、真菌和藻类细胞上的胞外多糖带有负电荷，可作为生物吸附剂阻止重金属离子进入细胞；二是细胞代谢，专一性的代谢途径可使金属生物沉淀或通过生物转化使其低毒或易于回收；三是金属的转化作用，通过氧化还原甲基化和去甲基化作用对重金属进行转化；四是胞外络合和结晶作用，微生物通过向胞外周围环境释放无机和有机酸，可以扰乱金属元素的地球化学形态。细胞外有机化合物中含有具多功能团分子结构的低相对分子质量有机物，其可以改变可溶性金属离子的形态使它们沉淀下来。

3. 植物修复技术

植物修复是近年来世界公认的非常理想的污染土壤原位修复治理技术，它具有物理修复和化学修复所无法比拟的优势。它是根据植物可耐受或超级积累某些特定化合物的特性，利用植物及其共生微生物提取、转移、吸收、分解、转化或固定场地土壤中污染物，从而达到移除、消减或稳定污染物，或降低污染物的毒性。根据修复植物的修复功能和特点可分为 4 种基本类型：植物提取修复、植物过滤修复、植物固定修复、植物挥发修复。其中，植物提取、植物过滤主要通过吸收土壤中的重金属从而减少土壤中重金属的含量，具有永久性和广泛性，有望成为以后去除土壤内重金属污染的重要方法。植物固定是指植物通过某种生化过程使土壤环境中重金属流动性降低，生物可利用性下降，从而减轻其毒性，但当土壤环境发生改变时，可能会引发二次污染。植物挥发是利用植物的吸收、积累和挥发而减少土壤中一些挥发性污染物，即植物将污染物吸收到体内后将其转化为气态物质释放到大气中，在这方面研究最多的是非金属元素硒和金属元素汞。植物挥发虽然能将挥发性的重金属从土壤中移除，但挥发到大气中的重金属又会回落到土壤中，因此并不是一个很好的方法。

与传统的治理方法相比，植物修复技术具有治理效果的永久性、治理过程的原位性、治理成本的低廉性、环境美学的兼容性等优点，因此是一项很有发展前景的土壤重金属污染修复技术。但植物修复对污染物的耐性是有限的，它适合于修复污染不是很严重的，只是浅层受到污染的土壤/沉积物。由于土壤环境较为复杂，植物生长需要适宜的环境条件，单纯使用植物修复技术效率通常较低、周期较长，联合修复技术是未来发展的方向。

4. 微生物－植物联合修复技术

微生物－植物联合修复技术是利用土壤－植物－微生物组成的复合体系来共同吸收、分解、转化土壤中污染物，从而达到移除、消减或稳定污染物，或降低污染物的毒性。在土壤和微生物共生环境中，微生物可将土壤中有机质和植物根系分泌物转化为小分子物质为自身利用，同时这些小分子物质可能会对土壤中的重金属起到活化的作用，微生物的自身代谢功能也可以分泌出一些有机质和酶等物质，对土壤中重金属也有活化作用。再利用土壤中种植的超积累植物对重金属进行提取，达到对污染土壤修复的目的。

可以预测，在今后的重金属污染治理中，植物修复将发挥巨大作用。同时，单项修复技术往往很难达到修复目标，发展两种或多种修复方式联合的土壤综合修复模式就成为场地土壤污染修复的研究方向。

17.3　典型重金属污染场地土壤修复

良好的土壤环境是农产品安全的首要保障，是人居环境健康的重要基础。部分地区土壤污染较重，耕地土壤环境质量堪忧，工矿业废弃地土壤环境问题突出。土壤污染问题也已逐步受到重视，根据污染场地的土壤使用功能，可分为耕地土壤、工业场地土壤、矿区污染土壤。

17.3.1　耕地土壤修复

2012年，国土资源部年度土地利用变更调查结果显示，全国耕地面积为20.27亿亩。环保部土壤状况调查结果表明，全国中重度污染耕地大体为5 000万亩。农田重金属污染问题日益严重，越来越多的重金属随着人类活动加入到农业土壤中，致使土壤中重金属含量明显高于原有含量、并对农作物和人体健康造成威胁，防治农田土壤重金属污染迫在眉睫。农田土壤中的重金属元素从生物化学特征上可分为两类：一类是对作物、人和畜都是有害的，如镉、铅、汞等；另一类是在常量下对作物和人体均为营养元素，而过量时出现危害，如铜、锌、锰等。

农田土壤中重金属污染物的来源主要是由以下几个方面：①大气中的重金属。大气中的重金属主要是源自于工业生产、汽车尾气排放和汽车轮胎磨损产生的大量含重金属的有害气体和粉尘等，大气中的大多数重金属是经自然沉降和雨淋沉降进入农田土壤的。②不合理使用农药、化肥和塑料薄膜等。使用含有铅、镉、汞等的农药和不合理地施用化肥，都可以导致农田土壤重金属污染。③污水灌溉和污泥施肥。污水按来源和数量可以分为城市生活污水、工业化工污水、工业矿业污水和城市混合污水等。生活污水中重金属含量一般很少，其余污水中重金属含量较高。污水中的重金属随着污水进入农田后以不同的方式被土壤截留固定从而引起污染。污泥中含有大量的有机质和氮、磷、钾等营养元素，但是同时也含有大量的重金属，随着大量的污泥进入农田，农田中的重金属的含量在不断增高，最终导致农作物重金属残留增高，直至农田不能种植农作物。④随固体垃圾和废弃物进入农业土壤。固体废弃物种类繁多，成分复杂，不同种类其危害方式和污染程度不同。其中矿业和工业固体废弃物污染最为严重，这类废弃物在堆放或处理时，含有的重金属极易被溶解，最终以液体状对周围土壤中进行污染，造成农业土壤的重金属污染。

重金属污染较轻的农田土壤，采用以下措施进行修复：

1. 翻耕、客土与换土

翻耕是把受污染重的表层土壤翻至下层，将下层轻污染翻至表层。客土是指在污染的土壤表层覆盖一层净土。换土就是把污染的表层土挖走，完后再填入未受污染等厚度的土壤。通常以处理 30 cm 深的土层为宜。

2. 水洗和淋洗

水洗是采用清水灌溉稀释或洗去重金属离子，是使重金属离子迁至较深的土层中，以减少表层土中重金属离子的浓度；或是将含重金属离子的水排出田外统一回收处理。淋洗就是在土壤中加入试剂与重金属离子作用，形成溶解性的重金属离子或金属络合物，从提取液中回收重金属离子，对提取液进行再生，利用提取液进行反复提取。此方法易造成二次污染，应根据现场实际情况选用。

3. 增施有机肥

有机肥不仅可以改善土壤的理化性状、增加土壤的肥力，而且可以影响重金属在土壤中的形态及植物对其的吸收。向重金属污染的土壤中加入有机肥，由于有机肥中大量的官能团和较大的比表面积的存在，可促进土壤中的金属离子与其形成重金属有机络合物，增加土壤对重金属的吸附力，提高土壤对重金属的缓冲性，减少植物对重金属的吸收，阻碍重金属进入植物体内。

4. 种植超积累植物

种植某特定的超积累植物在重金属污染的土壤中，该植物对污染土壤中的重金属具有特殊的吸收富集能力，将植物收获并进行妥善处理后即可将重金属移出土壤，达到污染治理与生态修复的目的。对于土壤中重金属较为复杂的土壤可采用混合种植的方法，选用不同的重金属超积累植物进行交叉种植，经过一定的修复周期后，可以达到修复农田土壤表层土中的重金属的目的。

17.3.2 工业场地土壤修复

随着城市化进程加快和产业化结构调整政策的实施，大批城区重污染企业相继停产、关闭或搬迁，遗留厂址场地污染问题日益凸显。对工业污染场地土壤进行修复，确保人居环境安全已是当前国家环保工作的新热点。典型工业污染场地土壤修复主要有有机氯农药类污染场地土壤修复、挥发性有机污染物污染的石油化工场地土壤修复、多氯联苯（PCBs）污染工业场地土壤修复、铬渣堆存场地土壤修复。由于城市工业遗留地所处地理位置特殊，土壤肥力低，加之重金属污染严重等问题，使得在对遗留场地进行土壤修复和植被重建时，必须先从改善土壤基质和去除重金属等毒性化学物质为前提，同时考虑该区域今后的规划用途。

1. 回填表土

回填表土是一种常用且有效的措施，采用回填表土这种物理方法既可以减少城市居民与其直接接触的机会，同时为植物恢复和重建时植物的初期生长提供合适的基质。很多研究都表明，在无表土回填的重金属污染及其严重的遗留场地，如尾矿渣，生物多样性的恢复速度受到抑制。

2. 基质改良

基质改良是一种短期、快速的改良措施，既可以提高遗留地土壤的养分状况，同时又能降低土壤重金属的生物有效性。对于轻污染区域可增施绿肥、堆肥类有机肥，及通过淹水形成人工湿地等物理、化学方法以提高土壤有机肥的含量，增加对重金属的吸附、络合、螯合作用。

3. 植物修复

植物修复就是利用植物来治理污染土壤，即利用植物及其根部周围微生物体系的吸收、挥发和转移、降解等作用机制来清除污染土壤中的污染物质。根据对污染等级的分类，结合城市居民对绿色景观植物的特殊要求，针对不同的污染程度，种植相应的植物进行修复。污染程度较轻的土壤可以保留原植物，同时选择种植一些具有一定抗性的景观植物，构建乔/灌/草相结合的景观群落。污染较为严重的土壤，可以选用对重金属抗性强的耐性植物和富集类植物，例如女贞、紫茉莉、珊瑚、杜鹃等。

17.3.3　矿区污染土壤修复

我国金属矿区众多，开采历史较长，矿产资源的开发对国民经济发展起重要推动作用的同时，也带来了比较严峻的环境问题。采矿活动导致矿区重金属污染（表层土壤、地表水、地下水）、土地退化、农作物减产和品质下降，直接危及人体健康和矿产业的可持续发展[3]。由于矿山不同区域特征和污染程度的差异，根据金属矿山的自然条件和矿区污染现状，可以分为两类污染修复区，并将整个修复过程分为两个阶段，修复区分别为：矿山开采和选矿遗留的采矿坑和废弃地；矿山选冶堆积的废石废渣堆及尾矿库。修复的两个阶段为：矿业采矿坑、废弃地的初步修复；矿山废石废渣堆及尾矿库的修复。

目前，对于矿区重金属污染土壤的修复主要采用物理化学修复技术和植物修复技术。物理化学修复是改变重金属赋存状态，降低其活性，使其钝化，脱离食物链，减小其毒性，主要包括化学固化、土壤淋洗和电动修复等技术。植物修复是利用特殊植物吸收土壤中的重金属，然后将该植物除去，主要包括植物提取、植物挥发和植物稳定。

1. 化学固化

化学固化就是加入固化剂改变土壤的理化性质，通过重金属的吸附或（共）沉淀作用改变其在土壤中的存在形态，从而降低其生物有效性和迁移性。污染土壤中的重金属被固定后，不仅可减少向土壤深层和地下水迁移，而且有可能重建植被。常用的固化剂主要有石灰、磷灰石、沸石、磷肥、含铁氧化物材料和钢渣等。但固化方法并不是一个永久措施，重金属只是改变其在土壤中的存在形态，仍存留在土壤中，土壤很难恢复到原始状态，不适宜进一步利用。

2. 土壤淋洗

土壤淋洗是通过提取剂将土壤固定的重金属转移至液相中，含有提取剂的土壤经清水淋洗除去残留的提取剂，处理后的土壤可归还原位再利用，富含重金属的废水可进一步处理回收重金属和提取剂。淋洗常用提取剂的主要有硝酸、盐酸、磷酸、硫酸、氢氧化钠、草酸、柠檬酸、EDTA 等。有机酸（如柠檬酸、草酸）是天然有机螯合剂，对环境无污染，易被生物降解，对重金属的清除能力也比较稳定。

3. 电动修复

有关研究结果表明，土壤中的重金属如镉、铅、锌、钼、铜、镍、铀及有机化合物（如多氯联苯等）都适合电动修复，在低渗透性土壤中去除效果更好，最高去除率可达 90% 以上[4]。

4. 植物修复

植物修复是指将某种特定的植物种在重金属污染的土壤上，而该种植物对土壤中的污染元素有特殊的吸收和吸附能力，将植物收获并进行妥善处理（如灰化回收）后即可将该种重金属移出土体，达到污染治理与生态修复的目的。杂草作为一类人为与自然选择下产生的类群，其生物量大、抗逆性强、生长迅速，有利于快速改变土壤结构和肥力，而且，从杂草中筛选重金属超积累植物并加以有效利用，可以弥补超积累植物缺乏的不足，为植物修复技术的普遍应用提供必要物质保证。宽叶香蒲、芦苇、双穗雀稗和狗牙根可作为尾矿植被的先锋植物。

物理化学技术修复重金属污染土壤，不仅费用昂贵，难以应用于大规模污染土壤的改良，而且常常导致土壤结构破坏、生物活性下降和肥力退化等。针对矿山的具体情况，应加强污染土壤植物修复与物理化学修复技术相结合的综合技术研究。

17.4 重金属污染场地土壤修复环境监理

17.4.1 重金属污染场地土壤修复监理

长期以来，我国在建设项目环境保护管理工程中，比较重视工程前期的环境影响评价工作和工程的竣工环境保护验收工作，对工程施工期所带来的生态环境、水土流失、景观影响及环境污染等问题，管理上相对薄弱。环境监理作为一种新的环境管理手段，变事后管理为全过程管理，在重金属污染场地土壤修复工程实施中引入环境监理制度很有必要性。

环境监理是一种全方位、全过程监理，包括从设计审核、施工期、试生产期甚至运营期等多个阶段。环境监理主要涉及保证污染物达标和符合生态保护要求。环境质量和环境安全这对于建设工程监理来讲并不是其监理目标，不是强项，而环境监理却能发挥其特长，在建设项目中有效地落实环境保护“三同时”各项措施。重金属污染土壤修复工程引入环境监理的实例还比较少，它与一般建设项目环境监理不同之处在于，环境监理介入修复工程主要修复运行期，先就重金属污染土壤修复工程环境监理做个探讨。

17.4.2 土壤环境保护和综合治理相关政策

土壤环境保护事关农产品质量安全和人体健康，是重大的民生问题。目前我国部分地区土壤污染较重，受污染耕地威胁农产品质量安全，工矿业废弃地、固体废物集中处理处置场地及其周边土壤污染严重，被污染地块开发利用的环境风险较高，全国土地环境状况总体不容乐观。《国务院办公厅关于印发近期土壤环境保护和综合治理工作安排的通知》（国办发〔2013〕7号，以下简称《通知》）中明确全国土壤环境保护和综合治理工作目标是："到2015年，全面摸清我国土壤环境状况，建立严格的耕地和集中式饮用水水源地土壤环境保护制度，初步遏制土壤污染上升势头，确保全国耕地土壤环境质量调查点位达标率不低于80%；建立土壤环境质量定期调查和例行监测制度，基本建成土壤环境质量监测网，对全国60%的耕地和服务人口50万以上的集中式饮用水水源地土壤环境开展例行监测；全面提升土壤环境综合监管能力，初步控制被污染土地开发利用的环境风险，有序推进典型地区土壤污染治理与修复试点示范，逐步建立土壤环境保护政策、法规和标准体系。力争到2020年，建成国家土壤环境保护体系，使全国土壤环境质量得到明显改善。"

土壤环境保护和综合治理工作任务：①严格控制新增土壤污染。②确定土壤环境保护优先区域。③强化被污染土壤的环境风险控制。④开展土壤污染治理与修复。⑤提升土壤环境监管能力。⑥加快土壤环境保护工程建设。

开展土壤污染治理与修复。以大中城市周边、重污染工矿企业、集中污染治理设施周边、重金属污染防治重点区域、集中式饮用水水源地周边、废弃物堆存场地等为重点，开展土壤污染治理与修复试点示范。

环境保护部《关于贯彻落实 < 国务院办公厅关于印发近期土壤环境保护和综合治理工作安排的通知 > 的通知》要求：各地要以耕地和服务人口1 000人以上的集中式饮用水水源地为重点，确定土壤环境保护的优先区域。针对优先区域，各地要根据区域环境特征、污染源类型及分布情况，建立并实行严格的土壤环境保护制度。禁止在优先区域内新建有色金属、皮革制品、石油煤炭、化工医药、铅蓄电池制造等项目，在优先区域周边新建可能影响土壤环境质量的项目也要从严控制。对严重影响优先区域土壤环境质量的工矿企业要限期予以治理，未达到治理要求的，要依法责令停业或关闭，并对其造成的土壤污染进行治理。被污染地块使用权人变更或开发利用为农用地、住宅、商业、学校、医院、公园、城市绿地、游乐场等用地的，相关责任人应按照国家有关规定开展土壤环境调查、环境风险评估工作，应对土壤环境进行治理修复。各地要根结合本地实际情况，按照"风险可接受、技术可操作、经济可承受"的原则，以被污染耕地和被污染地块为重点，实施土壤污染治理与修复试点示范项目，探索适合本地的土壤污染治理与修复技术。国家确定在浙江台州、湖北大冶、湖南石门、广东韶关、广西环江和贵州铜仁等地实施典型区域土壤污染综合治理项目。

17.4.3　重金属污染土壤修复工程环境监理要点

1. 土壤修复原理研读与环评批复文件核查

重金属污染土壤修复工程采用何种修复原理，具体还要看原位还是异位修复，采用物理、化学、生物或是联合修复技术，将土壤中重金属污染物转化或转移，以降低重金属的生物可利用性，转化为无毒或低毒的物质，达到净化土壤的目的。对于上述这些内容要通过对重金属污染土壤修复项目的可行性研究报告、环评报告及批复文件、污染场地评估报告等进行收集整理。一方面是熟悉项目基本情况，另一方面可以提高环境监理人员业务素质。环境监理人员通过相关文件的研读与核查要弄清项目土壤污染现状及其危害、污染物来源、污染因子、土壤污染物含量、污染范围、污染分区，污染源是否已经消除，农产品超标情况，当地居民反映，土壤污染对区域社会、经济发展的影响等问题。

2. 修复施工工艺流程监理

重金属污染土壤修复工程与一般房屋建设施工不同，房屋建筑从基础开挖、主体施工、水电暖施工、装饰装修施工、工程竣工交付使用即为结束。而土壤修复工程施工工艺流程一般包含土壤挖掘、运输、堆放、修复、回填等。对于采用化学法重金属污染土壤修复的项目，修复过程实际就如建成一个化工厂，修复期就是运营期（如铬渣污染场地修复铬污染物的处理）。对土壤污染修复施工技术上，环境监理人员要明确项目污染类型、施工所选用地修复技术在土壤修复污染治理技术的代表性、要清楚该项目修复技术被应用的比例、与国家政策的符合性、项目的紧迫性。具体对修复过程各环节工艺流程的监理要点如下：

土壤挖掘过程监理要点有：污染边界、侧壁、底面鉴别与采样检测，依据检测数据确保挖掘达到边界，若是复合型污染土壤要控制开挖过程中有机物气味扩散。

修复工程涉及土壤运输环节的，重点检查运输过程是否需要密闭，有无撒落、扬尘等。

土壤开挖后需要堆放场地，要检查是否做好地面防渗及大棚密闭。

修复过程监理要点有：处理场地地面防渗工作，是否按照设计技术参数实施，修复后是否达到修复目标，根据检测分析数据确定修复效果，修复过程添加的药剂是否引起二次污染及控制措施效果，复合型污染检查大棚密闭情况、尾气收集处理情况。

土壤回填过程检查回填基坑防渗和地表阻隔情况。

对于耕地土壤污染物治理与修复应优先考虑生物修复，结合农艺措施和耕作制度调整等措施，因地制宜确定修复模式，不鼓励大规模工程挖掘、移除、填埋等修复模式。

3. 土壤修复的质量、进度、费用控制

土壤污染修复的质量控制首先要明确土壤污染治理修复目标与范围，没有目标就是“无的放矢”。对于土壤污染治理修复目标不同的治理修复技术有不同的目标，对于采用污染物去除技术的应提出能反映治理修复效果的技术指标，如土壤中污染物全量减少去除的比例是多少，作为耕地修复的农作物农产品达标情况要求如何；采用污染物钝化技术的应有钝化技术指标；采用生物修复技术的要有作物种植制度调整方案，新作物应达到的相关产品的标准。

没有治理修复范围就无法施工，不确定土壤污染治理修复地理位置、面积大小和深度，就无法考核治理成效、无法计算工程量和核算治理施工期。

在进度控制上，要明确环境监理介入时段，项目实际进展的阶段是施工准备期、施工期，还是验收交工期。应区分环境监理准备工作与施工准备期的环境监理工作。根据环境监理介入的时段和项目进展的阶段制订阶段进度计划，提出节点进度目标如土壤污染治理修复面积是多少平方米、土方工程量是多少立方米等。具体从主体工程、原辅材料、配套工程、覆土方案、设施维护等进行适时调整。

在费用控制上，要弄清项目资金筹措情况，了解资金的来源与额度，包括中央资金、地方资金、自筹资金等。根据修复工程方案和进度要求，提出经费使用年度计划，协助业主审核承包商的工程量清单及定额计算过程，减少工期索赔和费用索赔。

4. 土壤修复人体健康监理

土地修复被当成土方工程是不对的，尽管修复工程包含部分土石方工程，但其根本目标是消减污染或降低环境健康风险。土壤环境修复产业是一个技术密集型和资金密集型环保产业，土壤修复需要去除污染物或控制环境风险的相关环保工程技术支撑。在重金属污染治理土壤修复项目施工环境监理中，环境监理人员应该具备重金属人体健康危害防控及治疗的基本知识，加强对施工单位的施工场地、营区监管，对施工扬尘、废水、固废及职业卫生防护提出要求。

5. 土壤修复水土保持与生态保护监理

目前的化学淋洗修复往往是为修复而修复，只注意去除土壤中的重金属，而不太关注是否会破坏土壤中的有机质和土地肥力。另外，许多治理方式还会产生废气、废渣，怎么处理这些二次污染的问题也需要慎重应对。要警惕盲目修复，如果重金属矿在地底下没有被开采，则不存在土壤污染的问题。也就是说，在风险没有任何暴露的情况下，不必进行大规模的修复。相反，如果贸然实施修复工程，使土地的性质发生改变，反而会产生问题。我国受污染的农田面积远远大于污染场地。污染场地基本上都能找到业主，因为土地价格高，开发商愿意买单，修复成本容易从房地产开发收益中得到弥补。但污染农田究竟由谁来承担责任还是一个问题，显然农田修复更急迫。

6. 土壤修复验收的标准问题

2011 年 3 月 24 日，环境保护部部务会议审议并原则通过了《污染场地土壤环境管理暂行办法》（以下简称《办法》）。《办法》共六章二十八条，明确了污染场地土壤环境管理的定义、适用范围、管理职责、标准规范等，并对污染场地土壤环境调查与风险评估、污染场地治理修复、监督管理等做出了具体规定。《办法》要求接受委托进行工程监理的机构，应当在治理与修复工程完工后，向土地使用权人和县级环境保护行政主管部门提交工程监理报告。治理与修复工程需要分项实施的，工程监理机构应当在每个分项工程完工后，提交分项工程监理报告。工程全部完工后提交总体工程监理报告。污染场地土壤治理与修复工程结束后，污染场地土地使用权人应当委托具有相应资质的第三方机构，对治理与修复工程进行验收，将附有专家签字的验收报告报省级环境保护行政主管部门备案，并抄送所在地县级环境保护行政主管部门。

目前土壤污染治理修复还缺少国家统一的验收规范，但北京市出台了《污染场地修复验收技术规范》地方标准可以作为参照标准。总体来说土壤修复工程的验收存在于土壤污染治理修复的全过程，存在中间交工验收和最后竣工验收。土壤修复验收内容包括：

（1）清挖后基坑验收。主要是坑底、侧壁与边缘。

（2）土壤污染治理修复效果验收。主要是特征重金属污染因子全量减少与去除率、土壤相应使用标准达标情况。

（3）修复过程环境影响的验收。也就是大家常说的环境质量达标监理成果，即水、气、声环境质量监测情况。

（4）人员防护措施验收。如环境风险应急预案、施工安全防护和职业卫生保障措施情况。

（5）文件资料验收。主要是修复过程中的土壤流转记录、自检验收监测数据报告、他检监测数据报告、药剂使用量记录、环境监理总结报告等。

17.4.4 重金属污染土壤修复工程环境监理风险预防

重金属污染土壤修复工程环境监理毕竟还刚刚起步，有广阔诱人的前景，也不可避免地存在着多种风险。主要是：

（1）政策风险。由于政府有关耕地利用、土壤污染防治等方面的政策发生重大变化或有重大举措，给修复治理项目的实施和完成带来的风险。比如新的土壤环境标准、农产品食品卫生标准的出台。

（2）技术风险。对修复技术本身的有效性和适应性预测不够充分，或者配套技术不成熟、设备不够完善而带来的风险。

（3）资金风险。资金风险与资金的时间价值观念是密不可分的。不同的时间点资金的使用价值相关很大，存在资金不到位的可能性而影响项目环境监理。

（4）项目管理风险。环境监理单位应分析承担土壤重金属污染治理修复项目的资质、人员、经验、监测、组织协调能力等因素，将给项目环境监理带来的风险。

思考题

1. 土壤重金属污染具有哪些特征？什么叫土壤修复？

2. 受污染的土壤生物修复技术有哪些？污染较轻的农田土壤宜采用什么措施修复？

3. 矿区污染土壤修复常用哪些方法？

4. 为什么要对工业污染场地进行修复？你所了解的工业污染场地修复工程项目有哪些？

5. 重金属污染土壤修复环境监理要点有哪些？如何进行土壤修复的质量、进度、费用控制？

6. 在重金属污染土壤修复项目环境监理过程中，环境监理单位应注意防范什么风险？

第 18 章　环境监理案例精选

案例 1　新建铅锌矿采选项目环境监理总估报告（节选）

1　项目概况

1.1　建设规模

新建××铅锌矿为改扩建露天开采矿，原生产能力为 15 000 t/d，扩建后矿山建设规模为 30 000 t/d。

1.2　矿体产状及规模

矿体走向 280°~310°，倾向南西，倾角较平缓，在箱状背斜轴部为 5°~10°，两翼产状较陡，为 40°~90°，且底板大于顶板。主矿体走向长大于 1 420 m，倾向延深大于 1 120 m，厚度一般为 80~150 m，最大厚度达 364.56 m，平均厚度为 125.56 m。该矿体为一特大型硅卡岩型钼钨矿床。露天境界长 2 350 m，宽 1 380 m，坑底标高 1 114 m；露天境界内矿岩总量 301 600.8 km^3（915 099.4 kt），其中矿石量 107 236.1 km^3（343 155.6 kt）。

1.3　露采采剥工艺、采剥方法

根据矿岩致密坚硬的特点，设计采用牙轮钻穿孔、电铲或液压铲铲装、汽车运输的采剥工艺。为充分利用矿山已有设备，尽量减少基建剥离，根据露采现状和顾客资金筹措的可能，设计采用陡帮剥离、缓帮采矿的采剥方法。利用矿山已有采剥设备完成露采 15 000 t/d 生产能力；新增 15 000 t/d 生产规模采用 KY-250 牙轮钻穿孔，WK-4 电铲装矿，WK-10 电铲装岩，20 t 或 32 t 自卸汽车运矿，45 t 自卸汽车运岩。设计的采矿损失率 2%，贫化率 2%。

1.4　基建及生产进度计划

本次 30 000 t/d 露采扩建工程，露采基建时间为 2 年，基建剥离量为 10 646.4 km^3。基建期间维持原有 15 000 t/d 生产规模向各选厂供矿，其生产剥采比为 1.2 t/t。按 30 000 t/d生产规模，露采可服务 36 年，其中投产至达产 2 年，达产年年限为 32 年，减产年限 2 年。

1.5 总体布置方案

企业由露天采场、采矿工业场地、油库加油站、炸药库、材料库、破碎站、机汽修、堆矿场及生活行政设施等组成。

1.6 工程投资

本工程的固定资产投资为45 387.21万元，其中环保投资为1 385.40万元，占总投资的3.05%。

表1 环保投资表

投资项目	投资额（万元）	项目内容	备注
采场、废石场	956.90	采场、废石场、拦石坝	
废气及粉尘治理	338.50	通风除尘、洒水除尘等设施	
环评报告	30.0	环评大纲及报告书编写	
绿化	60.0	露天采场、废石场周边绿化及复垦	
合　计	1 385.40		占总投资3.05%

2 监理概况

2.1 监理任务及目标

该项目为改扩建露天开采矿山项目，监理的重点对象是露天采场和废石场，主要监理工作的目的是确保扩建过程中产生污染源的废气、粉尘、噪声、废水、废渣等做到达标排放，对采场边帮及废石场的绿化工作到位，达到保护环境的目的。

2.2 监理任务履行情况

按照相关环境监理规定及环境监理合同约定，本次监理完成的主要工作如下：

（1）确定质量标准，根据矿山环境治理方案设计，参照有关规范、标准、规定，确定了工程项目要达到的质量标准：保证工程合格的前提下，向优良工程目标努力。

（2）施工准备阶段的质量控制。要求施工前建立项目经理部，组建结构要合理，便于实施施工，施工队伍的素质要与施工技术要求相适应，以确保工程能顺利进行。

（3）主要材料、设备的质量控制。要求主要工程材料必须有生产厂家出具的出厂合格证，并按要求进行抽样送质检单位检验；检测结果（见监理资料中试验资料）表明质量均满足设计和规范要求。进场设备要求必须运行状况良好、满足施工使用要求。

（4）施工过程的质量控制。施工过程是监理质量控制的重点，要求施工单位在施工过程中实行“三检制”——自检、互检、交接检。不合格的工序必须停工、整改，否则不能进入下道工序。

3 监理工作及效果

3.1 开工条件复核监理

1. 设计方案复核

参与建设单位组织的技术交底会，会同建设单位、设计单位、工程监理单位以及施工单位对初步设计文件、施工图设计文件、施工组织计划等的施工要求、质量标准、施工工艺、施工方法、施工措施、质量保障等进行复查，并做出书面纪要（附参加会议人员签名表）交设计、施工单位执行，保证工程质量具有可靠的技术措施，环境保护设施功能有效发挥。

2. 施工单位人员监理

开工前组织施工单位的管理人员，尤其是施工现场的管理人员，进行环保基本知识的培训和教育。

3. 建筑施工材料监理

建筑施工材料是组成工程实体的基本物质条件，是工程质量的基础，材料质量是对工程质量进行预控的关键，也是减少环境污染，进行"源头控制"的重要环节。加强材料采购、进场和使用前的核对工作，要求材料质量应符合有关设计施工文件和环境保护质量要求。

4. 施工机械设备监理

施工机械设备监理包括施工机械设备和检验工程质量所用的仪器设备，施工机械设备的状况会直接影响环境质量，间接影响水环境质量、大气环境质量和土壤环境质量。机械设备的选型和主要性能，应满足技术上先进、功能可行，达到环境保护要求；机械设备的排污也要符合环保要求。

5. 其他监理

施工前落实的临时设施，如营地水源卫生、排污与生活垃圾收集处理的措施；临时施工便道设施；拌料场、加工场地的减噪与烟尘除尘设施；取土场和堆料场；预制场地的排污处理及防噪设施；弃土场的防护设施与措施；及一些必要的环境保护对象标识等。

3.2　施工环保措施监理

3.2.1　空气环境污染防治措施监理

1. 防治措施

（1）施工场地清基、开挖工程实施前，检查围挡设施落实情况。

（2）施工场地、进场道路进行临时硬化，监理控制临时场地硬化率。

（3）为减少施工扬尘，施工场地和运输道路应通过洒水保持土壤水分，监理控制场地日洒水量。

（4）散装建筑物料如水泥、沙石等粉状材料以及废气土石方运输过程采取加盖篷布等措施，以避免物料散落造成扬尘，监理控制运输车辆遮盖率，严格限制运输车辆装载量和行驶速度。

（5）为防止物料堆场扬尘的污染，散状建材应设置简易材料棚；在天气干燥、风速较大时，易扬尘物料应覆盖；有包装的建材设置材料库堆放，减少露天堆放，加强堆存过程监理管理。

（6）卸料时尽量降低高度，粉状物料在装卸中严禁凌空抛撒，4级以上大风天气停止土方施工，完工后及时回填、平整场地。

（8）多余废弃土石方应及时清运，不能及时清运的采取遮盖、洒水等抑尘措施。

（9）主要施工场地出入口设置车辆冲洗、清理设施。

2. 防治效果

（1）矿山生产过程中，粉尘污染源主要来自穿孔爆破、铲装、运输产生的粉尘。KY－250钻机采用除尘器除尘，矿岩铲装采用洒水除尘，汽车运输采用洒水车洒水除尘，达到《大气污染物综合排放标准》要求。

（2）现有工程主要废气污染源是爆破产生的NO、CO等有害气体，露采浅孔、中深孔爆破30 min后，人员才能进入现场，有毒气体排入大气上空并稀释；汽车、前装机、推土机、液压铲等柴油设备排放的尾气，因其量小，该矿为山坡露天，上述有毒有害气体排入大气稀释后，达到《环境空气质量标准》。

3.2.2 水环境污染防治措施监理

1. 防治措施

（1）在施工区域设置沉淀池，沉淀池做好防渗并采用自然沉淀法处理废水，循环利用，沉淀泥定期清理，施工过程监理控制施工废水处理率。

（3）施工营地设置卫生旱厕，一般生活污水设化粪池，经沉淀处理后用于绿化和还田，或设置污水处理装置处理后综合利用、达标排放，监理控制生活污水处理率。

（4）设置施工建筑垃圾、施工人员生活垃圾存放场，存放场应做好防渗措施，防止污水渗到地下影响地下水。

2. 防治效果

现有露天采场矿岩穿孔、爆堆及道路洒水用水量为80 t/d，上述水量被岩石及粉尘吸收，不外排。仅在降雨过程中，从露天采场、废石场流出的含矿岩颗粒的污水流出。经业主委托环保部门对该矿废石、次品矿、氧化矿等固体废弃物的浸出毒性试验表明，所有监测项目均低于国家标准（表3－18－2）。故排出的固体废弃物没有公害。上述污水经拦石坝拦截澄清后，外排废水水质符合要求。

3.2.3 声环境污染防治措施监理

1. 防治措施

（1）检查进场施工机械，尽量选用低噪声设备，监督施工单位对超大噪声设备安装消声设备或隔声罩等防护措施落实情况。

（2）运输车辆进入厂区附近时限速行驶，遇特殊情况时，鸣笛采用低分贝喇叭。

（3）按照有关建筑施工管理规定，加强施工机械的维修保养，尽可能地减轻施工噪声对周围环境的影响。

（4）监理控制施工作业时间，根据施工特点，监理施工单位施工期进度和作业时间计划安排，对产生强噪声的施工、运输作业尽量安排在昼间进行，避免大量高噪声设备同时施工，夜间尽可能不用或少用高噪声设备，严格爆破工艺，避免夜间作业。

（5）做好施工人员的劳动保护，减少施工人员在高噪声工作环境的暴露时间，制订合理的工作制度减轻对施工人员的影响。

（6）加强管理，文明施工，严格操作规程，降低人为噪声，遵守《建筑施工场界环境噪声排放标准》（GB 12523—2011）规定要求。

2. 防治效果

（1）露采生产的主要噪声源为推土机、电铲、凿岩机、汽车、移动式空压机等设备。经检测其噪声强度在 90 - 105dB（A），符合《建筑施工场界环境噪声排放标准》（GB 12523—2011）规定要求。

（2）对采矿场的推土机、电铲、汽车等设备，司机室采用隔声措施、关闭司机门窗来降低噪声危害。对浅孔凿岩机、移动式空压机等设备，采用操作人员带护耳器等措施。

3.2.4　固体废物处置措施监理

1. 防治措施

（1）合理调配土石方，监理控制土石方挖填平衡率，如矿山施工过程产生的废石，及时集中堆放于废石场，严禁乱排。

（2）施工无害建筑垃圾可用于工程填方的部分进行工程填方，以减少垃圾清运量，其他如建材包装纸、纸箱、废铁等可回收利用的废弃物，可送往废品站进行回收利用，监理控制施工建筑垃圾回收利用率。

2. 防治效果

露天采场自基建剥离至2008年底，共剥离废石量12 518 km^3。2008年6月底以前，废石堆积在后阴废石场，在废石场山沟下方设置拦石坝拦截泥石流，由溶浸试验可知，废石的浸出毒性远低于《危险废物鉴别标准浸出毒性鉴别》的标准限值，见表3 - 18 - 2。废石堆场对周围环境没有影响。

表3 - 18 - 2　固体废物浸出毒性监测表

项目	算术平均值（mg/t）			标准差			GB 5085—85
	次品矿	氧化矿	废石	次品矿	氧化矿	废石	mg /t
Hg	0. 000 25	0. 000 1	0. 000 2				0. 05
Cd	0. 000 25	0. 000 25	0. 000 25				0. 3
As	0. 000 5	0. 000 5	0. 000 5				1. 5
Pb	0. 000 5	0. 000 5	0. 000 5				3. 0
Cu	0. 028	0. 025	0. 02	0. 002 51	0. 017 32		50
Zn	0. 009	0. 01	0. 000 5	0. 011 55			50
Cr	0. 000 2	0. 003	0. 001				1. 5
Mn	0. 15	0. 000 25	0. 000 25	0. 115 47			

3.2.5　生态保护及修复措施监理

矿山开采项目环境影响范围广、影响复杂，如果在较长的施工建设期不加强对生态环境的保护，到竣工验收时，施工期对自然保护区、生态功能保护区、环境脆弱区、珍稀动植物及其栖息地和景观等将造成不可逆转影响和破坏。因此，有效控制工程施工期间可能造成的各种环境影响，特别是水土流失、植被破坏、景观破坏等生态问题，应重点落实以下措施：

1. 防治措施

（1）严格控制施工活动，减少植被破坏。严格控制采区、尾矿库建设工程活动范围，规范采矿行为，尽量保护占地范围内的植被，加强施工管理，尽量缩小施工范围，严格控制施工活动，尽可能地不破坏原有的地表植被和土壤，以免造成土壤与植被的大面积破坏，而使本来就脆弱的生态系统受到威胁。

（2）加强水土流失防治，落实生态补偿：

1）表土剥离和保存是水土流失防治的关键，所有占地（尾矿库、道路建设、采选工业场地等）都必须首先剥离和保存其上层表土资源，单独剥离，单独堆存，待进行生态恢复时使用。

2）对于施工破坏区，施工完毕，要及时平整土地，并适当种植适宜的植物，以防止发生新的土壤侵蚀。

（3）加强工程占地控制，落实临时用地恢复：

1）严格控制临时工程占地数量、面积在最低限度，减少生态破坏和环境污染，监督施工单位完成后临时占地恢复措施落实情况，进行最大程度的生态恢复。

2）妥善处理建设期产生的各类建筑废弃物、生活垃圾等，统一集中处理，不得随意弃置，施工结束后，进行施工现场清理，平整土地。

（4）加强生态保护宣传教育，提高施工人员环保意识。加强对施工人员生态环境保护意识的教育，严禁在规定的施工范围以外破坏周围生态环境，严禁破坏征地范围以外的山林，严禁捕杀野生动物。标明作业区，规范矿区运输车辆的行车路线，禁止车辆随意行车践踏草地植被。

2. 效果

环境绿化在防止污染，保护和改善环境方面起着特殊的作用。扩帮开采期间，应恢复扩帮区外破坏了的植被，在露天采场周边种植防护林进行绿化补偿，在废石场周边种植藤蔓型植物，在工业场地周围种植常绿乔灌木，以补偿由于建设引起的植被破坏，恢复矿区生态，美化矿区环境。

矿山开采结束后，对露天采场、废石场进行复垦或绿化：在露天采场各平台上覆土后，种植藤蔓型植物；在废石场平台上覆土后，种植玉米、小麦等作物，在其周边种植藤蔓型植物防止水土流失。绿化的管理、树种的选用由矿区统一规划。

按“保护生态环境，打造秀美山川”的环保思路，建设生态园林。对排渣场场地进行整平、覆土，种植5万余株适合高寒山区生长的雪松、刺柏、青桐、金丝柳、国槐、香花槐、五角枫、栾树、侧柏、银杏、板栗、黄金槐、木槿、梨树、垂柳等15种树种。使矿山呈现出了“矿在绿中、楼在林中、路在树中、人在园中”的景象，开创了该省西部山区矿山行业植被恢复的先河。在注重植被恢复的同时，又发展生态养殖，在园林内修建了大型生态养殖场，养殖场内放养着鸡、鸭、鹅、孔雀、鸵鸟等十余种动物。生态园林的建设为营造和谐矿山起到了促进作用，有力地促进了国土绿化和矿区生态建设水平的整体提高。其中服务期满的废石场治理成为生态园林，被评为国家级生态示范基地。

3.2.6 人群健康保护措施监理

1. 保护措施

（1）定期检查施工人员健康状况。施工人员应定期进行体检，根据施工人员健康状况和当地疫情，在常规项目的基础上增加有针对性的体检项目。体检工作应委托有资质的医疗卫生机构承担，对体检结果提出处理意见并妥善保存。

（2）核查施工区环境卫生防疫情况。施工进场前，应进行卫生清理。施工区环境卫生防疫范围应包括生活区、办公区及邻近居民区。防疫内容包括定期防疫、消毒，建立疫情报告和环境卫生监督制度，防止自然疫源性疾病、介水传染病、虫媒传染病等疾病暴发流行。

（3）监理完善的医疗卫生防疫机构。与当地卫生部门协作，按其要求在整个合同的执行期间自始至终在营地住房区和工地确保配有医务人员、急救设备、备用品、病房及适用的救护设施，并应采取适当的措施以预防传染病，提供必要的福利及卫生条件。

（4）落实施工区及施工营地卫生清理措施，在施工过程中，是否按操作要求提供了有益于工人身心健康和有安全保障的生产条件。

2. 效果

（1）为改善职工就餐环境，项目部投资 5 万元改造了施工场地职工餐厅。

（2）为满足职工在文化娱乐方面的生活需求，营建了 $230m^2$ 职工活动中心。

（3）为方便职工健康体检，改善职工医疗条件，依托矿区中等规模的现代化综合医院，配备有螺旋 CT、肺灌洗仪器等先进设备；定期为员工进行体检。

（4）为改善职工住宿条件，投资 100 多万元建设了组装式现代化的职工宿舍用房。

通过以上保护措施，为施工现场的职工提供了可靠的身心健康保障，同时也为工程的顺利实施提供了重要的保障。

4　监理过程中应注意的问题

对于矿山矿产资源开发项目，环境监理质量控制的重点是对工程的环保设施功能的实现。因此，除需严格监理施工过程中引起的各种环境问题外，更应关注工程质量、进度、费用的落实情况，两者并重，保障环境保护设施功能效果的实现，避免造成环境隐患和安全隐患，全面落实“三同时”环境管理制度。

4.1　环保工程质量监理

1. 工程质量特点

工程质量是指工程满足业主需要的，符合国家法律、法规、技术规范标准、设计文件及合同规定的特性综合。工程项目质量具体包含以下三方面特点：

（1）工程项目实体质量。环保设施实行过程又是由一个个相互联系、互相制约的工序所构成，工序质量是创造工程项目实体质量的基础。

（2）功能和使用价值。环保设施功能和使用价值体现在设施设备性能、寿命、可靠性、安全性和经济性等方面，可直接反映工程的质量的程度。

（3）工作质量。工作质量是指参与工程项目建设的各方，为了保证工程项目质量所从事工作的水平和完善程度，是影响环保设施落实的重要影响因素。

2. 质量监理要点

对其能否有效地开展事前监理、主动监理对建设项目环境监理目标的实现起着重要作用，监理过程应把握以下具体要点。

（1）对初步设计文件、施工图设计文件、施工组织计划等的施工要求、质量标准、施工工艺、施工方法、施工措施、质量保障等进行复查，并做出书面纪要（附参加会议人员签名表）交设计、施工单位执行，对存在的问题通过建设单位提出书面意见和建议，并与之协商，确保施工方案可行性。

（2）监理施工单位落实施工质量保证体系 IS09001 ~ IS09002，把影响工程质量的人、材料、机械、方法工艺、自然条件等因素都纳入受控状态，协同工程监理单位审核质量统计分析资料和管理图表。

（3）对工序施工的不同部位进行质量监理。

（4）严格工序间交接检查。重要工序（包括隐蔽作业）需按有关质量验收标准经监理人员检查验收，否则不得进行下道工序。

（5）重要工程部位，必要时应亲自组织试验或技术复核。

（6）对完成的分项、分部工程，按相应的质量评定标准和方法，进行检查验收。审核施工单位提交的竣工图。审核施工单位提交的有关工程质量的检查、评定报告及其他技术性文件。整理有关工程质量的资料文件，并编目、建档。

（7）施工完成后，审核施工单位提交的交工申请及有关技术文件。对照施工过程中存档的有关资料，检查各单项工程自检与开工申请单的内容是否符合，位置、工程量、环境破坏程度等有无变化。

（8）由于各种因素的干扰，在施工过程中，引起的环境质量缺陷是在所难免的，如发现项目存在着与环境保护功能目标相背离较远的操作行为，应立即采取措施制止，因施工原因造成的质量缺陷出现时，应立即发出停工令，由施工单位提出修补环境、工程方案及方法，经监理工程师批准后方可执行，监理工程师现场指导施工人员及时进行事故处理。一般情况下，质量事故的处理或者质量缺陷的处理，不以降低环境质量标准或工程使用要求为前提，另外还要考虑对环境的影响。但是特殊情况下，在降低标准和造成重大损失两者难以权衡的情况下，可适当降低标准，但应形成书面文件报告业主部门且在有关交工报告资料中特别提出。

4.2 环保工程进度监理

1. 工程进度特点

（1）由于环保设施主要是按照工程设计要求进行施工，进度计划必须满足项目总进度计划的要求，这就使得施工进度计划具有被动性。

（2）环保设施形式多伴，结构复杂多变，受外界自然条件影响较大，加之协作配合单位多，不可预见因素多，施工进度计划的相对稳定性小，具有复杂的多变性。

（3）环保设施受开竣工时间和季节性施工以及施工过程中各阶段工作面大小不一的影响，使得施工进度计划在执行过程中具有不均衡性等特点。

2. 工程进度监理要点

环境保护设施施工过程是否能按计划完成，对环保设施能否及时发挥环保功能具有重要作用，直接关系到“三同时”制度的落实。因此，做好环保设施进度与项目实施总体进度的衔接，落实全程检查、跟踪和调整监理工作，对实现项目实施进度目标具有十分重要的意义。施工过程中需关注以下监理要点：

（1）定期跟踪检查，收集实际进度数据，将实际数据和计划数据对比，对产生变化的进行分析，要求施工单位采取措施追赶进度，调整计划，及时检查措施的落实情况。

（2）做好环保设施施工过程中进度实施情况的记录，建立反映工程进度状况的监理日志。

（3）检查、监督工程施工进度计划落实情况，及时审核施工单位提交的进度统计分析资料和进度控制报表，包括：

1）是否严格按照计划进度完成工程施工量。

2）是否严格按照施工方案组织施工。

3）形象进度，实物工程量与工作量指标完成情况是否一致。

通过比较、分析实际进度与计划进度，通过对施工进度与计划进度的分析比较，发现产生的原因和存在的问题，提出进度调整的方案和措施，进而相应地调整施工进度计划及设计、材料设备供应力、资金投入等计划，以及施工方案的局部调整，确保工程总目标的实现。

4.3　环保投资费用监理

1. 环保费用特点

（1）环境保护通常是一种只有投入没有产出的“负效应”，项目建设过程中环保投入越少，承包商赢利越多。

（2）环保投资控制往往和建设单位、施工单位的关系有着密切的联系。如工程价款超付工程进度，则会占用甲方资金，降低投资效益；工程款给的不足或拖欠，会影响环保设施进度和质量，影响建设单位利益。

2. 环保费用监理要点

（1）由于不同的施工方法对工程造价影响有较大区别，因此，应对施工组织设计认真审核，采用经济技术比较方法进行综合评审，加强投资控制。重点审查施工组织设计中各种不合理施工措施增加的费用，并防止不合理建设引发的索赔事件。

（2）灵活控制工程进度款的计量支付。当前采用最多的按月计算工程量支付进度款，不能将资金投入程度较直接地反映在工程实际形象上；实践中已经开始推行的按阶段目标控制法，通过确定合同价款，按形象进度编制分析阶段工程进度付款计划，经甲乙双方核定后，达到一个阶段或完成一个目标，经现场环境监理工程师认可签证，即可按合同规定拨付工程进度款。该方法在管理上，能够更好地调动施工单位积极性，加快工程进度，保证工程质量，同时加重了环境监理工程师的权利和责任；提高了工程付款的透明度，有利于多方监督和廉政建设；减少了工程付款中的扯皮现象，使双方的主要精力放在工程上；有效控制了工程进度款，提高了投资效益。

（3）建立计量支付总台账。在建立计量支付总合账前，认真审核工程图纸数量并建立清单工程数量复核表上报建设单位复核情况并在得到批准后，依据批准的清单工程数量复核表建立工程数量明细表台账和建设项目计量支付总台账。对于所有层级的环境监理人员，自总环境监理工程师到专业环境监理工程师及现场环境监理员。都要完善签字制度和考核标准，使涉及计量的每位人员均对自己的签认切实负起责任。

（4）依据工程变更内容认真核查工程量清单和估算工程变更价格，进行技术经济分析比较，检查每个子项金额、数量、单价的变化情况，按照承包合同中工程变更价格的条款确定变更价格计算该项工程变更对总投资额的影响。由于事后核量不准确，只有实行事前把关，主动监控，规范工程变更操作，工程变更的投资才能得到有效控制。

（5）遵循合同，秉公办事，做好计量支付工作。环境监理工程师要站在客观公正的立场上，合理维护施工单位和业主的利益，在支付方面要遵循合同规定，特别是对一些环保设施工程内容变更后的计量支付，该扣除的要扣除，该支付的要支付，以保证业主与承包人双方都能严格履行合同。既要积极向上反映施工单位因得不到及时支付带来的资金周转困难，也要按合同规定坚持未经建设单位批准不得计量支付的原则，较好地解决问题。

5. 案例 1 新建铅锌矿采选项目环境监理总结报告（节选）照片附后，见附图。

案例点评

该项目的环境监理总结报告反映出监理亮点为该项目环境保护是按照“生态开发，科学利用，和谐发展”和“既要金山银山，又要绿水青山”的思想建设矿区和开展环保工作，以创园林式工厂，建生态型矿山为建设目标，努力实现企业与自然的协调发展。因此该项目环境保护工作建设规格高，要求严。该项目实施后使矿山呈现出了“矿在绿中、楼在林中、路在树中、人在园中”的景象，开创了某省西部山区矿山行业植被恢复的先河。把已建服务期满的废石场建成了国家级生态示范基地，有力地促进了国土绿化和矿区生态建设水平的整体提高。通过植被恢复及边坡治理等工程实施，使排渣场及尾库的复垦率、植被覆盖率得到了显著提高，自然景观得到了有效保护；改善了周边生态景观和环境质量，恢复了生物多样性，取得了良好的生态效益；有效降低了滑坡、泥石流、塌方等隐患，减少了水土流失和地质灾害的发生，保障周围村庄居民和职工的安全，对当地及周边经济社会的持续发展具有积极意义。

思考题

1. 监理工作报告有哪些种类？各有什么作用？
2. 从该监理总结报告的阅读中，你认为在金属矿山项目环境监理中应注意哪些问题？
3. 环境监理的目的和监理目标是不是一回事？有何区别？
4. 一个规范的环境监理总结报告应包括哪些内容？

案例 2　铅锌冶炼建设项目环境监理总结报告（节选）

1　总则

1.1　项目背景

本项目为 15 万 t/a 金属铅冶炼项目，分两期建设。其中一期生产规模为电铅 8 万 t/a，铅冶炼工艺采用国际先进水平的氧气底吹熔炼－鼓风炉还原炼铅法；副产品硫酸8.6万t/a，银锭217.97t/a，金锭2.196 9t/a。

1.2 环境监理概况

依据本项目环境影响报告书的批复意见（环审〔2007〕177号），本项目建设过程应开展工程环境监理工作，并纳入环境保护竣工验收内容。为此，某金铅冶炼有限公司于于200×年3月1日委托某环境科学技术研究发展有限公司承担该项目的环境监理工作，2012年6月顺利完成了该项目试生产期间的环境监理工作。

该项目为铅冶炼项目，由于污染物的特殊性、环境影响因素的复杂性，以及存在较大的环境风险，环境监理方在接受该项目的环境监理任务后，驻地环境监理工程师与监理员认真熟悉该项目的建设内容、工程组成、生产工艺流程和产生污染物的环节，并进行了具体的分析，明确了该项目施工期及试运行期环境监理的重点。依据本项目环境影响报告书，在认真做好施工期污染防治及生态恢复措施监理的同时，特别针对环评中提出的各项污染防治措施、风险防范措施、施工期的“三同时”建设情况及该项目周边环境敏感点搬迁的落实情况进行了环境监理，并对本环评批复要求进行符合性审核。在该项目试运行期间，针对该企业的各项污染防治措施的处理效果依据各项污染物达标排放标准进行严格要求，最终经过一次试运行和两次延期试运行后，该项目各项环保设施运行情况较为正常，环境监理方认为可以向某省环境保护厅申请项目竣工环境保护验收工作。

2 项目概况及工程标段划分

2.1 工程内容

2.1.1 项目建设内容

某金铅冶炼有限公司15万t/a（一期8万t/a）金属铅冶炼技术改造扩建项目位于×县西山底乡阳峪东岭，场地呈菱形，东西长525 m，南北宽465 m。场地经过平整，共分3个平台，由南向北排列，分别被定为一平台、二平台和三平台。其中一平台有原料仓及配料系统、粉煤灰制备车间、汽车衡、泵房、汽车台、调节水池、煤气站。二平台的建筑物有电解车间、发电车间、化学水处理站、中心化验室、浴室、食堂、招待所、转化工段、硫酸循环水、烟囱、干吸工段、净化工段、酸库、硫酸综合楼、熔炼循环水、通风除尘、氧气底吹炉收尘、氧气底吹熔炼车间、鼓风机空压机房、铸渣机廊、鼓风机循环水、鼓风炉和烟化炉车间、鼓风炉除尘、收尘通风余热锅炉、烟化炉收尘、鼓风炉烟化炉烟囱等。三平台的建筑物主要有污水污酸处理站、危险废物仓库、氧气站循环水池、氧气站、贵金属车间、铜浮渣车间、总降变电所、综合维修车间、综合仓库和倒班宿舍。

2.1.2 工程投资

本工程总投资31 949.7万元，其中环保投资9 156.4万元，环保投资占总投资的28.7%。实际总投资5.2亿元，实际环保投资1.3亿元，实际环保投资占实际总投资的25%。

2.1.3 生产工艺介绍

本项目粗铅冶炼工艺采用具有国际先进水平的氧气底吹熔炼—鼓风炉还原炼铅法。氧气底吹炉产出的SO_2烟气采用两转两吸工艺制硫酸；鼓风炉产出的炉渣采用烟化炉回收氧化锌，烟化炉炉渣水淬外卖；铅精炼工艺采用电解法得到电铅；铅阳极泥（含贵金属）处理采用火法熔炼—银电解流程得到银、金锭。

具体工艺过程如下：

1. 冶炼工艺

铅冶炼采用的氧气底吹熔炼—鼓风炉还原工艺，首先将石灰石、石英石、铅精矿、碎煤等经过配料、制粒后经皮带送至氧气底吹熔炼炉，得到的一次粗铅经过铸锭将铅锭送精炼；产生的铅氧化渣经铸渣后，得到铅氧化渣块会同焦炭和空气送入鼓风炉还原，得到的粗铅经铸锭后送至精炼车间，产生的炉渣经烟化炉吹炼产生废渣经水淬后出售。

2. 制酸工艺

氧气底吹熔炼炉烟气含有高浓度的 SO_2，采用两转两吸工艺制硫酸，充分回收 SO_2。制酸工艺流程为稀酸洗涤净化、两次转化两次吸收。具体情况如下：

（1）净化工段。电除尘器出口的烟气（温度 240 ℃左右）通过烟道进入净化工序，烟气依次经过空塔、填料塔、洗涤塔及两级电除雾器，将烟气中的烟尘及有害物质除去，并将烟气冷却到 38 ℃送干吸工段。空塔底流（即污酸）间断排放，经槽泵至污水处理站处理。

（2）干吸工段。净化来的烟气经干燥塔用 93% 硫酸干燥后，经除沫塔除沫，由风机送至转化工段。经一次转化后的烟气送至一吸塔用 98% 硫酸吸收其中的 SO_3，吸收后的烟气送二次转化；二次转化后送至二吸塔用 98% 硫酸吸收其中的 SO_3，吸收后的烟气经二吸塔顶部除沫器除去 SO_3 酸雾和沫，尾气达标排放。

（3）转化工段。从 SO_2 鼓风机出来的约 80℃的 SO_2 烟气依次通过Ⅲa、Ⅲb、Ⅰ热交换器升温，使其温度达到 430 ℃，然后进入转化器，经三段触媒的转化，转化率达到 93% 以上，此时的 SO_3 烟气再经Ⅲb、Ⅲa 热交换器降温后，送往干吸工段第一吸收塔。出第一吸收塔的烟气由于还含有部分 SO_2，再次进入转化器，经第四段触媒的转化，使转化率达到 99.8%，此时的 SO_3 烟气经降温后，送往干吸工段的第二吸收塔进行二次吸收。

（4）成品工段。由干燥塔或吸收塔泵槽中引出浓度为 98% 的成品酸经地下槽泵送至储酸罐储存。销售时成品酸由罐底进入地下储槽缓存，经计量槽计量后，打入高位槽进行装车外运。

3. 电解精炼

粗铅电解精炼采用硅氟酸铅低温电解工艺，共需 360 个电解槽。在电解精炼前，先对粗铅采取除铜熔铅锅熔炼进一步去除铜浮渣后，将较纯的铅通过精铅浇铸机组铸阳极用于电解精炼。除铜熔铅锅产生的铜浮渣经反射炉进一步处理得到粗铅、铜锍及炉渣等，其中粗铅回到除铜熔铅锅熔炼，铜锍含铜较多，作为中间产品外售，炉渣返配料系统。

4. 贵金属冶炼

阳极泥含多种贵金属，其处理工艺（贵金属冶炼）采用火法流程。采用贵铅炉提取贵铅，贵铅进入分银炉进一步提取金、银。其间产生多种有价值金属渣均进行回收，如高砷锑白、碲渣、铜渣、黏渣等。银回收采用硝酸银电解质电解工艺，共需 20 个银电解槽，银电解槽阳极泥回收金。

（略）。

2.2　项目建设基本情况

本工程建设的基本情况略。

2.3　主要建设内容及工程标段划分、施工情况

本工程主要包括原料仓、氧气底吹熔炼车间、鼓风炉、烟化炉、铜浮渣车间、电解车间、氧气站等主辅生产设施。工程主要组成情况见表3－18－3，各单项、分部工程承建承揽单位略。

表3－18－3　工程主要组成一览表

分类	序号	项目组成	生产任务	备注
主要生产设施	1	原料仓及配料厂房	原材料配料	
	2	氧气底吹熔炼车间及余热锅炉和电收尘系统	氧气底吹熔炼	
	3	鼓风炉、烟化炉车间及余热锅炉和收尘系统	鼓风炉熔炼、鼓风炉渣烟化	
	4	粉煤制备车间	粉煤制备	
	5	铜浮渣处理车间	铜浮渣处理	
	6	贵金属车间	贵金属熔炼	
	7	电解车间	铅精炼	
	8	硫酸车间及硫酸库	氧气底吹烟气制硫酸	
辅助生产设施	1	鼓风机房	鼓风	
	2	空压机风	提供压缩空气	
	3	氧气站	为氧气底吹熔炼供氧气	
	4	煤气站	提供燃料	
	5	化学水处理间	提供纯水	
	6	总降变电所	提供电力	
	7	循环水系统	提供循环水	
	8	污水处理站	污水处理及资源化利用	
	9	通风收尘系统及烟囱	废气治理及安全排放	
	10	汽车衡	计量	
	11	中心化验室	产品分析化验	
生活设施	1	食堂及浴室	后勤服务	
	2	办公楼	办公场所	

3　环境监理工作

3.1　环境监理机构和人员

某环境科学技术研究发展有限公司及某工程环境监理有限公司按照项目环境监理合同的约定，结合该工程建设实际情况，根据项目建设特点和环境监理工作实际需要，专门成立了“某金铅冶炼有限公司15万t/a（一期8万t/a）金属铅冶炼技术改造扩建项目环境监理部”，共配备总监理工程师1名，总监理代表1名，监理工程师3名，具

体承担该项目施工期环境监理任务，具体人员组成及分工（略）。

3.2 环境监理工作方法

该项目环境监理工作在总监理工程师直接组织、指导下，环境监理人员按照职责分工，对施工过程各项环保措施落实情况、环保工程建设及进度情况进行了重点监控；对监理过程发现的问题，及时督促解决；对施工过程出现的环保技术问题，积极协助处理，从而确保了工程项目各项环保措施得到了顺利落实。

其主要工作方式是：

（1）现场巡查。通过现场巡查监督、指导各项环保措施的落实。现场巡查频次由项目施工的不同阶段具体情况而定，一般每月不少于2次。

（2）重点监督。对施工敏感点防护、生态保护、污染防治等措施落实情况实施重点监控，对主要环保工程建设实施旁站监理，以便随时发现和解决施工过程存在的环境问题（如该项目氧气底吹熔炼炉电除尘器安装，鼓风炉及烟化炉除尘脱硫设施安装，空压机、风机消声器安装施工作业等，环境监理方均进行了旁站监理）。

（3）强化信息沟通。为及时、快捷、客观、全面地进行各层次的环境信息交流，我们采取了以下工作制度和工作方法：

1）监理组织内部实行“现场检查登记”“环境监理月报”制；发放环境监理文书（包括“环境监理工程师通知单”“环境监理整改通知”“环境保护工作建议函”等）审批备案制。

2）对监理机构以外的各层次信息沟通，则按照“一般、必要、重大”三类不同级别，采用不同的文书往来方式，与不同层次单位进行信息沟通。

一般问题：由环境监理工程师起草“环境监理工程师通知单”，经总监批准后向施工单位直接下发。

必要问题：由环境监理工程师起草“环境保护工作建议函”，经总监批准后，直接向业主发送，由业主督促施工单位或直接落实、解决有关问题。

重大问题：由环境监理工程师起草“环境监理简报”或“环境监理工作专题报告”，经总监和环境监理单位批准后向环境保护部门直接报送，由环保部门直接监督业主单位解决和落实有关问题。

3.3 环境监理工作内容

本项目环境监理工作主要内容：一是工程施工期污染防治和生态保护措施实施情况的监督管理；二是与主体工程配套的各项环保工程建设、落实情况的监督管理；三是对业主单位环境管理机构、环保管理制度建立、环境监测计划的实施、执行各项环境保护制度和落实环评及其批复情况的监督管理；四是协助业主完成项目的环保验收准备工作和交办的其他工作。具体是：

1. 工程施工期污染防治和生态保护措施实施情况监理

监理主要包括：施工期间施工噪声、施工扬尘、生活污水和生活垃圾的排放是否符合环保要求；工程施工场地、临时占地（含施工道路、参建方施工营地、各阶梯施工场地等）的水土保护、生态保护措施是否符合环保要求；施工期可能发生的环境污染事故、环境污染纠纷是否得到及时、妥善处理等。

2. 环保工程建设情况监理

主要依据环评及其批复意见对主体工程要求配套的各项环保设施进行全过程环境监理。主要包括：氧气底吹炉、鼓风炉、烟化炉、铜浮渣反射炉、贵金属车间中频炉烟尘的除尘脱硫设施，原料仓及配料系统、粉煤制备车间除尘设施，尾气制酸系统等是否按批准的工艺、规模、效率进行设计、设备选型、安装和施工；项目营运后产生的生产废水、生活污水的处理设施是否按批准工艺、处理能力、处理效果进行设计、安装和施工；项目风机、空压机等高噪声设备是否按要求采取了隔声、消声等降噪措施以及以上设施的建设安装是否与主体工程同时施工、同时投入生产使用等监督。

3. 环境管理机构建设监理

监理主要包括：督促建设单位按要求设置企业环境管理机构，并明确环保专（兼）职人员及职责；是否按要求实施环境监测计划，是否配备了相应的监测人员及仪器设备；是否按要求安装了在线自动监测装置，是否及时对废水、废气排污口进行了规范化整治；是否结合企业实际建立了环保工作岗位责任制、环保设施操作规程、环保设备维护保养制度等一整套环保规章制度等。

4. 涉及项目建设有关环保工作的监理

监理主要包括：按照有关建设项目环境保护法律、法规和政策规定协助业主完成有关项目变更、申请试生产、环境监测、环保验收等项工作任务。

根据以上工作内容，本工程环境监理部自201×年1月进入现场，并在开始环境监理工作以后，得到了建设单位及各参建方的大力支持和积极配合，工程施工期环境监理工作开展比较顺利。据不完全统计，截至2012年6月20日，共巡查施工现场25次；实施环境工程旁站监理10次；填报“现场巡查记录表”“环境监理月报”20余份；下发“环境监理工程师通知单”3份；发送“环保工作建议函”3份；满足了工程建设环境监理工作目标要求，取得了预期工作效果。

4　环境保护（敏感）目标及污染防治措施

4.1　环境保护（敏感）目标及污染防治措施

环境保护目标主要包括水环境、大气环境、声环境、固体废物环境以及生态环境等的保护目标，针对项目周边的环境目标的类型和特点，在工程施工期和运营期必须采取合理的预防、治理措施，从而尽力使各类环境敏感目标不受到影响。本项目所处地的环境状况以及涉及到的环境保护目标及其污染防治措施内容如下。

4.1.1　周边环境状况及功能区划

1. 气象特征（略）。

2. 地形地貌。

×境域三面环山，全县地貌特征总体分为四类：深山区、浅山区、塬陵区、川涧区。本项目位于阳峪村东塬顶，地势南高北低，自南向北分为三个梯次，其海拔高度范围为470～457 m。各梯次地势较为平坦，地形开阔。

3. 水系分布（略）。

4. 区域地下水状况（略）。

5. 土壤

×县71.8%的土壤属于褐土，主要分布于浅山丘陵及×河两岸阶地。本区域土壤属于褐土，执行《土壤环境质量标准》（GB 15618—1995）Ⅲ类标准要求。

6. 区域环境功能区划及执行环境标准

（1）环境空气：企业地处二类区，环境空气执行《环境空气质量标准》（GB 3095—1996）二级标准。

（2）地表水：企业所在区域范围内×河、×南灌渠地表水水质保护目标均为Ⅲ类水体，景阳河地表水水质保护目标为Ⅱ类水体。

（3）地下水：地下水执行《地下水质标准》（GB/T 14848—93）Ⅲ类标准。

（4）声环境：声环境标准执行《城市区域环境噪声标准》（GB 3096—93）Ⅰ类标准。

4.1.2 水环境保护目标的污染防治措施

本项目地表水环境敏感目标主要是×河、景阳河及×南灌渠。具体情况见表3－18－4。

表3－18－4 水环境保护目标一览表

序号	保护目标	方位及与项目最近距离	保护级别	备注
1	×河	N，最近直线距离2 900 m	地表水Ⅲ类水体，功能为农灌	
2	景×河	E，最近直线距离1 200 m	地表水Ⅱ类水体（禁止设排污口），功能农灌	
3	×南灌渠	N，最近直线距离1 200 m	农灌水，标准旱作	
4	饮用水源地	周围地下水	地下水Ⅲ类	

由于本项目建设厂址位于×河上游地区，因此，本项目建设过程中需要严格按照环境影响报告书的要求，认真完成有关废水的各项污染防治措施，从而确保本项目实施后废水不外排。

本项目环境影响报告书建议采取的污水治理措施主要针对生活污水和生产废水，分别设置处理能力为100 m^3/d的生活污水处理系统和300 m^3/d的污酸水处理系统，详细情况见表3－18－5。

表3－18－5 本项目水环境污染防治措施一览表

分类	序号	措施名称	处理对象	处理措施	投资（万元）	处理效果
污水治理	1	污水处理站及废水资源化利用	pH、SS、Pb、As COD、总磷 BOD、氨氮	污酸水处理系统300 m^3/d	993.5	厂区废水零排放
	2			生活污水处理100 m^3/d		
	3			回用水系统100 m^3/d		
	4			初期雨水收集池3 000 m^3	280	

4.1.3 大气环境保护目标的污染防治措施

空气环境保护目标为周围阳峪、南洞、孟村等。厂址周边敏感点分布情况见表4－19－7。

表3－18－6　本项目大气污染防治措施一览表

序号	保护目标	方位及与本项目最近距离	人口	户数	保护级别	备注
1	孟村	NW，600 m（拆迁后1 050 m）	820	220	环境空气二级	
2	方村	NW，1 700 m	2 300	596		
3	南洞村	N，1 300 m	1 200	322		
4	孙洞村	NW，2 100 m	1 520	460		
5	司阳村	SEE，1 250 m	430	110		
6	北村	SE，1 400 m	1 680	455		
7	阳峪村	W，100 m（全部拆迁）	136	42		
8	马营村	W，2 300 m	1 920	466		

对于本项目营运期排放的废气，严格按照环境影响评价报告书中对大气污染防治提出的各项技术先进、运行可靠且经济的治理措施进行建设，防止事故排放。不仅确保废气中Pb、SO_2等特征污染物达标排放，而且要满足大气环境质量和污染物排放总量控制的要求。本项目环境影响报告书中建议采取的大气污染防护措施主要有氧气底吹熔炼尾气脱硫除尘设施、鼓风烟化产出烟气脱硫除尘设施等。详细情况见表3－18－7。

表3－18－7　本项目大气污染防治措施一览表

分类	序号	措施名称	处理对象	处理措施	投资（万元）	处理效果
废气污染治理	1	氧气底吹熔炼尾气脱硫除尘设施	烟尘 SO_2 粉尘	电收尘器	3 846	各类污染物达标排放
				洗涤净化－两转两吸制酸－湿法脱硫，SO_2 在线监测	2 800	
	2	鼓风炉烟气脱硫除尘设施		冷却烟道－低压脉冲袋式收尘器－湿式脱硫，SO_2 在线监测	42.1	
	3	烟化炉烟气脱硫除尘设施			41.9	
	4	原料仓及配料系统除尘设施		低压脉冲袋式收尘器	30.0	
	5	氧气底吹熔炼车间除尘系统		低压脉冲袋式收尘器	232.2	
	6	鼓风烟化炉车间除尘系统		低压脉冲袋式收尘器	246.0	
	7	铜浮渣反射炉产出烟气除尘设施		冷却烟道－低压脉冲袋式收尘器	10.7	
	8	铜浮渣反射炉通风除尘系统		低压脉冲袋式收尘器	53.6	
	9	电解车间熔铸炉收尘系统		低压脉冲袋式收尘器	69.7	
	10	电解车间通风收尘系统		低压脉冲袋式收尘器	69.7	
	11	贵金属车间中频炉除尘系统		低压脉冲袋式收尘器	8.9	
	12	粉煤制备车间通风除尘系统		低压脉冲袋式收尘器	11.6	
	13	银电解槽局部通风净化系统		局部抽风－氨吸收装置	7.5	
	14	料场环保设施		雨棚、防渗地面、围挡	—	

4.1.4　声环境保护目标的污染防治措施

本项目声环境保护目标和大气环境保护目标内容相同，主要是项目周边的居民区。详细情况见表3－18－8。噪声污染防护措施主要针对生产工艺中各种高噪声设施设置隔声间、基础减震等，最终确保厂界噪声达标。详细情况见表3－18－9。

表3－18－8　本项目噪声污染防治措施一览表

序号	保护目标	方位及与本项目最近距离	人口	户数	保护级别	备注
1	孟村	NW，600 m（拆迁后1 050 m）	820	220	声环境Ⅰ类	
2	方村	NW，1 700 m	2 300	596		
3	南洞村	N，1 300 m	1 200	322		
4	孙洞村	NW，2 100 m	1 520	460		
5	司阳村	SEE，1 250 m	430	110		
6	北村	SE，1 400 m	1 680	455		
7	阳峪村	W，100 m（全部拆迁）	136	42		
8	马营村	W，2 300 m	1 920	466		

表3－18－9　本项目噪声污染防治措施一览表

分类	措施名称	处理对象	处理措施	投资（万元）	处理效果
噪声防治	风机、空压机	噪声	隔声间	40	达标排放
			消声器	10	
			减震基础	70	

4.1.5　固体废物环境保护目标的污染防治措施

该项目固体废物环境保护目标主要针对企业周边土壤的污染情况，其环境保护目标为厂区周围以及影响范围内（厂界四周1 km以内范围）的耕地。

该项目营运期产生的多种工业渣，大部分为可回收利用的工业渣，可以作为副产品（冶炼中间产品）外售。针对本工程产生的工业废渣，依据该项目环境影响报告书，固体废物处理处置措施如下：

（1）烟化炉水淬渣。属一般固体废物。先在厂内的临时堆放场（棚）堆存，定期外卖可作为建材原料综合利用。

（2）污酸污水处理。一中和段产生的废石膏及二、三中和段产出的含砷废渣，属于危险废物。按照要求，在污水处理站设施防雨、防渗的临时堆场储存砷渣、石膏渣，在污水处理站附近设置危险固体废物暂存仓库。并且该危险固体废物暂存仓库建设容积为6 000 m^3，占地面积为48 m×30 m，可供使用8年。污水处理站产生的危险固体废物装袋后送往危险固体废物暂存仓库储存。待某省危险废物处理厂建成后，及时运往某省危险废物处理厂处理。

（3）生活垃圾。对生活垃圾厂内临时储存，定期外运至×县生活垃圾卫生填埋场处置。

4.1.6　生态环境保护目标的污染防治措施

本项目厂址原用地主要为耕地，在自然形成的沟壑中还生长着灌木和草本植物。经实地调查证明，本项目用地及建设临时用地范围不存在国家珍惜保护动植物。虽然不存在珍惜保护动植物，但是随着本项目的建设，厂址处土地利用方式将由原来的耕地转变为工业用地，会对厂址周边范围的耕地、植被、土壤以及景观生态环境产生一定的影响。因此，本项目的生态环境保护目标主要为项目用地以外的耕地、植被以及自然生态景观等。

针对本项目生态环境保护目标的特点，主要有以下几个方面的防治措施：

1. 采取增加人工绿化措施补偿对植物生态多样性下降的影响

为了使厂区有一个良好的生产环境，在厂区道路两侧以及建筑物四周进行绿化，厂区绿化面积达到 8 万 m^2，绿化率达到 32%，优先种植具有粉尘、SO_2 过滤、吸附功能的本地树种，将形成具有一定生态效益的人工生态系统。以此来补偿因施工造成的植被破坏。

2. 提出并落实施工期水土保持方案，尽力避免施工期产生的水土流失

（1）工程建设中对需要开挖和填方的进行合理的挖填方计划和土方调配计划，做到挖填平衡。特别是进厂道路的建设，施工工程中主要采取边开挖、边砌护回填、碾压，并及时采取浆砌片石护坡等措施。

（2）尽量缩短场地平整、开挖方工程施工工期，减少疏松地面的裸露时间，合理安排施工时间，尽量避开雨季和汛期，并对局部易产生水土流失部位进行先期加固预防，在雨季采取提前截流、土工布遮盖等措施，避免造成水土流失。

（3）对厂界自然形成的沟壑构筑堤坝，防止水土流失。

（4）厂区建设施工过程，根据地形变化建设东西向挡土墙，总长 1 500 m，高 2 ~8 m。

4.1.7　其他环境保护目标的污染防治措施

1. 其他保护措施要求

（1）整体防护措施要求。本项目为铅冶炼项目，其生产过程中因工段的不同会产生有毒重金属烟尘、污酸及硫酸等危险和强腐蚀性物质。因此，整个工程建设过程中必须做到地面、水池等构筑物防渗防漏，各生产车间的地面、地基，厂区道路路基、水管道、雨排设施、各种废水收集处理池等，都必须做好防渗措施，以防各种事故性排水及初期雨水所造成的环境污染。

（2）运输防护措施要求。该项目在营运期运输各种散装原料时，必须加盖防止扬尘的帆布；运输硫酸时，必须采用专用罐车按危险品运输条例规定进行等。

（3）按照环境影响评价报告书中环境管理、监督及监测制度建议，进行环境监测及健康跟踪调查，确保环境达标，人群健康不受影响。

2. 环境风险防范措施

生产过程各系统潜在的危险因素及可能导致的环境风险见表 3 –18 –10。

该项目采用的富氧底吹—鼓风炉还原熔炼工艺生产电解铅，生产过程中使用的原辅材料含有有毒有害的 Pb，生产过程中及产生的“三废”中含有有毒有害的 Pb、SO_2、SO_3、硫酸以及含砷废渣、石膏渣等危险化学品及危险废物。该项目主要危险有害因素分布情况见表 3 –18 –10。

表 3-18-10　生产过程各系统潜在的危险因素及可能导致的环境风险

系统名称	子系统名称	主要设施	潜在的危险因素	可能导致的环境风险	风险物质	影响接收介质
铅冶炼系统	氧气底吹熔炼工段	氧气底吹熔炼炉、余热锅炉、电收尘、袋式收尘	除尘净化系统效率下降，制酸系统净化效率下降，转化触媒中毒	制酸尾气排放 SO_2、Pb 浓度增加	SO_2、Pb	大气
			除尘系统故障停车，烟气废气直排	含有各种有毒重金属及大量 SO_2 的废气直接排放	Pb、As、SO_2	大气
	鼓风炉工段	鼓风炉、袋式收尘	除尘系统故障停车，烟气直排	含重金属 Pb 的废气直接排放	Pb	大气
	烟化炉工段	烟化炉、袋式收尘	除尘系统故障停车，烟气直排	含重金属 Pb、ZnO 的废气直接排放	Pb、ZnO	大气
	铜浮渣车间	铜浮渣反射炉、袋式收尘	除尘系统故障停车，烟气直排	含重金属 Pb 的废气直接排放	Pb	大气
	电解车间	熔铸炉、袋式收尘系统、电解槽	除尘系统故障停车，烟气直排	含重金属 Pb 的废气直接排放	Pb	大气
			各种管道、电解槽破裂	含有重金属的酸性液体泄漏	Pb	水体
制酸系统	净化工段	脱吸塔、洗涤塔、电除雾器循环泵、降尘槽	某塔故障停车导致净化效率下降，转化触媒中毒，SO_2 转化率下降	制酸尾气排放 SO_2 浓度增高	SO_2	大气
			沉降槽、各塔受液槽及循环酸管道或泵破裂	含有各种有毒重金属的酸性液体泄漏	Pb、As、硫酸	土壤水体
	干吸工段	干燥器、吸收塔、酸冷却器、循环泵、地下槽	吸收塔故障停车	制酸尾气排放大量 SO_3，遇水蒸气形成酸雾	SO_3	大气
			酸冷却器、循环泵或循环酸管道破裂	浓硫酸泄漏	硫酸	土壤水体
	转化工段	SO_2 风机、转化器、换热器	转化器故障停车	制酸尾气排放大量 SO_2	SO_2	大气
	成品工段	2 400 m^3 贮酸罐 2 个	贮酸罐罐体或阀门破裂	浓硫酸泄漏	硫酸	土壤水体

续表

系统名称	子系统名称	主要设施	潜在的危险因素	可能导致的环境风险	风险物质	影响接收介质
	污水处理站	格栅、沉淀池、混合池、反应池	处理效率达不到回用指标	含有各种有毒重金属的酸性废水外排	Pb、As	水体
	成品酸外运	罐车	罐车事故	浓硫酸泄漏	硫酸	土壤水体
	制氧站	制氧机	火灾爆炸	火灾爆炸	/	大气
	柴油储罐	柴油储罐	火灾爆炸	火灾爆炸	/	大气

由表 3 - 18 - 10 可以看出，该项目生产过程中潜在的环境风险因素共 16 项，当发生危险时，直接污染大气环境的有 9 项，可能扩散到土壤和水体的有 7 项。依据环境影响报告书风险分析结果可知，涉及环境风险源的主要为氧气底吹熔炼及制酸系统、硫酸罐区和电解车间。该项目应具备的事故应急设施及投资情况见表 3 - 18 - 11。

表 3 - 18 - 11　项目事故应急设施及投资情况一览表

事故工段	事故类型	应急措施	应急设施	应急设施投资（万元）
氧气底吹熔炼及制酸系统	烟气事故排放	氧气底吹熔炼系统停车，疏散群众，启动应急预案	—	——
硫酸罐区	硫酸泄漏	罐区设置围堰；硫酸储罐区设置应急输酸装置，当发生大规模泄漏时可将围堰及事故池内硫酸泵入地下酸罐，而后输至备用罐，罐区外围设施地沟，与事故池连接，围堰外泄漏时，用沙土拦截泄漏液送入地沟，引流进入事故池	地下酸罐 $25 \times 2\ m^3$	10
			围堰及地沟，有效容积 1 656 m^3，49 m × 26 m × 1.3 m	5.5
			事故酸泵 2 台，200 m^3/h	8
			管道	1
			事故池 400 m^3	16
电解车间	电解液泄漏	地面进行防腐防渗处理，地面设置渗漏液导槽，经汇流至地下事故贮槽内，事故设置专用管道，将事故池与初期雨水收集池相连，管道用阀门控制，当事故池容量不够时，打开阀门，引流至初期雨水收集池	地沟及 200 m^3 缓存池、专用管道	18
制酸车间	污酸泄漏	地面进行防腐防渗处理，地面设置渗漏液导槽，经汇流至地下事故贮槽内，经管道排入污水站，事故设置专用管道，将事故池与初期雨水收集池相连，管道用阀门控制，当事故池容量不够时，打开阀门，引流至初期雨水收集池	地沟、400 m^3 事故池、专用管道	18
合计				76.5

3. 居民搬迁及周围山体退耕还林

该项目依据国家发展和改革委员会公告 2007 年第 13 号《铅锌行业准入条件》卫生防护距离的要求以及该项目所在地卫生防护距离范围内环境敏感点的调查可知，应对阳峪村、孟村部分居民实行搬迁。居民搬迁户数为阳峪村 136 人，42 户；孟村 483 人，142 户，共计 619 人，184 户。搬迁地点为孟村北侧。

另外，针对该项目周边土壤环境的影响，该项目厂址周围 300 m 范围内的山地实行退耕还林，退耕还林后，可以减少或避免铅尘对农作物的污染。

4.2　环境监理在项目建设过程对环评批复落实情况的审查

4.2.1　环评批复意见

1. 项目建设应重点做好的工作

（1）氧气底吹炉烟气应经余热锅炉回收余热、高效电除尘器除尘后，进入两转两吸制酸系统回收 SO_2，废气经石灰石－石膏湿法脱硫处理，确保烟尘、铅尘、SO_2 达标排放；除尘器除尘效率应大于99.5%，制酸系统 SO_2 吸收效率应不低于99.99%，尾气脱硫效率应不低于80%；鼓风炉烟气经冷却、袋式除尘器处理后，经石灰石－石膏湿法脱硫处理，污染物应达标排放；对配料系统、给料系统和出铅、出渣口烟气进行收集，经袋式除尘处理后，污染物达标排放；烟化炉、铜浮渣反射炉、熔铅锅、金银车间等废气应按照环评意见落实各项处理措施。各排气筒高度应不低于环评提出的要求。

（2）电解液应采取抑制挥发的措施，电解车间应强制通风，改善工作环境。原料堆场应采取密闭措施，不得露天堆放，并设置喷淋抑尘设施，严格控制无组织排放。

（3）工程应设置完善的净、浊循环水系统，间接冷却水、冲渣水、淬水应循环使用；含酸废水经处理站处理后回用，不外排；厂区应做到“雨污分流”，设置集水池，厂区前期雨水应进行收集，处理后回用，不得外排；生活污水经接触氧化和过滤消毒处理后回用于生产，不得外排。

（4）对生产过程中产生的烟化炉水淬渣、烟气脱硫石膏废渣应综合利用；污酸处理站污泥滤饼、砷钙渣、除尘灰等危险固体废物应立足于全部回用于生产配料，不能回收利用的危险固体废物应送有资质的单位进行处理。厂区内应设施防雨、防渗、防扬尘措施的固体废物临时堆场，各种固体废物不得随意弃置。高噪声设备应采取降噪措施，确保厂界噪声达标。

（5）加强职工卫生防护工作，按规定开展职业病危害预评价，制定岗位操作管理制度，认真落实职业卫生防护措施。

（6）加强厂区、厂界的绿化美化工作，按国家有关规定设置规范的污染物排放口，并设立明显标志，安装废水及烟气自动在线监测装置，并与当地环保部门监控网络联网。

（7）认真落实环评报告所确定的防范环境风险的要求和措施，制定污染事故应急防范预案，硫酸储罐区应设置围堰和事故集水池，防止发生污染事故。

（8）施工期应严格管理，避免造成水土流失和生态破坏。

（9）建设单位应委托有资质的单位进行环保工程的设计和施工，设计单位必须严格按照环评及批复意见认真落实各项工程及环保设施设计，不得擅自变更。如出现违法行为，依照《某省建设项目环境保护条例》规定，对设计单位进行处罚。

2. 污染物排放总量满足控制要求

项目建成后，污染物排放总量应满足×市环保局×市环监〔2007〕24号文件提出的总量控制要求：$SO_2$77.81 t/a、烟（粉）尘3 359 t/a。由于×县将东宋方里砖厂、余庄红星砖厂等5家砖厂予以关停，项目业主于2011年向×县环境保护局提出本项目烟（粉）尘排放总量调整的申请，经××县环境保护局研究，最终于2011年10月25日下发了《×县环境保护局关于某金铅冶炼有限公司申请调整15万t/a（一期8万t/a）金铅银综合冶炼项目烟（粉）尘排放总量的批复》（×环〔2011〕100号），同意调整。

目前，总量控制要求变更为：$SO_2$77.81 t/a、烟（粉）尘 79 t/a。

3. 做好厂址周围敏感点的防护工作

建设单位应与当地政府配合，按照行业准入条件要求，对厂界周围 1 km 范围内的阳峪村及孟村部分居民按×县人民政府要求于本项目投产前予以搬迁。建设单位应加强对周围环境及敏感点的环境质量监测，发现问题及时向当地政府和环保部门报告，做好厂址周围敏感点的防护工作。厂区周围 1 km 范围内不得规划、新建居民区、学校、医院等敏感目标。

4. 建设单位建立专门的环保机构

建设单位应建立专门的环保机构，由专人负责环保工作，并建立环保管理制度，加强环保设施的管理和维护，保障其正常运行，确保污染物稳定达标排放。

5. 严格执行环保“三同时”制度

本项目建设过程中应严格执行环保“三同时”制度，施工期应开展工程环境监理工作，并纳入验收内容。工程竣工后，按规定程序向我局申请试运行和环境保护验收，经验收合格，方可正式投入运行。

6. 加强对项目的监督管理

×市、×县环保局负责对该项目的日常监督管理，省环境监察总队按规定负责对该项目进行检查。

4.2.2 设计阶段环境监理对环境保护设计的核查

项目在设计阶段，环境监理工作重点有以下几点：

（1）工程初步设计审核：重点审核项目的工艺规模、平面布置、选址有无变化。

（2）设计文件环保篇章和施工图审核：重点审核与环评及批复文件要求的符合性。

（3）施工组织设计审核：重点审核施工期环境污染与生态破坏防范措施。

针对本工程，环境监理方驻地监理员按照以上的环境监理工作重点和要求，依据环境影响报告书对工程各项污染防治措施的要求，对该项目设计阶段进行了环境保护审核。环境监理方审核结果为：本项目涉及的富氧底吹熔炼炉、鼓风炉、烟化炉、两转两吸制酸、贵金属车间、铜浮渣车间以及电解车间等主体设施的平面布置、厂址等均无变化；设计文件及施工组织设计文件中均有环境保护相关内容和要求，其污染防治措施内容与环评报告及其批复文件要求基本相符。

但是设计单位（中国某技术有限公司）在对硫酸系统、鼓风炉系统、烟化炉系统设计时，未考虑在鼓风炉、烟化炉以及硫酸尾气排放前加装尾气脱硫设施，并未设计加装尾气在线监测系统，这与初步设计及环境影响报告书对该工序的废气污染防治措施不符。因此，由环境监理方向建设单位提出后，经建设单位核实后，建设单位通过市场调查，邀请广州×公司在本项目施工现场查看、给出设计方案，并进行设备安装，采用以气动乳化脱硫塔为核心的湿法脱硫装置，使鼓风炉、烟化炉排放的烟气以及硫酸车间尾气中的 SO_2 能够达到省环保厅要求烟气排放的 $SO_2 \leqslant 250\ mg/Nm^3$ 的环保要求。在线监测设施按照环评要求，分别在鼓风炉、烟化炉以及制酸尾气排放口选用了北京×自动化控制系统有限公司的自动在线监测设备。

4.2.3 环境监理对环保设施建设的审查情况

环境监理单位在该项目建设过程中，对建设单位的各项环保设施依据环评及其批复意见进行审查。主要包括废水处理设施、大气污染防治措施、噪声防护措施、废渣处置措施等。

1. 废水治理措施落实情况

本项目最终的废水污染物产生及治理设施（措施）详见表3－18－12。

表3－18－12　废水污染产生及治理设施（措施）一览表

序号	污染排放源	产生量 m^3/d	污染物因子	产生浓度（mg/L）	治理措施	去向
1	污酸	184	pH	硫酸5%	污酸污水处理站	回用
			SS	500		
			As	2 750		
			Pb	300		
2	含酸废水	70	pH	2～5		
			SS	300		
3	生活污水	78	SS	200	地埋式生活污水处理设施	
			COD	300		
			BOD	120		
			总磷	6		
			氨氮	8.2		
4	洁净排水	1 616	SS	20	沉淀池	
5	厂区初期雨水	一次最大2 872.8 m^3	总铅	3～15	沉淀池、污水处理站	

在本项目施工期，经过环境监理的现场审查和监督，各项废水治理措施均由有环保资质单位设计施工，其环保产品经过出厂检验，有合格证。并且均按照环评及其批复意见进行了“三同时”建设。

2. 废气治理措施落实情况

本项目最终的废气污染物产生、排放及治理设施（措施）详见表3－18－13。

表3－18－13　项目主要废气污染物产生、排放及治理设施一览表

序号	污染排放源	主要污染因子	烟粉尘中含铅（%）	额定风量（m^3/h）	治理设施	数量（台/套）	去除效率（%）	排气筒高度（m）
1	氧气底吹熔炼炉烟气	SO_2	/	19 054	余热锅炉－电收尘－洗涤净化－两转两吸流程制硫酸－双碱法湿式脱硫	1	99.97	50
		烟尘	55.0				99.99	
		硫酸雾	/				99.93	

续表

<table>
<tr><th>序号</th><th>污染排放源</th><th>主要污染因子</th><th>烟粉尘中含铅（%）</th><th>额定风量（m^3/h）</th><th>治理设施</th><th>数量（台/套）</th><th>去除效率（%）</th><th>排气筒高度（m）</th></tr>
<tr><td rowspan="2">2</td><td rowspan="2">鼓风炉烟气</td><td>烟尘</td><td>12.4</td><td rowspan="2">23 568</td><td rowspan="2">冷却烟道－袋式除尘器－双碱法湿式脱硫</td><td rowspan="2">1</td><td>99.95</td><td rowspan="14">60</td></tr>
<tr><td>SO_2</td><td>/</td><td>80</td></tr>
<tr><td rowspan="2">3</td><td rowspan="2">烟化炉烟气</td><td>烟尘</td><td>12.4</td><td rowspan="2">23 449</td><td rowspan="2">余热锅炉－冷却烟道－低压脉冲袋式收尘－双碱法湿式脱硫</td><td rowspan="2">1</td><td>99.95</td></tr>
<tr><td>SO_2</td><td>/</td><td>80</td></tr>
<tr><td>4</td><td>原料仓及配料系统废气</td><td>粉尘</td><td>55.0</td><td>16 800</td><td>袋式除尘器</td><td>1</td><td>99.7</td></tr>
<tr><td rowspan="2">5</td><td rowspan="2">氧气底吹车间通风系统</td><td>烟粉尘</td><td>55.0</td><td rowspan="2">130 000</td><td rowspan="2">袋式除尘器</td><td rowspan="2">1</td><td>99.7</td></tr>
<tr><td>SO_2</td><td>/</td><td>/</td></tr>
<tr><td rowspan="2">6</td><td rowspan="2">鼓风烟化炉车间通风系统</td><td>烟尘</td><td>12.4</td><td rowspan="2">137 700</td><td rowspan="2">袋式除尘器</td><td rowspan="2">1</td><td>99.7</td></tr>
<tr><td>SO_2</td><td>/</td><td>/</td></tr>
<tr><td rowspan="2">7</td><td rowspan="2">铜浮渣反射炉烟气</td><td>烟尘</td><td>70</td><td rowspan="2">6 012</td><td rowspan="2">水冷烟道－袋式除尘器</td><td rowspan="2">1</td><td>99.9</td></tr>
<tr><td>SO_2</td><td>/</td><td>/</td></tr>
<tr><td rowspan="2">8</td><td rowspan="2">铜浮渣反射炉车间通风系统</td><td>烟尘</td><td>65</td><td rowspan="2">30 000</td><td rowspan="2">袋式除尘器</td><td rowspan="2">1</td><td>99.7</td></tr>
<tr><td>SO_2</td><td>/</td><td>/</td></tr>
<tr><td rowspan="2">9</td><td rowspan="2">铅电解车间熔铸炉收尘系统</td><td>烟尘</td><td>85</td><td rowspan="2">39 000</td><td rowspan="2">袋式除尘器</td><td rowspan="2">1</td><td>99.7</td><td rowspan="2">35</td></tr>
<tr><td>SO_2</td><td>/</td><td>/</td></tr>
<tr><td>10</td><td>铅电解车间通风系统</td><td>烟尘</td><td>85</td><td>39 000</td><td>袋式除尘器</td><td>1</td><td>99.7</td><td>35</td></tr>
<tr><td>11</td><td>贵金属车间通风系统</td><td>烟尘</td><td>/</td><td>5 000</td><td>袋式除尘器</td><td>1</td><td>99.7</td><td>35</td></tr>
<tr><td>12</td><td>粉煤制备车间通风系统</td><td>粉尘</td><td>/</td><td>6 500</td><td>袋式除尘器</td><td>1</td><td>99.7</td><td>15</td></tr>
<tr><td>13</td><td>银电解槽局部通风系统</td><td>NO_x</td><td>/</td><td>4 200</td><td>槽侧集气－氨水吸收</td><td>1</td><td>98.5</td><td>15</td></tr>
</table>

续表

<table>
<tr><th>序号</th><th colspan="2">污染排放源</th><th>主要污染因子</th><th>烟粉尘中含铅（%）</th><th>额定风量（m^3/h）</th><th>治理设施</th><th>数量（台/套）</th><th>去除效率（%）</th><th>排气筒高度（m）</th></tr>
<tr><td>15</td><td colspan="2">贵金属车间分银炉</td><td>烟尘</td><td>/</td><td>4 200</td><td>袋式除尘器</td><td>1</td><td>99.7</td><td>15</td></tr>
<tr><td>16</td><td colspan="2">贵金属车间除铋锅</td><td>烟尘</td><td>/</td><td>4 200</td><td>袋式除尘器</td><td>1</td><td>99.7</td><td>15</td></tr>
<tr><td rowspan="4">14</td><td rowspan="4">无组织排放</td><td rowspan="2">熔炼</td><td>烟尘</td><td rowspan="2">/</td><td rowspan="2">/</td><td colspan="2" rowspan="2">/</td><td rowspan="2">/</td><td rowspan="2">/</td></tr>
<tr><td>SO_2</td></tr>
<tr><td>电解</td><td>HF</td><td>/</td><td>/</td><td colspan="2">/</td><td>/</td><td>/</td></tr>
<tr><td>料场</td><td>粉尘</td><td>/</td><td>/</td><td colspan="2">封闭料场、喷淋洒水</td><td>/</td><td>/</td></tr>
</table>

在本项目施工期，经过环境监理的现场审查和监督，各项废气治理措施均由有环保资质单位设计施工，其环保产品经过出厂检验，有合格证。并且均按照环评及其批复意见进行了“三同时”建设。

3. 固体废物治理措施落实情况

在试生产期间，对固体废物的产生量进行了统计和年产生量的估计，具体情况见表3－18－14。

表3－18－14　本项目固体废物产生及处理处置情况一览表

<table>
<tr><th>序号</th><th>工业渣名称</th><th>年产生量(t/a)</th><th>含主要可回收利用成分</th><th>拟采取处理处置措施</th><th>备注</th></tr>
<tr><td>1</td><td>水淬渣</td><td>39 914</td><td>铁</td><td rowspan="2">外售作为建筑材料</td><td rowspan="2">厂区暂存</td></tr>
<tr><td>2</td><td>脱硫石膏</td><td>701</td><td>石膏</td></tr>
<tr><td>3</td><td>氧化锌尘</td><td>11 337</td><td>锌</td><td rowspan="7">储存于副产品仓库，定期提炼或外卖</td><td rowspan="7">仓库储存</td></tr>
<tr><td>4</td><td>铜锍</td><td>3 162</td><td>铜</td></tr>
<tr><td>5</td><td>铜浮渣反射炉渣</td><td>1 743</td><td>铜</td></tr>
<tr><td>6</td><td>分银炉铜渣</td><td>1 743</td><td>铜</td></tr>
<tr><td>7</td><td>分银炉碲渣</td><td>60</td><td>碲</td></tr>
<tr><td>8</td><td>分银炉氧化后期渣</td><td>206</td><td>铋</td></tr>
<tr><td>9</td><td>高砷锑白</td><td>570</td><td>砷、锑</td></tr>
<tr><td>10</td><td>除尘器清灰</td><td>3 137</td><td>Pb 55.0%，Zn 5.0%</td><td>回收利用</td><td>生产工艺回用</td></tr>
<tr><td colspan="2">合计</td><td>62 573</td><td>/</td><td>/</td><td>/</td></tr>
</table>

在本项目施工期，经过环境监理的现场审查和监督，主要的固体废物防治措施为危险废物暂存仓库。该危废仓库有配套的渗滤液收集池，并且按照环保要求进行设计和施工，建设内容符合环评要求及批复意见。

4. 噪声治理措施落实情况

工程主要高噪声设备及采取的降噪措施见表 3－18－15。

表 3－18－15　工程主要高噪声源及降噪措施一览表

序号	设备名称	台（套）数	单台噪声源强［dB（A）］	运行情况	噪声类型	减噪措施	噪声削减量［dB（A）］
1	给料机	4	95	间歇	机械	厂房隔声	20
2	罗茨风机	6	90	连续	空气动力性	隔声罩、厂房隔声	25
3	空气冷却塔	6	75	连续	机械	低噪声冷却塔	/
4	空压机	5	92	间歇	空气动力性	厂房隔声	20
5	SO_2 风机	2	95	连续	空气动力性	隔声间、厂房隔声	30
6	泵	16	85～90	连续	机械	隔声间、厂房隔声	30
7	余热锅炉（安全阀）	2	90～95	间歇	空气动力性	消声器、厂房隔声	30

在本项目施工期，主要针对环评及批复意见中要求进行降噪的环节，经环境监理单位的现场审查和监督，各项噪声治理措施均由有环保资质的单位进行设计施工，环保产品经过出厂检验，有合格证。并且按照环保要求进行“三同时”建设，其建设内容符合环评要求及批复意见。本项目通过对高噪声设施采取隔声、基础减振、消音器消声，能够使该项目厂界噪声达标排放。

5. 事故应急措施

本项目按照环评要求，对生产过程中的各项风险防范措施进行了落实，并编制了本项目的环境突发事件应急预案。具体应急措施见表 3－18－16。

表 3－18－16　本项目环境事故应急措施一览表

序号	应急措施	位置	措施内容
1	事故池	厂区东北侧	该事故池为厂区事故池，针对生产厂区内事故废水及跑、冒、滴、漏车间冲洗水进行收集。有效容积为 3 000 m^3
2		硫酸罐区	硫酸储罐单个最大储量为 2 500 m^3。罐区设有围堰，有效容积为 1 656 m^3，后方设置有事故池 1 个，容积 400 m^3；做有防腐处理，罐区外围设有地沟，酸罐区备有两台 200 m^3/h 的事故酸泵。事故发生后，罐内硫酸可通过现有联通管网打入地下酸罐进行倒罐，倒入备用酸罐，地下罐有效应急容积为 384.3 m^3，事故池有效容积为 400 m^3，能够满足应急需要

续表

序号	应急措施	位置	措施内容
3	事故池	电解车间	车间设置容积为400 m^3 的事故池，地面进行防腐防渗处理，地面设置渗漏液导槽，发生泄漏事故，及时将废电解液导入事故池
4		制酸车间	地面进行防腐防渗处理，地下设置导液槽，可经专用管道排入污水站
5		应急石灰	硫酸罐区存放有5 m^3 石灰，当有硫酸泄漏时，可使用石灰进行吸附中和。并且污水处理站存放有20 m^3 的石灰，若储罐区石灰量不够，可及时补充
1	围堰设置	硫酸罐区	硫酸储罐周围设围堰，规格为49 m×26 m×1.3 m，有效容积为1 656 m^3；围堰作有防腐防渗处理，罐区外围设有地沟
2		制酸车间	制酸车间地面做防腐防渗处理，各吸收装置和罐体下方均设有导流围堰，地下设有地沟，并与污水处理站相通
1	初期雨水收集池	厂区东北侧	设置有有效容积为6 900 m^3 的初期雨水收集池，可收集厂区15 min内的初期雨水，并设置有闸门，15 min后的清净雨水可直接外排
1	其他设施	制酸车间	制酸车间设置多个淋洗及洗眼设施，便于现场人员对身体、眼睛等部位接触硫酸后能及时使用大量清水冲洗。地面硬化，并构筑有围堰和引流渠，能够和厂区废水管网相通

6. 与环评及其批复中要求的相符性分析

本项目建设内容与环评及其批复中要求的相符性进行了对比，对比情况见表3－18－17。

表3－18－17　环评及实际建设情况比对表

项目名称	环评报告及批复情况	实际建设情况	备注
工程规模	电解铅8万t/a，硫酸8.66万t/a，银锭217.97t/a，金锭2.196 9 t/a，铅锌尘（含锌60.95%）11 337 t/a	电解铅8万t/a，硫酸8.66万t/a，银锭217.97 t/a，金锭2.196 9 t/a，铅锌尘（含锌60.95%）11 337 t/a	一致
生产工艺	氧气底吹熔炼－鼓风炉还原炼铅；两转两吸制酸，烟化炉回收氧化锌，电解法炼铅，火法熔炼－银电解阳极泥回收金银	氧气底吹熔炼－鼓风炉还原炼铅；两转两吸制酸，烟化炉回收氧化锌，电解法炼铅，火法熔炼－银电解阳极泥回收金银	一致
主要生产设备	氧气底吹熔炼－鼓风炉还原炼铅成套设备1套；两转两吸制硫酸设备1套；烟化炉设备1套，电解铅设备1套；铅阳极泥熔炼－银电解设备1套	氧气底吹熔炼－鼓风炉还原炼铅成套设备1套；两转两吸制硫酸设备1套；烟化炉设备1套，电解铅设备1套；铅阳极泥熔炼－银电解设备1套	一致

续表

项目名称		环评报告及批复情况	实际建设情况	备注
废水治理	生活	生活污水处理系统（100 m^3/d）	生活污水处理系统（100 m^3/d）	一致
	生产	污酸污水处理系统（300 m^3/d）	污酸污水处理系统（300 m^3/d）	一致
		回用水系统（回用设备及清浊循环回用水池，回用能力 100 m^3/d）	回用水系统（回用设备及清浊循环回用水池，回用能力 100 m^3/d）	一致
	雨水	初期雨水收集池（3 000 m^3）	初期雨水收集池（6 900 m^3）	达到
废气治理	氧气底吹炉	电除尘－洗涤净化－两转两吸制酸＋湿法脱硫，二氧化硫在线监测装置	电除尘－洗涤净化－两转两吸制酸＋湿法脱硫，二氧化硫在线监测装置	一致
	鼓风炉	袋式除尘器＋湿法脱硫，二氧化硫在线监测装置	袋式除尘器＋湿法脱硫，二氧化硫在线监测装置	一致
	反射炉烟气	冷却烟道＋袋式除尘器	冷却烟道＋袋式除尘器	一致
	原料配料系统	袋式除尘器	袋式除尘器	一致
	烟化、底吹炉	袋式除尘器	袋式除尘器	一致
	车间通风系统	袋式除尘器	袋式除尘器	一致
	料场三防措施	防雨、防渗、防风挡墙	防雨、防渗、防风挡墙	一致
	煤气站	——	旋风除尘器 2 台	新增
	贵金属车间	袋式除尘器 1 套	袋式除尘器 3 套	新增 2 套
固体废物	一般固体废物	烟化炉渣及生活垃圾设临时储存场所	设有临时堆场	一致
	危险废物	建设有“三防”措施的暂存仓库	建设有“三防”措施的暂存仓库	一致
风险防范		制酸车间 200 m^3 事故池及收集系统；储罐区 200 m^3 事故池及收集系统；电解车间 200 m^3 事故池及收集系统；酸罐区事故倒罐及收集围堰 1 260 m^3	已按要求建设。增加 2 台事故酸泵，围堰与事故池之间安装连通管道	一致
		氧气底吹炉熔炼系统事故停车防范措施及应急预案	建设单位设有专门的环保机构，制定有应急预案	一致
居民搬迁		卫生防护距离内居民搬迁	已经搬迁到位	一致

通过上表的对比可知，本项目实际建设情况与环评及批复要求基本一致。主要的变更内容如下：

（1）原环评未提及电解车间粗铅锅、精铅锅燃料种类，工程科研中设计以煤为燃料，实际建设中建设单位自建了煤气站一座，配两台直径3.0 m的两段式煤气发生炉（1用1备），并配套建设了煤气除尘冷却脱焦设施，以及1个60 m^3 焦油储罐。

（2）原环评设计电解车间分别安装 ϕ2 800 mm粗铅锅8个、精铅锅6个，实际建设过程中×公司选用了更大的 ϕ3 300 mm熔铅锅，减少了设备台数，实际安装粗铅锅3台，精铅锅3台，产能保持不变，满足生产需求。

（3）原环评设计硫酸储罐3个（2用1备），实际建设了2个（1用1备），储罐大小与原环评一致，可满足正常生产期间16 d储存需求。

（4）原环评设计贵铅炉为1台，实际建设了2台（1用1备），产能与原环评一致。贵金属车间配套的除尘系统由1套变为3套，增加两套，其中两台贵铅炉各配1套冷却+除尘系统，两套分银炉合用1套冷却+除尘系统。

（5）原环评设计柴油罐2个（5 t），分别位于氧气底吹炉及贵金属车间，用于氧气底吹炉开炉、保温作业及贵铅炉等加热，由于油罐储存量过小，柴油运输频繁，因此建设单位实际建设地下油库1座，内设2个50 m^3 柴油储罐，1用1备，可储存柴油36 t（按储罐容积的80%计算），可储存正常生产期间11 d用油量，满足周转需求。

5　施工期环境监理工作成效

5.1　施工阶段监理工作概况

该工程施工区分为厂区外围施工和厂区内施工。厂区外围施工主要包括进场道路施工、厂界外围挡墙、护坡等，该施工区施工期间对环境的影响主要是施工扬尘、施工噪声、工程填挖方、建筑垃圾、水土流失及生态破坏等；厂区内施工主要按照工艺组成划分为原料仓、氧气底吹熔炼车间、鼓风烟化车间、制酸车间、铜浮渣车间、电解车间、贵金属车间、污酸污水处理站、制氧站等。该施工区施工期间对环境的影响主要是施工扬尘、施工噪声、工程填挖方、建筑及生活垃圾、生活污水等。

针对项目施工期可能产生的环境影响，在该项目施工期针对各项施工活动监理方均进行了全方位的环境监理，将防治施工噪声、扬尘、污水、固体废物等各项措施和生态保护要求告知各施工单位，并加强对各项措施落实情况的监督检查，确保了工程施工期各项环保目标得到落实。对环评及其批复要求采取的各项污染防治措施进行全过程环境监理，监督检查各项环保设施是否依照规定批准要求进行建设，确保为最终的环境保护验收和正式投产提供有力的环保依据。

5.2　环保达标监理工作成效

该工程的环保达标监理工作主要围绕施工活动进行全过程环境监理。主要包括工业废水和生活污水、空气污染、固体废物、环境噪声等的监理工作实施情况。

5.2.1　施工废水和生活污水监理工作成效

项目施工期污水主要来自施工人员产生的生活污水和施工废水。对生活污水，我们要求各施工单位的临时营地建化粪池，经处理后由附近农民拉走作为肥料用于农田；对混凝土搅拌、水泥预制件、施工设备冲洗、土建工程养护等产生的施工废水则经收集、沉淀后进行重复使用，基本做到了施工废水不外排。

项目施工期，由于采取以上措施，未发生污水污染事故。

5.2.2 空气污染监理工作成效

在施工现场，空气污染主要为扬尘污染。为防治扬尘污染，我们重点在各种物料装卸、运输，临时物料堆场，开挖土方造成的裸露地面，厂区施工便道等容易产生扬尘污染的线原，提出了明确要求：

（1）施工场地采用封闭式施工方法，即将工地与周围环境分隔，在工地四周设置围堰护栏，以起到阻隔工地扬尘和粉尘对周围环境的影响。开挖出的土石方加强围栏，表面使用毡布遮盖，土石方堆场尽量用于工程填方，并及时将多余弃土外运，规范堆存。

（2）施工场地干燥时，按照各参建方区域划分，适当进行洒水降尘。在施工场地清理阶段，做到先洒水，后清扫，防止扬尘产生，遇到4级以上大风天气时，停止土石方作业。

（3）严格按照渣土管理有关规定，运输车辆不得超载，对于在运输过程中可能产生扬尘的装载物在运输过程中应加以覆盖，防止运输过程中的飞扬和撒落；被运渣土不得含水太多，造成沿途泥浆滴漏。渣土必须及时清运并按照指定的运输路线行驶，送往指定的倾倒地点，以减少由于渣土运输和堆存产生的扬尘对环境空气质量的影响。

（4）主要运输道路进行硬化，临时施工便道加强维护，保持平整，防止扬尘。在施工场地出口设置冲车台，对运输车辆车体和轮胎清洗。

（5）进行文明施工，设置专用场地堆放建筑材料，堆放过程中要使用毡布遮盖，以防止建材扬尘。在建筑工地各参建方应安排专人每天进行道路清扫和文明施工的检查。对工地周围的道路保持清洁，若发生建材或泥浆洒落、带泥车辆影响路面整洁，工程施工单位有责任及时组织人员进行清扫。

（6）妥善合理地安排工地建筑材料及其他物件的运输时间，确保周围道路畅通。

在施工现场监理过程中，对施工单位疏于环境管理发生环保措施落实不到位的，通过口头传达、下发《环境监理工程师通知单》或《建议函》的方式要求予以纠正，从而确保施工期厂区周围未发生扬尘污染纠纷。

5.2.3 固体废物监理工作成效

该项目施工期固体废物主要是工程弃渣、弃土，建筑垃圾和施工人员生活垃圾。由于弃渣、弃土可作为后期填方使用，故施工单位计划好开挖和填埋土方量调配，在土方开挖后按照要求合理、规范堆存；建筑垃圾要求将可利用的回收利用，其余部分则用于填垫厂区坑凹，严禁乱堆乱放；生活垃圾则集中后运往××县生活垃圾填埋场处理。

5.2.4 环境噪声监理工作成效

对施工现场各种塔吊、车吊、重型运输车辆、混凝土搅拌机、打桩机、推土机、挖掘机、切割机、点焊机等噪声源要求施工人员采取了以下措施：

（1）施工前设立施工围墙（或隔声墙板），达到隔声、降噪作用。

（2）采用低噪声施工工艺和施工设备（如用静压桩等代替锤式打桩工艺）。

（3）科学布局，将固定的噪声源（升降机、电锯、切割机、搅拌机等）放置于远离噪声敏感点的位置，确保施工厂界噪声达标。

（4）严格遵守施工作业时间，合理安排施工顺序，严禁夜间进行噪声污染的施工作业，确实需要连续作业的必须报当地环保部门批准，并告知周围群众。

（5）强化管理、文明作业。严禁施工人员随意敲打钢管、模板；早、晚施工禁止高声喧哗；严禁从高空向下抛物，引起噪声；加强设备维护保养，以防带“病”高噪声运行等。

在施工期，各参建方施工过程中采取以上措施后，施工期间未发现噪声污染纠纷。

5.3　环保设施监理工作成效

本项目环保工程主要包括废气污染治理设施、噪声污染防治设施、生产废水处理设施、生活污水处理设施的建设和安装。

这些工程建设的现场环境监理主要有以下内容：

（1）进行现场督查以上环保工程是否与主体工程进行“三同时”建设。

（2）协助业主审查环保设施、生产、供应、施工安装厂家是否具备相应的资质，是否具备安装、调试、培训人员资质和能力。

（3）协助业主审查，环保设施处理工艺、处理能力、执行标准等是否与环评及其批复要求一致。

（4）协助业主对进厂设备进行审查，核对环保设备的名称、型号、数量、规格等技术参数与环评、设计是否一致；审查设备出厂证明、质量合格证书、安装运行维护说明书等相关图纸、资料。

（5）对非标准环保设施，要求加工制作单位提供单位与施工人员相应资质、业绩等证明文书，并对其加工材料提供相应质量合格证书。

（6）现场监督设备供应厂家进行设备运行调试，上岗人员培训，并提供和建立设施管理、维护保养等相关制度。

通过上述环境监理工作，该工程环评及批复要求的，应在施工期建成的废气、废水、噪声等环保设施和环保工程基本都按环评要求落实建成，并与主体工程同时投入试运行，具体环保工程建设落实情况如下：

5.3.1　污水处理设施

该项目污水主要分为生活污水和生产废水两类。根据该项目水平衡图可以看出：工程产生的废水总量为1 968 m^3/d。其中污酸和其他生产污水254 m^3/d，生活污水78 m^3/d，洁净生产排水1 636 m^3/d。另外，厂区初期雨水产生量为2 872.8 m^3。

针对上述各种废水采取的处理措施如下：

1. 含酸废水处理

对含酸废水采用三段中和，三段过滤，石灰－铁、铝盐法工艺，处理后废水排入浊循环回用池，回用于生产。

2. 生活污水处理

生活污水经化粪池预处理后，送至生化处理设施进行深度处理。设计建设的污水处理设施处理能力为100 m^3/d，处理工艺采用二段式接触氧化＋过滤消毒工艺。经处理后的出水全部排入浊循环回用池，回用于生产。

3. 洁净排水处理

洁净排水主要为循环冷却水排水，含少量悬浮物，经沉淀＋过滤深度处理后可达到《城市污水再生利用　工业用水水质》（GB/T19923—2005）标准，排入清循环回用水池，回用于工艺或灌溉绿化。

4. 厂区初期雨水

按照环评要求，需要在雨排水系统出厂外之前设置拦水阀门，设置3 000 m^3 初期雨排水收集池收集初期雨水。根据项目地理位置和地势特点，在厂区东北侧雨排水系统出口设置了6 900 m^3 初期雨排水收集池。收集初期雨水，经过沉淀后，通过潜水泵送至清循环回用水池，回用于工艺或者灌溉绿化。

通过环境监理人员的现场核查，各环保设施设计、制作单位均具备相应的环保资质，所安装设备均有出厂合格证，该项目废水治理措施均按照环评及批复要求进行施工建设。经处理后的废水可以确保营运期生产废水全部回用于生产，实现废水的“零排放”。

5.3.2　废气处理和回收装置

全厂废气污染物有组织排放点共17个，配置各类废气处理设施17台（套），本工程按照环评及其批复要求，对以上各环节均采取了污染防治措施，均符合环保要求。详述如下：

1. 原料仓及配料系统废气

铅精矿仓中给料、输送、混料等环节产生粉尘，设计处理风量16 800 m^3/h，除尘效率99.7%。选用江苏×环境工程有限公司生产的气箱袋式除尘器，经处理后通过60 m高烟囱排入大气。

2. 氧气底吹车间

氧气底吹熔炼炉产出烟气经余热锅炉、电除尘器处理净化后，总收尘效率99.7%，净化烟气送硫酸车间制酸。制酸工艺流程为稀酸洗涤净化（尘净化率为98%）、两次转化两次吸收流程（转化率为99.8%，吸收率为99.99%）。制酸尾气排放量为19 054 m^3/h，制酸尾气采用湿式脱硫措施脱硫（设计脱硫效率80%）后，尾气经自动在线监测设施监测，经50 m高烟囱排入大气。其中电除尘器选用×市电收尘设备厂LD51m^2－5型电收尘器；车间卫生收尘由中国某工程技术有限公司施工，硫酸车间由中国某工程总承包，×市化工成套设备有限公司分包施工；自动在线检测设施由北京×自动化控制系统有限公司生产，并进行安装。

在氧气底吹熔炼炉加料口、出铅口、出渣口以及皮带机受料点、圆盘制粒机等处产生烟、粉尘，设通风收尘系统，设计风量130 000 m^3/h，除尘效率99.7%。处理后烟气通过60 m烟囱排入大气。该工程由中国某工程总承包，×市化工成套设备有限公司分包施工。

3. 鼓风炉烟化炉车间

鼓风炉烟化炉产出烟气分别经冷却烟道冷却、布袋收尘器收尘、湿式脱硫措施脱硫后（收尘总效率99.9%，脱硫效率80%）。该部分废气主要污染因子为颗粒物、二氧化硫。净化烟气经过自动在线检测设施进行监测，经60 m高烟囱排入大气。在鼓风炉、烟化炉加料口、出铅口、出渣口、流槽及铅渣仓等处产生烟尘处设有吸风罩，并配通风除尘系统，除尘后烟气经上述60 m烟囱排放。其中，烟化炉、鼓风炉除尘系统除脱硫设施和自动在线检测设施外，由中国某工程总承包，洛阳某环保设备有限公司分包施工；脱硫设施由广州××有限公司设计安装；在线检测系统由北京××自动化控制系统有限公司生产，并进行安装。

4. 铜浮渣反射炉车间

铜浮渣反射炉烟气治理措施包括水冷烟道、冷却烟道、布袋除尘器除尘；铜浮渣反射炉加料口、出料口设有吸风罩，废气经袋式除尘器处理后，经60 m高烟囱排入大气。除尘总效率99.9%，烟气量6 012 m^3/h。

浮渣反射炉加料口、出料口设有吸风罩，废气排放量为30 000 m^3/h，废气经袋式除尘后从高度60m的烟囱排入大气。

该项工程由洛阳某环保设备有限公司进行施工安装。

5. 铅电解车间通风除尘

铅电解熔炼车间将每个电铅铸锭锅、始极片锅、熔铅锅上设置集气罩，每个系统废气排放量39 000 m^3/h。共设置两个除尘系统，选用江苏××环境工程有限公司的900 m^3 气箱袋式除尘器，经处理后经35 m高烟囱排入大气。另外，铅电解车间的电解槽挥发烟气采用车间自然通风方式处理。

6. 贵金属车间通风除尘

贵金属车间熔炼操作产生的烟气选用洛阳某环保设备有限公司脉冲式袋式除尘器处理3套，废气排放量5 000 m^3/h。处理后烟气经35 m高烟囱排入大气。

7. 粉煤制备车间

粉煤制备车间除尘器选用湖北某机械设备制造有限公司反吹袋式除尘器和洛阳某环保设备有限公司除尘器，废气排放量6 500 m^3/h，设计除尘效率99.7%。处理后经15 m高烟囱排入大气。

8. 银电解槽通风净化系统

贵金属车间银电解槽设置通风净化系统，净化装置采用氨水吸收，吸收效率98%，废气排放量4 200 m^3/h，处理后经15 m烟囱排放。该设施由某环保设备有限公司生产，并进行施工安装。

9. 贵金属车间除铋锅、分银锅

贵金属车间熔炼室设有分银锅、除铋锅，各自产生的烟气均采用袋式除尘器处理后经15 m高排气筒外排。

10. 无组织排放源

本工程无组织排放源主要为料场、熔炼车间及铅精炼电解车间。

（1）料场

料场堆存、卸料过程中会产生颗粒物、铅尘无组织排放，工程采用加盖棚布、洒水等措施降低无组织排放。

（2）熔炼车间

熔炼车间会产生颗粒物、铅尘等无组织排放，工程采用加集气罩，控制“跑、冒、滴、漏”等措施降低无组织排放。

（3）铅精炼电解车间

铅精炼电解车间采用硅氟酸电解质电解精炼铅过程中，有微量的氟化氢气体产生。由于为常温电解（电解液温度为20～40 ℃），氟化氢气体产生量很小。车间采用自然通风方式，氟化氢气体无组织排放量为1.74 t/a。

全厂废气污染物有组织排放点共17个，配置各类废气处理设施17台（套），经过环境监理单位在施工期间的现场监督和检查可知，各环节的废气处理设施均是由有环保生产许可证的环保单位进行设计和制作的，所安装设备均有出厂合格证，该项目废气治理措施均按照环评及批复要求进行施工建设。

5.3.3 噪声控制措施

本项目主要高噪声设备有鼓风机、烟气净化系统风机、余热锅炉排气管及氧气站的空气压缩机、氧压机等。治理措施主要从控制声源、阻隔声音传播和加强个人防护三方面做起，并将三者尽可能有机统一起来。主要采取了以下措施：

1. 噪声源控制

在设备选型上严格执行《工业企业噪声控制设计规范》（GBJ87－85），尽可能选择噪声低的设备。

2. 基础减振

对产生机械噪声的设备，如引风机、排风管等，除了对车间采用封闭式维护结构建设外，重点在设备与基础之间安装了减振装置。

3. 隔音处理

对需要连续作业的高噪声车间，在车间内设置了隔音值班室；并且对一些高噪声设施采取了一定的消声措施。由某市通用环保设备有限公司对氧气站的制氧压缩机安装隔声罩、换热消声器、隔声门、氧气氮气排放消声器等。

通过环境监理方的现场监督和检查，以上噪声环保设施均由有环保生产许可证的环保单位进行设计和制作的，所安装设备均有出厂合格证，该项目噪声治理措施均按照环评及批复要求进行施工建设。噪声处理措施详见附图4中的（27）—（29）。

5.3.4 固体废物处理处置设施

该项目产生的固体废物主要分为一般固体废物、危险废物和生活垃圾三类。一般固体废物主要是烟化炉水淬渣，处置措施为在厂内设临时堆放场，并设施堆棚，定期外卖作为建材原料综合利用。危险废物主要是在污酸污水处理一中和段产出的废石膏渣及二、三中和段产出的含砷废渣，针对这类危险废物的暂存处置措施为，压滤工序进行防腐防渗处理，污水处理站西侧建设一座长30 m、宽12 m、高9 m的危险废物暂存仓库，并进行防腐防渗处理，在暂存仓库外设置配套的危险废物渗滤液收集池，尺寸为1.5 m×3.0 m×1.5 m。

固体废物防范措施情况见附图4中的（30）、（31）。

5.3.5　其他环保设施

1. 厂区绿化

为了美化环境厂区环境、防尘降噪、净化空气、防止风蚀，在厂前区布设绿地景观用地，在厂区沿道路种植绿化树，利用车间旁空地种植草坪或灌木丛，在散发污染物的厂房周围种植有吸尘、隔尘作用的乔木或灌木。本工程厂区面积为25.3227 ha，绿化面积8万m^2，绿化面积占全厂总面积的32%。

2. 边坡、护坡

根据该工程厂址特点，自然分为三个阶梯，为更好地保护厂区水土，美化环境。由洛阳××建设工程有限公司、××路桥建设集团责任有限公司、某省佳兴建筑市政工程有限公司、洛阳××建筑有限公司对各厂界构筑挡墙，各阶梯构筑浆砌片石护坡。

3. 环境风险应急措施

本项目按照环评要求，对生产过程中的各项风险防范措施进行了落实。主要包括硫酸车间硫酸罐区围堰、导流渠、事故池；厂区初期雨水收集池；电解车间电解液缓存池；柴油库消防应急池；危险固体废物暂存仓库、渗滤液收集池；厂区事故池等。环境风险应急措施见表3-18-18。

表3-18-18　项目环境风险防范设施一览表

序号	应急措施	位置	措施内容
1	事故池	厂区东北侧	该事故池为厂区事故池，针对生产厂区内事故废水及跑、冒、滴、漏车间冲洗水进行收集。有效容积为3 000 m^3
2		硫酸罐区	硫酸储罐单个最大储量为2 500 m^3。罐区设有围堰，有效容积为1 656 m^3，后方设置有事故池1个，容积为400 m^3；做有防腐处理，罐区外围设有地沟，酸罐区备有两台200 m^3/h的事故酸泵。事故发生后，罐内硫酸可通过现有联通管网打入地下酸罐进行倒罐，倒入备用酸罐，地下罐有效应急容积为384.3 m^3，事故池有效容积为400 m^3，能够满足应急需要
3		电解车间	车间设置容积为400 m^3的事故池，地面进行防腐防渗处理，地面设置渗漏液导槽，发生泄漏事故，及时将废电解液导入事故池
4		制酸车间	地面进行防腐防渗处理，地下设置导液槽，可经专用管道排入污水站
5		应急石灰	硫酸罐区存放有5 m^3石灰，当有硫酸泄漏时，可使用石灰进行吸附中和。并且污水处理站存放有20 m^3的石灰，若储罐区石灰量不够，可及时补充
1	围堰设置	硫酸罐区	硫酸储罐周围设围堰，规格为49 m×26 m×1.3 m，有效容积为1 656 m^3；围堰做防腐防渗处理，罐区外围设有地沟
2		制酸车间	制酸车间地面做防腐防渗处理，各吸收装置和罐体下方均设有导流围堰，地下设有地沟，并与污水处理站相通

续表

序号	应急措施	位置	措施内容
1	初期雨水收集池	厂区东北侧	设置有有效容积为 6 900 m^3 的初期雨水收集池，可收集厂区 15 min 内的初期雨水，并设置有闸门，15 min 后的清净雨水可直接外排
1	其他设施	制酸车间	制酸车间设置多个淋洗及洗眼设施，便于现场人员对身体、眼睛等部位接触硫酸后能及时使用大量清水冲洗。地面硬化，并构筑有围堰和引流渠，能够和厂区废水管网相通

本项目厂区绿化、边坡护坡以及风险事故应急措施情况见附图 4 中的（32）—（42）。

5.4 生态保护措施监理工作成效

该项目施工期进行了施工场地平整、基础土方开挖、临时设施建设等施工活动，均对原有土地的植被和生态环境造成不同程度破坏，同时还导致植被覆盖率降低，地面裸露。

根据该工程施工内容和工程特点，结合“×市水土保持科学技术试验推广站”为该项目所做《水土保持方案报告书》规定内容，按照“围墙内工业区、运输路防治区、引水系统、弃废渣场、储存含砷废渣防治区”五个组成部分，分别制定了包括生态保护与恢复工作重点，工作措施，达到目标等内容的监理要点，然后要求承担相应工程的施工单位实施落实。该工程水土保持治理措施体系情况见表 3－18－19。

表 3－18－19　工程水土保持治理措施体系表

序号	水土流失防治分区	主体工程已列水保措施	水保方案新增水保措施	实际措施落实情况
1	围墙内工业厂区	场地平整及硬化、厂区排水	厂区内雨水外排	场地平整及硬化、厂区内雨水外排，厂外设置 6 900 m^3 初期雨水收集池
2	运输路防治区	土方压实、余土利用、路面硬化	边坡防护、道路两侧排水、道路沿线植树绿化、临时防护措施	土方压实、余土利用、路面硬化；边坡防护、道路两侧排水、道路沿线植树绿化、防护措施
3	引水系统	——	堆料临时防护、施工后场地清理、平整填土面绿化等	堆料临时防护、施工后场地清理、平整填土面绿化
4	弃废渣场	——	建挡渣墙、修排水沟、渣面削坡铺土、堆坡面种草、渣堆顶复耕等	弃废渣场沟下游建设拦水坝，厂区雨排水拦截，降低水土流失
5	储存含砷废渣防治区	——	建池、堆土面平整、填土面平整。排水、植树种草、立警告牌等	建设专用危险废物临时仓库，并配套设置危险废物渗滤液收集池，设立警告牌

由于本项目编制了较详细的保水方案，并在水土保持工程实施过程进行了工程监理制，所以总体上讲，本工程生态保护和水土流失防护阶段性工作目标落实较好。

5.5　环境管理

施工期建设单位工程部及各施工单位分别组建了环保机构，各施工单位分别由各工程项目经理为负责人，技术人员为环保专干。

建设单位环保负责人的职责为：负责对各施工单位的工作关系接洽、协调，负责将工程环境监理单位提出的具体工作要求转达到各施工单位；并将环境监理单位提出的要求和建议及时向上一级领导报告，使各施工单位在施工中做好环境保护工作。

各施工单位环保专干的职责：负责将环境监理单位提出有关环境保护的要求和建议及时转达到项目经理，并将已采取的措施和效果及时反馈；尽全力做好施工过程中的环保监督管理工作，保证施工期间的达标排放；做好环保工程的规范施工，将环保工程的进展情况及时向环境监理单位汇报；施工过程中如发现有环境污染隐患或环境破坏现象时，及时告知环境监理单位，并将处理措施报环境监理单位审核，认可后进行处置。

施工期通过各方环保负责人同环境监理单位之间的联系，确保了施工期存在的各项环境问题得到快速、有效的解决。施工期未出现环境纠纷事件。

6　试生产期环境监理工作成效

6.1　试生产阶段监理工作概况

该项目分别于2010年9月及2011年1月向某省环境保护厅提出了两次试生产的延续申请，经省环境保护厅的审批，同意试生产延期。在进行两次延续试生产的过程中，环境监理方针对项目的各项污染防治措施的运行情况和污染物排放的达标情况进行了环境监理。包括监督项目环保设施与主体工程同步运行；环保设施运行情况及达标监测验证；督促建设单位完善环境管理体系，制定环保生产规章制度；并协助建设单位做好各项环境风险防范措施的巡视和检查，协助建设单位编制完成了《某金铅冶炼有限公司15万t（一期8万t）金属铅冶炼项目突发环境事件应急预案》，并于2011年6月9日该预案通过×市环境保护局的评审；协助建设单位做好试生产和竣工环保验收准备工作。

6.2　环保设施运行监理工作成效

6.2.1　水污染源环境监理成效

在试运行期间，环境监理方主要针对各生产废水的产生源头、排放途径、污水处理站进水情况（进水水质情况如pH值、COD、氨氮等污染物指标）、污酸污水处理工艺运行情况、废水出水水质情况等进行定期和不定期现场巡视。严格要求各岗位操作人员规范操作。在生产过程中发现问题，及时与该车间负责人联系，并要求建设单位立即采取有效措施，以免事故发生后，对厂区及周边环境造成环境污染。全厂废水污染物产生及治理设施（措施）详见表3-18-20。

表 3-18-20 废水污染产生及治理设施（措施）一览表

序号	污染排放源	产生量 m^3/d	污染物因子	产生浓度（mg/L）	治理措施	去向
1	污酸	184	pH	硫酸 5%	污酸污水处理站	回用
			SS	500		
			As	2 750		
			Pb	300		
2	含酸废水	70	pH	2-5		
			SS	300		
3	生活污水	78	SS	200	地埋式生活污水处理设施	
			COD	300		
			BOD	120		
			总磷	6		
			氨氮	8.2		
4	洁净排水	1 616	SS	20	沉淀池	
5	厂区初期雨水	一次最大 2 872.8 m^3	总铅	3~15	沉淀池、污水处理站	
			SS	5~25		

经过环境监理的现场巡视和监督检查，试运行期水环境污染防治设施运行情况良好。未发生水污染事故。

6.2.2 大气污染源环境监理成效

全厂废气污染物有组织排放点共 17 个，配置各类废气处理设施 17 台（套）。在试运行期间，环境监理方协助业主单位对各工段废气污染治理措施进行定期巡视，检查监督大气污染防治措施的运行情况。并通过对氧气底吹熔炼炉、鼓风炉、烟化炉以及经两转两吸制酸后经湿式脱硫的烟气在线监测设施数据监控，掌握各生产环节尾气达标排放情况。全厂废气污染物产生及治理设施详见表 3-18-21。

表 3-18-21 项目主要废气污染物产生、排放及治理设施一览表

序号	污染排放源	主要污染因子	烟粉尘中含铅（%）	额定风量（m^3/h）	治理设施	数量（台/套）	去除效率（%）	排气筒高度（m）
1	氧气底吹熔炼炉烟气	SO_2	/	19 054	余热锅炉-电收尘-洗涤净化-两转两吸流程制硫酸-双碱法湿式脱硫	1	99.97	50
		烟尘	55.0				99.99	
		硫酸雾	/				99.93	

续表

序号	污染排放源	主要污染因子	烟粉尘中含铅（%）	额定风量（m^3/h）	治理设施	数量（台/套）	去除效率（%）	排气筒高度（m）
2	鼓风炉烟气	烟尘	12.4	23 568	冷却烟道－袋式除尘器－双碱法湿式脱硫	1	99.95	60
		SO_2	/				80	
3	烟化炉烟气	烟尘	12.4	23 449	余热锅炉－冷却烟道－低压脉冲袋式收尘－双碱法湿式脱硫	1	99.95	
		SO_2	/				80	
4	原料仓及配料系统废气	粉尘	55.0	16 800	袋式除尘器	1	99.7	
5	氧气底吹车间通风系统	烟粉尘	55.0	130 000	袋式除尘器	1	99.7	
		SO_2	/				/	
6	鼓风烟化炉车间通风系统	烟尘	12.4	137 700	袋式除尘器	1	99.7	
		SO_2	/				/	
7	铜浮渣反射炉烟气	烟尘	70	6 012	水冷烟道－袋式除尘器	1	99.9	
		SO_2	/				/	
8	铜浮渣反射炉车间通风系统	烟尘	65	30 000	袋式除尘器	1	99.7	
		SO_2	/				/	
9	铅电解车间熔铸炉收尘系统	烟尘	85	39 000	袋式除尘器	1	99. 7	35
		SO_2	/				/	
10	铅电解车间通风系统	烟尘	85	39 000	袋式除尘器	1	99.7	35
11	贵金属车间通风系统	烟尘	/	5 000	袋式除尘器	1	99.7	35
12	粉煤制备车间通风系统	粉尘	/	6 500	袋式除尘器	1	99.7	15
13	银电解槽局部通风系统	NO_x	/	4 200	槽侧集气－氨水吸收	1	98.5	15

续表

<table>
<tr><th>序号</th><th colspan="2">污染排放源</th><th>主要污染因子</th><th>烟粉尘中含铅（%）</th><th>额定风量（m^3/h）</th><th>治理设施</th><th>数量（台/套）</th><th>去除效率（%）</th><th>排气筒高度（m）</th></tr>
<tr><td>14</td><td colspan="2">贵金属车间分银炉</td><td>烟尘</td><td>/</td><td>4 200</td><td>袋式除尘器</td><td>1</td><td>99.7</td><td>15</td></tr>
<tr><td>15</td><td colspan="2">贵金属车间除铋锅</td><td>烟尘</td><td>/</td><td>4 200</td><td>袋式除尘器</td><td>1</td><td>99.7</td><td>15</td></tr>
<tr><td>16</td><td colspan="2">煤气站除尘</td><td>烟尘</td><td>/</td><td>/</td><td>旋风除尘器－二级电滤器</td><td>1</td><td>/</td><td>/</td></tr>
<tr><td rowspan="2">14</td><td rowspan="2">无组织排放</td><td>熔炼</td><td>烟尘/SO_2</td><td>/</td><td>/</td><td colspan="2">/</td><td>/</td><td>/</td></tr>
<tr><td>电解</td><td>HF</td><td>/</td><td>/</td><td colspan="2">/</td><td>/</td><td>/</td></tr>
</table>

环境监理方在试生产期间均对上表中的各项大气污染防治进行了现场巡视，各大气污染防治措施随主体工程的生产运行基本正常。

6.2.3 噪声污染源环境监理成效

试生产期间为了使各种噪声污染降到最低，厂界噪声能够达标排放，该项目在设计和施工过程中，通过合理布置高噪声设备，选用低噪声设备，施工过程中对高噪声设备进行基础减振，安装隔振机座、消音器等降噪措施，使噪声从源头、传播媒介以及接受途径进行降噪处理。工程主要高噪声设备及采取的降噪措施见表3－18－22。

表3－18－22 工程主要高噪声源及降噪措施一览表

序号	设备名称	台（套）数	单台噪声源强［dB（A）］	运行情况	噪声类型	减噪措施	噪声削减量［dB（A）］
1	给料机	4	95	间歇	机械	厂房隔声	20
2	罗茨风机	6	90	连续	空气动力性	隔声罩、厂房隔声	25
3	空气冷却塔	6	75	连续	机械	低噪声冷却塔	/
4	空压机	5	92	间歇	空气动力性	厂房隔声	20
5	SO_2 风机	2	95	连续	空气动力性	隔声间、厂房隔声	30
6	泵	16	85～90	连续	机械	隔声间、厂房隔声	30
7	余热锅炉（安全阀）	2	90～95	间歇	空气动力性	消声器、厂房隔声	30

通过以上措施的落实，试生产期间，对本项目厂界噪声进行了验收监测。监测报告见附件6。

6.2.4　固体废物污染源环境监理成效

该工程产生固废主要有一般固体废物：水淬渣、脱硫石膏、除尘灰、氧化锌尘等，大部分为可回收利用的工业渣，可以作为副产品（冶炼中间产品）外售，电解残极可回炉重新铸阳极。污酸废水处理站产生的废石膏渣为危险废物暂存于厂内的危险废物暂存仓库。全厂固体废物产生及处理处置情况见表3－18－23。

表3－18－23　全厂固体废物产生及处理处置情况一览表

<table>
<tr><th>序号</th><th>工业渣名称</th><th>年产生量(t/a)</th><th>含主要可回收利用成分</th><th>拟采取处理处置措施</th><th>备注</th></tr>
<tr><td>1</td><td>水淬渣</td><td>39 914</td><td>铁</td><td rowspan="2">外售作为建筑材料</td><td rowspan="2">厂区暂存</td></tr>
<tr><td>2</td><td>脱硫石膏</td><td>701</td><td>石膏</td></tr>
<tr><td>3</td><td>氧化锌尘</td><td>11 337</td><td>锌</td><td rowspan="7">储存于副产品仓库，定期提炼或外卖</td><td rowspan="7">仓库储存</td></tr>
<tr><td>4</td><td>铜锍</td><td>3 162</td><td>铜</td></tr>
<tr><td>5</td><td>铜浮渣反射炉渣</td><td>1 743</td><td>铜</td></tr>
<tr><td>6</td><td>分银炉铜渣</td><td>1 743</td><td>铜</td></tr>
<tr><td>7</td><td>分银炉碲渣</td><td>60</td><td>碲</td></tr>
<tr><td>8</td><td>分银炉氧化后期渣</td><td>206</td><td>铋</td></tr>
<tr><td>9</td><td>高砷锑白</td><td>570</td><td>砷、锑</td></tr>
<tr><td>10</td><td>除尘器清灰</td><td>3 137</td><td>Pb55.0%，Zn 5.0%</td><td>回收利用</td><td>生产工艺回用</td></tr>
<tr><td colspan="2">合计</td><td>62 573</td><td>/</td><td>/</td><td>/</td></tr>
</table>

在生产过程中产生的各种危险废物均按照相关要求运送至危险废物暂时储存仓库储存，并进行了储存情况记录。试生产期间，各类固体废物均按照要求合理放置，未出现环境污染事件，危险废物暂时储存仓库内各类危险废物储存情况良好。

6.3　生态保护措施环境监理成效

为了更美化生产厂区及周边环境，建设单位对进场道路两侧进行了绿化，生产办公区及生活区空地进行了园林绿化。使在施工期对生态环境产生的影响得到了修复。

6.4　社会环境影响环境监理成效

本项目厂址周围1 km范围内的环境敏感点有厂西100 m阳峪村、厂东北600 m孟村。根据中华人民共和国国家发展和改革委员会公告（2007年第13号）《铅锌行业准入条件》的要求，阳峪村、孟村部分居民进行搬迁。居民搬迁数目为阳峪村136人，42户；孟村483人，142户，共计619人，184户。

本项目建设单位自项目开工后直至进行试运行前，对环评及批复意见要求进行搬迁的环境敏感点一一进行了搬迁。目前，阳峪村136人，42户；孟村483人，142户，共计619人，184户已经全部落实搬迁。搬迁前后对比照片见附图4中的（43）～（46）。

6.5 环境风险防范措施环境监理成效

在试生产期间，环境监理方协助建设单位对各环境风险源进行了调查，日常生产过程进行了定期检查。对各项环境风险防范措施的应急状态进行监督和检查。整体上看，本项目各风险防范措施基本到位，应急组织机构健全、职责分工明确，并按照环保相关要求，编制了《某金铅有限公司突发环境事件应急预案》。

6.6 环境管理与监测计划环境监理成效

6.6.1 环境管理情况

该项目建设单位为确保试生产的顺利进行，制定科学的试生产方案，明确了各级领导的职责，成立了安全环保部。设置行政主管人员 1 人（副总经理），并下设安全环保部，安排有专（兼）职环保管理人员。厂内设置环境监测人员 9 人，负责污水处理站的日常运行及监测工作。各车间设生产车间兼职环保人员。环保管理人员应了解各项污染物的排放情况，掌握污染控制措施的处理效果，监督污染源的达标排放；具备及时处理突发污染事故或环境纠纷的能力。积极开展环保宣传和教育，生产各工段在每日班前会和周例会上，技术人员向员工宣传安全、环保注意事项，不断提高环保人员的业务素质和广大职工的环保意识。

为保证各项工作的正常进行，机构内各类工作人员必须经过上岗培训，经考核合格后才能进入工作岗位。项目营运期职责主要有：

（1）积极贯彻执行各项环保法律、法规、标准和规章制度。

（2）结合项目的生产工艺特点，编制全厂性的环境保护规划和计划，并组织实施。

（3）负责执行和监督厂内的各项规章制度的落实，掌握生产和环保工作的全面动态情况，指挥全公司环保工作的实施。

（4）领导并组织环境监测工作，建立较为详细的监控档案；定期组织人员对档案进行分析和研究，及时发现并处理设备运行过程中出现的问题。

（5）搞好职工的教育及培训工作，提高操作人员的业务技能。

（6）协同上级环保部门进行污染事故的调查和处理。

并且，为了落实各项污染防治措施，加强环境保护工作管理，制定了各种类型的环保制度，并以文件形式规定，形成一套厂级环境管理制度体系。

目前，该项目环境管理组织机构健全，具有较完善的安全环保管理体系。

6.6.2 环保投资落实环境监理成效

本工程总投资 31 949. 7 万元，其中环保投资 9 156. 4 万元，环保投资占总投资的 28. 7%。实际总投资 5. 2 亿元，实际环保投资 8 453. 39 万元，实际环保投资占实际总投资的 16. 3%。

具体环保投资情况见表 3 - 18 - 24。

表3-18-24　环保治理设施投资落实情况一览表

分类		环保设施	处理措施	地点	设计投资（万元）	实际投资（万元）
废气治理	1	氧气底吹熔炼尾气脱硫除尘设施	电收尘器	氧气底吹熔炼炉	3 846	476.53
			洗涤净化-两转两吸制酸-湿法脱硫，SO_2在线监测			4 638.8
	2	鼓风炉产出烟气脱硫除尘设施	冷却烟道-低压脉冲袋式收尘器-湿式脱硫，SO_2在线监测	鼓风炉产出烟气	42.1	544.97
	3	烟化炉产生烟气脱硫除尘设施		烟化炉产出烟气	41.9	
	4	原料仓及配料系统除尘设施	低压脉冲袋式收尘器	原料仓及配料系统	30.0	35.0
	5	氧气底吹熔炼车间除尘系统	低压脉冲袋式收尘器	氧气底吹熔炼炼车间	232.2	355.5
	6	鼓风烟化炉车间除尘系统	低压脉冲袋式收尘器	鼓风烟化炉车间	246.0	282
	7	铜浮渣反射炉产出烟气除尘设施	水冷烟道-冷却烟道-低压脉冲袋式收尘器	铜浮渣反射炉烟气	10.7	71.0
	8	铜浮渣反射炉通风除尘系统	低压脉冲袋式收尘器	铜浮渣反射炉车间	53.6	71.2
	9	电解车间熔铸炉收尘系统	低压脉冲袋式收尘器	电解车间熔铸炉	69.7	87.42
	10	电解车间通风收尘系统	低压脉冲袋式收尘器	电解车间	69.7	86.5
	11	贵金属车间中频炉除尘系统	低压脉冲袋式收尘器	贵金属车间中频炉	8.9	20
	12	粉煤制备车间通风除尘系统	低压脉冲袋式收尘器	粉煤制备车间	11.6	15.0
	13	银电解槽局部通风净化系统	局部抽风-氨吸收装置	银电解槽	7.5	20
	14	料场环保设施	雨棚、防渗地面、围挡	料场	2	5
	15	煤气站除尘器	旋风除尘器-二级电滤器	煤气站	——	55

续表

<table>
<tr><th>分类</th><th colspan="2">环保设施</th><th>处理措施</th><th>地点</th><th>设计投资（万元）</th><th>实际投资（万元）</th></tr>
<tr><td rowspan="4">污水处理</td><td>1</td><td rowspan="4">污水处理站及废水资源化利用</td><td>污酸水处理系统300 m^3/d</td><td>制酸车间废水</td><td rowspan="3">973. 5</td><td>1 338. 8</td></tr>
<tr><td>2</td><td>生活污水处理 100 m^3/d</td><td>全厂生活污水</td><td rowspan="2">69</td></tr>
<tr><td>3</td><td>回用水系统 100 m^3/d</td><td>—</td></tr>
<tr><td>4</td><td>初期雨水收集池 6 900 m^3</td><td>全厂初期雨水</td><td>280</td><td>350</td></tr>
<tr><td>固体废物</td><td colspan="2">一般废物临时堆放场
生活垃圾临时储存设施
危险废物临时堆存仓库</td><td>厂区西南角建设 20 m^2 危险废物临时储存及 1 440 m^2 防渗暂存设施</td><td>厂区西北侧</td><td>1 248</td><td>1 848</td></tr>
<tr><td>噪声防治</td><td colspan="2">风机、制氧压缩机</td><td>隔声罩、消声器</td><td>氧气站</td><td>120</td><td>89. 78</td></tr>
<tr><td>居民搬迁</td><td colspan="2">厂界周边 1 km 范围环境敏感点搬迁</td><td>阳峪村 136 人，42 户，孟村 483 人，142 户，共计 619 人，184 户</td><td>厂界周边1 km 范围</td><td>1 820</td><td>2 100</td></tr>
<tr><td>生态保护</td><td colspan="2">包括绿化、水土保持等</td><td>进行人工绿化、护坡、挡墙施工</td><td>厂区周边</td><td>43</td><td>350</td></tr>
<tr><td>环境评价</td><td colspan="2">包括环评、咨询评估</td><td>编制环评报告、开展环境监理工作</td><td>—</td><td>—</td><td>79</td></tr>
<tr><td>环境监测</td><td colspan="2">施工期、竣工验收监测等费用</td><td>施工期、竣工验收监测等费用</td><td>—</td><td>—</td><td>66. 5</td></tr>
<tr><td>合计</td><td colspan="4">—</td><td>9 156. 4</td><td>13 000</td></tr>
</table>

6. 6. 3 监测计划监理成效

该项目试生产期间，企业向省环境保护厅提交了该项目的竣工环境保护验收申请，经省环境保护厅同意后，于 2011 年 5 月 25 日委托省环境监测中心对某金铅冶炼有限公司 15 万 t/a（一期 8 万 t/a）金属铅冶炼技术改造扩建项目进行了现场勘察，并制定了详细的监测方案。在 2011 年 9 月 7 ~ 9 日，对该项目进行了验收监测。于 2011 年 11 月 11 日由省环境监测中心出具了《某金铅冶炼有限公司 15 万 t/a（一期 8 万 t/a）金属铅冶炼技术改造扩建项目验收监测报告》（环监测字〔2011〕第 04 号）。随后经省环保厅同意，省环境监测中心于 2012 年 3 月 14 日 ~ 3 月 15 日对某金铅冶炼公司超标厂界噪声、污酸废水处理站出口废水进行了补测，并对部分废气排口进行了抽测。

1. 废水污染源监测

经过环境监理的现场巡视和监督检查，试运行期水环境污染防治设施运行情况良好。未发生水污染事故。并且在 2011 年 9 月 7 ~ 9 日，受省环境监测中心的委托 × 市环境监测站对该项目的污酸废水处理系统、生产废水处理系统、生活污水处理系统进出口进行了验收监测。

验收监测期间，本项目污酸废水处理系统对总铅、总砷、总汞的平均去除率分别为99.6%、99.2%和11.4%，其中总铅、总砷的去除效率接近设计指标（99.7%）要求，由于污酸废水处理系统进、出口汞浓度值均较低，基本无去除。

生产废水处理系统对总砷、总汞和悬浮物的平均去除效率分别为74.5%、58.8%和88.1%；总铅在生产废水处理系统进、出口均未检出。悬浮物去除效率达到设计指标（>60%）要求，总砷、总汞的去除效率未达到设计指标（>99.7%）要求，其原因是由于雨水的汇入，生产废水处理系统进口中总砷、总汞浓度低于设计值。

生活污水处理系统对COD、BOD5和悬浮物的平均去除效率分别为61.0%、66.5%和56.5%。由于雨水的汇入，生活污水处理系统进口污染物浓度远低于设计值，COD和BOD5的去除效率低于设计指标（86.7%和91.7%）要求。

2. 废气污染源监测

（1）在2011年9月7～9日验收监测期间，本项目金属铅冶炼项目废气治理设施进、出口污染物监测结果如下：

1）烟化炉烟气脱硫系统脱硫效率为84.6%～85.8%，除尘效率为30.9%～35.1%，铅尘去除率为14.0%～46.2%。

2）鼓风炉烟气脱硫系统脱硫效率为83.9%～84.5%，除尘效率为30.6%～35.5%，铅尘去除率为5.19%～28.7%。

3）底吹炉卫生收尘系统除尘效率为76.5%～76.8%，铅尘去除率为86.7%～87.4%。

4）电解车间熔铸炉+通风系统袋式除尘器除尘效率为93.6%～94.0%，铅尘去除率为79.6%～90.8%。

5）底吹炉制酸尾气湿法脱硫系统脱硫效率为75.6%～77.2%，除尘效率为74.4%～77.3%，铅尘去除率为28.6%～85.2%。

烟化炉和鼓风炉烟气脱硫系统脱硫效率均达到设计指标（>80%）要求；底吹炉制酸尾气湿法脱硫系统脱硫效率略低于设计指标（>80%）要求，底吹炉卫生收尘系统和电解车间袋式除尘器除尘效率低于设计指标（>99.7%）要求，其原因为验收监测期间上述几项废气治理设施进口污染物浓度均低于设计值。

（2）废气污染物有组织排放：

1）煤粉制备系统（袋式除尘器）出口废气污染物中粉尘排放浓度为34.4～35.1 mg/m^3。

2）原料配料系统（袋式除尘器）出口废气污染物中粉尘排放浓度为25.8～26.1 mg/m^3，铅排放浓度为1.54～8.56 mg/m^3。

3）底吹炉卫生收尘系统（袋式除尘器）出口废气污染物中二氧化硫排放浓度未检出，烟、粉尘排放浓度为18.2～19.3 mg/m^3，铅尘排放浓度为0.960～1.85 mg/m^3。

4）鼓风炉熔炼烟气（袋式除尘器+湿法脱硫设施）出口废气污染物中二氧化硫排放浓度为89～91 mg/m^3，烟尘排放浓度为27.2～28.5 mg/m^3，铅尘排放浓度为2.27～2.29 mg/m^3。

5）烟化炉熔炼烟气（袋式除尘器+湿法脱硫设施）出口废气污染物中二氧化硫排放浓度为62～63 mg/m^3，烟尘排放浓度为27.0～29.0 mg/m^3，铅尘排放浓度为1.96～

2.85 mg/m^3。

6）电解车间熔铸炉+通风系统（袋式除尘器）出口废气污染物中粉尘排放浓度为20.0~20.3 mg/m^3，铅尘排放浓度为1.87~3.47 mg/m^3。

7）铜浮渣反射炉烟气（袋式除尘器）出口废气污染物中烟尘排放浓度为35.6~38.2 mg/m^3。

8）铜浮渣反射炉通风系统（袋式除尘器）出口废气污染物中烟尘排放浓度为25.2~27.1 mg/m^3。

9）底吹炉熔炼烟气出口废气污染物中二氧化硫排放浓度为78~79 mg/m^3，硫酸雾排放浓度为19.8~20.6 mg/m^3，烟尘排放浓度为34.6~36.6 mg/m^3。

验收监测期间，该项目有组织排放的废气污染物中烟（粉）尘、二氧化硫、硫酸雾、铅尘的排放浓度均符合《铅、锌工业污染物排放标准》（GB25466—2010）表4标准限值要求。

（3）废气污染物无组织排放：验收监测期间，本项目废气污染物二氧化硫无组织排放浓度为0.018~0.143 mg/m^3，铅尘的无组织排放浓度为0.51~4.46 mg/m^3，颗粒物的无组织排放浓度均符合《铅、锌工业污染物排放标准》（GB25466—2010）表6标准限值要求；氟化物无组织排放浓度0.49~2.44 mg/m^3，符合《大气污染物综合排放标准》（GB16297—1996）表2标准限值要求。

3. 噪声污染源监测

试生产期间，对本项目厂界噪声进行了验收监测，厂界噪声监测结果见表3-19-25。

表3-19-25　厂界噪声排放验收监测结果

监测点位	昼间			夜间		
	2011.09.07	2011.09.08	2011.09.09	2011.09.07	2011.09.08	2011.09.09
东厂界	55.7	55.2	55.4	54.2	54.6	54.9
西厂界	64.1	64.4	64.5	63.5	63.8	63.7
南厂界	65.7	63.9	64.0	57.1	57.8	57.5
北厂界	82.9	82.7	82.7	81.5	81.2	81.1
《工业企业厂界环境噪声排放标准》（GB 12348—2008）	60			50		

由上表可知，该项目所在厂区除东厂界昼间噪声符合《工业企业厂界环境噪声排放标准》（GB 12348—2008）2类标准限值要求外，其余均超标。超标原因为该项目氧气站紧邻北厂界，且氧气站噪声较大所致。

经×省环保厅同意，省环境监测中心于2012年3月14日~3月15日对该金铅冶炼公司超标厂界噪声进行了补测。该项目厂界噪声排放监测结果见表3-18-26。

表3-18-26　厂界噪声排放补充监测结果

监测点位	昼间		夜间	
	2012.03.14	2012.03.15	2012.03.14	2012.03.15
东厂界	52.1	51.4	48.1	48.3
西厂界	58.3	57.7	54.0	54.0
南厂界	56.2	56.0	53.4	53.8
北厂界	71.0	70.5	70.0	69.8
《工业企业厂界环境噪声排放标准》（GB12348—2008）	60		50	

由以上补充监测结果可知，通过对氧气站噪声源增加隔声罩、消声器等降噪装置，补测结果比验收监测结果有所降低。东、西、南厂界昼间噪声测定值范围为51.4～58.3dB（A），东厂界夜间噪声测定值范围为51.4～58.3dB（A），均符合《工业企业厂界环境噪声排放标准》（GB 12348—2008）2类标准限值要求；北厂界昼间噪声测定值范围为70.5～71.0dB（A），西、南、北厂界夜间噪声测定值范围为54.0～70.0dB（A），均超出《工业企业厂界环境噪声排放标准》（GB 12348—2008）2类标准限值要求。其中昼间北厂界最大超标11.0dB（A）；夜间西厂界最大超标4.0dB（A），南厂界最大超标3.8dB（A），北厂界最大超标20.0dB（A）。

上述厂界噪声超标原因主要是该公司生产噪声影响所致。（厂界外1 000 m内无环境敏感点）

6.6.4　对试运行（生产）阶段环境监理建议

该项目于2010年7月开始投入试生产后，建设单位为了确保试生产期间不发生安全、环保事故，使投料试车一次成功，使各项环保设施运行效果达到要求，根据同行业试产经验和有关安全生产、环境保护的法律、法规等规定，结合本项目的实际情况，制定了周密的试生产方案，明确了各级领导的安全、环保职责与责任，并成立了安全环保部。环境监理方针对试运行阶段的环境管理工作提出了以下建议：

（1）尽快完善安全环保部人员组成及职能分工。

（2）尽快对试生产阶段各工段主体设施与环保设施的运行情况进行大排查。

（3）逐步完善各项工作制度，包括安全生产管理制度，各职能管理部门、生产岗位等各级人员环境保护责任制，编制安全生产操作规程和作业指导书。

（4）通过各种宣传教育方式，加强各层领导及一线员工的环境保护意识，开展环境保护宣传教育。

（5）尽快完成本项目的突发环境事件应急预案，及时补充环境风险预防设施及应急物资装备，并落实应急物资管理人员，定期巡查。

（6）加强对各项环保设施的监管力度，确保项目环保设施与主体工程的同步运行。

（7）及时收集各种环境保护竣工验收基本资料，做好试生产和竣工环保验收准备工作。

7 环境监理结论及建议

7.1 环境监理结论

（1）工程建设符合建设项目环境管理有关法律、法规规定和行业产业政策。

项目建设过程，建设单位较严格地执行了“环评”和“三同时”制度。各类污染防治设施与主体工程同时设计、同时施工、同时投入使用。环评提出的环保措施，在项目试运行前基本得到了落实。在施工期及试运行期开展了工程环境监理工作。

（2）工程采用的生产工艺、生产设备先进，符合国家产业结构调整和节能降耗政策要求。

（3）生产工艺中氧气底吹炉烟气严格按照环评及批复要求，经余热锅炉回收余热、高效电除尘器除尘后，进入两转两吸制酸系统回收 SO_2，废气经石灰石—石膏湿法脱硫处理，确保了烟尘、铅尘、SO_2 达标排放；鼓风炉烟气经冷却、袋式除尘器处理后，经石灰石—石膏湿法脱硫处理，污染物能够达标排放；对配料系统、给料系统和出铅、出渣口烟气通过引风机收集，经袋式除尘处理后，污染物达标排放；烟化炉、铜浮渣反射炉、熔铅锅、金银车间等废气按照环评意见一一落实了各项处理措施。各排气筒高度均不低于环评提出的要求。

（4）电解车间电解液采取抑制挥发的措施，电解车间设置天窗，通过强制通风，提高车间通风能力，改善了工作环境。原料堆场通过搭建原料堆棚，并在雨季采取帆布遮盖等措施，避免物料露天堆放，严格控制无组织排放。

（5）本项目设置了完善的净、浊循环水系统，间接冷却水、冲渣水、淬水应循环使用系统；含酸废水经污酸废水处理站处理后回用，不外排；厂区排水系统采取“雨污分流”措施，并在厂区东北侧设置 6 900 m^3 集水池用于收集生产区的初期雨水；收集的初期雨水经沉淀后，回用于生产，不外排；生活污水经接触氧化和过滤消毒处理后回用于生产，不外排。通过采取以上措施，该项目生产废水及生活污水真正实现了“零排放”。

（6）对生产过程中产生的烟化炉水淬渣、烟气脱硫石膏废渣通过与制砖厂签订协议，外售综合利用；污酸处理站污泥滤饼、砷钙渣、除尘灰等危险固废通过建设危险废物临时储存仓库，进行暂时储存。厂区内设置了防雨、防渗、防扬尘措施的固废临时堆场，各种固体废物实施优化管理，有序堆放。高噪声设备采取安装隔声罩、隔声门窗以及采用消声器降噪的措施，确保厂界噪声达标。

（7）加强职工卫生防护工作，按规定开展职业病危害预评价，并制定有各个岗位的操作管理制度，认真落实了职业卫生防护措施。

（8）进行了厂区、厂界以及进厂道路的绿化，按国家有关规定设置规范的污染物排放口，并设立明显标志，安装了烟气自动在线监测装置，并与×县环保局监控网络联网。由于本企业实现了生产废水“零排放”，因此不需要对废水设置自动在线监测装置。

（9）已经落实环评报告所确定的防范环境风险的要求和措施，并委托环保咨询单位编制了环境突发事件应急预案，并通过了 × 市环境保护局的评估。硫酸储罐区设置有围堰和事故池，当硫酸储罐发生泄漏等污染事故时，能够及时、有效地采取措施进行应急处置。

（10）施工期通过建设单位、环境监理严格管理以及施工单位多方面的配合，采取有效措施，避免和减少了水土流失和生态破坏。

（11）建设单位委托有资质的单位进行环保工程的设计和施工，设计单位按照环评及批复意见认真落实了各项工程及环保设施设计，污染防治设施与环评及批复要求基本一致。

（12）建设单位对厂界周围 1 km 范围内的阳峪村及孟村部分居民：阳峪村 136 人，42 户，孟村 483 人，142 户，共计 619 人，184 户，按要求已经落实了搬迁。

（13）建设单位成立了安全环保部，并且由专人环保工作，并建立了《安全环保管理制度》、各项污染防治措施的操作规程、污染防治措施技术要求等，加强环保设施的管理和维护，保障其正常运行，确保污染物稳定达标排放。

（14）在产能不变的情况下，本项目实际建设主要变更内容如下：

1）原环评未提及电解车间粗铅锅、精铅锅燃料种类，工程科研中设计以煤为燃料，实际建设中建设单位自建了煤气站一座，配两台直径 3. 0 m 的两段式煤气发生炉（1 用 1 备），并配套建设了煤气除尘冷却脱焦措施，以及 1 个 60 m^3 焦油储罐。

2）原环评设计电解车间分别安装 ϕ2 800 mm 粗铅锅 8 个、精铅锅 6 个，实际建设过程中公司选用了更大的 ϕ3 300 mm 熔铅锅，减少了设备台数，实际安装粗铅锅 3 台，精铅锅 3 台，产能保持不变，满足生产需求。

3）原环评设计硫酸储罐 3 个（2 用 1 备）、实际建设了 2 个（1 用 1 备），储罐大小与原环评一致，可满足正常生产期间 16 d 储存需求。

4）原环评设计贵铅炉为 1 台，实际建设了 2 台，1 用 1 备，产能与原环评一致。贵金属车间配套的除尘系统由 1 套变为 3 套，增加两套，其中两台贵铅炉各配 1 套冷却 + 除尘系统，两套分银炉合用 1 套冷却 + 除尘系统。

5）原环评设计柴油罐 2 个（5 t），分别位于氧气底吹炉及贵金属车间，用于氧气底吹炉开炉、保温作业及贵铅炉等加热，由于油罐贮存量过小，柴油运输频繁，因此建设单位实际建设地下油库 1 座，内设 2 个 50 m^3 柴油储罐（1 用 1 备），可储存柴油 36 t（按储罐容积的 80% 计算），可储存正常生产期间 11 d 用油量，满足周转需求。

该工程在施工期间，有效地防止了环境污染和生态破坏，各项污染防治措施符合环评及其批复意见要求；试运行期间，成立了环保机构，制定了各项环境保护制度，各项污染防治设施运行基本正常，未出现环境污染事件和纠纷，建议申请验收。

7.2　环境监理建议

（1）某市是重金属污染重点防治区之一，铅冶炼企业应认真履行环保法律义务。

污染防治设施的正常、稳定运行，是确保污染物达标排放，避免突发环境事件的基本条件，项目投产后，建议业主一定要严格遵守国家有关环境保护的法律、法规规定，加强对各类环保设施的维护保养，确保设施正常、稳定运行；业主应预防突发环境事件的发生，当环境事件突发时，能够从容应对，果断处理，将对环境的影响和破环降到最小程度。

（2）加强环境保护及重金属污染防治知识的宣传。并加强对厂区职工职业卫生健康及周边环境敏感点居民的健康检测。

（3）大力开展清洁生产审核，从生产全过程提出有效地减少污染物产生的方案，有利实现“节能、降耗、减污、增效”。

附件（略）

案例2照片见附图。

案例点评

环境监理总结报告的重要作用是为建设项目竣工环境保护验收提供依据。该监理总结报告以批建符合性核查为重点说清了项目的建设内容、参建单位、环境监理介入时间；说清了该铅冶炼项目环评及批复关注的主要问题以及建设过程中环境保护设施与措施发生变更的情况；说清了环境监理机构在项目建设过程中完成的主要工作量和咨询服务情况；给出了“建议申请验收”的环境监理结论，体现了环境监理单位应对环境监理结论负责的精神。尤其需要提出的是在环境监理过程中按照“一般、必要、重大”三类不同类型级别信息的处理经验，可供其他环境监理单位在实际工作中借鉴。

该环境监理总结报告的不足之处是没有对项目《环境监理规划》的完成情况加以叙述和论证。

思考题

1. 环境监理总结报告要不要反映项目各参建方及工程标段划分情况？
2. 在监理总结报告中如何对环评报告批复意见进行描述？
3. 设置环评与实际建设情况对照表存什么好处？
4. 为什么要对施工期试生产期环境监理成效进行重点介绍？你认为应怎样介绍？
5. 专题设置环境治理结论与建议有必要吗？为什么？

案例3　新建铅蓄电池项目环境监理规划（方案）（节选）

1　总论（略）

2　工程概况

建设项目组成见下表3-18-27。

表3－18－27　设项目组成

<table>
<tr><td>序号</td><td colspan="2">建筑物名称</td><td>平面尺寸 b×h（m×m）</td><td>建筑面积（m²）</td><td>建筑层数/高度</td></tr>
<tr><td colspan="6">一、主体工程</td></tr>
<tr><td rowspan="2">1</td><td rowspan="6">一阶段</td><td rowspan="2">极板装配车间</td><td>242×150</td><td>36 300</td><td>1F/10 m</td></tr>
<tr><td colspan="3">铸板、铅粉、和膏涂板、分片刷片称片、电池装配</td></tr>
<tr><td rowspan="2">2</td><td rowspan="2">充电车间</td><td>211×150</td><td>31 650</td><td>1F/10 m</td></tr>
<tr><td colspan="3">电池化成、电池后处理</td></tr>
<tr><td rowspan="2">3</td><td rowspan="2">试验车间</td><td>155×90.6</td><td>14 043</td><td>1F/8 m</td></tr>
<tr><td colspan="3">铸板、铅粉、和膏涂板、分片刷片称片、电池装配</td></tr>
<tr><td colspan="6">二、辅助工程</td></tr>
<tr><td>1</td><td colspan="2">铅库</td><td>120×42</td><td>5 040</td><td>1F/10 m</td></tr>
<tr><td>2</td><td colspan="2">低值易耗品、五金及包装材料仓库</td><td>98.6×30.3</td><td>2 940</td><td>1F/10 m</td></tr>
<tr><td>3</td><td colspan="2">车间办公室</td><td>14×30.3</td><td>420</td><td>1F/10 m</td></tr>
<tr><td>4</td><td colspan="2">培训大厅</td><td>21.4×30.3</td><td>630</td><td>1F/10 m</td></tr>
<tr><td>5</td><td colspan="2">机修、精工车间</td><td>60.6×35.2</td><td>2 100</td><td>1F/10 m</td></tr>
<tr><td>6</td><td colspan="2">叉车间</td><td>14×30.3</td><td>424.2</td><td>1F/10 m</td></tr>
<tr><td>7</td><td colspan="2">公用辅房</td><td>90×241</td><td>21 690</td><td>2F/5 m</td></tr>
<tr><td rowspan="2">8</td><td colspan="2" rowspan="2">配酸中心</td><td>30×65</td><td>1 950</td><td>1F</td></tr>
<tr><td colspan="3">硫酸配酸区，按照危险化学品仓库有关要求设计</td></tr>
<tr><td>9</td><td colspan="2">成品库、维修间</td><td>128×90</td><td>11 520</td><td>1F/8 m</td></tr>
<tr><td>10</td><td colspan="2">发货区</td><td>31×90</td><td>2 790</td><td>/</td></tr>
<tr><td>11</td><td colspan="2">综合站房及降压站</td><td></td><td>2 988</td><td>1F</td></tr>
<tr><td>12</td><td colspan="2">办公楼</td><td></td><td>6 244</td><td>4F</td></tr>
<tr><td>13</td><td colspan="2">食堂</td><td>25×32</td><td>1 600</td><td>2F</td></tr>
<tr><td>14</td><td colspan="2">门卫室</td><td></td><td>80</td><td>1F</td></tr>
<tr><td colspan="6">三、公用工程</td></tr>
<tr><td>1</td><td colspan="2">水源水泵房</td><td>9×18.2</td><td>164</td><td>1F</td></tr>
<tr><td>2</td><td colspan="2">污水处理站</td><td>48×15</td><td>720</td><td>1F</td></tr>
<tr><td>3</td><td colspan="2">固体废物仓库</td><td>61×32</td><td>1 952</td><td>1F</td></tr>
<tr><td rowspan="2">4</td><td colspan="2" rowspan="2">锅炉房</td><td>30×33</td><td>990</td><td>1F</td></tr>
<tr><td colspan="3">三台 10 t/h 燃气蒸汽锅炉，两用一备。</td></tr>
<tr><td>5</td><td colspan="2">压缩空气站</td><td colspan="3">压力 0.85MPa</td></tr>
</table>

续表

序号	建筑物名称	平面尺寸 b×h（m×m）	建筑面积（m^2）	建筑层数/高度
三、公用工程				
6	给水	供水水源接产业集聚区市政给水		
7	排水	排水采用雨、污水分流制，分别排入集聚区市政雨、污水管网		
8	供电	由×××集聚区供电电网供给，厂内中心变电所配电		
四、环保工程				
1	废水处理系统	建造一套生产废水处理设施及配套管网		
2	废气处理系统	建立全厂废气收集系统，铅烟、铅尘、硫酸雾及燃气烟气等均经专门废气处理装置净化处理		
3	噪声防治措施	隔音门窗、减振措施		
4	固废暂存场所	含铅固体废物按照危险废物储存的要求设计防渗漏工程。其他一般固体废物做好防雨措施		
5	绿化	全厂绿化面积 10 万 m^2，绿化率 20%		

3 环境监理实施基本条件

3.1 自然环境概况（略）

3.2 环境影响报告书环保措施及其批复回顾

3.2.1 环评报告中主要环保措施及环保投资回顾

1. 废气污染防治措施

铅粉制造、和膏、分片称片等过程中，会产生铅尘；铅熔化过程中，温度达到 400 ~ 500 ℃时将向空气中散发铅蒸汽（铅烟），在空气中迅速凝成白色氧化铅烟雾；电池组装过程中焊接会产生铅烟。项目生产中和膏产生的硫酸雾、烟尘经和膏机自带的湿式除尘器处理；铅粉线、分片称片产生的铅尘经滤筒除尘器 + 高效过滤器处理达标后排放；熔铅铸条、铸板、铸焊产生的铅烟、包片产生的铅尘及合金车间产生的铅尘经静电除尘器 + 高效过滤器处理达标后排放；第一阶段、第二阶段化成过程中在每个电池的加酸口放置一个“酸雾收集回流器”，阻止酸气析出，第三阶段化成产生的硫酸雾收集后经酸雾净化塔处理达标后排放。

2. 废水污染防治措施

由于项目各类废水水量、水质不同，为了实现废水的有效处理，各类废水应分类收集，实现分质处理。

切实做好雨污分流、清污分流工作，严禁污水流入地表水。要求企业分别设置污水排水管网、清下水和雨水排水管网。铅酸废水经自建污水站处理后 70% 以上回用，其余纳管；生活污水经生活污水处理站处理达标后纳管；初期雨水经收集后分批加入厂区污水处理站处理；处理达标的铅酸废水、生活污水与纯水制备产生的浓盐水、设备冷却水一并纳管。

3. 工程环保投资估算

拟建工程用于污染防治的环保设施投资为30 894万元，占总投资145 000万元的21.3%。环保设施投资主要用于酸雾净化装置、通风除尘装置、废水处理站及事故水池、土建防腐工程、绿化及其他方面，噪声控制和固体废弃物暂存设施等。

3.2.3　环评批复回顾（略）

4　环境监理体系

4.1　环境监理机构与职能（略）

4.2　环境监理工作内容（略）

4.3　环境监理制度（略）

5　施工阶段环境监理工作

5.1　施工期环保达标监理

5.1.1　环保达标监理工作内容

环保达标监理是使工程施工行为符合环保要求，如噪声、废气、废水、固体废物排放达到有关标准。依据项目施工期环境影响，环境监理应进行如下工作，具体情况见表3－18－28所示。

表3－18－28　施工期环保达标监理内容

项目		监理内容	监理方式
废气		施工厂界应设置围栏，对工业场地、废弃土方堆放场辅以洒水设施	巡视
		施工中废弃土方堆放场地合理选择（应处于下风向）	
		原材料特别是沙、石的运输、堆放要遮盖	
		施工车辆加盖篷布并限速行驶	
		大风天气停止室外作业	
		混凝土搅拌机要设在棚内，易产生扬尘的施工材料要加盖帆布篷	
废水	生产废水	地面工业场地生产废水应设临时沉沙池临时沉淀后用于洒水抑尘和灰土拌合用水	巡视
	生活污水	生活污水应采用化粪池处理，禁止随意外排	
施工噪声		采用低噪声施工机械设备	巡视
		加强管理施工场地，优化施工方案，合理安排施工工期工序，避免大量高噪声设备同时施工（周围有噪声敏感区域时，夜间禁止使用高噪声设备，文明施工，不扰民）	

续表

项目	监理内容	监理方式
固体废弃物	施工过程中产生的掘进废石、土方，用于进场道路铺设和厂区内深沟的填埋，多余部分堆放于废弃土方堆放场，实现全部利用或合理处置	巡视
	施工人员排放的生活垃圾要分类、统一收集，定期运往生活垃圾堆放场地处置	
	建筑垃圾按环评要求合理处置	
绿化	及时安排实施工业场地种草种树、地面硬化设计施工，减少扰动裸露地面作业	巡视

5.1.2 问题处理

环境监理人员在日常巡视工作中，发现环保问题，采取如下措施：

口头通知施工单位，及时整改，并对整改结果进行验收。

对较为突出的环保问题，向施工单位下发《环境监理工程师通知单》，并抄送建设单位；要求施工单位采取整改措施，并对《环境监理工程师通知单》进行回复，需要建设单位和工程监理单位一起对整改结果验收确认的，要求上述单位一起进行验收确认。

对拖延或拒不执行整改要求的施工单位，根据建设单位规定采取必要的经济或合同措施，限期整改。

5.2 批建符合性核查

批建符合性核查工作是一项由浅入深、由表及里、渐进的工作过程。

环境监理人员介入项目的前期，认真研读项目环评报告、环评批复及项目设计文件等，对项目的性质、规模、地点、生产工艺及设备、污染防治设施进行核查。就核查结果书面告知建设单位，对不符合环评及批复要求的部分提出建议。

在施工阶段，环境监理人员根据工程建设进度，结合项目设计资料，及时检查已施工完成的工程内容及安装的主要生产设备，检查生产工艺规模、各类环保设施的工艺规模，了解是否出现变更调整。对项目建设的关键工程内容和设备进行核实，防止批小建大，使用落后生产设备等情况。

对未按建设项目环评及批复要求施工或项目建设过程中存在调整变更的，环境监理单位及时书面告知建设单位，属重大变更的，环境监理单位应告知建设单位及时办理相关手续；属非重大变更的，可视情况建议建设单位组织设计单位、环评单位、专家等对变更方案召开论证会；对项目变更情况及时向审批环评报告书的环保部门进行汇报。

5.3 环保工程、设施和措施监理

5.3.1 废水处理设施监理

本项目产生的废水主要包括生产工艺铅酸废水、纯水站及设备冷却排放的清洁下水、员工生活污水，其中铅酸废水主要来自铸焊冷却水、涂板淋洗水、固化废水、铸板冷却水、化成冷却水、后装配水洗废水、地面设备清洗废水、除尘除酸废水、员工洗衣废水。

本项目建设废水处理站，铅酸废水设计处理能力为100 t/h，生活污水设计处理能力为20 t/h；铅酸废水深度处理系统（中水回用）处理能力为30 t/h，其中第一阶段建设一套15 t/h深度处理系统，第三阶段建设一套15 t/h深度处理系统。

其铅酸废水处理站处理工艺如图3－18－21所示。

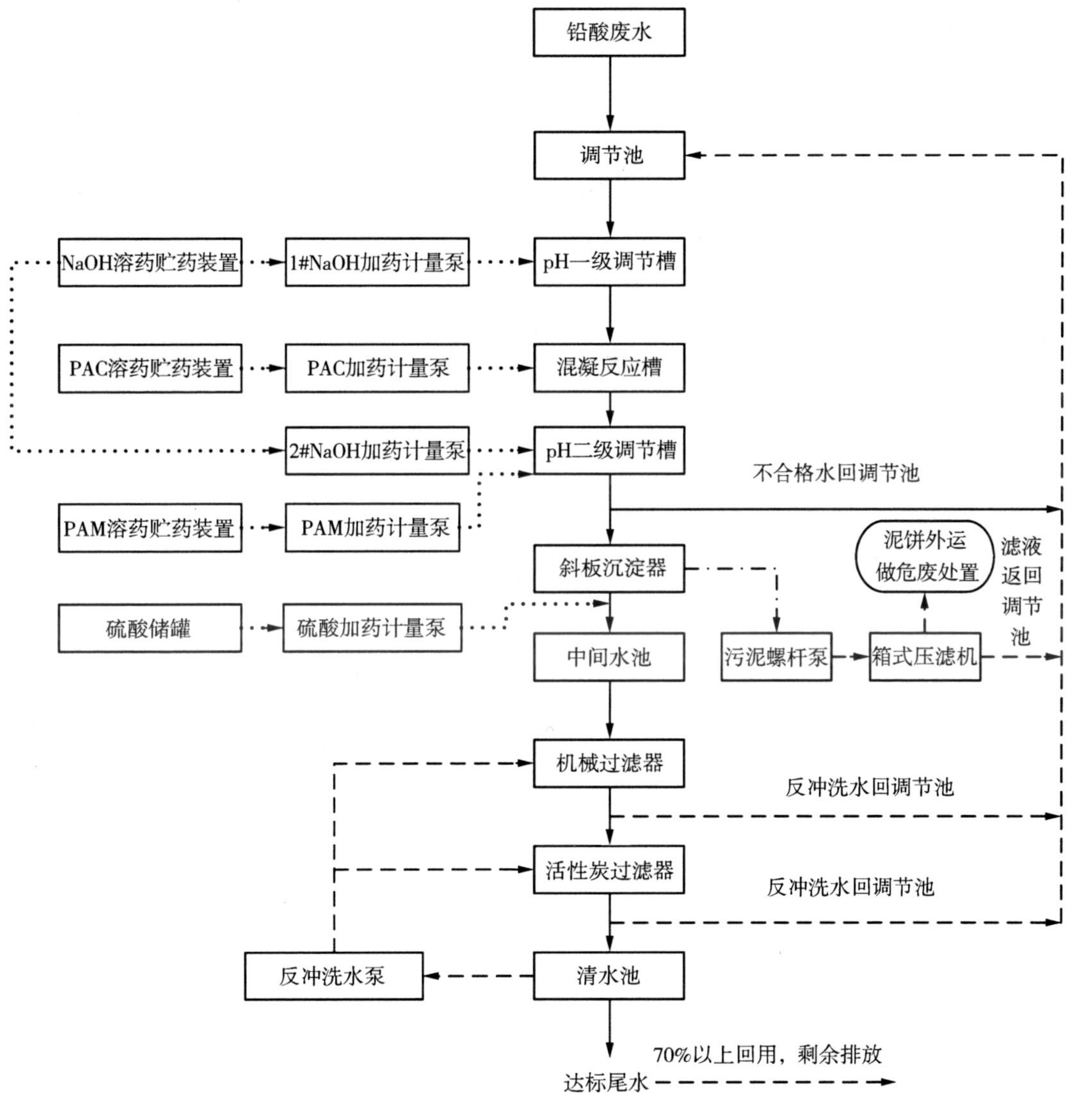

图3－18－21　铅酸废水处理工艺流程

生活污水处理站处理工艺见图3－18－22。

图3－18－22　生活污水处理工艺流

废水处理设施的主要构筑物如表3－18－29所示。

表3－18－29　废水处理设施主要构筑物一览表

序号	名称	施工详情	监理方式	
			巡视	旁站
1	含铅废水调节池	地下水池，钢筋混凝土结构，内壁进行防腐	每日巡视施工情况	满水试验、防腐施工
2	含酸废水调节池	地下水池，钢筋混凝土结构，内壁进行防腐	每日巡视施工情况	满水试验、防腐施工
3	综合水调节池	地下水池，钢筋混凝土结构，内壁进行防腐	每日巡视施工情况	满水试验、防腐施工
4	洗衣水生化池	地下水池，钢筋混凝土结构，内壁进行防腐，池内安装曝气盘及填料	每日巡视施工情况	满水试验、防腐施工、曝气盘及填料安装
5	生活水生化池	地下水池，钢筋混凝土结构	每日巡视施工情况	满水试验
6	含铅污泥池	地下水池，钢筋混凝土结构，内壁进行防腐	每日巡视施工情况	满水试验、防腐施工
7	无铅污泥池	地下水池，钢筋混凝土结构，内壁进行防腐	每日巡视施工情况	满水试验、防腐施工
8	洗衣水二沉池	地下水池，钢筋混凝土结构，内壁进行防腐	每日巡视施工情况	满水试验、防腐施工
9	生活水二沉池	地下水池，钢筋混凝土结构，内壁进行防腐	每日巡视施工情况	满水试验、防腐施工
10	含铅废水反应池	地上水池，钢筋混凝土结构，内壁进行防腐	每日巡视施工情况	满水试验、防腐施工
11	含铅废水沉淀池	地上水池，钢筋混凝土结构	每日巡视施工情况	满水试验
12	含酸废水反应池	地上水池，钢筋混凝土结构，内壁进行防腐	每日巡视施工情况	满水试验、防腐施工
13	含酸废水沉淀池	地上水池，钢筋混凝土结构	每日巡视施工情况	满水试验

续表

序号	名称	施工详情	监理方式	
			巡视	旁站
14	综合混凝池	地上水池，钢筋混凝土结构，内壁进行防腐	每日巡视施工情况	满水试验、防腐施工
15	综合水沉淀池	地上水池，钢筋混凝土结构	每日巡视施工情况	满水试验
16	洗衣水集水井	地下水池，钢筋混凝土结构，内壁进行防腐	每日巡视施工情况	满水试验、防腐施工
17	生活水集水井	地下水池，钢筋混凝土结构	每日巡视施工情况	满水试验
18	中水回用水池	地下水池，钢筋混凝土结构	每日巡视施工情况	
19	风机房/药剂房1	一层钢筋混凝土结构	每日巡视施工情况	
20	脱水机房/药剂房2	二层钢筋混凝土结构	每日巡视施工情况	
21	回用水处理房	一层钢筋混凝土结构	每日巡视施工情况	
22	污水总排口	在线监测设施（铅、COD、氨氮），巴氏计量槽，污水提升井	每日巡视施工情况	在线监测设备安装

依据设计文件及施工方案，对废水处理站设备安装情况进行监理。每天巡视设备及管道安装情况、地下管网铺设情况；对地下管网铺设及压力试验过程进行旁站。

1. 巡视监理的主要内容

（1）污水站是否按照设计文件进行施工。

（2）污水站工程的施工进度。

（3）污水站施工过程中各项环保措施落实情况。

2. 旁站监理的主要内容

（1）满水试验旁站内容参照《给水排水构筑物施工及验收规范》（GB 50141—2008）。

（2）防腐防渗施工旁站内容：施工工艺、施工材料、施工质量。

（3）在线检测设备安装旁站内容：监测因子是否齐全、监测设备情况、在线监测联网情况。

5.3.2　废气处理设施监理

本项目的主要大气污染源为蓄电池生产过程中铅粉线、铸板、合膏、分片称片、组装线产生的含铅废气；化成工序产生的硫酸雾；锅炉产生的燃料烟气等。

本项目废气处理设施情况见表3-18-30。

表 3-18-30　废气处理设施一览表

序号	工序	环评及批复要求	监理方式	
			巡视	旁站
1	铅粉线	中效袋式过滤器 + 高效过滤器 + 湿式喷淋 6 座，18 m 排气筒 2 座	巡视设备安装情况	内件安装
2	熔铅铸粒	静电除尘器 + 高效过滤器 + 湿式喷淋 1 座，18 m 排气筒 1 座	巡视设备安装情况	内件安装
3	铸板	静电除尘器 + 高效过滤器 + 湿式喷淋 3 座（1 套风量 20 000 m^3/h，2 套风量 10 000 m^3/h），18 m 排气筒 3 座	巡视设备安装情况	内件安装
4	和膏	两级湿式除尘器 8 座，18 m 排气筒 2 座	巡视设备安装情况	
5	分刷片	集气罩，滤筒除尘器 + 高效过滤器 + 湿式喷淋 2 座，18 m 排气筒 1 座	巡视设备安装情况	内件安装
6	称片	滤筒除尘器 + 高效过滤器 + 湿式喷淋 2 座，18 m 排气筒 1 座	巡视设备安装情况	内件安装
7	包片	静电除尘器 + 高效过滤器 + 湿式喷淋 1 座，18 m 排气筒 1 座	巡视设备安装情况	内件安装
8	装配线	滤筒除尘器 + 高效过滤器 + 湿式喷淋 2 座，18 m 排气筒 2 座	巡视设备安装情况	内件安装
9	锅炉	1 座 ×15 m 高排气筒	巡视设备安装情况	
10	化成	酸雾收集回流器	巡视设备安装情况	

环境监理人员在日常巡视中，应核对除尘器数量、安装位置、除尘点位置、除尘工艺设备情况及除尘风量。

旁站内容：

（1）安装过程记录。

（2）设施安装进度。

5.3.3　固体废物仓库施工监理

固体废物仓库设置应满足《危险废物贮存污染控制标准》（GB 18597—2001）要求。固体废物仓库应设置完善的“三防”设施。

固体废物仓库单独设置于封闭的厂房内，地面采取防腐防渗措施，设施导流沟及围堰。环境监理人员每天巡视固体废物仓库施工情况，并对防腐防渗施工进行旁站。

旁站内容：

（1）防腐防渗工程的施工工艺是否正确。

（2）施工工序是否合理。

（3）施工质量是否达标。

5.3.4　涉酸地面防腐施工监理

本项目化成充电车间、合膏工序、配酸中心、固体废物仓库等涉酸工序地面铺设花岗岩防腐（底层铺设环氧树脂漆和玻璃丝布，表层铺设花岗岩），涉酸工序的循环冷却水池和和膏钢结构平台进行防腐（环氧树脂漆和玻璃丝布）。

防腐施工有多道工序，隐蔽工程较多，环境监理人员每天应加强巡视，并对防腐施工进行旁站；各道工序完成后，应进行隐蔽工程验收。

旁站内容：

（1）防腐防渗工程的施工工艺是否正确。

（2）施工工序是否合理。

（3）施工质量是否达标。

5.3.5　事故风险应急措施监理

依据环评报告书及环评批复要求，本项目设置初期雨水池/事故池（2座1 000 m^3）、消防水池及配套消防设施。

环境监理人员应核实雨水池/事故池、消防水池及配套消防设施的数量、位置、规模。并每天巡视事故应急设施的施工情况。

环境监理人员督促并协助建设单位编制环境风险应急预案，并进行演练。

5.3.6　排水管网监理

依据环评报告书要求，本项目排水管网应做到“雨污分流、清污分流、污污分流”，见表3－18－31。

表3－18－31　本项目排水管网设置情况

序号	工程项目	施工详情	监理工作	
			巡视	旁站
1	雨水管网	地下雨水管网，通阀组接入初期雨水池	每日巡视施工情况	接入初期雨水池阀组
2	含铅污水管网	架空管网，外部进行保温；车间外污水收集池采用PP板防腐	每日巡视施工情况	管道压力试验，污水收集池防腐
3	含酸污水管网	架空管道，外部进行保温；车间外污水收集池采用PP板防腐	每日巡视施工情况	管道压力试验，污水收集池防腐

旁站内容：

（1）接入初期雨水池阀组及管道管网旁站：管网布设情况，阀组安装情况。

（2）管道压力试验：试验压力，试压时间，试压结果。

（3）污水收集池防渗：施工工艺、施工质量。

5.4　施工阶段总结

在项目交工、准备申请试生产前，协助建设单位对施工单位退场和临时建筑拆除进行监督管理，对已完成的工作回顾梳理，整理施工期环境监理实施所形成的相关材料，编制环境监理阶段报告提交建设单位。

6　试生产阶段环境监理工作

在建设项目投入试运行后，环境监理针对项目主体工程和环保设施的试运行情况，各类环保管理制度、事故应急预案的执行情况等，继续开展工作。具体工作如下：

对主体工程及配套环保设施运行情况、生态绿化情况、施工方撤场后场地清理情况进行调查汇总。

对新发现或遗留问题根据性质向建设单位提交《环境监理联系单》或者向施工单位下达《环境监理通知单》提出整改建议；整改闭合程序与施工阶段相同。

试运行结束后，汇总各项内容，编制项目环境监理总结报告。

配合项目环保专项验收工作，并在环境行政主管部门组织的验收会上汇报环境监理情况，对于验收会提出的问题，督促建设单位进行整改。

验收通过后，向建设单位移交工程环境监理竣工资料。

6.1 主体工程试运行情况监理

在试生产期间，对主体工程试运行情况每日进行巡视，重点关注非正常工况的排污情况。如出现较为严重的排污现象，应及时提醒建设单位委托设计单位针对非正常工况的排污增加设计污染治理设施；并告知建设单位后，向环保部门汇报相关情况。

应及时掌握主体工程试运行进展情况、各主要原辅材料消耗情况；同时在试生产期间应密切关注生产工艺或原辅材料是否发生调整，如有调整，建议建设单位及时补充各项环保手续。

设备调试期间，每天巡视铸板线、铅粉线、和膏、涂板、固化、分刷片、称片、装配、配酸、灌酸、化成等工序的生产情况及设备运行情况是否正常，并在监理日志中进行记录；关注原辅材料消耗情况，浓硫酸、电解铅、合金铅等消耗情况；关注原辅材料以及产品的储存情况；关注试运行期间固体废物的产量及存储情况，对其中的危险废物（废铅渣、废旧布袋、滤筒、废旧劳保用品、含铅污泥）应重点关注其处置措施、处置协议以及管理台账等。

6.2 配套环保设施试运行情况监理

6.2.1 环保设施调试方案审核

试生产开始前期，对主要环保设施（废水处理站、废气处理设施）的调试方案进行审核，出具审核意见，以书面形式报送建设单位，督促相关单位人员尽快修改。

1. 废水处理站调试方案审核的主要内容

（1）审核调试方案的可行性，根据本项目废水的特点及采用的水处理工艺审核本项目调试方案的可行性；本项目废水主要是生活污水和铅酸废水，生活污水采用 CASS 工艺处理，铅酸废水调节 pH 值至 6 ~ 9，采用化学沉淀法处理达标后，部分铅酸废水经深度处理后回用。

（2）审核参与调试的人员机具设备配备情况。

（3）审核废水处理设施合格操作及管理人员配备情况，操作、管理、化验及维护人员应具备相关岗位的知识及专业技能。

（4）审核出水水质要求。污染物排放浓度：COD ≤ 150 mg/L，NH_3-N ≤ 25 mg/L，铅 ≤ 1.0 mg/L。

（5）审核方案是否执行正确的环保标准。

(6) 审核方案中的非正常工况下的应急处理措施。

2. 废气处理设施调试方案审核的主要内容

(1) 审核调试方案的可行性，依据本项目各工序的废气产生情况及各工序采用的废气处理设施审核调试方案的可行性。

(2) 审核参与调试的人员机具设备配备情况。

(3) 审核废气处理设施合格和管理人员配备情况，管理、化验及维护人员应具备相关岗位的知识及专业技能。

(4) 审核排气筒废气（硫酸雾、Pb 等）排放浓度要求。排放浓度要求：硫酸雾 $\leqslant 45\ mg/m^3$，铅 $\leqslant 0.7\ mg/m^3$，$SO_2 \leqslant 100\ mg/m^3$，$NO_x \leqslant 100\ mg/m^3$。

(5) 审核方案是否执行正确的环保标准。

(6) 审核方案中的非正常工况下的应急处理措施。

6.2.2　环保设施试运行情况监理

1. 废水处理站运行情况监理

废水处理站调试期间，每日巡视调试情况，监督调试人员依照调试方案进行调试，并在监理日志中记录当日调试工作情况。

每日巡视废水处理站试运行情况，了解各处理单元设备运行情况，关注对污水中各污染因子的脱除率；每日巡视企业化验室，掌握当日化验结果（主要检测因子：COD、氨氮、Pb、pH），对结果进行分析，发现结果超标时及时向建设单位通报，并协助建设单位妥善处理。在监理日志中记录当日对废水处理站巡视情况。

环评及批复文件要求，本项目污水总排口安装在线监测设备（监测因子：COD、氨氮、Pb、污水流量），关注污水在线监测设备联网情况。

2. 废气处理设施试运行情况监理

本项目废气处理设施主要有铸板、铅粉、分刷片、称片、包片、装配等工序铅烟铅尘除尘器，和膏工序硫酸雾除尘器，化成工序酸雾收集器等。

每日巡视废气处理设施运行情况，了解各设备运行情况，跟踪各废气排放口采样化验结果，对结果进行分析，发现结果超标时及时向建设单位通报，并协助建设单位妥善处理。在监理日志中记录当日巡视情况。

6.2.3　问题处理

在环保设施调试及试运行期间，发现问题后以《环境监理工作联系单》或《环境监理工作函》的方式及时向建设单位通报，督促并协助相关单位处理问题。

试运行期间发生严重的环保事故时，向建设单位通报后，以专题报告的形式向环保部门汇报相关情况。

6.3　环境监理总结

项目试生产结束前（主体工程及配套环保工程运转正常，项目生产负荷达到75%以上），对项目环境监理工作进行梳理，整理环境监理资料，编写环境监理总结报告，提交给建设单位；参与环保部门对本项目的竣工环保验收，项目环保验收通过后，向建设单位移交本项目环境监理资料。

7 环境风险防范环境监理

7.1 环境风险应急预案的编制

7.1.1 铅酸废水处理站风险防范措施

（1）铅酸废水全部经处理达标后90%以上回用，其余排放，企业不得私自设置污水外排品或事故排放口。

（2）在铅酸废水处理站出口安装 pH、Pb 在线监测及报警装置，并在清水池设回流泵，一旦出现废水处理不达标，立即启动报警，并于回流泵连锁，将不达标废水打回至事故池（与初期雨水池合建）并立即排查设施清除故障，确保废水处理达标，若检修时间太长或无法预计，根据需要采取限产停产措施。

（3）铅酸废水处理站各建构造物四周和底部设防渗层，内壁进行防腐蚀处理，防渗透系数不大于 1.0×10^{-7} cm/s，防渗性能与 6 m 厚黏土层（渗透系数 1.0×10^{-7} cm/s）等效。

（4）含铅酸废水管道一律设置在混凝土管沟内，混凝土管沟进行防渗，渗透系数不大于 1×10^{-10} cm/s，并对内壁进行防腐蚀处理。

7.1.2 地下酸罐风险防范措施

本工程设置一个硫酸储罐池，内有 2 个 25 m^3 硫酸储罐。为减少硫酸泄漏造成的环境影响，本项目采取以下风险防范措施：

（1）地下酸罐池四周和底部设防渗层并进行防腐蚀处理，防渗层渗透系数不大于 1.0×10^{-7} cm/s，防渗性能与 6 m 厚黏土层（渗透系数 1.0×10^{-7} cm/s）等效。

（2）地下酸罐池设置围堰，并设 1 个备用酸罐，并设置应急输酸装置，当发生大量泄漏时可将大部分地下酸罐池内泄漏的硫酸泵入备用罐储存。

（3）地下酸罐池设事故泵，将酸罐池清洗水等事故废水抽出送废水处理站处理，并放置一定量沙土，用于少量泄漏硫酸液的吸收处理，处理完的硫酸与沙土混合物作为危险物进行处理，严禁丢弃。

7.1.3 化成车间、充电包装车间、和膏涂板车间风险防范措施

化成车间、和膏涂板车间地面设防渗层并进行防腐蚀处理，防渗层渗透系数不大于 1.0×10^{-7} cm/s，防渗性能应与 1.5 m 厚黏土层（渗透系数 1.0×10^{-7} cm/s）等效。

在车间内设废水收集池，将泄漏的化成液收集后送铅酸废水处理站进行处理，应急处理人员穿戴防护服，车间配备淋洗器、洗眼器和防护服。

通过采取以上措施，可将化成车间、和膏涂板车间泄漏的化成液和硫酸溶液全部收集后进行处理。

7.1.4 运输过程中的风险防范措施

（1）如在运输过程中出现泄漏事故，司机及押运员应尽快使用车上配备的应急设施进行堵漏，同时利用沙土对地面事故液进行围堵，防止或减少事故液进入地表水体，并第一时间向当地安全环保主管部门报告，向当地公安、消防部门求助，按相关规范设置应急隔离防护带。

（2）如化学品泄漏进入地表水体，建设单位及运输方应配合当地政府会同安全、

环保、水利、消防、公安等部门参照国内同类型运输事故应急实例制定事故应急处理方案。

（3）事故应急处理结束后，建设单位应配合相关部门做好相关善后工作。

7.1.5　储存过程中的风险防范措施

（1）对各物料的储存严格按储存要求设计。储罐区应设置围堰。储罐之间的间距和围堰的设计应严格按照《建筑设计防火规范》GBJ 16—87 等标准规范执行。各罐区应按规定设置防火堤或围堰，储罐还应配喷淋降温设施，防止因夏季气温过高，罐内料膨胀引起的罐内压力升高而造成的物料泄漏。储罐还应设置液位自动报警、连锁系统，并确保系统的有效性，防止物料溢顶泄漏。

（2）公司罐区和车间内/外储罐均应设置围堰，围堰设置排水切换装置，确保正常的冲洗水、初期雨水和事故情况下的泄漏污染物、消防水可以纳入污水处理系统。

（3）贮罐内物料的输入与输出应采用同一台泵贮罐上应有液位显示并有高低液位报警与泵联锁，进各生产车间的中转罐设有地料控制阀，由中转罐设的电子秤计量开关进料阀并与泵联锁，防止过量输料导致溢漏。

（4）危险化学品储存的场所必须是经公安消防部门审查批准设置的专门危险化学品库房。

（5）储存危险化学品的仓库管理人员，必须经过专业知识培训，熟悉储存物品的特性、事故处理方法和防护知识，持证上岗，同时，必须配备有关的个人防护用品。

（6）储存的危险化学品必须设有明显的标志，并按国家规定标准控制不同单位面积的最大储存限量。

（7）储存危险化学品的库房、场所的消防设施、用电设施、防雷防静电设施等必须符合国家规定的安全要求。

（8）危险化学品出入库必须检查验收登记，储存期间定期养护，控制好储存场所的温度和湿度；装卸、搬运时应轻装轻卸，注意自我防护。

（9）要严格遵守有关储存的安全规定，具体包括《仓库防火安全管理规则》《建筑设计防火规范》《易燃易爆化学物品消防安全监督管理方法》等。

7.1.6　末端处置过程风险防范

（1）废气、废水等末端治理措施必须确保正常运行，如发现人为原因不开启放废气治理设施，责任人应受行政和经济处罚，并承担事故排放责任。若末端治理措施因故不能运行，则必须停止。

（2）为确保处理效率，在车间设备检修期间，末端处理系统也应同时进行检修，日常应有专人负责进行维护。

（3）增加废气治理措施报警系统，并应定期检查废气处理装置中的有效性，保证处理效率，确保废气处理能够达标排放。

（4）定期检查污水处理站废水水质，确保废水达标排放。

（5）各车间、生产工段应制定严格的废水排放制度，确保清污分流，雨污分流，泄露物料禁止冲入废水处理系统或直排；污水站应设立车间废水接收检验池，对超标排放进行经济处罚。

（6）建立事故排放事先申报制度，未经批准不得排放，便于相关部门应急防范，防止出现超标排放。

（7）加强清下水的排放监测，避免有害物随清下水进入河水体。

7.1.7 事故、消防水收集系统安全对策

本工程设计时按照“雨污分流、污污分流、清污分流”的原则，保证清净水得到最大限度的利用和污水得到妥善处置。为防止事故排水、初期雨水和消防废水排放，项目拟建2座1 000 m^3 初期雨水收集池，兼做事故水池和消防废水池。能够满足相应废水储存量的要求。厂内所有外排污水均设置切断装置与应急设施，确保一旦发生意外事故，所有污水均能控制不流入附近水域。

（1）设置完善的清水污分流系统，实行雨污分流、清污分流。在各个雨污分流系统加装阀门，保证各单元一旦发生泄漏物料能迅速安全集中到事故池，并且在雨水管总管处设置切换阀，通过二次切换确保发生事故时消防水不从雨水管直接进入附近内河。

（2）为避免因贮槽破损、阀门、接头等故障引起物料泄漏，造成环境污染，在车间还应设有收集管道，确保一旦发生事故，泄漏物料和消防水通过管道送入污水处理站或事故池内，然后集中处理达标后排放，避免对外环境造成污染。

（3）充分重视铅酸废水的收集、管道输送过程中和污水处理设施的满水漏水对地下水可能造成环境影响的风险性，在设计和施工过程中要落实各项防腐防渗漏措施。

当事故发生时，立即切断动力清下水（雨水）排放口；事后余量消防废水储存去向可通过逐步调整，利用应急事故池、消防水池和现有汗水处理池暂存，然后请专业单位通过本厂区污水处理站处理（或外运）达标排放，同时尽可能对回收物料净化处理回收。然后进行采样监测，满足《污水综合排放标准》GB 8978—1996 一级标准可直接排放，若不满足则需经铅酸废水处理站处理达标后方可排放。此外，根据《水体污染防控紧急措施设计导则》，对环境突发事故废水收集系统的设计和管理。

7.2 环境风险应急预案的演练

（1）加强员工的安全、环保知识和风险事故安全教育，提高职工的风险意识，减少风险发生的概率。所有从业人员应当掌握本职工作所需的危险化学品安全知识和技能，严格遵守危险化学品安全规章制度和操程，了解其作业场所和工作存在的危险有害因素以及企业所采取的防范措施和环境突发事故应急措施。

（2）企业要建立环境管理机构，建立健全各项环境管理制度，制订环境管理实施计划，对各项污染物、污染源进行定期监测，记录运行及监测数据，规范厂区排污口，设置明显的标志；汲取同类型企业先进操作经验和污染控制技术，建立信息反馈中心，对生产中环保问题及时反馈。

（3）加强对安全管理的领导，建立健全各项安全、消防管理网络。建立健全各项安全管理制度，如：防火、防爆、防雷电、防静电制度；岗位责任制、安全教育；原料及成品的运输、储存制度；设备、管道等设施的定期检验、维护、保养、检修制度；以及安全操作规程等。

（4）按照企业可能存在的环境风险事故，编写环境突发事故应急救援预案，并且

制定相应的培训计划和演练计划。

7.3　环境风险应急监理要点和执行

本项目环境风险应急监理的要点是建立健全事故处理机制，有专人专职机构和专门的处置措施处理相关问题。

环境监理人员的主要工作是协助建设单位建立完善的事故风险应急机制；审查设计文件，确保设计达到环评报告及环评批复及相关规范的要求；与工程监理人员配合，严把工程质量关，把事故隐患消弭于无形。

8　环境监测方案

依照项目环境影响评价报告书的要求，本项目应开展施工期环境监测环境，环境监测计划见表3－18－32。项目施工期对主要环境污染因子是噪声、TSP。

表3－18－32　本项目施工期环境监测计划

环境要素	监测点位	监测项目	监测时间及频率	备注
噪声	施工场界、办公区	等效声级	每月1次，每次1 d，昼夜各1次	夜间禁止打桩作业
环境空气	施工区、办公区	TSP	每月1次，每次3 d	

环境监测方案见表3－18－33。

表3－18－33　本项目施工期环境监测方案

环境要素	监测项目	监测频率	监测点位	
噪声	等效声级	1 d，昼夜各1次	场界	西界、南界、东界、北界各设一个测点（根据施工情况在各厂界距离噪声源最近处布点）
			办公区	设1个测点
环境空气	TSP	3 d，每天采样时间不少于12 h	施工区	根据当天风向在上风向布置1个参照点，下风向布置3个监控点
			办公区	设1个监控点

环境监理人员应督促建设单位依照表3－18－32和表3－18－33要求，委托有资质的单位开展环境监测。对环境监测结果进行分析，监测结果未达标时，书面告知建设单位并提出解决方案，调整施工周期、施工工艺及施工设备等，督促施工单位落实。

案例点评

环境监理规划（又称为方案）与环境监理大纲、环境监理细则不同：环境监理大纲是招标过程谈合同用的，环境监理细则是环境监理部的操作性文件；环境监理规划是环境监理工作指导性文献，指导项目环境监理部的全部工作，使项目部环境监理人员通过各种控制方法能更好地对项目施工期进行环境管理；它反映了环境监理单位对项目控制的理解能力、程序控制技术水平。监理规划中环境问题的分析及预控措施指导现场监理人员有针对性地开展环境监理工作。环境监理规划为环境管理部门提供建设项目环境监管依据，有利于对建设项目进行环境管理，有利于对环境监理方进行工作指导和提高监理人员的专业技术水平与能力。

建设单位与环境监理是委托与被委托的关系，是通过环境监理委托合同确定的，环境监理代表建设单位的利益工作。一份详实且针对性较强的环境监理规划可以使建设单位对环境监理工作目标、监理范围、监理内容、监理程序、工作方法等更加熟悉和了解，有利于建设单位对环境监理工作的支持。

环境监理规划对于承包方讲，会十分清楚施工过程中环境监理的控制要点，明确其控制要点的检查程序与检查方法。在以后的工作中能加强与环境监理的沟通和配合，达到工程的环保控制目标。环境监理规划中对工程中可能遇到的环境突发事件有相应的预防与应急处理措施。这对参建各方能起到良好的警示作用，它能时刻提醒承包方在施工中注意哪些问题，如何预防环境突发事件的产生，以免酿成环保污染事故。

不是所有的环境监理项目都要编写环境监理实施细则，对于重大项目监理项目需要专业监理环境监理工程编写实施细则，一个详细的环境监理规划有时可以代替实施细则。该案例环境监理规划的编写主要不足之处是对项目环境监理的目标范围不够突出明确，容易与工程监理造成分项分部工程上的重复监理。

思考题

1. 环境监理规划（方案）有无必要编写环境监理实施基本条件？为什么？

2. 该监理规划（方案）施工期环境监理、试生产期环境是否符合铅蓄电池生产项目的特点？有无可操作性？能否代替环境监理实施细则？为什么？

3. 环境风险防范环境监理应该如何做？环境监理要点是什么？如何确保环境安全？

4. 环境监测在项目环境监理中有何重要意义？环境监理机构能否进行环境监测？如何处理与环境监测单位的关系？

案例4　河道底泥无害化处置工程监理工作报告（节选）

1　概述

1.1　工程概况

河道底泥无害化处置工程的任务是针对××河底泥受到重金属污染的现状，通过河道疏浚、底泥固化与稳定化和稳定后底泥清运填埋等工程措施对河道底泥进行无害化处置，避免或减少由于底泥污染导致上覆河水二次污染河流水体。主要建设内容为：河道底泥疏浚、底泥重金属无害化处理、底泥填埋场工程建设、污泥干化运输安全填埋、沉淀池和临时道路等临时设施建设及临时用地恢复等。

本工程总投资1 576万元，工程设计单位为，施工单位，工程监理单位，环境监理单位（略）。项目于2012年7月7日正式开工，环境监理人员同时进入现场开展环境监理工作，2013年9月30日完工。其中河道无害化清淤工程于2012年7月7日开工，2013年2月6日完工；填埋场工程于2013年4月5日开工，2013年9月30日完工。

1.2　主要工程项目划分及工程量

主要工程项目组成及规模见表3－18－33。

表3－18－33　主要项目组成及规模一览表

项目名称	单位	规模	备注
底泥疏挖、无害化	万 m^3	4.3	
无害化底泥运输	万t	5.3	运距15 km，安全填埋
临时沉淀池	万 m^3	3.7	断面底宽5 m，深2 m；堤顶宽1 m，内外边坡1∶2
临时截流坝	座	18	堤顶宽2 m，深2 m
临时道路修建	m	3 260	路宽5 m，土路

主要生产设备及设施见表3－18－34。

表3－18－34　主要生产设备及设施一览表

设备名称	规格或型号	数量	作用或用途
QW型移动式潜水泵	150QW20－7.7.5	6套	抽取河水
泥浆泵	80WZB99－22.5	5套	抽取泥浆
高压计量泵	J－ZM400/2.5	6套	加药
疏水管	De225	3 600 m	疏水
排泥管	De150	3 000 m	从沉淀池排污泥
储药罐	6 m^3	6个	储备药品
配药罐	1 m^3	10个	稀释药品
高压水枪		11个	冲洗污泥
冷污泥含水率测定仪	JT－60	1个	测定污泥含水量
挖掘机	1 m^3	1台	开挖沉淀池
推土机		1台	推土方
汽车	10 t	2个	运输药品及污泥
药品临时配制场		1个	堆放药品及配药

根据工程污染物的排放特点及其对外界环境的影响程度和环境功能区划的要求，

确定主要环境保护目标如下：

主要环境保护目标见表 3－18－35。

表 3－18－35　主要环境保护目标一览表

环境类别	保护目标	相对方位及距离	保护级别
生态环境	沿岸两侧	约 200 m	
声环境	柿槟村（40 人）	南 150 m	GB 3096—2008 2 类
	水运村（52 人）	北 100 m	
	药园村（120 人）	北 50 m	
	碑子村（160 人）	南 50 m	
	北堰头村（98 人）	东北 100 m	
	亚桥村（36 人）	东 150 m	
大气环境	柿槟村（2 206 人）	南 150 m	GB 3095—1996 二级
	水运村（1 590 人）	北 100 m	
	药园村（1 209 人）	北 50 m	
	碑子村（1 221 人）	南 50 m	
	北堰头村（1 502 人）	东北 100 m	
	亚桥村（703 人）	东 150 m	

1.3　环境监理执行标准

环境质量标准

《环境空气质量标准》（GB 3095—1996 及 2000 年修改单的通知）二级

PM10：0.15 mg/m^3（日均值）SO_2：0.15 mg/m^3（日均值）

《地表水环境质量标准》（GB 3838—2002）Ⅲ类

COD≤20 mg/L　NH_3－N≤1.0 mg/L　铅≤0.05 mg/L

镉≤0.005 mg/L　铬≤0.05 mg/L

《声环境质量标准》（GB3096—2008）2 类

昼间 60dB（A）　夜间 50dB（A）

《土壤环境质量标准》（GB 15618—1995）三级标准

镉≤1.0 mg/kg　汞≤1.5 mg/kg　砷≤30 mg/kg（水田）　铜≤400 mg/kg（农田）

铅≤500 mg/kg　铬≤300 mg/kg（旱地）　锌≤500 mg/kg　镍≤200 mg/kg

污染物排放标准：

《大气污染物综合排放标准》（GB 16297—1996）表 2

粉尘无组织排放浓度限制：1.0 mg/m^3

《污水综合排放标准》（GB 8978—1996）一级

COD：70 mg/L　氨氮：15 mg/L　总汞：0.05 mg/L　总镉：0.1 mg/L

总铬：1.5　六价铬：0.5 mg/L　总铅：1.0 mg/L 总镍：1.0 mg/L

总银：0.5 mg/L　总硒：0.1 mg/L

《危险废物鉴别标准浸出毒性鉴别》（GB 5085.3—2007）

《危险废物填埋污染控制控制标准》（GB 18598—2001）

《一般工业固体废物贮存、处置场污染控制标准》（GB 18599—2001）

施工期执行《建筑施工场界噪声限值》（GB 12523—90）

1.4 工艺流程

本工程采用截流的方法分段进行底泥处理，每一段的上下游均需设临时截流坝，临时截流坝用沙袋堆积而成，坝顶宽 2 m，高 2 m，边坡 1∶3，处理段上游的水流通过疏水管导入到下游河道中，以确保处理段没有水流通过。本工程将河流分成 17 段分段处理，在河道两侧合适位置设计临时沉淀池处理污泥，沉淀池采用挖掘机开挖，开挖土方就近存放，便于处理段施工结束后土方回填。沉淀池施工结束后，清干净池内污泥，利用开挖土方回填，回填后要恢复原有土地使用功能。

本项目采用化学稳定方法。将某药剂采用干粉投加器投加到河道内的底泥上，再利用高压水枪将底泥与某药剂混合制成泥浆；用泥浆泵从河道中把泥浆输送到沉淀池。在此过程中，将在药品配置场配置好的硫化钠溶液用计量泵按照一定的比例投加到泥浆泵的出口内，利用泥浆泵后的压力管道把泥浆、药液充分混合，使底泥中污染物与药剂充分反应，从而达到无害化底泥的目的。临时沉淀池中稳定化后的污泥经干化，上清液回放到处理段上游河段中，用于水力搅拌处理段底泥，经干化后的污泥含水量达到一般固废填埋场要求后，由汽车外运到填埋场处理。根据《济源市石河（豫光—亚桥段）河道含重金属底泥无害化处理处置试验研究报告》，稳定化处理后的污泥不是危险废物，可按一般工业固体废物填埋处置。

工艺流程如下：

投加某药剂→水力搅拌→泥浆泵抽吸→沉淀→上清液排水

└→底泥—汽车运输、安全填埋

2 环境监理工作制度、方法和内容

2.1 监理组织（略）

具体组成人员及分工一览表（略）

2.2 环境监理制度（略）

2.3 环境监理方法（略）

2.4 环境监理工作内容

2.4.1 监理范围

河道底泥无害化处置工程及涉及的工程全过程和环境监理合同约定的其他环境监理工作范围。

2.4.2 监理目的

河道底泥无害化处置工程环境监理的主要目标是保证《河道底泥无害化处置工程

环境影响报告表》和环保局对该报告表的批复在工程过程中的有效落实；确保各项污染治理设施及配套工程能充分、有效的发挥效益，将工程施工对生态环境产生的不利影响降到最低限度，确保各类污染防治措施施工质量和施工进度与主体工程同步，满足工程竣工环境保护验收要求，达到合同约定的环境保护目标。

除了上述环境监理目标，环境监理单位还肩负着以下职责：①明确提醒业主并监督施工单位落实各自应承担的环境保护职责；②确保施工单位按图对环保设施进行施工；③对于环评中没有注意到的其他重要的要素或因子，确需进行保护的，按照程序向业主建议，向环境行政主管部门反映情况。

2.4.3 监理内容

本工程是河道底泥无害化处置工程，属于环境污染治理类工程项目，竣工即完成，没有试运行等阶段。结合我国环境监理工作的相关规定、要求和本工程的实际情况，环境监理工作主要针对工程施工阶段展开。总体来说，本工程环境监理工作主要包括以下内容：

（1）工程施工过程中环保法律法规、政策、标准的执行情况。

（2）环境影响评价报告表及批复中各项污染控制措施的落实情况。

（3）工程施工期废气、废水、废渣、噪声的防治措施。

（4）生态保护措施的落实。

（5）污染防治设施投资控制。

（6）污染防治设施施工质量控制。

（7）污染防治设施施工进度控制。

（8）污染防治设施工程技术路线的保证。

3 工程环境影响和采取的措施

3.1 环境空气影响

施工期大气污染源主要有工程投料及临时沉淀池开挖土方产生的堆方在大风天气产生的粉尘及车辆运输所产生的扬尘，主要污染物是TSP。

工程投加粉状药剂时将会产生一定量的粉尘，在投加过程中同时会产生大量的水蒸气可大大降低粉尘产生量，投加药剂过程产生的粉尘将不会对附近环境产生大的影响。在项目施工过程中，为防止施工造成大气污染，环境监理人员要求施工单位在河道底泥处理处置过程中投加B药剂时尽量避开大风天气，有效地减少了扬尘的产生量。在填埋场建设过程中水泥、白灰等易引起扬尘的物料采取遮盖措施，减少了二次扬尘污染。

工程修建沉淀池开挖土方产生大量扬尘，经采取洒水喷淋等降尘措施后，能够大大降低扬尘产生量，对附近环境产生的影响较小。项目临时沉淀池挖掘的泥土堆放在施工现场进行夯实，外侧边坡堆土裸露在大风天气将产生扬尘，但施工期间沉淀池中水会不断渗入围堤，使围堤中下部分比较湿润，上部相对干燥，施工扬尘不大。另外，施工期运输车辆运行将产生道路扬尘，扬尘污染在道路两边扩散，一般条件下影响范围在路边两侧30 m以内，对周围大气造成一定程度的污染。在施工过程中，环境监理人员严格要求施工单位对运输B药剂的车辆采取遮盖措施，以减少道路运输扬尘的污染，运输C药剂时采用罐车进行运输，并加强检查，防止药剂泄漏污染环境。

3.2　噪声影响

施工期主要噪声源有泥浆泵、潜污泵、高压水枪、运输车辆等施工机械设备。据同类机械调查，这些施工机械的噪声强度可达85～100 dB（A），由此而产生的噪声对周围区域环境有一定的影响。根据《建筑施工场界噪声限值》（GB 12523—90），不同施工阶段作业噪声限值为：昼间70～85 dB（A），夜间55 dB（A）。另外，施工期需大量的土石方、原材料，往来运输车流量增加，交通噪声亦随之突然增加，特别是施工地区将对沿线环境产生一定影响。

在项目施工过程中，环境监理人员根据环评要求建设单位不得在晚间使用挖掘机等各类高噪声施工设备，施工单位严格按照环保局和监理单位的要求，在临近居民区河道施工时严格控制作业时间，施工噪声未对周边居民产生较大影响。

3.3　水环境影响

施工期产生的废水主要为施工人员产生的生活污水，鉴于项目施工期较短，且废水量不大，对水环境影响较小。施工期产生的生产性废水主要为沉淀池上清液，根据监测，该上清液可达到《污水综合排放标准》（GB 8978—1996）一级排放标准，且水质优于该河水水质，可排入处理段上游河段，重新用于水力疏浚底泥，不会对该河流及下游河道产生影响。

该工程施工单位生活区不在工地，在工地的都使用旱厕，基本无生活污水排放，故基本不考虑生活污水问题。施工期产生的生产性废水主要为沉淀池上清液，重新用于水力疏浚底泥，做到了废水重复利用。

3.4　固体废弃物影响

施工期间产生的固体废弃物主要为临时沉淀池产生的沉淀污泥，根据分析，该污泥可参照《一般工业固体废物贮存、处置场污染控制标准》（GB 18599—2001）第Ⅰ类一般工业固体废物处置要求送往一般固体废物填埋场填埋。施工人员施工期间产生生活垃圾，收集后及时运出与城市生活垃圾一并处理。

对于建筑过程中产生的建筑废弃物，环境监理人员要求施工单位在处理过程中需规范运输，不能随路撒落，不能随意倾倒和堆放建筑垃圾，施工结束后，施工单位需清运多余或废弃的建筑材料和建筑垃圾一并送填埋场处理，处理完毕后方可离场。

3.5　生态环境影响

项目所在地两侧主要为农田，临时沉淀池及临时道路施工将占用大量土地，本工程将进行相应的生态补偿，主要措施有占地的青苗补偿、两侧占地的土地使用功能的恢复等。因工期较短，且为分段施工，施工单位应在该河段施工完毕后，对该段所用沉淀池及时进行回填，并对临时道路进行松土，恢复占地使用功能。项目施工过程应尽量减少对周围植被的破坏，减少水土流失，降低对生态环境的破坏。经以上措施后，工程结束后两侧占用的土地基本上可逐步恢复原有功能。施工临时占地对土地利用和经济的不利影响是暂时的。

4 监理过程

4.1 监理工作开展情况

河道底泥无害化处置工程于2012年7月开工建设。环境监理人员进驻现场时间为2012年7月7日，此次监理共派相关监理人员3人，随时对项目施工过程中环保设施建设情况及“三同时”执行情况进行监理，将了解的情况定期报告业主，为业主决策提供依据。在业主方的大力支持下，环境监理工作顺利展开，通过监理工程师的辛勤工作，采取措施有效地减轻了施工期各类环境影响；认真落实环境影响报告及批复要求的各项污染控制措施；对污染防治设施的施工进度、质量、投资进行严格控制，基本实现了预期的环保目标。

1. 现场巡视、旁站

从2012年7月进场至工程建设完成，在整个施工过程中，环境监理工作人员认真履行监理合同，施工期间每天安排监理人员深入施工现场进行巡视，一方面了解工程进展情况，以便确定下阶段工程关注重点，另一方面将存在问题及时通知现场责任人员进行整改，同时向承包商下发监理通知单，并及时报知业主。

施工期间除正常巡视外，环境监理人员对河道底泥采样、沉淀池底泥采样、药剂投加、沉淀池底泥清挖装运等重要施工过程采取旁站的监理方式，全过程参与工程施工确保工程施工质量。

2. 组织参加监理例会

环境监理人员进场后及时召开首次环境监理工作例会，向施工单位明确了施工过程中需注意的相关环保事项。施工过程中按照业主单位的要求定期组织召开监理例会，对施工过程中出现的底泥处理处置、环境保护等相关环境保护问题提出具体要求。

3. 下发环境监理通知单

在项目监理过程中，共形成2份监理通知单，针对巡视中发现的环境问题提出相关建议和整改要求，并在后续监理过程中予以落实，施工单位均能够根据通知要求进行整改，有效地推动了监理工作的开展。

4.2 工程实施情况

4.2.1 0 +000 m—1 +500 m段河道施工情况

按照设计文件要求，本段河道施工需在河道内投加B药剂，采用高压水枪将河道底泥与药剂充分搅拌后用泥浆泵抽到沉淀池中，同时向沉淀池中投加C药剂。本段河道0 +000 m—0 +400 m段底泥中石块较多，施工难度较大，只采用高压水枪很难将底泥与B药剂搅拌均匀，在业主、设计单位、监理单位、施工单位协商后采用挖掘机辅助搅拌的方式分段向下推进，取得了较好的治理效果。

4.2.2 1 +500 m—6 +950 m段河道施工情况

根据设计文件，本段河道底泥无害化处理处置不再向沉淀池中投加C药剂。由于工程导流渠占地协调和工程施工实际情况，1 +290 m以下河段均采用800 mm导流管导流，在截流后向河道分层投加B药剂，采用高压水枪搅拌后用泥浆泵抽入沉淀池中沉淀。其中1+680 m—2+000 m段部分淤泥深度超过设计的深度（0.4 m），清理到0.4 m后的底泥经监测后重金属未达到合同要求，10月18日到10月22日根据检测报告对1+820—2+000段重新投加药剂对该段进行了返工处理。

4.2.3 河道底泥清运处理

河道底泥清运于4月21日开始，6月21日结束，采用汽车运输，平均运距约23 km，共清运32个沉淀池，清运底泥约3.8万 m^3。清运过程中环境监理人员全程进行监督检查，确保含重金属底泥全部运输至填埋场堆存，底泥清运后施工单位按照业主和监理单位的要求及时对沉淀池进行了覆土平整，保证了临时占用耕地不影响秋季作物种植。其中3号、6号、8号、14号、17号沉淀池由于不符合合同要求（采用硫酸硝酸法监测合格，醋酸法监测不合格，根据合同需进行进一步处理）进行单独存放。施工单位于6月15日对填埋场单独存放的不符合合同要求的底泥进行了重新处理处置。本次处置同时投加B药剂、C药剂，加药搅拌均匀后进行底泥固化，2周后抽样监测合格。

4.2.4 填埋场建设情况

本工程设计的填埋场位于××林场中的一处沟凹内，由某市水利勘测设计有限公司设计，设计总库容4.2万 m^3。在工程开工前环境监理人员与业主单位有关人员到现场进行了实地调查，场址汇水面较小，距居民区在500 m以上，设计的填埋场范围内没有珍惜野生动植物及文物保护单位。工程于2013年3月31日开工建设，挡渣坝采用M7.5浆砌石修建，最大坝高12 m，坝顶长48 m。运渣道路利用原有便道进行加宽平整后使用。填埋场开挖土方约2万 m^3，全部用于底泥堆放后回填，填埋场共填埋河道底泥约3.8万 m^3，底泥填埋完成后覆土80 cm，在填埋场上游和靠近山体侧修建有混凝土截排水沟。坝后设置有渗水检查井2眼，井深3 m，检查井底部与填埋场底部水平。填埋场覆土后栽植了速生法桐1 830株，种植间距为1 m×1.5 m，绿化面积约6 000 m^2。

4.2.5 生态恢复情况

施工单位严格按照环评和业主单位的要求对施工结束后的导流渠、沉淀池进行了及时恢复。工程施工占用土地属于耕地的施工结束后进行了覆土复耕处理，属于林地的施工结束后进行了覆土绿化。

5 结论

河道底泥无害化处置工程于2012年7月开工建设，工程环境监理部门同时进入施工现场全面开展工程环境监理工作，确保施工期环境质量能够满足相应管理要求，河道底泥无害化处置达到设计要求。

项目在施工过程中，业主单位环保局严格要求，定期检查。环境监理、工程监理认真履行职责，按照设计文件和业主要求严格监督施工单位规范作业。施工单位能够认真执行环境保护相关法律法规和环评及批复有关要求，环境监理人员在该项目建设过程中采取了有力措施，认真负责协助业主履行环保职责，实现了该项目建设的环保目标，使该项目实现经济效益、社会效益、环境效益的三统一。

根据项目环境影响评价报告及批复要求和环境监理人员现场监理情况，河道底泥无害化处置工程能够加强施工期的环境管理，控制施工阶段的环境污染和生态破坏，严格按照设计要求处置河道底泥，达到环评及批复的有关要求，实现了预期的环境治理效果。

案例4照片附后，见附图。

案例点评

环境监理是监理单位利用自身环境保护方面的业务技能优势，引导和帮助建设单位有效地落实环评报告及其批复文件提出的各项环保要求，强化项目施工过程中的环境、生态保护及恢复措施，强化项目建设环境管理，确保环境污染防治设施建设实现"三同时"，对建设项目起到重要的作用。本项目属于重金属对河道环境污染治理类项目，没有试运行等阶段，具有典型性和代表性。从项目环境监理总结报告中看出环境监理方在实施环境监理工作过程中，针对发现的问题积极与施工单位、业主方、设计单位等进行沟通，共同为项目的顺利、达标完成做了大量工作。本项目案例可为今后同类项目的环境监理总结提供一定的参考。

该监理总结在重金属污染河道底泥的无害化加药处理的质量控制方面叙述较少，没有充足的监测数据及质量控制措施，仅用一张照片说明对不合格项的处理，说服力不强。

思考题

1. 河道重金属污染治理有什么特点？与水利疏浚工程有何异同？
2. 如何对河道重金属污染治理工程进行质量控制？都需要采取哪些工程措施？
3. 监理过程照片有何作用？环境监理人员应该如何拍照？
4. 监理总结报告要不要对环境监测成果进行描述？如何描述？

案例5　铬渣无害化处理处置项目环境监理总结（节选）

1　总则

1.1　项目背景

1.2　环境监理的依据（略）

1.3　环境监理目标、监理工作内容

1.3.1　监理目标

根据《某市历史遗留铬渣综合治理项目环境监理合同》的要求，实施铬渣处置项目的质量、进度及费用三大控制。按照国家《铬渣污染治理环境保护技术规范》HJ/T301—2007标准及国家、省相关规定对铬渣解毒处置过程监控和中间交工验收直至省政府组织竣工验收。

在具体实施环境监理中严格工程设计变更和工程索赔管理等各项内容，达到铬渣处置计量准确，监测数据真实可靠，进行逐季度清算、力争不超概算。

与此同时，在达标监理方面还要对铬渣处置过程中的水、气、声、固废、铬污染等方面进行监管和控制，防止产生二次污染事故和安全生产事故，确保2012年11月30日前某市历史遗留铬渣26万t全部无害化处理目标任务完成。

1.3.2　监理工作内容

以合同规定工作内容为主，并在业主授权的范围内对项目处理准备期和运营期进行环境监督管理，协调参与工程各方落实环保措施。监理工作内容如下：

（1）对项目工程全过程中的环境保护措施，以及落实配套的污染治理设施的“三同时”工作执行情况进行技术监督。

（2）对铬渣处理厂中的铬渣解毒车间、解毒后铬渣暂存堆放场等敏感设施的防腐防渗运营情况进行监督。

（3）对铬渣解毒处理情况和填埋达标情况等进行全面监理，严格执行《规范》标准，实现安全运输和安全填埋。

（4）对厂区的安全和文明生产运营进行监督管理。

（5）监督工程承包商认真履行工程承包合同，对铬渣的解毒质量委托有资质的第三方检测单位进行抽查监控。

（6）核查本项目各类污染治理设施的资金落实情况。

（7）定期与环境监测机构沟通，及时掌握监测结果，协调承包单位与业主及有关部门的关系。

（8）定期向业主及省、市环保行政主管部门提交工程阶段环境监理报告，便于各级环保行政主管部门及时进行监督管理。

同时根据环评要求的地理范围对项目铬渣堆存区、装卸区、运输道路、处置区、填埋区及项目环境影响范围内大气、水、噪声等环保敏感因素进行监理。

1.4　监理范围（略）

1.5　监理工作原则

（1）“严格监理、热情服务、一丝不苟、秉公办事”的原则。

（2）恪守职业道德准则，“干一项目工程、树一方信誉、交一批朋友”的原则。

（3）“到位不越权、帮忙不添乱”的原则。

（4）“亲历、时效、优质”的原则。

以科学严谨的方法，公正公平的态度，信誉第一的口号为宗旨，做好“第三方”的监理工作。不在同一项目中既做监理又做承包人的商业咨询，不接受承包人的任何回扣、提成或其他间接报酬；不泄露工程和业主的秘密，忠实履行职责，对业主负责；当其认为正确的判断和建议被业主否决时，应向业主说明可能产生的后果；当认为业主的意见或判断不可能成功时，应向业主提出劝告；当证明环境监理的判断是错误时，要及时更正错误；当环境监理工作涉及业主和承包人双方合法权益时，按照合同规定，在授权范围内实事求是地进行处理。

1.6 本项目特点

某市历史遗留铬渣自20世纪70年代开始堆存，堆存点有2处。一是梁沟铬渣场堆存场，占地约40亩，位于某市姚仁公路以西、竹园沟村与梁沟交界处。二是原振兴化工厂厂内铬渣堆存场，占地约18亩，为临时堆放场。两个铬渣场虽然均已采取“四防”环保措施，但都不是铬渣的最终处置。

由于历史的原因，铬渣的底数不清（根据实际统计处理量44.992万t）。某市环保局通过招标选定2家湿法处理单位，加之原有干法处理处置单位环保电厂，项目参建单位共有三家处置企业，与其地区铬渣处理处置情况相比，工艺复杂，环境监理包括土建施工、处置运营、计量支付工作，完全由一家环境监理单位承担，这成为本项目环境监理的一大难点。

项目铬渣堆存相对分散，分别在梁沟标段和振兴化工厂标段均有存放，为减小运输过程对周边环境的影响，湿法处置场分别建在梁沟暂存场（一标）和振兴化工厂（二标）内，环保电厂铬渣由振兴化工厂配给。处置场所相对分散，环境监理战线长是本项目环境监理的又一大难点。

2011年10月9日中国新闻网以“某20万t铬渣未完成处置，地下水受污染”为题报道了某铬渣处置情况及存在问题，多家媒体进行了转载，项目媒体关注度高。周边群众环保意识强，省市各级领导和环保主管部门高度重视，对处置质量、进度和安全生产要求高。

1.7 敏感点及环境监理执行标准

1.7.1 项目敏感点

1. 梁沟标段

梁沟铬渣场环境敏感目标分布情况见表3－18－36。

表3－18－36 梁沟铬渣场环境敏感目标分布情况

保护目标	方位	最近距离	规模	敏感性描述	保护级别
朱元沟	W	600 m	200人	大气环境	《环境空气质量标准》（GB 3095—1996）二级标准
韩沟	E	600 m	150人		

2. 化工厂标段

二标铬渣环境敏感目标分布情况见表3－18－37。

表3－18－37 二标铬渣场环境敏感目标分布情况

保护目标	方位	距离	规模	敏感性描述	保护级别
交警队	EN	500 m	200人	大气环境	《环境空气质量标准》（GB 3095—1996）二级标准
涧河	S	1 000 m	/	水环境	《地表水环境质量标准》（GB 3838—2002）中的Ⅲ类标准

3. 环保电厂

环境电厂环境敏感目标分布情况见表3－18－38。

表3－18－38 环保电厂环境敏感目标分布情况

环境要素	保护对象	相对方位	距离	人口	目标功能
环境空气	某市区	W	4 km	60 000 人	城镇居民区
	常村镇	S	1.5 km	17 000 人	城镇居民区
	新某村	N	0.2 km	4 700 人	距厂址最近村庄
	常村初中	NE	1.0 km	15 个班级，师生 1 300 人	学校
	某矿务局	E	1 km	3 000 人	
	鸿庆石窟	S	2 km		纳污水体
地表水	涧河	S	2 km		纳污水体
地下水	渣场周围		1 km		
声环境	新某村	N	0.2 km		厂址最近村庄

1.7.2 监理执行标准

1. 质量标准

《环境空气质量标准》（GB 3095—1996）中的二级标准

《地表水环境质量标准》（GB 3838—2002）中的Ⅲ类标准

《声环境质量标准》（GB 3096—2008）

2. 污染物排放标准

（1）湿法处置企业

1）废气：物料堆场产生的无组织排放扬尘和酸化工序的硫酸雾执行《大气污染物综合排放标准》（GB 16297—1996）表2无组织排放监控浓度限值标准；《公共场所有害因素职业接触限值》（GBZ 2—2002）。

2）噪声：施工期间噪声执行《建筑施工场界噪声限值》（GB 12523—90）中标准；运营期间，一车间执行《工业企业厂界环境噪声排放标准》（GB 12348—2008）2类标准，二车间执行该标准中3类标准。

3）工业固体废物控制标准：铬渣解毒后执行《铬渣污染治理环境保护技术规范（暂行）》（HJ/T 301—2007）；原铬渣在贮存时执行《危险废物贮存污染控制标准》（GB 18596—2001）要求。

4）铬渣解毒工艺过程中粉尘排放应满足《工业场所有害因素职业接触限值》（GBZ 2—2002）的要求。

（2）干法处置企业

根据环评文件环境敏感目标所列出具体的环境质量标准、污染物排放标准、监测因子要求的具体数值，污染物排放标准见表3－18－39。

表 3－18－39　污染物排放标准一览表

<table>
<tr><td>污染类别</td><td>标准名称及级（类）别</td><td colspan="2">污染因子</td><td colspan="2">标准值</td></tr>
<tr><td rowspan="7">废气</td><td rowspan="3">本次工程执行《火电厂大气污染物排放标准》（GB 13223—2003）第 3 时段标准</td><td colspan="2">烟尘</td><td colspan="2">50 mg/m³</td></tr>
<tr><td colspan="2">SO_2</td><td colspan="2">400 mg/m³</td></tr>
<tr><td colspan="2">NO_x</td><td colspan="2">1 100 mg/m³</td></tr>
<tr><td rowspan="4">《铬渣污染治理环境保护技术规范（暂行）》（HJ/T 301—2007）（监理建议执行）</td><td colspan="2">烟气黑度</td><td colspan="2">1</td></tr>
<tr><td colspan="2">SO_2</td><td colspan="2">200</td></tr>
<tr><td colspan="2">CO</td><td colspan="2">80</td></tr>
<tr><td colspan="2">铬及其化合物</td><td colspan="2">4. 0</td></tr>
<tr><td rowspan="7">污水</td><td rowspan="7">《污水综合排放标准》（GB 8978—1996）一级</td><td colspan="2">pH</td><td colspan="2">6～9</td></tr>
<tr><td colspan="2">COD</td><td colspan="2">100 mg/L</td></tr>
<tr><td colspan="2">SS</td><td colspan="2">70 mg/L</td></tr>
<tr><td colspan="2">氟化物</td><td colspan="2">10 mg/L</td></tr>
<tr><td colspan="2">石油类</td><td colspan="2">5 mg/L</td></tr>
<tr><td colspan="2">总铬</td><td colspan="2">1. 5 mg/L</td></tr>
<tr><td colspan="2">排水量</td><td colspan="2">3. 5/（MW・h）</td></tr>
<tr><td rowspan="2">噪声</td><td rowspan="2">《工业企业厂界噪声标准》（GB 12348—90）Ⅲ类</td><td colspan="2" rowspan="2">噪声［dB（A）］</td><td>昼间</td><td>65</td></tr>
<tr><td>夜间</td><td>55</td></tr>
<tr><td>固体废物</td><td colspan="5">《一般工业固体废物贮存、处置污染控制标准》（GB 18599—2001）《危险废物贮存污染控制标准》（GB 18597—2001）</td></tr>
</table>

由于干法处置企业环保电力的建设时间较早，废气排放标准有更新，本次监理按原有环评执行标准为依据，同时比对新标准要求。

2　建设项目概况

2.1　项目建设概况

2.1.1　梁沟标段概况（以下简称“一标”）

生产规模：800 t/d（其中 500 t/d 生产线一条，300 t/d 线一条），截至 2012 年 11 月 30 日一标共处置铬渣 24. 018 万 t。建设内容见表 3－18－40。

表 3－18－40　一标经济技术指标一览表

序号	名称	单位	数量	备注
一	梁沟渣场一车间			
1	厂区占地面积	m²	13 410	
2	建构筑物占地面积	m²	2 182. 5	

续表

序号	名称		单位	数量	备注
3	建筑系数		%	16.2	
4	厂区道路和广场		m^2	2 904.7	C25 砼厚 20 cm，水泥稳定碎石 20 cm
5	围墙		m	638	高度 2.5 m
6	土石方	挖方	m^3	68 242	
7		填方	m^3	14 400	
	厂区绿化工程面积		m^2	402.3	
8	绿化率		%	3	
9	金属大门		座	1	宽度为 10 m

梁沟铬渣解毒处理厂主要建筑物、主要设备分别见表 3－18－41、表 3－18－42。

表 3－18－41　梁沟铬渣解毒处理厂主要建筑物一览表

编号	名称	尺寸	建筑面积（m^2）	结构类型
一	解毒处理处置厂工程			
1	办公室	31.25 m×6 m，一层	187.5	框架结构
2	湿法解毒车间	54 m×24 m	1 296	轻钢结构
3	铬渣暂存车间	36 m×9 m	324	轻钢结构
4	污水循环水池		1 300 m^3	钢混结构
5	清水池	12 m×15 m	180	钢混结构

表 3－18－42　梁沟铬渣解毒处理厂主要设备一览表

序号	设备名称及规格	单位	数量	备注
1	给料机	台	1	
2	密闭皮带输送机 DT75 型，B1200，L～180000	台	1	
3	振动筛分机 5DZSF1020	台	1	
4	筛下物皮带机 B1000，L～9000	台	1	
5	湿式球磨机 GZM1865　$N=130$ kW	台	1	
6	螺旋计量输送机 ¢400，L＝7500	台	1	
7	酸浸/还原搅拌槽，$V=50$，¢3 500×5 000	台	4	碳钢衬玻璃钢
8	中和槽，$V=50$，¢3 500×5 000	台	5	碳钢衬玻璃钢
9	板框压滤机，XMZ－100，$N=5$ kW	台	1	
10	浓硫酸地下储槽 50 m^3	台	2	

续表

序号	设备名称及规格	单位	数量	备注
11	硫酸计量泵 $N=2.2$ kW	台	3	两用一备
12	硫酸计量输送泵 $N=2.2$ kW	台	3	两用一备
13	硫酸配置罐 20 m^3	台	1	内防腐
14	硫酸铁配置罐 20 m^3	台	1	内防腐
15	硫酸铁计量泵 $N=2.2$ kW	台	1	
16	硫酸铁螺旋输送机 ¢219，L=5 000	台	1	
17	石灰乳配置罐 20 m^3	台	1	
18	石灰乳螺旋输送机 ¢219，L=5 000	台	1	
19	洗涤塔 F=10 m^2	座	1	
20	装载机	台	3	

2.1.2 振兴化工厂标段（以下简称“二标”）概况

生产规模：300 t/d 线一条，截至2012年11月30日二标铬渣处置量为9.206 3万t，其建设内容见表3－18－43、表3－18－44、表3－18－45。

3－18－43 主要技术经济指标

序号	名称		单位	数量	备注
1	厂区占地面积		m^2	11 050	
2	建构筑物占地面积		m^2	1 534.5	
3	建筑系数		%	14	
4	厂区道路和广场		m^2	1 132.5	C25砼厚20 cm，水泥稳定碎石20 cm
5	土石方	挖方	m^3	1 603	
		填方	m^3	1 203	
6	厂区绿化工程面积		m^2	330	
7	绿化率		%	3	
8	金属大门		座	1	宽度为10 m

表3－18－44 振兴化工厂铬渣解毒处理处置厂主要建筑物一览表

编号	名称	尺寸	建筑面积（m^2）	结构类型
一	解毒处理处置厂工程			
1	办公室	31.25 m×6 m，一层	187.5	框架结构
2	湿法解毒车间	42 m×18 m	756	轻钢结构
3	铬渣暂存车间	36 m×6 m	216	轻钢结构

续表

编号	名称	尺寸	建筑面积（m^2）	结构类型
4	污水循环水池		800 m^3	钢混结构
5	清水池	12 m×15 m	180	钢混结构

表3－18－45　振兴化工厂铬渣解毒处理处置厂主要设备一览表

序号	设备名称及规格	单位	数量	备注
1	给料机	台	1	
2	密闭皮带输送机 DT75 型，B1200，L～180000	台	1	
3	振动筛分机 5DZSF1020	台	1	
4	筛下物皮带机 B1000，L～9000	台	1	
5	湿式球磨机 GZM1865　N＝130 kW	台	1	
6	螺旋计量输送机 ¢400，L＝7 500	台	1	
7	酸浸/还原搅拌槽，V＝60，¢4 000×5 000	台	2	碳钢衬玻璃钢
8	中和槽，V＝60，¢4 000×5 000	台	2	碳钢衬玻璃钢
9	板框压滤机，XMZ－100，N＝5 kW	台	1	
10	浓硫酸地下储槽 50 m^3	台	1	
11	硫酸计量泵 N＝2. 2 kW	台	2	
12	硫酸计量输送泵 N＝2. 2 kW	台	2	
13	硫酸配置罐 20 m^3	台	1	内防腐
14	硫酸铁配置罐 20 m^3	台	1	内防腐
15	硫酸铁计量泵 N＝2. 2 kW	台	1	
16	硫酸铁螺旋输送机 ¢219，L＝5 000	台	1	
17	石灰乳配置罐 20 m^3	台	1	
18	石灰乳螺旋输送机 ¢219，L＝5 000	台	1	
19	洗涤塔 F＝10 m^2	座	1	
20	装载机	台	2	

2. 1. 3　环保电厂标段（以下简称“三标”）概况

项目设计干法铬渣处理能力 300 t/d，截至 2012 年 11 月 30 日三标铬渣处置量为 11. 767 7 万 t（其中 2011 年 10 月以前处置量为 5. 169 6 万 t），工程情况见表 3－18－46、表 3－18－47。

表 3－18－46　工程项目组成及设计变化情况一览表

工程类别	内容	项目内容	
		可研设计	初步设计
主体工程	锅炉	4 台 260 t/h 高压立式旋风炉	同可研设计
	汽轮机	2×155MW 高压冷凝式汽轮机	同可研设计
	发电机	2 台 155MW 空冷汽轮发电机	同可研设计
公用工程	道路	沿 310 国道运输，修建进厂道路	铬渣沿外环路运输，煤及水淬渣利用某煤矿区专用道路进出厂
	煤储运系统	露天堆存，储存量 3.26×10^4 t，当地煤气运进厂	露天及干煤棚堆存，储存量 6.2×10^4 t，当地煤气运进厂
	铬渣储运系统	在煤场内设置单独的混凝土防渗储放坑，汽运进厂	专用铬渣棚堆存，储存量 1.2 t，汽运进厂
	供补水系统	由槐扒工程取用黄河水，厂内建高压泵房、锅炉补充系统	采用某矿务局矿井水作为水源，由某市矿务局水厂处理达到工业及生活用水标准，管道输送进厂，厂内设化学水处理车间
	接入系统	厂内配电装置出线 2 回 220 kV 线路至交电所	同科研设计
环保设施	除尘	每炉配一台双室四电场静电除尘器，设计效率为 99.5%	一级采用四电场电除尘器，脱硫后二级采用袋式除尘器除尘，综合除尘效率为 99.9%
	脱硫	飞灰重熔炉内脱硫，效率为 85%	飞灰重熔炉内脱硫及炉外半干法 NID 烟气脱硫，综合脱硫效率为 90%
	水处理	工业废水及生活水处理系统	同科研设计

工程设计主要经济技术指标见表 3－18－47，厂区技术经济指标见表 3－18－47。

表 2.1－8　工程设计主要经济技术指标一览表

序号	项目	数值
1	工程总投资（万元）	122 542
2	总占地面积（hm^2）	19.10
3	发电功率（MW）	310
4	年利用小时（h）	5 500
5	年发电量（kW·h）	15.4×108kW·h
6	发电热耗率（kJ/kW·h）	9 890

续表

序号	项目	数值
7	发电标准煤耗率（kg/kW·h）	0.36
8	厂用电率（%）	6.506
9	全厂热效率（%）	42.0
10	劳动定员（人）	288

厂区技术经济指标见表3-18-48。

表3-18-48　厂区技术经济指标一览表

序号	项目		单位	数量
1	厂区围墙内占地面积		hm^2	19.10
2	单位容量占地面积		m^2/kW	0.616
3	厂区建构筑物占地面积		hm^2	57 401.49
4	建筑系数		%	33.40
5	场地利用面积		m^2	120 908.30
6	场地利用系数		%	70.30
7	厂区围墙长度		m	2 082
8	厂区道路及广场面积		m^2	25 677
9	厂区土石方工程量	填方	m^3	260 940.00
		挖方	m^3	257 765.80
10	厂区绿化系数		%	15

本次工程的主要设备及环保设施详见表3-18-49。

表3-18-49　工程主要设备及环保设施一览表

设备名称	规格型号	单位	数量	主要技术参数
锅炉	高压立式旋风锅炉	台	4	260 t/h
汽轮机	高压冷凝式汽轮机	台	2	155MW
发电机	QF-100-Ⅱ空冷汽轮发电机	台	2	155MW
烟气除尘	双室四电场电气除尘器及袋式除尘器	台	4	综合除尘效率99.9%
脱硫	飞灰重熔炉内脱硫及炉外NID半干法烟气脱硫	套	4	综合脱硫效率90%
烟囱	钢筋混凝土单管烟囱	座	1	180 m，ϕ6.4 m
冷却水	带冷却塔的二次循环供水系统	座	1	6 500 m^2
排水处理方式	新建污水处理设施处理后回收复用，多余排放			
灰渣处理方式	气力除灰，采用飞灰重熔技术，最终只排放水淬渣，汽车运出全部综合利用，设事故渣场			

2.1.4 填埋场概况

填埋场位于市区东南的北露天矿，距环保电力厂址约 0.5 km，露天煤矿已开采数年，现已关闭形成长 2.1 km，宽 500 m，深 50 m 的深坑，目前，在坑内靠北侧修筑了一座高 4 m 左右长 1 800 m 的土坝，将坝北侧已开采尽的深坑用作堆放开采中的废渣。目前所形成的 6 090 万 m^3 的容积，可供 2 ×155MW 容量的电厂贮渣 100 a 以上。

1. 防渗

本次渣场选择北露天矿坑作为水淬渣场，距离居民区、自然保护区和风景名胜区、特别保护区域均较远，选址基本可行。水淬渣场按照《一般固体废物贮存、处置场污染控制标准》的要求进行设计，在底部采用 300 ~ 500 mm 的黏土层进行防渗处理。在渣场的最低位置设置有一座集水池，收集场内的淋出液，防止污染地下水，运行中要求定期检查淋出液的收集和处理设施，发现问题进行及时的处理，确保废水实现达标排放。

2. 筑坝、防洪

筑坝采用土坝，筑坝用土可就地取土。为了减少汛期降水量较大时可能给渣场带来的防洪压力，在渣场四周和汇流方向的上方设置截洪沟，将场外雨水排至场外。为了确保坝体的安全，在坝体外侧的坡脚处设置排水沟，将坝下积水排离。定期检查和维护坝体、导流设施，发现损坏及时维修。目前坝体外侧坡脚排水沟不明显已损坏。

3. 环境监测

渣场在运行过程中应设置监测点，主要监测地下水，监测因子主要为：pH，高锰酸盐指数、总硬度、溶解性总固体、C_r^{6+}、F^- 等。

监测点的布设及监测计划：在渣场的周边应设置地下水监控井，在地下水流向上游设置对照井，下游设置污染监控井，在最可能出现扩散污染的渣场周边设置污染扩散监控井。每季 1 次，每次 2 d，定期监测地下水质。如发现防渗功能下降，应及时采取必要措施。目前和渣场紧临的城市生活垃圾填埋场环评时设置有监测井和基础数据。

2.2 项目中间变更情况

1. 一标中间变更情况

根据业主单位要求，一标在原有 500 t/d 生产线的基础上，于 2012 年 2 月一标新增一条 300 t/d 的生产线。

2. 二标中间变更情况

按照业主要求在原有生产规模、工艺不变的前提下新增球磨机一台。

3. 三标中间变更情况

三标生产过程中中间停产检修 4 次，共计 97 d。

4. 填埋场中间变更情况

项目填埋场为原有环保电力渣场，原有防渗采用“一布一膜”，为进一步做好填埋场防渗效果，处置后铬渣填埋前又增加一层 1.5 mmHDPE 高密度聚乙烯膜。

2.3 参建及运营单位名称、主要人员、时段、运营资质情况（略）

2.4 环境监理现场发现的问题及处理情况

通过 15 个月的现场监理环境监理方发现并处置以下突出问题：

1. 发现问题

（1）二标工地化验室检测方法、仪器设备不符合要求，未配置 pH 监测设备、振荡器、原子吸收。

（2）二标事故池未按环评要求尺寸建设，水池偏小；硫酸罐围堰不符合要求。

（3）处置运营场所周边环境未按照河南省关于进一步加强铬渣治理监测工作通知要求开展。

（4）处置前铬渣与处置后暂存熟化期的铬渣堆存方式可能造成扬尘二次污染。

（5）见证取样部位与取样频次不能满足河南省关于进一步加强铬渣治理监测工作通知要求。

（6）硫酸装卸安全生产与文明施工存在隐患。

2. 问题处置情况

项目监理部向运营单位下发了《环境监理工程师通知单》，指出问题现象、提出整改意见，运营单位对提出的问题通过核查找出原因、采取有效措施进行整改，并在规定的时间内向监理单位上报《环境监理工程师通知回复单》。

3　建设项目处置场所状况（略）

4　施工期与运营期项目环境管理质量保证体系

4.1　业主单位、承建单位管理体系、环境监理单位管理体系

业主单位环境管理体系如图 3－18－3 所示。

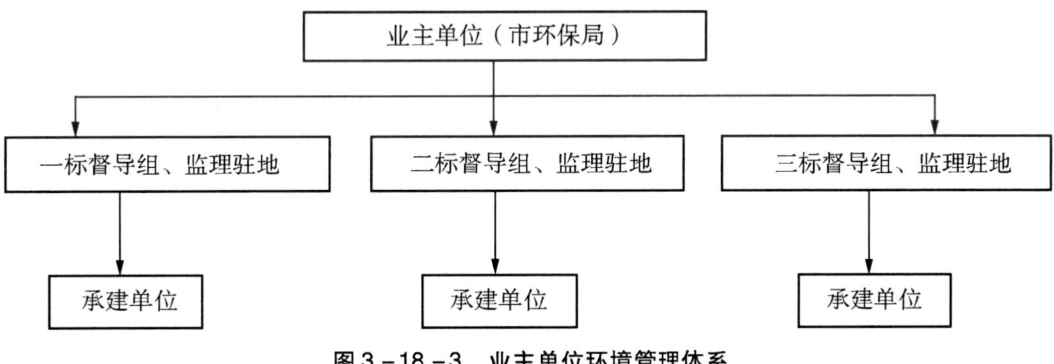

图 3－18－3　业主单位环境管理体系

处理单位环境质量管理体系如图 3－18－4 所示。

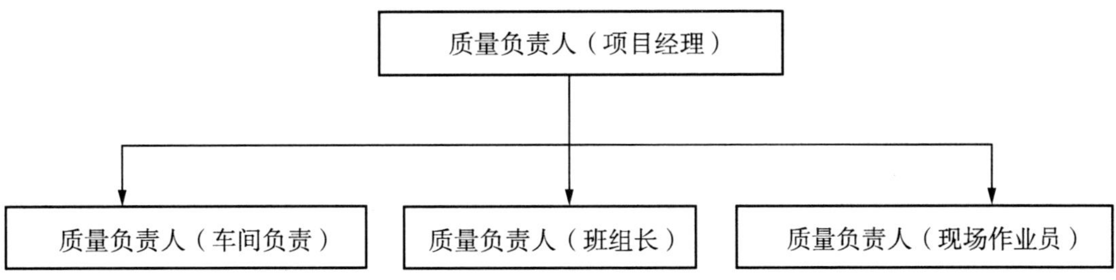

图 3－18－4　处理单位环境质量管理体系

监理单位环境质量管理体系如图 3－18－5 所示。

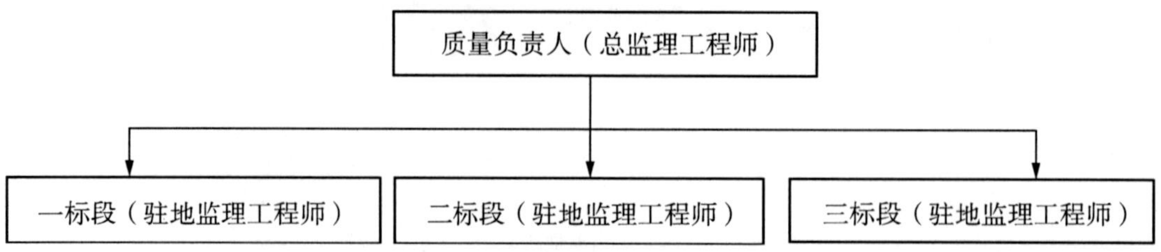

图 3－18－5　监理单位环境质量管理体系

监理机构及人员配备如图 3－18－6 所示。

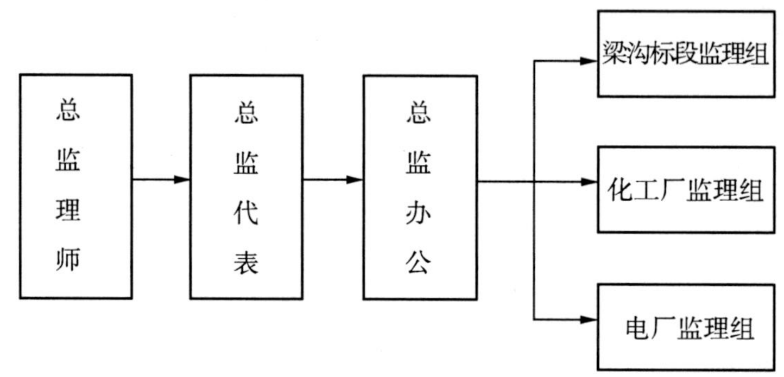

图 3－18－6　监理机构及人员配备

4.2　环境管理体系的运行及效果

在某市政府的领导下，确定 8 名副县级干部专项负责某市历史遗留铬渣综合治理工程。某市政府、市环保部门分别共派出 12 名科级干部进驻企业，对 3 个处置单位的工作进行全过程驻场督导，随时协调解决处置问题。按照业主单位的要求，环境监理方实行铬渣处置工作日报制度，将处置任务分解到月到天，具体到每条生产线；实时向省、市环境主管部门报送处置信息和进度；全程做好铬渣处置工作环境监管。本工程建立了承包商自我监测、监理第三方监测、政府环保主管部门监督性监测三级监测的监督机制，监理方采取了统一标准、统一分析方法、统一见证取样送样、人员密码样考核、试验室间对比、检测人员培训等措施，确保铬渣解毒处理处置质量。各标段密切配合，同时对处置、熟化场地周边环境进行严密监测和防控，杜绝处置过程发生二次污染。根据监测结果，解毒后的废渣均满足处置标准。安全处置解毒后的废渣，全部运送至北露天填埋场进行最终处置。某市历史遗留铬渣已按时保质保量完成了省、市最后竣工验收。

5　环境监理合同的履行

5.1　环境监理规划（方案）的落实

根据项目监理规划，针对项目准备期、施工期和运营期，从达标监理、质量控制、进度控制、资金控制、安全与文明生产管理、信息管理和合同管理等方面提出监理要求，实际工作中主要落实情况对照见表 3－18－50。

表3－18－50　项目环境监理规划落实情况

项目		方案要求	落实情况
1. 准备期	文件研究	可研、环评及批复研读	已落实
	承包商资质审查	项目招投标、承包合同研读	已落实
	施工资料审核	铬渣处置单位工程开工环保报审表审批	已落实
2. 施工期	达标监理	施工期主要污控措施落实	已落实
	进度控制	铬渣处置事件节点计划制订	已落实
	质量控制	事前、事中、事后控制	已落实
3. 运营期	达标监理	制订监测计划	已落实
	质量控制	自检、他检、监理加密抽检，杜绝不合格产品拉送	已落实
	进度控制	确保质量前提下，采用动态、主动控制	已落实
	资金控制	明确价款支付原则，定期审核工程进度款支付	已落实
	安全与明文生产管理	杜绝“三违”，标语标牌，现场文明作业监管	已落实
	信息管理	制定信息资料管理制度，计算机信息数据收集	已落实
	合同管理	区分双方责任，减少变更，避免索赔	已落实

5.2　项目运营过程中的环境监理人员变更情况

监理公司对环境监理机构项目部主要及组成人员下发红头文件，进驻场时间及工作变动及时征得业主同意。

5.3　各级领导对项目环境监理具体指示要求完成情况（略）

6　环境监理实施

环境监理项目部设置1个总监办和3个驻地监理办，项目部人员配置9人，其中高工1人、工程师2人、助工6人，汽车2部，租用宿舍5间，电脑6台，GPS、红外测距仪各1部，其他设备若干。在此期间，监理单位常驻工地5人，最多同时达9人，做到了项目工地环境监理人员日日有人在场 。监理期间参加了国务院办公厅督察室检查省历史遗留铬渣处理处置汇报会、环保部督导某历史遗留铬渣治理工作汇报会、某市政府组织铬渣处置专题工作会共计6次，填写监理日志42本，编制《监理月报》12期，组织监理工地例会12次，审批资金申请64份，送检样品221个，发出工程师通知函10份，处置公众参与实践1次，业务培训3期。对项目建设进度、工程质量、资金拨付进行了全方位控制，确保铬渣处置工作保质保量，按时如期完工。某市铬渣处置工作领导小组办公室印发的61期《工作简报》，其中有12期对环境监理工作进行了肯定。

6.1　环境监理对施工期目标的控制

根据业主单位和项目环境影响评价文件对施工期的具体要求，监理单位针对一标、二标施工期开展了工程进度、工程质量、进度款支付、施工期环保措施等方面的监理见表3－18－51。

表3－18－51　环境监理对施工期目标的控制情况一览表

编号	目标要求	监理目标控制工作内容	达到效果
1	施工进度	按任务分解目标，逐月考核讲评	缩短工期
2	工程质量	严格执行铬渣解毒质量监测结果评判标准	明确审核内容
3	工程款支付	按合同的约定，原料及水分测定结果审核	减少纠纷与索赔
4	施工期环保措施	对施工扬尘、噪声及环评批复必建环保设施监理	建设生产及营地未发生扰民投诉

6.2　环境监理对开挖现场及开挖方案的控制

本工程在铬渣挖掘、大块物料破碎时采取喷淋保湿措施，使得铬渣含水率在9%～15%，并在开挖的工作面、作业场所的上方设置防风防雨设施。本项目铬渣采用密闭皮带输送，可以降低转运过程中的扬尘影响，大块物料破碎时拟采用喷淋和水雾的方式抑尘，可有效降低无组织粉尘的产生。对于铬渣在挖掘过程监理要求如下：

（1）根据铬渣挖掘后续工作的进度来确定铬渣的挖掘进度和挖掘量，禁止多点任意挖掘。

（2）挖掘过程中出现硬化的地面、紧密土壤层、岩层与铬渣形成巨大外观反差等情况时可判断为污染场地，不再作为铬渣继续挖掘。

（3）挖掘时尽量在渣场内对铬渣进行筛分、磨碎等预处理，筛分出的物质应堆放在渣场内。

（4）在以下情况停止挖掘作业并采取适当防护措施：

1）恶劣天气情况，如四级风以上，降水（雨、雪、雾）等气候条件。

2）现场积存大量渗滤液或雨水。

3）可导致污染扩大的其他情况。

（5）每天的挖掘作业结束时清扫现场，保持整洁。

（6）对挖掘作业的挖掘时间、挖掘量或车次、场地特殊情况、天气情况、安全记录等进行详细记录，见表4－20－21。

例如：针对二标开挖点多、未配置洒水设备、开挖现场的污染防治措施不到位等现象，及时发出环境整改通知单，承建单位认真执行环境监理通知，落实了环评中提出的各项开挖环保措施，制止了乱挖现象，将环境影响降至最低，见表3－18－52。

表3－18－52　环境监理对开挖现场及开挖方案的控制情况一览表

编号	目标要求	监理目标工作内容	控制效果
1	开挖方式	从南向北有序开挖，沟机、铲车开挖	制订方案
2	污防措施	开挖过程洒水，雨天彩条布覆盖	有效防止扬尘二次污染

6.3　环境监理对处置场所的控制

在建设铬渣解毒车间、铬渣暂存场、铬渣填埋场建设过程中，地面需要做防腐防渗防雨处理，所有场所的建设应满足设计要求，在运营期间监理机构对这两个场地的使用情况、铬渣堆放场的渗滤液回收情况、底部防腐防渗和顶部防雨情况，不间断地进行检查，发现问题及时处理，见表3－18－53。

主要包括：进场铬渣是否满足规范要求；渗滤液排水、酸雾、粉尘及收集系统是否安全正常运行；绿化隔离带的保护；每日覆盖是否及时；进出口道路通畅情况；是否有醒目的标志牌和交通路线引导牌；对管理人员专业培训状况。

表3－18－53　环境监理对处置场所的控制情况一览表

编号	目标要求	监理控制目标工作内容	控制效果
1	三防措施	硬化，喷淋，彩条布覆盖	一标场地硬化6 080 m^2，道路118 m，配置喷淋设备，彩条布19 500 m^2；二标场地硬化4 000 m^2，道路12 m，配置喷淋设备，彩条布8 500 m^2
2	标示标牌	安全生产标语、环保标语、规章制度	一标设置标牌20块，二标设置标牌20块，三标设置标牌31块
3	场地管理人员培训	安全生产与文明施工法规培训、环保法规培训	举办培训3期
4	场地日常清洁	产地清洁，无铬渣乱放	逐日清扫

6.4　环境监理对工地化验室的控制

根据上级环保部门关于进一步加强铬渣治理监测工作的通知，要求每个标段建立自检机制，设置化验室。监理单位对每个标段化验室化验能力进行核查，适时组织执行规范标准的培训，组织实验室间和检测人员的技术考核和比武，见表3－18－54、表3－18－55。

表3－18－54　环境监理对工地化验室的控制情况一览表

编号	目标要求	监理目标控制工作内容	控制效果
1	能力建设	三个标段都建设有实验室，配置振荡器、原子吸收器等设备	具备监测能力
2	业务培训	处置单位内部培训，监理单位培训2次	提高了人员业务能力和技术能力
3	业务比武	各实验室进行盲样和标准样的比对测试，对实验结果进行分析	提高检测人员业务能力

3 –18 –55　三个标段实验室技术人员盲样比对结果统计表

监测单位	样品编号	六价铬（mg/L）	总铬（mg/L）
市监测站监测结果	1#样品	未检出	0. 697
	2#样品	0. 014	0. 241
	标准样	0. 146	0. 578
金谷公司监测结果	1#样品	0. 427	1. 292
	2#样品	0. 168	0. 466
	标准样	0. 148	0. 949
西宁中环瑞彩	1#样品	0. 100	0. 25
	2#样品	0. 15	0. 30
	标准样	0. 20	0. 60
环保电厂	1#样品	0. 006	0. 042
	2#样品	0. 005	0. 027
	标准样	0. 190	0. 27
备注：1#样品：中环××处理后的铬渣； 2#样品：河南××处理后的铬渣； 标准样浓度：六价铬（0. 15 ±0. 01 mg/L），总铬（0. 597 ±0. 03 mg/L）			

6.5　环境监理对铬渣解毒质量的控制

根据《铬渣污染治理环境保护技术规范》（暂行）（以下简称《规范》）要求，项目铬渣处理质量实行三级监测控管。根据《规范》处置企业自检频次应为次/500 t，本项目湿法生产企业实际自检频次均小于500 t/次的要求，监理单位现场监理人员对处置单位自检结果进行监管；实行抽样送至第三方监理机构监测，业主要求监测频次为次/2 000 t，实际上抽样比例为次/1 802 t 超过了业主的抽样频率要求。取样方式为业主单位、承建单位、监理单位三方共同见证取样报验；同时某市环境监测站对处置后的铬渣进行监督检测。根据监测结果，解毒后的废渣均满足处置标准，见表3 –18 –56。

表3 –18 –56　环境监理对铬渣解毒质量的控制情况一览表

编号	目标要求	监理目标控制工作内容	控制效果
1	企业自检	每罐必检的原则进行自检，一标自检3 765次，3 765次达标，满足规范要求；二标自检1 841次，次达标1 841，满足规范要求；三标自检2 17次，217次达标，冲渣水监测83，达标83次。	监测频次和检测结果满足规范要求

续表

编号	目标要求	监理目标控制工作内容	控制效果
2	监理方监测	抽检样品222次，有效样221个，一标122个，122次达标，达标率100%；二标68个，67次达标，达标率99.5%；三标31个，31次达标，达标率100%	监测频次和检测结果满足规范要求
3	环保部门监控	不告知监测	三门峡市环境监测站监测16次，全部合格
4	取样机制	三方见证取样，现场签认	满足规范要求

6.6　环境监理对铬渣处置进度的控制

对原铬渣堆场内铬渣和解毒后铬渣运出量逐车计量，对处理铬渣量逐罐统计，逐日汇总，自项目投料之日起，每日处理量均有据可查，准确无误，见表3－18－57。

表3－18－57　环境监理对铬渣处置进度的控制情况一览表

编号	目标要求	监理控制目标工作内容	控制效果
1	堆场铬渣运出计量	某市技术监督局对电子磅进行校核	地磅计量准确
2	处置场入罐计量	地磅核定校核，运营方、督导组和监理方三方签认	

6.7　环境监理对铬渣处理前后运输、转移的控制

本项目处置前铬渣属于危险废物，根据国家相关要求危险废物运输、转移处置实施五联单制度，环境监理单位现场对五联单制度进行监督、签验，做到了每次运输均有据可查，数据清晰。

对处置后铬渣监理单位也提出了量化运输的要求，对每天运输车次和运输去向做到了有据可查。

在运输过程中对运输车辆也提出了相应的监管要求，处置前运输车辆必须有明显危废运输标识，运输过车辆覆盖抑尘布，出场冲洗车轮等，见表3－18－58。

表3－18－58　环境监理对铬渣处理前后运输、转移的控制情况一览表

编号	目标要求	监理目标控制工作内容	控制效果
1	处置前运输	危险废物运输5联单制度，转车运输，出场覆盖	得到落实
2	处置后运输	转车运输，出场覆盖	得到落实

6.8　环境监理对污染防治措施的控制

对各标段污染物防治措施运行情况进行现场监督，对运行效果进行核对。通过现场监督核查项目各标段环保设备运行正常，排污达标，见表3－18－59。

表 3-18-59　环境监理对污染防治措施的控制情况一览表

编号	目标要求	监理工作内容	控制效果
1	一标治污措施	除尘器、吸收塔、围堰、事故水池、围墙、道路硬化、厂区三防、雨排	得到落实
2	二标治污措施	除尘器、吸收塔、围堰、事故水池、围墙道路硬化	得到落实
3	三标治污措施	窑尾在线监测，灰尘回收	得到落实

6.9　环境监理对安全生产与应急预案的监控

工程运营过程中使用的机械设备、浓硫酸运输储存、铬渣及含铬废水处置等均会产生一系列安全问题，要求运营单位对这些问题要有充分的认识并做好风险分析和相关预案等工作，一旦发生事故能迅速采取防范措施进行控制，把事故影响降低到最小，力求做到安全生产零事故，无二次污染事故发生，保证环境安全性。

对浓硫酸运输及储存量要严格控制质量，加强管道阀门的维护，按照《危险化学品安全管理条例》规定：未经国家对危险化学品的运输实行资质认定的企业，不得运输危险化学品，防止产生泄漏、灼伤等问题。

在铬渣和硫酸的运输过程中，要求必须配备必要的应急处理器材和防护用品。佩戴安全帽、衣、手套、胶鞋口罩等必要的个体劳动保护用品。

通过现场监理，工程实现了安全生产零事故，见表 3-18-60。

表 3-18-60　环境监理对安全生产与应急预案的控制情况一览表

编号	目标要求	监理控制目标工作内容	控制效果
1	应急预案	三个标段均应制定应急预案	落实
2	专项培训	安全生产三级培训，杜绝三违	落实
3	应急演练	安全生产目标责任制度，应急演练 1 年一次	三标落实

6.10　环境监理对填埋场安全填埋的控制

监理单位结合业主要求对填埋区的防渗处理、不同处置单位分区填埋、填埋场进出口道路通畅情况、是否有醒目的标志牌和交通路线引导牌、对填埋场管理人员专业培训及填埋场洒水抑尘作了监督管理，同时对项目处置后铬渣在填埋场填埋质量进行抽样检查。

项目防渗要求满足国家对一般工业固废处置场的要求，承建单位也做到了分区填埋，压实等污防措施落实到位，见表 3-18-61。

表 3-18-61　环境监理对填埋场安全填埋的控制情况一览表

编号	目标要求	监理目标控制工作内容	控制效果
1	填埋区防渗	两布一膜 +1.5 mmHEPD 膜	落实
2	填埋分区	一二三标段解毒铬渣分区填埋	落实

续表

编号	目标要求	监理目标控制工作内容	控制效果
3	物防措施	进填埋场车辆覆盖，降雨天降水处置	落实
4	填埋场质量抽查	不定时对填埋场产区抽查	抽样12次，达标12次，达标率100%

6.11 环境监理对环境监测的组织与实施

根据河南省环保厅关于进一步加强铬渣处置工作环境监测的通知，监理单位协助某市环保局和某市环境监测站对处置场、填埋场及其环境影响范围内敏感点地表水、地下水、大气、噪声、土壤等进行监测。根据监测数据显示，项目建设对周边环境影响较小。见表3－18－62。

表3－18－62 环境监理对环境监测的组织与实施

编号	目标要求	监理目标控制工作内容	控制效果
1	地下水	根据监测方案进行检测，比照原有背景值判断环境变化	设置监测点位2个，监测4次，取样4个
2	大气	根据监测方案进行检测，比照原有背景值判断环境变化	设置监测点位7个，监测24次，取样768个
3	土壤	根据监测方案进行检测，比照原有背景值判断环境变化	设置监测点位75个，监测2次，取样130个

6.12 环境监理对处置单位工程进度款的审核签认

根据项目环境监理合同，业主单位委托监理方对工程款支付进行审批。自项目开工之日至2012年11月30日，监理单位共接收资金申请报告64份，审批64份。详细核对，细致核算。见表3－18－63。

表3－18－63 环境监理对处置单位工程进度款的审核签认

编号	目标要求	监理工作内容	控制效果
1	审批申请	明确价款支付原则，定期审核工程进度款支付	审核申请报告64份

6.13 环境监理对公众参与的处理及效果

铬渣处置是一项民生工程，项目周边群众环保意识较强，媒体比较关注，配合业主做好群众工作也是环境监理一项重要工作内容。

2012年4月，填埋场区周边部分群众对安全填埋最终处置不理解，要求对进入填埋区解毒后的铬渣进行监测鉴别。在市政府领导下，某市环保局、某市监测站、监理方和当地群众代表在填埋区指定区域采样，依照当地群众的意愿到北京有资质的监测机构进行质量鉴定性监测。监测结果为“振兴化工厂总铬1.27 mg/L，六价铬0.52 mg/L，梁沟总铬0.85 mg/L，六价铬0.49 mg/L”，符合一般工业固废填埋标准要求。满足了当地群众的环境知情权，得到了当地群众对安全填埋工程的理解和支持，解除了部分群众疑虑，稳定了社会情绪。

7 环境监测计划的落实

7.1 铬渣解毒后含量检测

根据《铬渣污染治理环境保护技术规范（暂行）》（HJT 301—2007）的要求，承建单位自检 5 906 次，达标 5 906 次，达标率 100%，其中标自检 3 765 次，3 765 次达标，满足规范要求；二标自检 1 841 次，1 841 次达标；三标自检 217 次，217 次达标；冲渣水监测 83 次，83 次达标；均满足规范要求。见表 3－18－64。

表 3－18－64 解毒铬渣自检达标情况统计

标段	检测总数	达标样数	超标样数	达标率（%）
一标	3 765	3 765	0	100
二标	1 841	1 841	0	100
三标	300	300	0	100
合计	5 906	5 906	0	100

7.2 铬渣解毒处置前后周边环境监测

7.2.1 环境质量监测

1. 粉尘

2011 年 10 月至 2012 年 11 月，某市环保局指令环境监测站对湿法处置场周边的粉尘进行了 4 期监测，每期监测 6 d。

结果可知，该评价区域内所监测的 6 个点位，均满足标准限值要求，说明项目建设对区域大气环境现状质量影响不大。

2. 地表水

某市环保局监测站自 2011 年 10 月 13 日起，在铬渣治理工程实施之前已对铬渣堆场周边河流共设立监控断面 22 个，以每天三次的高监测频率对各断面水质进行连续监测 55 d。污染得到有效控制并经上级监测站站认可后，于 2011 年 12 月 7 日对方案进行了调整，将监测点位调整为 9 个，监测频次调整为每周一、三、五采样，继续掌握水质变化情况。截至 2012 年 11 月 12 日，对铬渣场周边地表水累计监测 311 次，获得监测数据 3 702 个。监测结果表明，铬渣场周边地表水水质中六价铬含量除在雨季时浓度略有增加外，总体呈下降趋势。自 2012 年 9 月以来铬渣场周边各监测点位地表水中六价铬浓度已全部达到《地表水质量标准》（GB 3838—2002）Ⅲ类标准限值（六价铬浓度≤0. 05 mg/L）。

3. 地下水

项目工程实施中某市环境监测站对项目湿法处置单位周边 2 口水井（1#侯岭供水井，2#振兴化工厂院内水井）进行了 4 次监测，监测数据显示 2#六价铬超标率 100%。

4. 土壤

项目实施工程中某市环境监测站对一标周围 22 个点位土壤进行了监测，监测数据（略）。

7.3　见证取样过程

监理方从解毒后的铬渣中取样，由业主、运营商和监理单位驻地工作人员三方见证取样，并填写见证记录单，对采样日期、样品名称、样品编号、外观、样品重量和检测项目进行详细填写。

7.4　环境监测数据统计汇总及评价

综上，项目各标段在监理机构的指导下建立了环境监测机制，制订了监测计划。项目开展前后周边声环境变化不大，土壤和地下水污染总体呈下降趋势。

8　环境保护批建符合性核查

8.1　废水处置措施（循环水池、事故水池等）

水污染防治措施落实情况见表3-18-65。

表3-18-65　水污染防治措施落实情况

工序	设计措施	环评提出措施	落实情况
施工期	废水	施工场地四周开挖集水沟和沉淀池，收集施工产生的废水，经沉淀处理后可用作设备清洗和工程养护用水	一、二标段均设置了沉淀池、集水沟，废水无外排
铬渣处置过程	废水：生产废水循环利用，设循环水池；生产区雨水、洗涤废水收集至循环水池；对铬渣暂存场和处理车间的地面、墙面防渗防腐处理	设置雨水收集池，避免生产区雨水外排，生产区雨水收集至循环水池用作解毒用水	一标设置780 m^3 循环水池，硬化面积195 m^2；二标设置900 m^3 循环水池，硬化面积360 m^2
生活区	生活污水经化粪池处理后回用不外排	生活区和生产区建立明显界限	均得到落实
善后处理措施	工程完成后，所有的设备要进行清洗，并同残留废液一同予以还原、沉淀处理，上清液在循环水池中自然蒸干，底泥清理入解毒渣场		

8.2　废气处理措施（酸雾吸收塔、环保电力的窑炉烟气除尘）

大气污染防治措施落实情况见表3-18-66。

表3-18-66　大气污染防治措施落实情况

工序	设计措施	环评提出措施	落实情况
施工期	扬尘	施工场地周围配置抑尘防护网，合理安排易起尘建材的堆放场地，加盖篷布或实行库内堆放，道路保持一定的湿度，每天洒水4~5次	得到落实

续表

工序	设计措施	环评提出措施	落实情况
铬渣处置过程	废气：加料点布袋除尘器，除尘效率99.9%，15 m高排气筒排放；硫酸雾采用碱液吸收塔，效率90%，15 m高排气筒排放	加料点布袋除尘器，除尘效率99.9%，15 m高排气筒排放；硫酸雾采用碱液吸收塔，效率90%，15 m高排气筒排放	一、二标均按照除尘器、吸收塔、排气筒
环保电厂	经核查环保电厂建设期开展了环境监理工作	根据原有监理结论，项目环保措施得到落实	

8.3 三防措施

三防措施落实情况见表3－18－67。

表8.3－1　三防措施落实情况

工序	设计措施	环评提出措施	落实情况
铬渣挖掘过程	挖掘时洒水，保证铬渣的含水率	设置水雾抑尘装置，设置截洪沟或导流渠，避免场外雨水进入；雨、雪、大风天气应及时采取覆盖措施	一标采用人工洒水，二标采用喷淋，雨雪、大风天气均进行了覆盖
	填埋场剥离的覆土	建议工程妥善保存覆土，防治流失；因此在建设时应考虑在填埋场附近选择地势较为平坦的地方放置剥离的覆土，并在四周设置围堰和防雨棚，在有大风时注意覆盖；对于受到铬渣污染的覆土应和铬渣一起送入厂区进行处理，不在堆存	落实
铬渣处置过程	对铬渣暂存场和处理车间的地面、墙面防渗防腐处理		落实
解毒铬渣堆场	因解毒铬渣暂存仅1～2 d，最终由制砖厂运走全部综合利用，因此占地面积较小，地面基础层浇注混凝土后，涂刷JS符合防水涂料，并涂抹有机硅防渗剂处理的混凝土作为防酸防渗层，暂时堆存的解毒铬渣用油毛毡覆盖	建成1 m高挡土墙，地面基础层浇注混凝土后涂刷JS复合防水涂料，并涂抹有机硅防渗剂处理的混凝土作为防酸防渗层，铬渣堆存场设置围堰和导流渠，下渗液收集至循环水池重复利用；配备解毒后铬渣渗滤液收集池和渗滤液的生产回用管路系统，围墙应高于堆体高度，顶部建议搭建防雨棚	落实

续表

工序	设计措施	环评提出措施	落实情况
防渗防雨措施		对所有铬渣堆、处置车间的地面进行混凝土水泥硬化，作为基础层；厂区内未硬化的路面和场地要进行水泥混凝土硬化；对所有混凝土地面做防渗处理，涂刷JS复合防水涂料，对所有混凝土地面涂抹有机硅防渗剂，作为防酸层。铬渣解毒处理车间墙面采用涂刷JS复合防水作为防酸层。设置厂内雨水收集沟和场外雨水导排渠	落实

8.4　噪声与固体废物防治措施

表3－18－68　噪声防治措施落实情况

工序	设计措施	环评提出措施	落实情况
服务期满		（1）对耐酸防毒防渗的地面进行拆除清理，拆除清理的废渣送某市废物处置中心填埋场安全填埋 （2）对处置场内及其附近土壤状况进行取样，监测总铬、C_{r}^{6+}、Zn、Pb、Cd等金属含量是否超标，若发现重金属超标，则必须对土壤进行生态恢复处置。环评建议采用原铬渣堆场场地消毒措施或其他可行的消毒措施	落实
善后处理措施	工程完成后，所有的设备要进行清洗，并同残留废液一同予以还原、沉淀处理，上清液在循环水池中自然蒸干，底泥清理入解毒渣场。		落实

8.5　重大危险源及防护措施

风险防范措施（污染防治建议措施），详见表3－18－68。

表3－18－68　风险防范措施投资

序号	措施名称	落实情况
1	渣场围墙修复及截流设施	落实
2	风险应急物资（解毒物品）	落实

8.6　生态保护与修复措施

一标山上植树300棵，对周边环境起到防护作用，同时美化了环境，减少了水土流失。

9 结论与建议

9.1 结论

9.1.1 项目批建相符性结论

项目各标段认真履行了环保法规手续，均按照业主要求和合同约定处置规模、处置工艺生产线，落实了环评及批复中各项环保要求。

9.1.2 铬渣处置数量与进度的结论

经某市环保局、驻场督导工作组、河南某环境监理有限公司及各参加铬渣处置单位四方确认，项目处置铬渣共计44.992万t。（其中一标共处置铬渣24.018万t，二标铬渣处置量为9.2063万t，三标包括2011年9月17日之前处置铬渣量51696 t铬渣处置量共为11.7677万t）。

9.1.3 铬渣解毒处理处置质量结论

铬渣处置质量经过企业自检、监理单位抽检和环保部门监督性监测三级质量控制制度，监测结果均符合《铬渣污染治理环境保护技术规范》（暂行）中铬渣处理处置的监测结果判断的要求。

9.1.4 铬渣运输、转移结论

铬渣运输、转移过程中落实了五联单制度，每车输送均有据可查，运输过程中落实了环保要求。

9.1.5 环保措施建设与运营的结论

各标段均落实了环评要求的环保措施，落实了环保“三同时”要求，运营期间设备运转正常，循环废水不外排，符合环评相关要求。

9.1.6 填埋场建设与安全填埋封存结论

处置后铬渣填埋场按一般工业固废填埋场要求，实际设计按危废填埋场实施，建设了渗滤液收集系统和渗滤液处理池，底部和边坡采用一布一膜建设，填埋期又加铺1.5 mmHEPD高密防渗膜，满足2类一般工业固废处置场防渗要求。

填埋场按方案：表面平整后用1.5 mmHEPD高密防渗膜全部覆盖，再上封土0.75～1 m厚，形成北高南低2‰坡度，北边设置截水沟，东高西低便于排水。

设置永久性环保标示牌一个，环境监测井2眼。

9.2 建议

（1）铬渣处置场所应派遣人员看管，厂区内导流沟要通畅，防止雨季时场区内积水外流。

（2）含铬污染物还未进行处理，建议能够尽快处理含铬污染物。

（3）做好填埋区善后工作，合理组织填埋区周边环境跟踪监测。

（4）后期对处置场所和填埋场土地利用要开展环境影响评价，分析其可行性。

案例5的相关照片见附图。

案例点评

该案例环境监理总结从项目管理控制论的角度，以大量详实的质量检测数据与环境监测数据，有力地佐证了环境监理的重要性和必要性。与此同时通过环境监理总结报告的阅读，也能基本上了解到该历史遗留铬渣无害化处置项目的全貌和环境监理机构的工作量，发挥了环境监理总结应起到的作用。

该总结报告不足的地方是对大量的监测数据还可再进行分析整合整理，为管理部门或有关单位提供更直观的结论。

思考题

1. 环境监理总结报告的编号要不要和项目的环境监理规划（方案）相互呼应？为什么？

2. 对于历史遗留铬渣污染综合治理项目环境监理要不要进行“质量、进度、费用”控制？如何控制？重金属污染场地土壤修复怎样进行这“三大控制”？

3. 环境监理总结报告的结论部分应该怎样编写？有何重要性？它与环境监理服务质量有什么联系？

4. 国家省重金属污染治理专项资金如何在具体项目使用中发挥作用？环境监理人员和环境监理机构应当做好哪些工作？

5. 环境监理总结报告中要不要包括合同管理的内容？为什么？

参 考 文 献

[1] 王艳，黄玉明．我国水环境中重金属污染行为和相关效应的研究进展［J］．专家论坛，2007，19（3）：0198－0201.

[2] 刘静，刘强．重金属污染对生态环境的影响与防治对策［J］．农业灾害研究，2012，2（01）：65－67.

[3] 李莉，张卫．重金属在水体中的存在形态及污染特征分析［J］．现代农业科技，2010，1（01）：269－269.

[4] 张辉，马东升．长江（南京段）现代沉积物中重金属的分布特征及其形态研究［J］．环境化学，1997，16（5）：429－434.

[5] 刁维萍，倪吾钟．水体重金属污染的生态效应与防治对策［J］．广东微量元素科学，2003，10（3）：212－219.

[6] 胡星明，王丽平，毕建洪．城市大气重金属污染分析［J］．安徽农业科学，2008，36（1）：302－303.

[7] 吕玄文，陈春瑜．大气颗粒物中重金属形态分析与迁移［J］．华南理工大学学报，2005，33（1）：75－78.

[8] 谢华林，张萍．大气颗粒物中重金属元素在不同粒径上的形态分布［J］．环境工程，2002，20（6）：55－57.

[9] 于瑞莲，胡恭任．大气降尘中重金属污染源解析研究进展［J］．地球与环境，2009，37（1）：73－77.

[10] 张丹，张卫东，将吕潭．环境中大气颗粒物的源解析方法［J］．重庆工商大学学报（自然科学版），2006，23（2）：124－127.

[11] 李凤菊，邵龙义，杨书申．大气颗粒物中重金属的化学特征和来源分析［J］．中原工学院学报，2007，18（1）：7－9.

[12] 郑志侠，吴文，汪家权．大气颗粒物中重金属污染研究进展［J］．现代农业科技，2013，3（1）：241－243.

[13] 谭吉华，段菁青．中国大气颗粒物重金属污染、来源及控制建议［J］．中国科学院研究生院学报，2013，30（2）：144－155.

[14] 冯茜丹，党志．大气 $PM_{(2.5)}$ 中重金属的化学形态分布［J］．生态环境学报，2011，7（7）：1048－1052.

[15] 彭景．成都市大气重金属污染特征及环境危害性评价的探讨［D］．成都：成都理工大学．2008.

[16] 崔妍，丁永生．土壤中重金属化学形态与植物吸收的关系［J］．大连海事大学学报，2005，31（2）：59－63.

[17] 刘恩玲，王亮．土壤中重金属污染元素的形态分布及其生物有效性［J］．安徽农业科学，2006，34（3）：547－548.

[18] 钟晓兰，周生路．土壤重金属的形态分布特征及其影响因素［J］．生态环境学报，2009，18（4）：1266－1273.

[19] 贾广宁．重金属污染的危害与防治［J］．有色矿冶，2004，20（1）：39－42.

[20] 吕桂兰，郝宪彬，马秀芳．水土重金属污染的危害及防治对策［J］．辽宁农业科学，2013，（6）：40－43.

[21] 何连生，祝超伟．重金属污染调查与治理技术［M］．北京：中国环境出版社，2013．37－47.

[22] 贾燕，汪洋．重金属废水处理技术的概况及前景展望［J］．中国西部科技：学术版，2007，(4)：10213.

[23] 刘有才，钟宏，刘洪萍．重金属废水处理技术研究现状与发展趋势［J］．广东化工，2005，32 (4)：36239.

[24] 蒋建国，吴学龙，王伟，等．重金属废物稳定化处理技术现状及发展［J］．新疆环境保护，2000，22（1）：06－10.

[25] 胡宁静，李泽琴，黄朋，等．我国部分市郊农田的重金属污染与防治途径［J］．矿物岩石地球化学通报，2003，22（3）：251－254.

[26] 刑前国，潘伟斌，张太平．重金属污染土壤的植物修复技术［J］．生态科学，2003，22（3）：275－279.

[27] 吴涓，李清彪，邓旭，等．重金属生物吸附的研究进展［J］．离子交换与吸附，1998，14（2）：180－187.

[28] 叶文虎．环境管理学［M］．北京：高等教育出版社，2006.

[29] 彭弘．论我国建设项目环境保护管理法律制度［D］．重庆：重庆大学，2005.

[30] 周晶．基于建设项目分类的环境保护重点与对策研究［D］．西安：长安大学．2008.

[31] 中华人民共和国统计局．工业建设项目大、中型划分标准［EB/OL］，http：//www. stats. gov. cn/tjbz/gjbz/index. htm，2001－10－10.

[32] 董小林，刘珊，赵剑强，等．公路建设项目全程环境管理体系研究［R］．西安：长安大学．

[33] 中华人民共和国国务院．建设项目环境保护条例［Z］．中华人民共和国国务院253 号令，1998. 11.

[34] 中华人民共和国．中华人民共和国环境影响评价法［Z］．中华人民共和国主席令 77 号令，2002. 10.

[35] 中华人民共和国原国家环境保护总局．环境影响评价技术导则HJ/T2. 1－93［S］．1994. 4.

[36] 中华人民共和国建设部．建设工程项目管理规范 GB/T50326－2001［S］．2002. 5.

[37] 国家环境保护总局监督管理司．中国环境影响评价［M］．北京：化学工业出版

社，2000：29－31.
[38] 中华人民共和国原国家环境保护总局．建设项目环境保护分类管理名录［Z］．中华人民共和国原国家环境保护总局第 14 号令，2002. 10.
[39] 董小林．环境经济学［M］．北京：人民交通出版社，2005：2－5，65－66.
[40] 张晓峰．公路网规划环境影响评价理论方法与应用研究［D］．西安：长安大学，2008.
[41]《制革及毛皮加工工业水污染物排放标准》（二次征求意见稿编制说明）．《制革及毛皮加工工业水污染物排放标准》编制组，2011.04，12－13、16.
[42] 环境保护部环境工程评估中心．建设项目环境监理［M］．北京：中国环境出版社，2012.
[43] 王金良．铅蓄电池行业准入实施技术指南［M］．北京：中国轻工业出版社，2012.
[44] 李世义．工程环境监理基础与实务［M］．北京：中国环境科学出版社，2008.
[45] 江体乾．化工工艺手册［M］．上海：上海科学技术出版社，1992.
[46] 中国石化集团上海工程有限公司．化工工艺设计手册［M］．北京：化学工业出版社，2009.
[47] 李兆业．铬盐行业的现状及发展建议［J］．无机盐工业，2006 年，38（4）：1－5.
[48] 唐讯．催化剂生产工业废水中重金属的危害及治理［J］．石油化工，2004 年，第 33 卷增刊：1395－1397.
[49] 薛之化．电石法聚氯乙烯生产中的汞污染治理［J］．中国氯碱，2011 年，第 2 期：25－31.
[50] 张鑫．加强电石法聚氯乙烯行业汞污染防治的对策建议［J］．中国氯碱，2013 年，第 7 期．
[51] 胡月红．氯碱工业汞污染问题分析［J］．辽宁化工，2008 年 2 月，37（2）：139－141.
[52] 张照龙，徐苏群，朱俊民．电石法氯乙烯生产中的污染及其防治措施［J］．中国氯碱，2004 年 2 月，第 2 期：35－38.
[53] 陈荣圻．国内染料生产及印染企业常见生态问题的分析［J］．印染，2005 年，第 2 期：43－46.
[54] 陈辉霞，肖清贵，徐红彬，等．铬盐行业污染防治对策及建议［J］．化工环保，2013 年，33（1）：23－27.
[55] 化学原料及化学制品制造业行业年度分析报告［EB/OL］．（2014－04－29）
[56] 国家发展和改革委．铬盐行业清洁生产评价指标体系（试行）［Z］．北京，2006.
[57] 国务院．国家重金属污染综合防治“十二五”规划［Z］．北京，2011.
[58] 环境保护部．硫酸工业污染防治技术政策［Z］．北京，2013.
[59] 高芳蕾，董岩翔，王世纪．矿区土壤重金属元素的形态分布及生物活性［J］．安徽农业科学，2009，37（12）：5614－5616.

[60] 骆永明，中国主要土壤环境问题及对策［M］. 南京：河海大学出版社，2008：26－29.

[61] 王学刚，王光辉，刘金生. 矿区重金属污染土壤的修复技术研究现状. 工业安全与环保，2010，36，4.

[62] 臧亚君，乔志香，王庚，等. 污染土壤的电动力学修复——Lasagna 技术［J］. 污染防治技术，2003，16（4）：68－71.

后　记

根据国家环境保护部《进一步加强建设项目环境监理工作的通知》要求，在河南省环境保护厅领导的关心和支持下，河南省在建设项目环境监理试点中做了大量探索性工作，取得了显著成效。受《固体废物环境管理丛书》编委会委托，出于对建设项目环境监理的责任，来自河南省环境保护科学研究院、河南省环保产业协会、郑州大学等单位几十位专家共聚一堂，商议编写了这本重金属的环境监理工具书。在大家的共同努力下，本书作为《固体废物环境管理丛书》的第一本书率先编著出版了。

丛书总主编、浙江省固体废物处理与资源化重点实验室副主任、浙江博世华环保科技有限公司董事长陈昆柏教授，河南省环境保护厅环境保护科学研究院崔洪海院长，河南省环境保护厅固体废物管理中心郭春霞副主任，郑州大学高建磊教授和河南科学技术出版社李肖胜副总编多次参与本书的编写论证，对编写工作和书稿体例具体指导，提出了大量宝贵意见，在此对他们表示衷心的感谢。

本册图书由李世义任主编，负责完成全书篇章设计、前言、后记、各章节定稿等工作；魏贵臣、李顺灵任副主编，负责全书章节编写、人员分工、对外联络、会议组织等工作。各章节编写主要完成人员如下：第 1 章赵胜利；第 2 章刘钟森；第 3 章李世新；第 4 章郭强、丁光远；第 5、6 章范志功；第 7、16 章魏贵臣；第 8 章韩慧丽；第 9 章王静；第 10 章吕鹏飞；第 11 章赵朝阳、陈建国；第 12 章李振红；第 13 章褚帅；第 14 章金明；第 15 章武晓兵；第 17 章潘志恒、齐水莲；第 18 章胡祥营、王晓乐、孙相宜、陈丽莉、赵根平。另外，高中伟、贾义伟、李新同志对本书的编辑出版工作也做出了重要贡献，一并向所有参与编写的人员表示感谢。

由于经验欠缺和时间紧迫的缘故，本书还存在不少缺点与不足，希望广大读者批评指正。

编者

2014 年 12 月